디지털 회로 실험 with PSpice

한빛아카데미
Hanbit Academy, Inc.

지은이 **홍순관** skhong@hj.ac.kr

현재 혜전대학교 전기과 교수로 재직 중이다. 전국 최초로 PCB(전자기판, Printed Circuit Board) 학과를 제안하여 개설하였으며, PCB 및 전자 분야의 전공 도서들을 다수 저술하였다. 주요 저서로는 『기초전자실험 with PSpice(3판)』(한빛아카데미, 2023), 『Easy LED : 초보자를 위한 LED 가이드북』(한빛아카데미, 2017), 『새로운 PCB 제조기술입문(제7판)』(복두출판사, 2023) 등이 있다.

디지털 회로 실험 with PSpice

초판발행 2021년 1월 15일
4쇄발행 2025년 1월 17일

지은이 홍순관 / **펴낸이** 전태호
펴낸곳 한빛아카데미(주) / **주소** 서울시 서대문구 연희로2길 62 한빛아카데미(주) 2층
전화 02-336-7112 / **팩스** 02-336-7199
등록 2013년 1월 14일 제2017-000063호 / **ISBN** 979-11-5664-512-2 93560

총괄 박현진 / **책임편집** 김평화 / **기획** 강다인 / **편집** 김평화, 임여울 / **진행** 송유림
디자인 표지 이지민, 최연희 내지 최연희 / **전산편집** 태을기획 / **제작** 박성우, 김정우
영업 김태진, 김성삼, 이정훈, 임현기, 이성훈, 김주성 / **마케팅** 김호철, 심지연

이 책에 대한 의견이나 오탈자 및 잘못된 내용은 출판사 홈페이지나 아래 이메일로 알려주십시오.
파본은 구매처에서 교환하실 수 있습니다. 책값은 뒤표지에 표시되어 있습니다.
홈페이지 www.hanbit.co.kr / **이메일** question@hanbit.co.kr

지은이 머리말

디지털 회로 실험을 쉽고 재밌게!

디지털 회로 실험은 '디지털 회로'를 다루는 기초 과목이다. 디지털 회로는 간단해 보이는 2진수를 다루므로 아날로그 회로보다 구성과 동작이 단순하다고 생각하기 쉽다. 그런데 디지털 회로를 처음 배우는 학생들은 새로운 수의 개념과 논리 연산을 잘 이해하지 못하고, 어떻게 실험을 해야 할지 어려워한다. 이런 점을 고려하여 이 책은 전작인 『기초전자실험 with PSpice』에서 호평 받은 다음 콘셉트를 따랐다.

'실습조교의 시범을 직접 보는 것 같은'

- 개념은 최대한 짧고 단순하게 설명한다.
- 많은 그림과 사진을 수록하여 실험과정을 직관적으로 보여준다.
- 주요 실험은 [실험 따라하기]를 통해 직접 실험해볼 수 있도록 한다.
- [PSpice 시뮬레이션]으로 실험 결과를 확인하고 검토할 수 있도록 한다.

위의 콘셉트는 겉보기에 단순해 보이지만, 실험 과목에 최적화된 학습 방법이다. 따라서 디지털 회로를 처음 접하는 학생들이 흥미를 느끼고 실험할 수 있으며, 결국에는 디지털 회로의 원리를 쉽고 재미있게 익힐 수 있다. 이 책에서는 디지털 회로를 설명할 때, 아날로그 회로와의 연관성을 염두에 두고 서술하여 아날로그 회로와 디지털 회로는 별개가 아님을 이해할 수 있도록 했다. 또한 동영상에 익숙한 요즘 학생들을 위해 주요 실험에 '**실험 따라하기 동영상**'을 제공하여 보다 직관적이고 이해하기 쉽게 학습할 수 있도록 하였다.

이 책에서 다루는 실험은 디지털 공학과 직접 연관되어 있다. 따라서 디지털 공학 과목을 선행 또는 병행하면서 학습해야 한다. 또한 실험기구와 각종 계측기(브레드보드, 직류전원 공급장치, 디지털 멀티미터, 파형 발생기, 오실로스코프)를 사용해야 하므로 기초전자실험 과목도 선행하는 것이 좋다.

마무리하며

집필을 하면서 내용을 작성하고 다듬고, [실험 따라하기]를 위해 실험회로를 꾸미고 사진을 찍고 동영상을 편집하면서 행복한 시간을 보낼 수 있었다. 이 책을 통해 더 많은 학생들이 디지털 회로 실험과 친숙해질 수 있기를 바란다.

지은이 홍순관

미리보기

실험 01

AND, OR, NOT 게이트

학습목표
- AND 게이트와 OR 게이트의 논리 동작을 실험한다.
- NOT 게이트의 논리 동작을 실험한다.

1.1 기초 이론

논리 함수를 전자회로로 구현한 디지털 IC(Integrated Circuit)를 흔히 논리 게이트(Logic Gate)라고 한다. 이는 논리에 따라 디지털 IC가 문(게이트)을 열어 1(High)을 출력하거나, 문을 닫아 0(Low)을 출력하는 동작을 특징적으로 나타낸다. 전자적으로 '1'은 5[V]이고 '0'은 0[V]이다.

| 학습목표 |

해당 실험에서 학습할 주제를 소개합니다.

NMOS로 구현한 AND 논리

여기서 잠깐

디지털 IC는 저항, 다이오드, 트랜지스터와 같은 아날로그 전자부품을 연결하여 만든다. 아날로그와 디지털은 별개의 것으로 생각하기 쉬운데, 사실 디지털 IC는 아날로그 회로에 의하여 구현된다. 즉 디지털 동작의 바탕은 아날로그 회로이다. 여기에서는 NMOS(N채널 MOSFET)의 TTL로 구현한 AND 게이트를 소개한다.

NMOS는 전계효과 트랜지스터로, [그림 1-5]와 같이 게이트(Gate) G에 High를 주면 온된다. 트랜지스터가 온되었다는 것은 채널이 형성되면서 소스(Source) S와 드레인(Drain) D 사이가 연결되었다는 것이다. 반대로 게이트 G에 Low를 주면 채널이 사라지면서 소스와 드레인 간의 연결은 끊어진다.

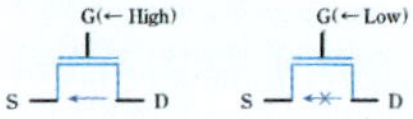

[그림 1-5] NMOS의 동작

[그림 1-6(a)]는 NMOS로 구현한 AND 논리이다. 파란색으로 나타낸 것이 NMOS이다. Vcc는 전원 전압으로 5[V]이다. 입력 A와 B가 모두 1(High)이면, [그림 1-6(b)]와 같이 NMOS ❶과 ❷가 모두 온된다. 그러면 NMOS ❸의 게이트 G가 접지와 연결되면서 오프된다. 이때 출력 X는 Vcc와 연결되므로 1이 된다. 즉 A=1, B=1일 때 출력 X=1이 된다.

| 여기서 잠깐 |

본문 내용 중에서 보충설명이 필요한 내용을 소개합니다.

2 브레드보드에 7408 IC를 삽입한다.

3 디지털 실험장치를 이용하여 7408 IC에 전원(Vcc, GND)을 연결한다.

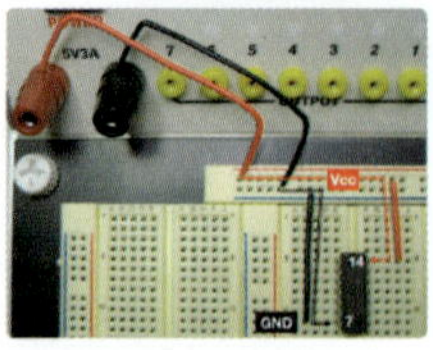

4 AND 게이트의 입력 A와 B(1번, 2번 핀)를 디지털 실험장치의 입력 설정부와 연결한다.

5 AND 게이트의 출력 X(3번 핀)를 디지털 실험장치의 출력 표시부와 연결한다.

| 실험 따라하기 |

디지털 회로 실험을 보다 쉽게 이해할 수 있도록 실험과정을 사진으로 상세히 설명합니다.

| 실험 따라하기 동영상 |

QR 코드를 통해 실험 동영상을
바로 확인할 수 있습니다.

6 [그림 2-14(a)]와 같이 NOR 게이트로 만든 AND 게이트의 실험회로를 구성하라. [그림 2-14(b)]는 배선도이다.

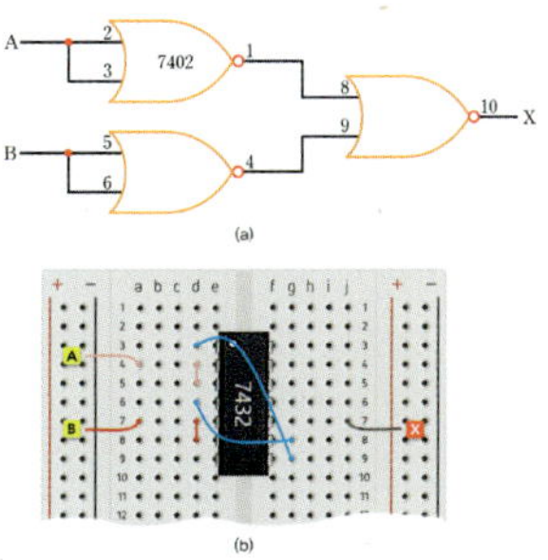

[그림 2-14] NOR 게이트의 활용 – AND 게이트

실험 따라하기

| 셀프 테스트 |

본문과 실험에서 다룬 중요한
내용을 간단한 문제를 통해
확인할 수 있습니다.

셀프 테스트

(1) AND 논리는 (논리합, 논리곱)이라고 한다.
(2) 논리 게이트의 입력에 따른 출력을 나타낸 표를 (　　　　　)(이)라 한다.
(3) 모든 입력이 1일 때만 1이 출력되는 논리 게이트는 (AND, OR, NOT) 게이트이다.
(4) 어느 한 입력만 1이면 1이 출력되는 논리 게이트는 (AND, OR, NOT) 게이트이다.
(5) 입력을 A와 B, 출력을 X라 할 때 OR 게이트의 논리식은 (X=AB, X=A+B)이다.
(6) 디지털 회로에서 시간에 따른 각 신호의 변화는 (　　　　　)(으)로 나타낸다.
(7) 논리 게이트의 입력이 3개이면 입력의 상태를 (4가지, 6가지, 8가지)로 조합할 수 있다.
(8) [그림 1-6(a)]의 AND 논리에서 입력이 A=1, B=0이면, NMOS ❸은 (온, 오프)된다.
(9) [그림 1-11(a)]의 OR 논리에서 입력이 A=0, B=1이면, NMOS ❸은 (온, 오프)된다.

| 예비학습 |

다음 실험에서 다룰 주요 내용을
미리 학습할 수 있도록 제시합니다.

예비학습

(1) 2입력 NAND 게이트의 진리표를 작성하고, AND 게이트와 다른 점을 설명하라.
(2) 2입력 NOR 게이트의 진리표를 작성하고, OR 게이트와 다른 점을 설명하라.

| 결과 보고서 |

본문에서 다룬 표의 내용을 직접
작성해보고 주어진 질문에 답하여
실험에서 배운 내용을 고찰해 볼 수
있습니다.

결과 보고서

실험 02 **NAND, NOR 게이트**

- 학번 :
- 이름 :
- 실험일 :

실험 1 NAND 게이트

[표 2-3] NAND 게이트의 실험 결과

A	B	X
0	0	
0	1	
1	0	
1	1	

(1) [표 2-1]의 진리표와 [표 2-3]의 실험 결과가 같은지 확인하라. (같음□ 다름□)
(2) [표 2-3]의 실험 결과를 이용해서 NAND 게이트의 논리 동작을 설명하라.

실험 따라하기 동영상

이 책에서는 주요 실험에 대한 '실험 따라하기 동영상'을 제공합니다. 동영상은 실험회로에 사용되는 부품 설명, 회로 구성 및 배선과정, 동작 확인의 순서로 내용을 구성하였습니다.

실험 따라하기 동영상은 다음 링크에서 확인할 수 있습니다.
https://www.youtube.com/한빛아카데미TV

동영상 목록

[계측기 사용법 동영상]

- 디지털 멀티미터 사용법
- 오실로스코프 사용법
- 파형발생기 사용법

[PART 01]

- 실험 02 : NOR 게이트의 활용 – AND 게이트([그림 2-14]]
- 실험 03 : NOR 게이트로 만든 AND 게이트 시뮬레이션([그림 3-31])

[PART 02]

- 실험 08 : 4-to-2 인코더([그림 8-5])
- 실험 10 : 패리티 비트 발생기([그림 10-9])

[PART 03]

- 실험 11 : RS 플립플롭([그림 11-9])
- 실험 13 : 링 카운터([그림 13-6])

[PART 04]

- 실험 16 : 발광 특성([그림 16-14])
- 실험 19 : 비안정 멀티바이브레이터([그림 19-5])

강의 보조 자료

한빛아카데미 홈페이지에서 '교수회원'으로 가입하신 분은 인증 후 교수용 강의 보조 자료를 제공받을 수 있습니다. 한빛아카데미 홈페이지 상단의 <교수전용공간> 메뉴를 클릭하세요.

http://www.hanbit.co.kr/academy

셀프 테스트 정답

셀프 테스트 정답은 다음 경로에서 내려받을 수 있습니다.

한빛아카데미 홈페이지 접속 → [도서명] 검색 → 도서 상세 페이지의 [부록 / 예제소스]

참고 문헌

- 하재철, 문상재, 『디지털 논리회로』, 현우사, 2008
- 이강윤, 『전자회로 실험 : 기초부터 심화까지』, 한빛미디어, 2010
- 남상엽 외 2인, 『그린 에너지의 LED 기술 및 응용』, 상학당, 2010
- 최평 외 3인, 『PSpice 기초와 활용(Ver 16.3)』, 복두출판사, 2012
- 한학근, 『디지털 회로실험』, 문운당, 2013
- 이승호, 민경옥, 『단계별로 따라하며 배우는 디지털 공학 실험』, 한빛아카데미, 2013
- 임석구, 홍경호, 『디지털 논리회로 실험 : 120개의 기본 실험과 12개의 텀 프로젝트』, 한빛아카데미, 2014
- 임석구, 홍경호, 『처음 만나는 디지털 논리회로』, 한빛아카데미, 2016
- 홍순관, 『Easy LED : 초보자를 위한 LED 가이드북』, 한빛아카데미, 2017
- http://en.wikipedia.org
- http://www.allaboutcircuits.com

* 모든 실험은 동일한 목차로 진행되므로 실험 04의 목차를 대표로 제시합니다.
* 실험 01, 02, 03, 16, 17, 20에는 [PSpice 시뮬레이션]이 없고 그 외 목차는 동일합니다.
* 실험 01, 02, 04, 05, 07, 12, 14, 19, 20에만 [실험 따라하기]가 있습니다.

PART 01 기본 논리 게이트

PART 02 조합 논리회로

PART 03 순서 논리회로

PART 04 LED와 응용회로

예비지식

1. 아날로그 신호

아날로그 신호(Analog Signal)는 시간에 따라 연속적으로 변하는 신호로, 자연계의 소리, 목소리, 악기 소리, 교류 전류 및 전압 등이 그 예이다. 아날로그 신호를 파형으로 나타내면 [그림 1]과 같다. [그림 1]에서 (a)는 일정한 주파수와 진폭을 가진 정현파이고, (b)는 주파수와 진폭이 불규칙적으로 변하는 목소리 파형이다. 두 신호 모두 파형은 서로 다르지만 시간에 따라 연속적으로 변하는 아날로그 신호이다.

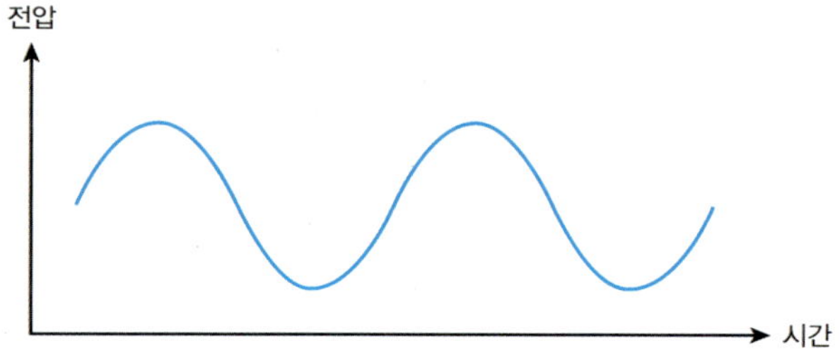

(a) 정현파

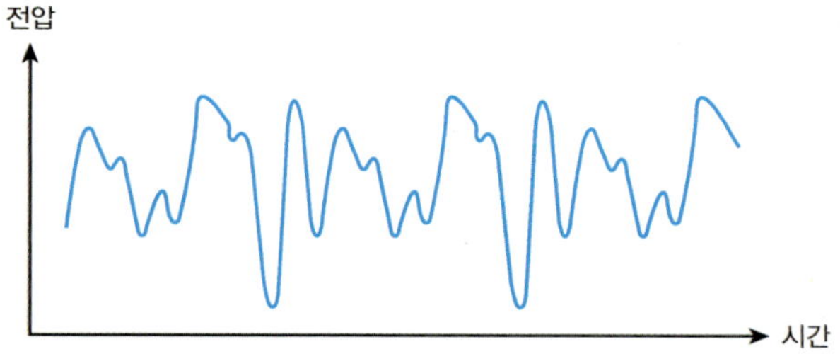

(b) 목소리 파형

[그림 1] 아날로그 신호

2. 디지털 신호

디지털 신호(Digital Signal)는 시간에 따라 불연속적으로 변하는 신호로, 아날로그 신호와 달리 [그림 2]와 같은 사각형 모양의 파형을 보인다. High와 Low 레벨(Level) 신호가 불연속적으로 나타나면서 사각형 모양의 파형이 만들어진다. 이러한 특징 때문에 디지털 신호를 펄스(Pulse) 또는 구형파(Square Wave)라고도 한다. 디지털 신호에서 High 레벨 전압은 5[V]이고, '1'로 표시한다. Low 레벨 전압은 0[V]이고, '0'으로 표시한다.

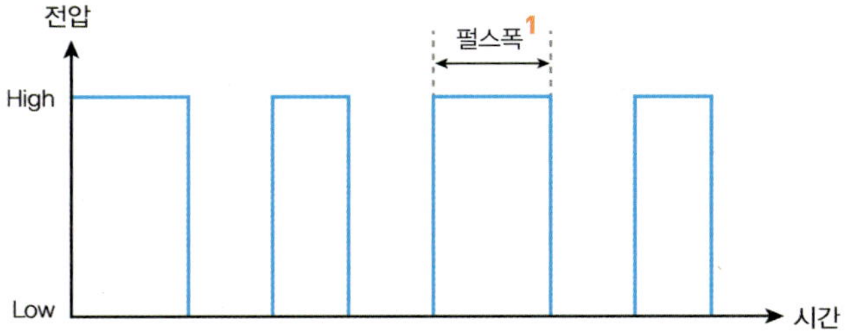

[그림 2] 디지털 신호

[그림 3]은 디지털 신호의 특성이다. 신호 레벨이 Low → High로 바뀔 때를 상승 엣지(Rising Edge)라 하고, High → Low로 바뀔 때를 하강 엣지(Falling Edge)라 한다. 하나의 상승 엣지부터 다음 상승 엣지까지의 시간을 '주기'라 한다.

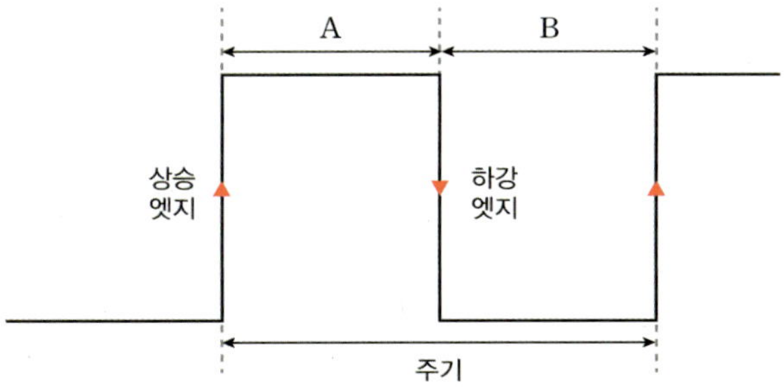

[그림 3] 디지털 신호의 특성

디지털 신호의 주기에서 High 레벨이 차지하는 시간 비율(%)을 듀티 사이클(Duty Cycle)이라 한다. [그림 3]에서 High 레벨 구간을 A, Low 레벨 구간을 B라 하면, 듀티 사이클 D는 다음과 같다.

$$D = \frac{A}{A+B} \times 100[\%]$$

1 High 레벨의 신호가 지속되는 시간이다.

디지털 신호의 장점

아날로그 신호는 파형이 일정하지 않으므로 [그림 4]의 (a)와 같이 왜곡된[2] 파형이 전송되면 원래의 신호를 복원하기 어렵다. 반면에 디지털 신호는 파형이 펄스 형태로 일정하고, 전압도 5[V] 또는 0[V]로 단순하다. 따라서 파형이 왜곡되어도 [그림 4]의 (b)와 같이 일정 수준 이상의 신호가 남아 있으면 원래의 파형을 복원할 수 있다. 바로 이 점이 디지털 신호의 가장 큰 장점이다.

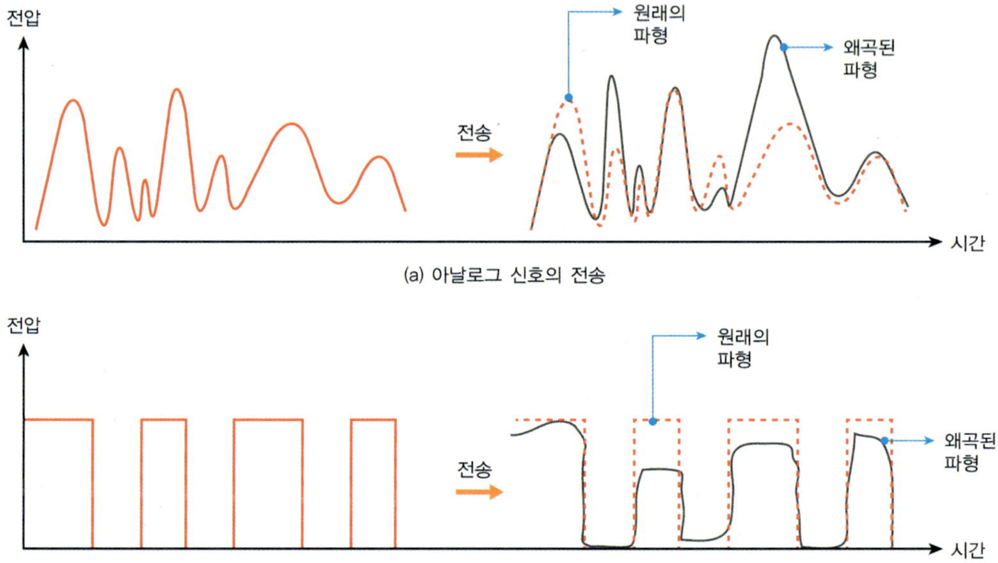

(b) 디지털 신호의 전송

[그림 4] 아날로그 신호와 디지털 신호의 전송

3. 논리 게이트

논리 게이트(Logic Gate)는 부울 대수(Boolean Algebra)의 여러 논리 함수를 전자회로로 구현한 것이다. AND, OR, NOT, NAND, NOR, XOR 등이 대표적인 논리 게이트이며, 이러한 논리 게이트를 반도체로 만든 것을 디지털 IC(Integrated Circuit)[3]라 한다.

2 신호의 감쇄와 잡음 때문에 파형이 찌그러지는 현상이다.

3 '디지털 IC'와 '논리 게이트'는 자주 혼용되는 용어이다. 이들을 구분해 보면, 디지털 IC가 좀 더 큰 범위이고 그 속에 논리 게이트가 포함된다고 할 수 있다. 예를 들면, 논리 게이트를 포함하여 스마트폰의 통신용 칩이나 컴퓨터의 마이크로프로세서들도 모두 디지털 IC이다.

논리 게이트의 종류와 특징

논리 게이트는 저항, 다이오드, 트랜지스터와 같은 아날로그 전자부품으로 만든다. 전자부품의 종류와 연결 방법에 따라 TTL(Transistor Transistor Logic), DTL(Diode Transistor Logic), ECL (Emitter Coupled Logic), CMOS(Complementary Metal Oxide Semiconductor) 로직(Logic) 등으로 구분한다. 각 논리 게이트의 특징은 [표 1]과 같다. 이전에는 TTL이 많이 사용되었으나, 현재는 소비전력이 가장 적은 CMOS 로직이 주로 사용된다.

[표 1] 논리 게이트의 종류와 특징

종류	전자부품	소비전력	특징	고유번호
TTL	트랜지스터, 저항, 다이오드	큼	• 가격이 저렴함 • 속도가 빠름 • 범용성이 우수함	• 74 시리즈 (54 시리즈 : 군수용)
DTL	다이오드, 저항 트랜지스터	큼	• 속도가 느림 • 다이오드로 논리 동작을 구현 • 트랜지스터는 신호를 증폭하는 역할을 담당	• TTL 이전에 사용된 논리 게이트 • 통일된 고유번호 없음
ECL	바이폴라 트랜지스터	가장 큼	• TTL보다 속도가 빠름 • 잡음에 약함	• 10 시리즈 • 10H 시리즈 등
CMOS 로직	MOS 트랜지스터	가장 작음	• 범용성이 우수함 • 정전기에 약함	• 40 시리즈(표준형) • 74HC 시리즈(고속 CMOS)

TTL은 미국 텍사스 인스트루먼트(Texas Instruments) 사가 1960년대에 발표한 논리 게이트이다. TTL은 논리 게이트의 표준이며, 대부분의 회사는 이를 기준으로 제품을 생산한다. 초기의 TTL은 '74 시리즈'이다. 74 시리즈는 성능이 개선되면 그 특징을 나타내는 문자를 덧붙이는 방식으로 개량되어 왔다. 74 시리즈는 쇼트키 트랜지스터(Schottky Transistor)[4]를 사용하여 동작 속도를 높인 '74S 시리즈'로 발전하였고, 이 74S 시리즈는 소비전력을 줄인 '74LS 시리즈'로 개량되었다. 이후 동작 속도가 더 빠르고 소비전력도 줄인 '74F 시리즈' 등으로 발전하였다.

[표 2]에 74 시리즈 TTL의 종류와 특징을 나타내었다[5].

4 반도체의 쇼트키 장벽(Schottky Barrier) 특성을 이용하여 만든 트랜지스터이다. 스위칭 속도가 빠르고 전력 손실이 적다.
5 위키백과 참조(https://ko.wikipedia.org/wiki/트랜지스터-트랜지스터_논리)

[표 2] 74 시리즈 TTL의 종류와 특징

종류	약자	특징
74	Standard	초기 표준품, 단종됨
74L	Low Power	초기 저전력 제품, 저속, 단종됨
74H	High Speed	초기 고속 제품, 고전력, 단종됨
74S	Schottky	쇼트키 트랜지스터 사용, 고속
74LS	Low Power Schottky	74S 개량품(고속, 저전력), 가장 많이 사용됨
74ALS	Advanced Low Power Schottky	74LS 시리즈 개량품(소비전력, 지연시간 개선)
74AS	Advanced Schottky	74S 시리즈 개량품(소비전력, 지연시간 개선)
74F	Fast	페어차일드(Fairchild) 사에서 개발한 고속 제품, 쇼트키 트랜지스터 사용, 74S보다 고속
74G	Giga Hertz Speed	포테이토 세미컨덕터(Potato Semiconductor) 사에서 개발한 고속 동작 TTL(GHz급)

CMOS 로직은 낮은 전압에서 동작하므로 소비전력이 작고, 고집적화가 가능하지만 동작 속도는 TTL보다 느리다. CMOS 로직의 초기 제품은 '40 시리즈'이다. 이 시리즈는 동작 속도가 빠르고, 핀 배열도 TTL과 같은 '74HC 시리즈'로 발전하였고, 이 74HC 시리즈는 동작 속도가 더 빠른 '74AC 시리즈'로 발전하였다. [표 3]에 CMOS 로직의 종류와 특징을 나타내었다.

[표 3] CMOS 로직의 종류와 특징

종류	약자	특징
4000	Standard CMOS	초기 표준품
74HC	High Speed CMOS	TTL과 같은 핀 배열을 가지고 있음
74HCT	High Speed CMOS with TTL Voltages	74HC 시리즈를 개량하여 전원 전압 범위와 입력 전압 특성을 TTL과 유사하게 만든 제품
74AC	Advanced Fast CMOS	74HC 시리즈의 개량품(고속)
74ACT	Advanced Fast CMOS with TTL Voltages	74AC 시리즈를 개량하여 전원 전압 범위와 입력 전압 특성을 TTL과 유사하게 만든 제품
74LV(LVX)	Low Voltage CMOS	저전압형 마이크로프로세서용으로 개발(3.3[V] 전용)
74LVC(LCX)	Low Voltage CMOS, 고속	74LV를 고속으로 개량한 제품(3.3[V] 전용)
74ALVC(VCX)	Advanced LVC	74LVC를 고속으로 개량한 제품 (2[V] 동작 마이크로프로세서 대응)

High와 Low 레벨의 전압 기준

디지털 신호의 High 레벨은 5[V], Low 레벨은 0[V]로 정의되어 있다. 그런데 디지털 IC가 5[V]와 0[V]만 인식한다면, 제대로 동작하기 어렵다. 이 때문에 실제로는 어느 정도의 전압 범위를 High와 Low 레벨로 인식한다.

High와 Low 레벨의 전압 기준은 논리 게이트의 종류에 따라 다르다[6]. [표 4]는 '74 시리즈' TTL 논리 게이트와 '74HC 시리즈' CMOS 로직 논리 게이트의 논리 레벨 전압 기준이다.

[표 4] 논리 레벨의 전압 기준[7]

종류	입력		출력	
	High 레벨(V_{IH})	Low 레벨(V_{IL})	High 레벨(V_{OH})	Low 레벨(V_{OL})
TTL	2 ~ 5[V]	0 ~ 0.8[V]	2.4 ~ 5[V]	0 ~ 0.4[V]
CMOS 로직 (V_{CC} = 4.5[V]일 때)	3.15 ~ 5[V]	0 ~ 1.35[V]	3.98 ~ 5[V]	0 ~ 0.26[V]

논리 레벨의 전압 기준은 잡음 여유도(Noise Margin)와 관련이 깊다. 잡음 여유도는 디지털 회로에 잡음이 생겨 출력 전압이 변해도 논리 레벨이 올바르게 인식될 수 있도록 출력 전압 기준과 입력 전압 기준 간에 만들어 둔 전압 간격이다.

잡음 여유도는 다음과 같이 주어지며, 이를 그림으로 나타내면 [그림 5]와 같다.

$$\text{High 레벨 잡음 여유도} : V_{OH}(\text{Min}) - V_{IH}(\text{Min})$$
$$\text{Low 레벨 잡음 여유도} : V_{IL}(\text{Max}) - V_{OL}(\text{Max})$$

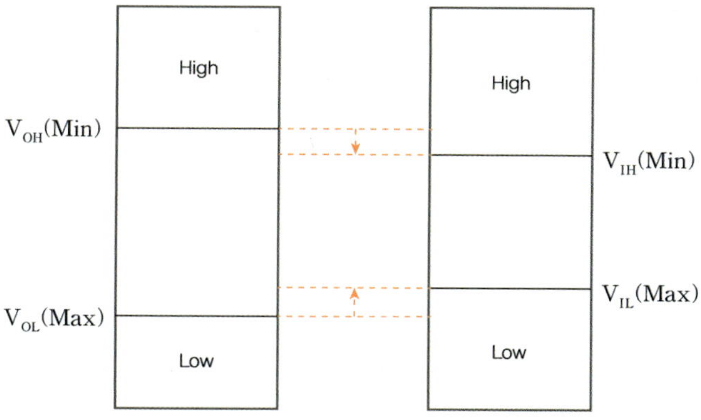

[그림 5] 잡음 여유도

[그림 5]에서 논리 게이트의 High 레벨 출력 전압인 V_{OH}는 입력단의 High 레벨 인식 전압인 V_{IH}에 비해 높다. 따라서 잡음이 생겨 V_{OH}의 값이 다소 낮아져도 High 레벨을 인식할 수 있다.

6 레벨 인식 전압 기준은 논리 게이트의 데이터시트(Data Sheet)에서 확인할 수 있다. 데이터시트는 제조사 홈페이지 및 alldatasheet.com, datasheet4u.com, datasheetcatalog.com 등에서 확인할 수 있다.

7 V_{IH} : High Level Input Voltage(High 레벨 입력 전압)
V_{IL} : Low Level Input Voltage(Low 레벨 입력 전압)
V_{OH} : High Level Output Voltage(High 레벨 출력 전압)
V_{OL} : Low Level Output Voltage(Low 레벨 출력 전압)

[표 4]를 참조해 보면, TTL의 High 레벨 잡음 여유도 $V_{OH}(Min) - V_{IH}(Min)$는 0.4[V]이다.

Low 레벨 출력 전압인 V_{OL}은 입력단의 Low 레벨 인식 전압인 V_{IL}에 비해 낮다. 따라서 잡음이 생겨 V_{OL}의 값이 다소 높아져도 Low 레벨을 인식할 수 있다. [표 4]를 참조해 보면, TTL의 Low 레벨 잡음 여유도 $V_{IL}(Max) - V_{OL}(Max)$는 0.4[V]이다.

논리 게이트의 표시 규칙

[그림 6]은 논리 게이트의 표시 규칙이다. ❶은 제조회사의 약어이고, ❷는 논리 게이트의 종류를 나타낸다. 그림의 논리 게이트는 TTL '74LS' 시리즈이다. ❸은 AND, OR, NOT과 같은 논리 게이트 종류를 표시하는 고유번호이고, ❹는 패키지(Package)[8] 형태를 표시한다.

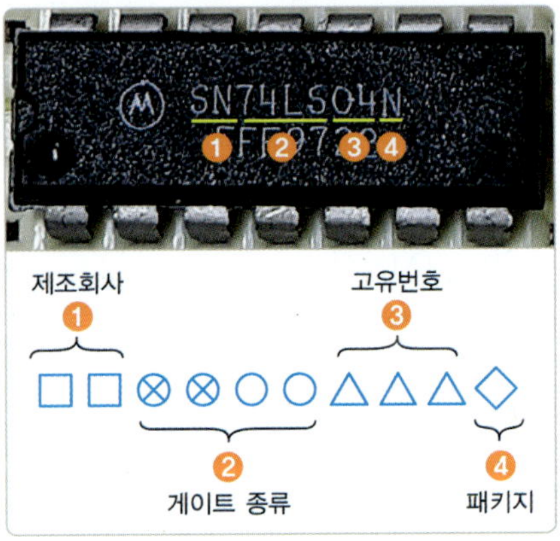

[그림 6] 논리 게이트의 표시 규칙

[표 5]는 논리 게이트의 표시 규칙에 따른 세부 사항이다.

[표 5] 논리 게이트의 표시 규칙의 세부 사항

❶ 제조회사	AM(Advanced Micro Devices), CD(RCA), DN/MN(Mitsubishi), DM(National Semiconductor), F(Fairchild) FJ(Philips), GD(LG), H(Harries), HD(Hitachi), HY(Hyundai), IM(Intersil), K-(Samsung), MB(Fujitsu), MC(Motorola), MM(Monolithic Memories), μP(NEC), N(Signetics), P(Intel), SN(Texas Instruments), TC(Toshiba), TD(Toshiba)
❷ 게이트 종류	TTL, CMOS 로직의 시리즈 구분([표 2], [표 3] 참조)
❸ 고유번호	00 : NAND 02 : NOR 04 : NOT 08 : AND 32 : OR 등 ([부록 C] 참조)
❹ 패키지	J, L : 세라믹(Ceramic) DIP N, P : 플라스틱(Plastic) DIP W : 세라믹 표면실장 패키지 D : SOP(Small-Outline Package), T : 금속 표면실장형 패키지

8 반도체 칩을 보호하고, 칩과 기판을 연결해 주는 디지털 IC의 케이스를 말한다.

[표 5]를 참조하면, [그림 6]에 보인 논리 게이트는 텍사스 인스트루먼트 사에서 만든 74LS 시리즈의 NOT 게이트이고, 플라스틱 재질의 DIP[9] 패키지이다.

논리 게이트의 핀 번호

[그림 7]은 논리 게이트를 브레드보드에 삽입한 모습이다. 기준홀(Index Hole)과 기준점(Notch Point)이 위쪽에 놓여 있다[10]. 논리 게이트를 그림과 같이 삽입할 때 왼쪽 맨 위가 '1번' 핀이다. 나머지 핀 번호는 1번부터 반시계 방향으로 붙인다.

[그림 7] 논리 게이트의 핀 번호

한편, 논리 게이트의 전원 핀(V_{CC}, GND)은 다음과 같은 규칙으로 배열된다[11].

> N개의 핀을 가진 논리 게이트는 N번 핀이 V_{CC}이고, $\frac{N}{2}$번 핀이 GND이다.

이를 적용하면 [그림 7]에 보인 논리 게이트는 14개의 핀을 가지고 있으므로 14번 핀이 V_{CC}이고, 7번 핀이 GND이다.

---

9 Dual In line Package의 약어로, 케이스 양쪽에 핀을 일렬 배치한 패키지이다.

10 제품에 따라 기준점이 표시되지 않는 경우도 있다.

11 규칙을 따르지 않는 논리 게이트도 있으므로 실험에 앞서 데이터시트의 핀 다이어그램을 확인해야 한다.

4. 디지털 IC의 특성

디지털 IC의 특성으로 전파지연시간, 팬 인과 팬 아웃, 풀업 저항과 풀다운 저항에 대하여 살펴보고, 마지막으로 오픈 컬렉터를 살펴본다.

전파지연시간

전파지연시간(Gate Propagation Delay Time)이란 입력 신호의 레벨에 따라 출력 신호의 레벨이 변하는 데 걸리는 시간이다. [그림 8]과 같이 출력 신호가 High → Low로 변할 때 나타나는 전파지연시간은 t_{PHL}(Propagation Delay Time from High to Low), 출력 신호가 Low → High로 변할 때 나타나는 전파지연시간은 t_{PLH}(Propagation Delay Time from Low to High)라 한다.

전파지연시간을 정하는 기준은 [그림 8]에 나타낸 것처럼 입력 신호의 레벨이 50[%] 변할 때부터 출력 신호의 레벨이 50[%] 변할 때까지의 시간이다.

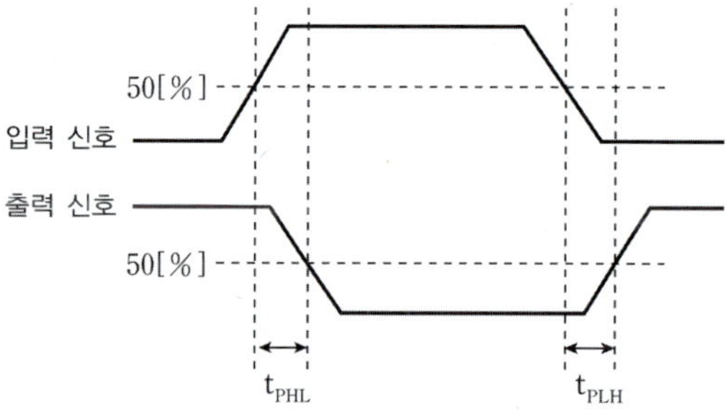

[그림 8] 전파지연시간

TEXAS INSTRUMENTS

www.ti.com

SN5400, SN54LS00, SN54S00
SN7400, SN74LS00, SN74S00

SDLS025D – DECEMBER 1983 – REVISED MAY 2017

6.9 Switching Characteristics: SNx4LS00

V_{CC} = 5 V, T_A = 25°C, and over operating free-air temperature range (unless otherwise noted). See Figure 2.

PARAMETER	FROM (INPUT)	TO (OUTPUT)	TEST CONDITIONS	MIN	TYP	MAX	UNIT
t_{PLH}	A or B	Y	R_L = 2 kΩ and C_L = 15 pF		9	15	ns
t_{PHL}					10	15	

switching characteristics, VCC = 5 V, TA = 25°C (see Figure 1)

PARAMETER	FROM (INPUT)	TO (OUTPUT)	TEST CONDITIONS	SN5404 SN7404 MIN	TYP	MAX	UNIT
tPLH	A	Y	RL = 400 Ω, CL = 15 pF		12	22	ns
tPHL					8	15	

[그림 9] 전파지연시간(t_{PHL}, t_{PLH})

전파지연시간은 게이트의 종류와 IC의 제조 방법에 따라 다르며, 데이터시트에서 확인할 수 있다. [그림 9]는 텍사스 인스트루먼트 사의 데이터시트 일부이다. 논리 게이트 '74LS00'의 t_{PHL}은 10 ~ 15[ns]이고, t_{PLH}는 9 ~ 15[ns]이다. '74LS04'의 경우, t_{PHL}은 8 ~ 15[ns]이고, t_{PLH}는 12 ~ 22[ns]이다. 이로부터 게이트에 따라 전파지연시간이 다름을 알 수 있다.

팬 인과 팬 아웃

팬 인(Fan in)은 논리 게이트의 동작에 영향을 주지 않으면서 최대로 접속할 수 있는 입력단의 수이다. 입력단을 무작정 늘리면 전파지연시간이 증가하면서 동작 오류가 생길 수 있다.

팬 아웃(Fan Out)은 논리 게이트의 동작에 영향을 주지 않으면서 최대로 연결할 수 있는 출력단의 수이다. 논리 게이트는 전압 신호인 논리 레벨에 따라 동작하지만, 회로가 정상적으로 동작하려면 적절한 전류가 흘러야 한다. 팬 아웃 이상으로 출력단을 연결하면 전류량이 부족해 동작 오류가 생길 수 있다.

팬 아웃은 다음과 같이 논리 레벨에 따라 출력 전류와 입력 전류의 비율로 정의된다. I_{OH}는 High 레벨의 출력 전류이고, I_{IH}는 출력과 연결된 논리 게이트의 High 레벨 입력 전류이다. I_{OL}은 Low 레벨의 출력 전류이고, I_{IL}는 출력과 연결된 논리 게이트의 Low 레벨 입력 전류이다.

$$\text{팬 아웃(High 레벨)} : \frac{I_{OH}}{I_{IH}}$$

$$\text{팬 아웃(Low 레벨)} : \frac{I_{OL}}{I_{IL}}$$

[그림 10]과 같이 74LS00 NAND 게이트와 74LS04 인버터가 연결된 경우를 생각해 보자. 이 경우 74LS00은 신호 레벨에 따라 I_{OH} 또는 I_{OL}을 출력하여 74LS04의 입력단에 공급한다.

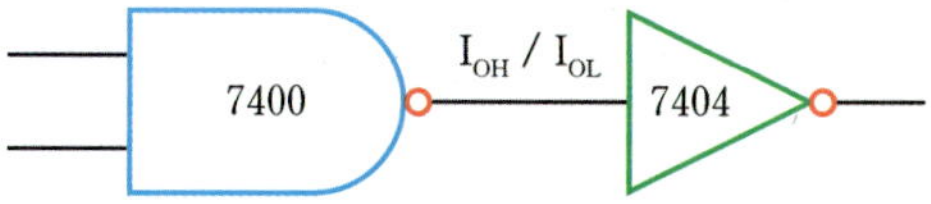

[그림 10] 74LS00과 74LS04의 연결

[표 6]은 텍사스 인스트루먼트 사의 74LS00 및 74LS04의 입출력 전류이다.

[표 6] TTL의 입출력 전류

논리 게이트	I_{OH}	I_{OL}	I_{IH}	I_{IL}
74LS00	0.4[mA]	8[mA]	–	–
74LS04	–	–	0.02[mA]	0.4[mA]

[표 6]을 기준으로 팬 아웃을 계산해 보면 아래와 같다. 팬 아웃이 '20'이므로 [그림 11]과 같이 출력단의 수를 늘려 최대 20개까지 74LS04를 연결할 수 있다.

$$팬\ 아웃(High\ 레벨) : 0.4[mA] / 0.02[mA] = 20$$
$$팬\ 아웃(Low\ 레벨) : 8[mA] / 0.4[mA] = 20$$

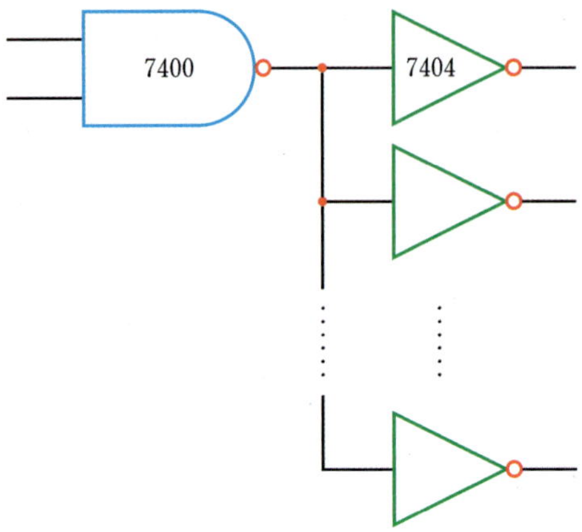

[그림 11] 다수의 논리 게이트 연결(팬 아웃)

풀업 저항과 풀다운 저항

[그림 12]는 7404 인버터의 다양한 입력 연결 상태이다. (a)는 인버터의 입력에 High 레벨이 연결된 상태이고, (b)는 Low 레벨이 연결된 상태이다.

(c)의 경우는 입력이 어떤 것과도 연결되어 있지 않다. 이러한 상태를 불안정하게 떠 있다는 의미에서 플로팅(Floating)이라 한다.

플로팅 상태가 되면 게이트는 대부분 High 레벨이 연결된 것과 같이 동작한다. 하지만 상태가 불안정하므로 전기적 잡음에 의해 Low 레벨로 인식되는 오동작이 일어날 수 있다. 오동작을 막기 위해서 논리 게이트 입력에 풀업(Pull-up) 또는 풀다운(Pull-down) 저항을 연결한다.

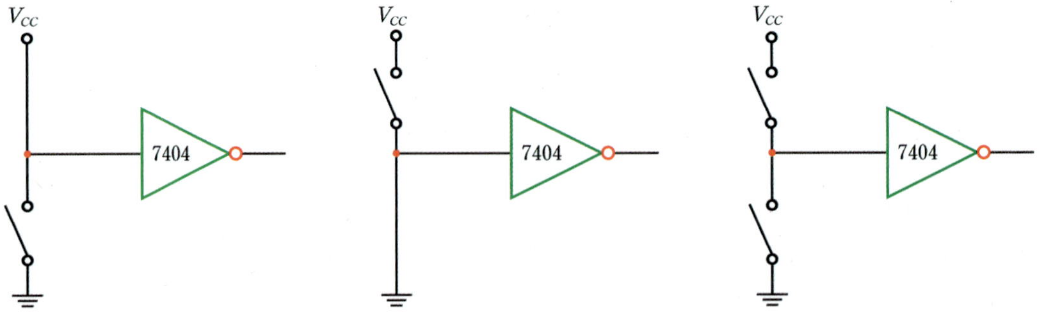

(a) High 레벨 입력 (b) Low 레벨 입력 (c) 플로팅 상태

[그림 12] 논리 게이트의 입력 연결 상태

[그림 13]에서 전원 V_{CC}에 저항을 연결하는 풀업 저항을 살펴보자. (a)의 경우, V_{CC}가 풀업 저항을 통해 논리 게이트 입력에 연결되어 있다. 따라서 논리 게이트에는 'High 레벨'이 입력된다. (b)의 경우, 접지 쪽 스위치가 닫혀 있으므로 논리 게이트 입력은 접지와 연결되며 'Low 레벨'이 입력된다[12].

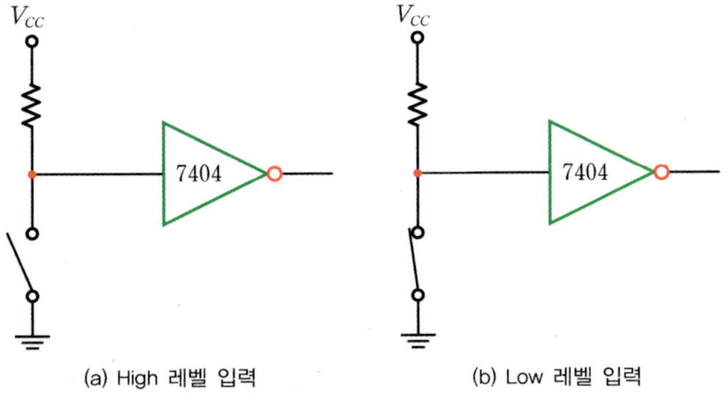

[그림 13] **풀업 저항의 연결**

[그림 13]과 같이 풀업 저항을 연결하면, 논리 게이트에는 High 또는 Low 레벨만이 입력되며 플로팅 상태는 생기지 않는다.

[그림 14]에서 접지 쪽에 저항을 연결하는 풀다운 저항의 연결 예를 살펴보자. (a)의 경우, V_{CC} 쪽 스위치가 닫혀 있으므로 논리 게이트 입력에는 'High 레벨'이 입력된다. (b)의 경우, 스위치가 열려 있으므로 논리 게이트에는 풀다운 저항을 통해 'Low 레벨'이 입력된다. 즉 풀다운 저항을 연결하는 경우에도 플로팅 상태는 생기지 않는다.

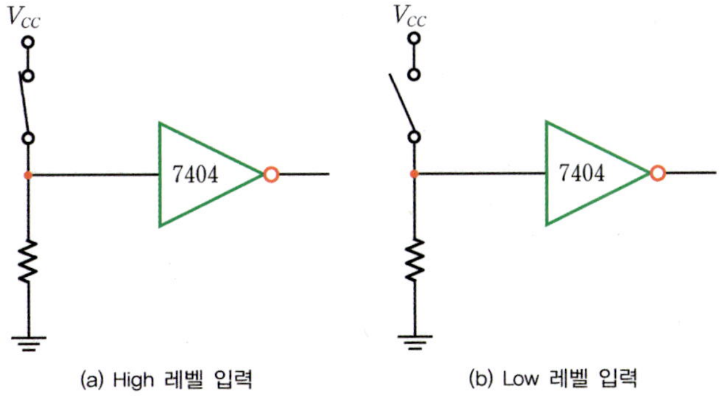

[그림 14] **풀다운 저항의 연결**

풀업 및 풀다운 저항으로는 수 ~ 수십[kΩ] 정도의 저항을 사용할 수 있으며 주로 10[kΩ]의 저항이 사용된다.

---

12 V_{CC}와 접지가 모두 연결된 것으로 보이나 저항이 연결되지 않은 접지 쪽이 우선이다.

오픈 콜렉터

트랜지스터의 콜렉터(Collector)에 전원과 저항을 연결하지 않고 그대로 논리 게이트의 출력 단자로 사용하는 것을 오픈 콜렉터(Open Collector)라 한다. 트랜지스터의 단자 이름에 따라 BJT(Bipolar Junction Transistor)는 오픈 콜렉터, FET(Field Effect Transistor)는 오픈 드레인(Open Drain)이라 한다.

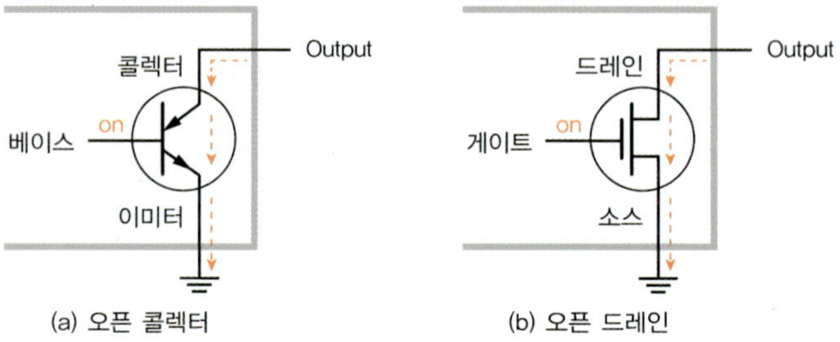

[그림 15] 오픈 콜렉터와 오픈 드레인

오픈 콜렉터 및 오픈 드레인 구조는 [그림 15]에 보인 것처럼 트랜지스터가 온(on)되면, 접지와 출력 단자(Output)가 연결되어 Low 레벨을 출력할 수 있다. 그런데 전원이 연결되어 있지 않으므로 스스로 High 레벨은 출력할 수 없다.

High 레벨을 출력하려면, [그림 16]과 같이 전원 V_C와 풀업 저항을 연결해야 한다[13]. [그림 16]과 같이 트랜지스터의 베이스에 'Low' 신호를 주면, 트랜지스터가 오프(off)된다. 그러면 전원 V_C와 출력 단자(Output)가 연결되면서 High 레벨이 출력된다.

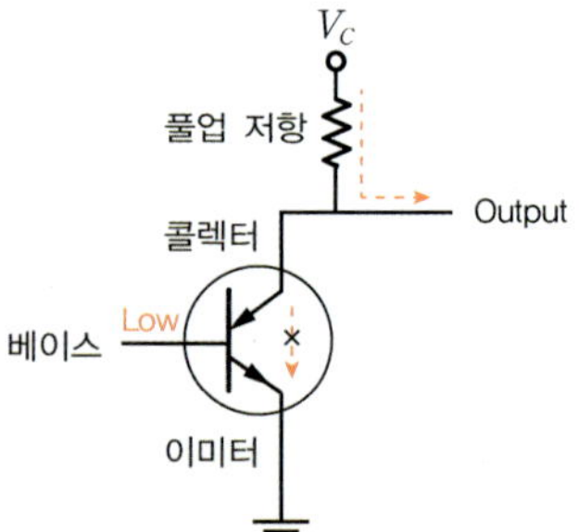

[그림 16] 풀업 저항의 연결

13 오픈 드레인의 경우도 같은 방법으로 풀업 저항을 연결한다.

오픈 콜렉터 및 오픈 드레인 구조의 장점은 전원 V_C를 이용하여 출력 전압과 전류를 조절할 수 있다는 점이다. 예를 들어 디지털 IC의 전원 전압보다 높은 전압이나 큰 전류가 필요한 전기장치를 동작시키는 경우, 오픈 콜렉터 및 오픈 드레인 구조의 논리 게이트를 출력단으로 구성하고, 전원 V_C를 높이면 된다[14].

오픈 콜렉터 및 오픈 드레인 구조는 [그림 17]과 같이 출력을 하나로 묶어 와이어드 AND(Wired AND) 연결을 만들 수 있다. 이는 각 게이트의 출력을 AND 게이트로 연결한 것과 같은 논리 동작을 한다.

[그림 17]을 살펴보자. 논리 게이트 A, B, C 중에서 어느 하나의 트랜지스터가 온되어 콜렉터가 접지와 연결되면서 Low 레벨이 되면(그림에서는 논리 게이트 C), 출력 단자(Output)는 무조건 Low 레벨이 된다. 반대로 모든 트랜지스터가 오프되면, 출력 단자(Output)는 전원 V_C와 연결되어 High 레벨이 된다. 즉 [그림 17]은 각 게이트를 AND 게이트로 연결한 것과 같은 논리 동작을 한다[15]. 이를 와이어드 AND라 한다.

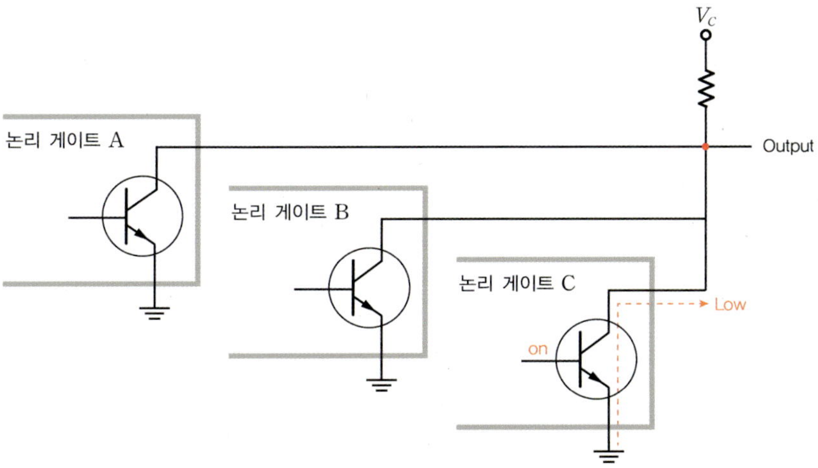

[그림 17] 와이어드 AND

14 오픈 콜렉터 및 오픈 드레인에 관한 내용은 데이터시트에서 확인할 수 있다.

15 논리 게이트 A, B, C의 트랜지스터가 모두 오프되면, 각 트랜지스터의 콜렉터는 모두 High 레벨이 된다. 이 경우에만 출력 단자(Output)가 High 레벨이 되므로 이는 AND 게이트의 논리 동작이다.

5. 10진수와 2진수

10진수

0부터 9까지 10개의 숫자로 표현되는 수를 10진수(Decimal Number)라 한다. 10진수는 일상생활에서 주로 사용하는 가장 기본적인 수 체계[16]이다. 10진수는 소수점을 기준으로 하여 왼쪽으로는 지수가 '0'부터 증가하고, 오른쪽으로는 지수가 '−1'부터 감소하는 수 체계를 따른다.

예를 들어 10진수 '123.45'를 수 체계에 따라 정리하면 다음과 같다. 녹색으로 나타낸 부분이 소수점 왼쪽이고, 파란색으로 나타낸 부분이 소수점 오른쪽이다.

$$
\begin{aligned}
(123.45)_{10} &= 1\times10^{2}+2\times10^{1}+3\times10^{0}+4\times10^{-1}+5\times10^{-2} \\
&= 100+20+3+0.4+0.05=(123.45)_{10}
\end{aligned}
$$

2진수

0과 1, 두 개의 숫자로 표현하는 수를 2진수(Binary Number)라 한다. 2진수도 10진수와 마찬가지로 소수점을 기준으로 왼쪽으로는 지수가 증가하고, 오른쪽으로는 지수가 감소하는 수 체계를 따른다.

예를 들어 2진수 '1011.11'을 수 체계에 따라 정리하면 다음과 같다. 10진수의 예와 마찬가지로 소수점의 왼쪽은 녹색으로, 오른쪽은 파란색으로 표시하였다.

$$
\begin{aligned}
(1011.11)_{2} &= 1\times2^{3}+0\times2^{2}+1\times2^{1}+1\times2^{0}+1\times2^{-1}1\times2^{-2} \\
&= 8+0+2+1+0.5+0.25=(11.75)_{10}
\end{aligned}
$$

이처럼 2진수를 수 체계에 따라 정리하면, 2진수를 10진수로 변환할 수 있다.

10진수를 2진수로 변환하기

10진수를 2진수로 변환하는 방법은 10진수를 몫이 1이 될 때까지 2로 나누는 것이다. 이때 처음 생긴 나머지가 최하위 비트(LSB, Least Significant Bit)가 되고, 맨 나중에 남은 몫이 최상위 비트(MSB, Most Significant Bit)가 된다.

예를 들어 10진수 '14'를 2진수로 변환하면 [그림 18]과 같다. 14를 2로 나눌 때 처음 생기는 나머지는 0이다. 따라서 2진수의 LSB는 0이다. 그림과 같이 몫이 1이 될 때까지 2로 나눈다. 그러면 MSB는 1이 되며, 결과적으로 2진수 '1110'을 얻는다.

---

16 수의 표현 체계를 뜻한다. 예를 들면 2진수, 8진수, 16진수 등이 있다.

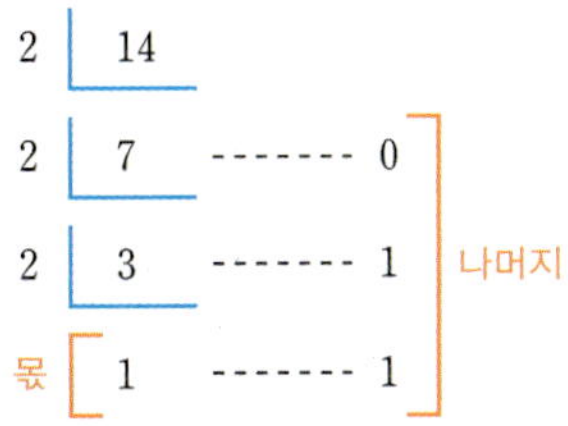

[그림 18] 10진수를 2진수로 변환

2진수를 10진수로 변환하기

[그림 18]에서 변환한 2진수 '1110'을 10진수로 변환하면 다음과 같다. 결과적으로 원래의 10진수 '14'를 얻는다.

$$
\begin{aligned}
(1110)_2 &= 1 \times 2^3 + 1 \times 2^2 + 1 \times 2^1 + 0 \times 2^0 \\
&= 8 + 4 + 2 + 0 = (14)_{10}
\end{aligned}
$$

6. 실험 요령

디지털 회로를 실험할 때 도움이 되는 몇 가지 요령을 소개한다.

- 회로를 구성할 때는 디지털 IC가 손상되지 않도록 디지털 실험장치의 전원을 오프하라.
- 전원, 입력, 출력 단자별로 가능한 한 다른 색의 연결선을 사용하라. 그러면 연결을 확인하기 쉽다.
- 가능한 한 연결선을 짧게 하여 회로를 구성하라.
- 회로도에 연결이 끝난 핀 번호를 표시해 두면, 실수를 줄일 수 있다.
- 회로가 동작하지 않는다고 연결선을 모두 제거하고 다시 배선하지 않는다. 다시 배선하는 과정에 또 다른 실수가 생길 수 있어 비효율적이다.
- 회로가 동작하지 않으면, 다음의 단계로 확인하라.
  ① 연결하지 않은 곳이 있는지 확인한다.
  ② 회로도에 표시된 핀끼리 바르게 연결하였는지 확인한다.
  ③ 신호의 전달 단계별로 입력과 출력을 확인한다.
  ④ 여전히 회로가 제대로 동작하지 않으면, 디지털 IC를 바꾸어 본다.
- 브레드보드에서 디지털 IC를 뺄 때는 핀이 구부러지지 않도록 균형을 맞추면서 천천히 작업하라.
- CMOS 로직 논리 게이트는 정전기에 약하므로 주의하라.
- 책에서 '(Yes□ No□)' 등을 체크하면서 실험 결과를 점검할 수 있다. 이를 활용하라.

7. PSpice 시뮬레이션 활용

이 책은 실험에서 다룬 디지털 회로를 PSpice로 시뮬레이션하면서 복습할 수 있도록 내용을 구성하였다. 실험에 많은 시간이 필요한 복잡한 구조의 디지털 회로도 PSpice를 이용하면 쉽게 동작을 확인할 수 있다. 또한 디지털 회로의 구성과 동작 조건을 바꾸는 작업도 PSpice를 이용하면 간단해진다. 주어진 과제에 국한하지 말고 PSpice로 다양한 디지털 회로를 시뮬레이션해 보기 바란다.

8. 실험 보고서

실험 보고서는 실험 과정과 결과를 자세하게 작성한 문서이다. 이를 작성하는 목적은 기초 이론, 실험 결과 등을 정리하고, 실험 결과를 검토하면서 자신의 지식으로 만드는 데 있다. 이 책에서는 각 실험별 보고서를 각 장의 뒷부분에 만들어 두었으니 활용하기 바란다.

PART 01

기본 논리 게이트

AND, OR, NOT과 같은 기본 논리 게이트의 동작을 진리표, 타이밍도, TTL(Transistor Transistor Logic) 회로를 통해 배운다. 또한 실험 결과를 확인하고 복습하는 데 활용할 PSpice 프로그램의 사용 방법을 익히고, 드 모르강의 정리와 카르노 맵을 이용하여 논리식을 간소화하는 방법을 배운다.

실험 01

AND, OR, NOT 게이트

학습목표
- AND 게이트와 OR 게이트의 논리 동작을 실험한다.
- NOT 게이트의 논리 동작을 실험한다.

1.1 기초 이론

논리 함수를 전자회로로 구현한 디지털 IC(Integrated Circuit)를 흔히 논리 게이트(Logic Gate)라고 한다. 이는 논리에 따라 디지털 IC가 문(게이트)을 열어 1(High)을 출력하거나, 문을 닫아 0(Low)을 출력하는 동작을 특징적으로 나타낸다. 전자적으로 '1'은 5[V]이고 '0'은 0[V]이다.

디지털 회로는 여러 종류의 논리 게이트를 조합한 것이다. 따라서 디지털 회로를 이해하려면 먼저 논리 게이트의 동작을 알아야 한다. 이번 실험에서는 논리 게이트 중에서 가장 기본이 되는 AND, OR, NOT 게이트에 대해 살펴본다.

1.1.1 AND 게이트

AND 게이트는 AND 논리를 전자회로로 만든 것으로, 2개 이상의 입력 단자와 1개의 출력 단자로 구성된다. AND 논리는 논리곱(Logical Product)[1]을 말하며, 모든 입력이 1일 때 1이 출력된다.

[그림 1-1]은 AND 논리를 나타낸다. 스위치를 닫을 때를 1이라 하면 스위치 A와 B를 모두 닫을 때, 즉 A=1, B=1일 때 LED(Light Emitting Diode, 발광 다이오드)가 켜진다. 스위치 A 또는 B 중에서 어느 하나만을 닫으면 LED는 켜지지 않는다. 이처럼 모든 입력이 1일 때 출력이 1(LED on)이 되는 논리가 AND 논리이다.

1 명제 A와 B에 대하여 'A AND B'로 표현되는 논리이다. A와 B가 모두 참일 때 참이 성립된다.

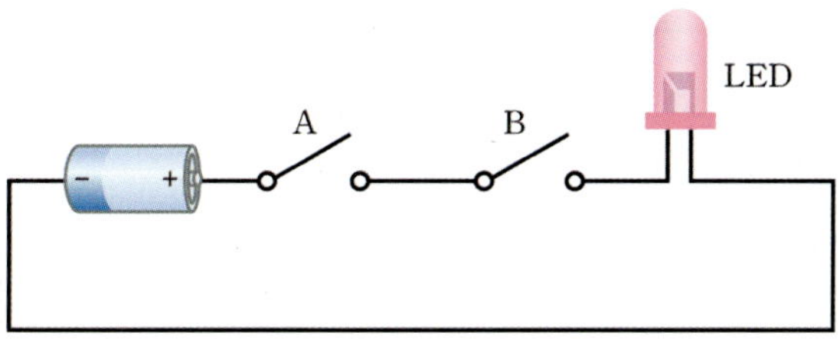

[그림 1-1] AND 논리

[그림 1-2]는 AND 게이트의 기호(Symbol)로, 그림에서 '7408'은 AND 게이트의 고유 IC 번호를 나타낸다. [표 1-1]은 AND 게이트의 진리표(Truth Table)[2]이다. A = 1, B = 1일 때 출력 X = 1이고, 그 밖의 경우에 X = 0이다. AND 게이트의 논리식은 X = AB 또는 X = A · B로 표시하며, 'A and B'로 읽는다.

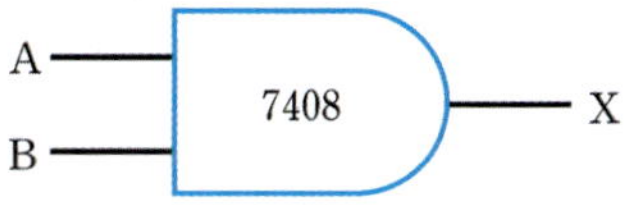

[그림 1-2] AND 게이트의 기호

[표 1-1] AND 게이트의 진리표

A	B	X
0	0	0
0	1	0
1	0	0
1	1	1

[그림 1-3]은 AND 게이트의 타이밍도(Timing Diagram)[3]이다. 입력 A = 1, B = 1일 때만 출력 X = 1이 됨을 알 수 있다.

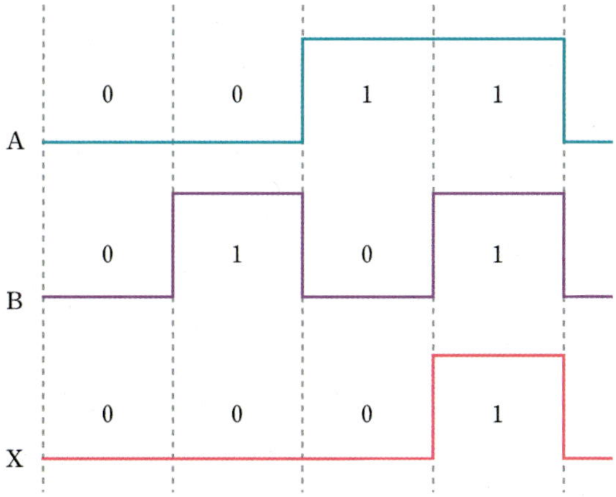

[그림 1-3] AND 게이트의 타이밍도

2 입력(A와 B)에 따른 출력을 나타낸 표이다. 입력이 2개이므로 진리표는 4가지 경우(00, 01, 10, 11)로 조합된다.

3 디지털 회로에서 시간에 따른 각 신호의 변화를 나타낸다. 입력과 출력을 타이밍도로 나타내면 입력에 따른 출력의 변화를 쉽게 알 수 있다.

[그림 1-4]는 3입력 AND 게이트의 기호로, 고유 IC 번호는 '7411'이다. [표 1-2]는 3입력 AND 게이트의 진리표로, 입력이 3개이므로 8가지 경우로 조합된다. AND 게이트와 마찬가지로 모든 입력이 1일 때만 출력 X = 1이다.

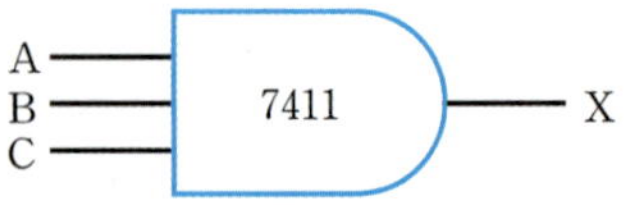

[그림 1-4] 3입력 AND 게이트의 기호

[표 1-2] 3입력 AND 게이트의 진리표

A	B	C	X
0	0	0	0
0	0	1	0
0	1	0	0
0	1	1	0
1	0	0	0
1	0	1	0
1	1	0	0
1	1	1	1

NMOS로 구현한 AND 논리

여기서 잠깐

디지털 IC는 저항, 다이오드, 트랜지스터와 같은 아날로그 전자부품을 연결하여 만든다. 아날로그와 디지털은 별개의 것으로 생각하기 쉬운데, 사실 디지털 IC는 아날로그 회로에 의하여 구현된다. 즉 디지털 동작의 바탕은 아날로그 회로이다. 여기에서는 NMOS(N채널 MOSFET)의 TTL로 구현한 AND 게이트를 소개한다.

NMOS는 전계효과 트랜지스터로, [그림 1-5]와 같이 게이트(Gate) G에 High를 주면 온된다. 트랜지스터가 온되었다는 것은 채널이 형성되면서 소스(Source) S와 드레인(Drain) D 사이가 연결되었다는 것이다. 반대로 게이트 G에 Low를 주면 채널이 사라지면서 소스와 드레인 간의 연결은 끊어진다.

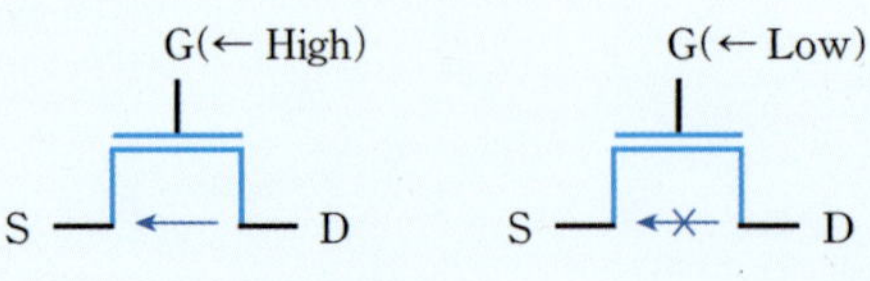

[그림 1-5] NMOS의 동작

[그림 1-6(a)]는 NMOS로 구현한 AND 논리이다. 파란색으로 나타낸 것이 NMOS이다. Vcc는 전원 전압으로 5[V]이다. 입력 A와 B가 모두 1(High)이면, [그림 1-6(b)]와 같이 NMOS ❶과 ❷가 모두 온된다. 그러면 NMOS ❸의 게이트 G가 접지와 연결되면서 오프된다. 이때 출력 X는 Vcc와 연결되므로 1이 된다. 즉 A=1, B=1일 때 출력 X=1이 된다.

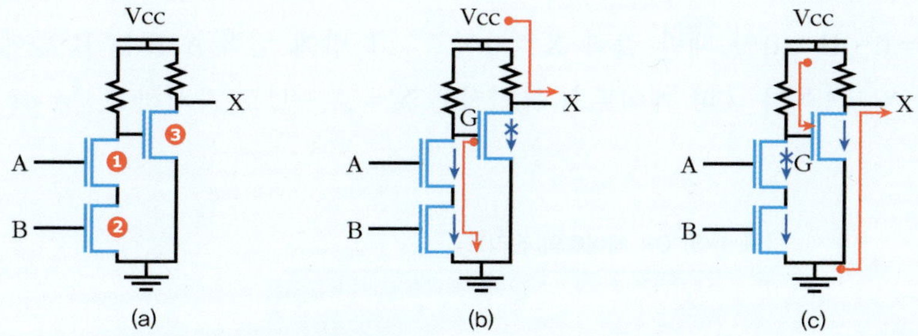

[그림 1-6] TTL로 구현한 AND 논리

입력 A가 0(Low)이고 입력 B가 1이면, [그림 1-6(c)]와 같이 NMOS ❶은 오프되고, NMOS ❷는 온된다. 그러면 NMOS ❸의 게이트 G가 Vcc와 연결되면서 NMOS ❸이 온된다. 그러면 출력 X는 접지와 연결되면서 0이 된다.

입력 A가 1이고 입력 B가 0인 경우, 입력 A와 B가 모두 0인 경우에도 이와 마찬가지로 NMOS ❸이 온되고 출력 X가 접지와 연결되면서 0이 된다.

1.1.2 OR 게이트

OR 게이트는 OR 논리를 전자회로로 만든 것으로, 2개 이상의 입력 단자와 1개의 출력 단자로 구성된다. OR 논리는 논리합(Logical Sum)[4]을 말하며, 어느 한 입력이 1이면 1이 출력된다.

[그림 1-7]은 OR 논리를 나타낸다. 스위치 A 또는 B 중에서 어느 하나를 닫으면 LED는 켜진다. 물론 모든 스위치를 닫아도 LED는 켜진다. 이처럼 어느 한 입력이 1일 때 출력이 1(LED on)이 되는 논리가 OR 논리이다.

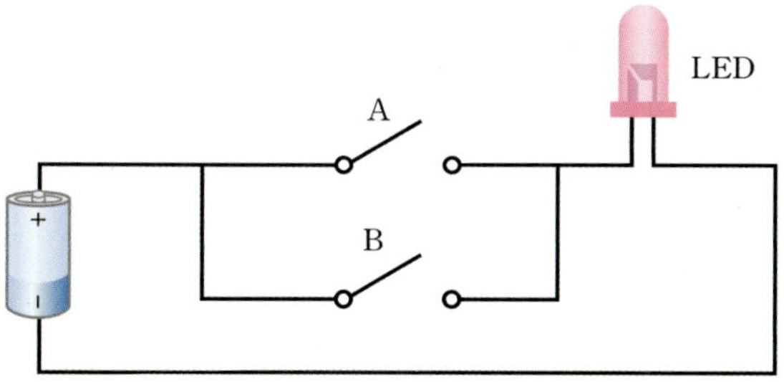

[그림 1-7] OR 논리

4 명제 A와 B에 대하여 'A OR B'로 표현되는 논리이다. A와 B 중에서 어느 하나가 참이면 참이 성립된다.

[그림 1-8]은 OR 게이트의 기호로, '7432'는 OR 게이트의 고유 IC 번호이다. [표 1-3]은 OR 게이트의 진리표이다. A = 0, B = 0일 때만 출력 X = 0이고, 그 밖에 입력 A 또는 B 중에서 어느 하나라도 1이면 출력 X = 1이다. OR 게이트의 논리식은 X = A + B로 표시하고, 'A or B'로 읽는다.

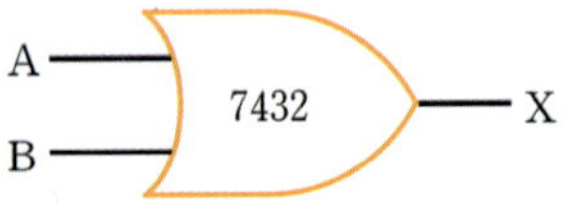

[그림 1-8] OR 게이트의 기호

[표 1-3] OR 게이트의 진리표

A	B	X
0	0	0
0	1	1
1	0	1
1	1	1

[그림 1-9]는 OR 게이트의 타이밍도이다. 입력 A = 0, B = 0일 때만 출력 X = 0이고 다른 모든 경우에 출력 X = 1이다.

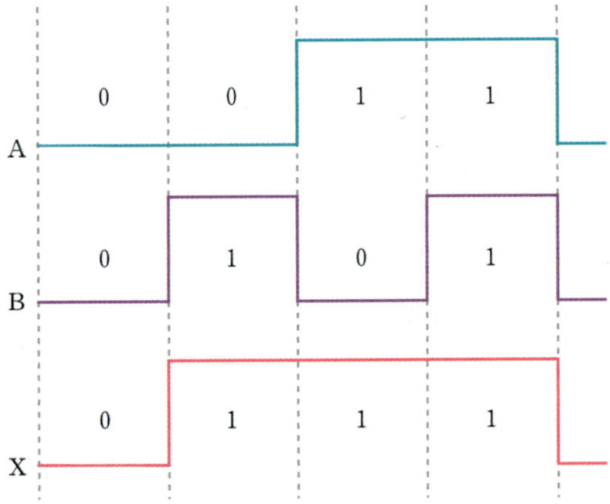

[그림 1-9] OR 게이트의 타이밍도

[그림 1-10]은 3입력 OR 게이트[5]의 기호로, 고유 IC 번호는 '4075'이다. [표 1-4]는 3입력 OR 게이트의 진리표이다. 입력 A, B, C가 모두 0일 때 출력 X = 0이고 다른 모든 경우에 출력 X = 1이다.

5 TTL 시리즈에는 3입력 OR 게이트가 없지만, CMOS 로직 제품인 '74HC4075'가 있다.

[그림 1-10] 3입력 OR 게이트의 기호

[표 1-4] 3입력 OR 게이트의 진리표

A	B	C	X
0	0	0	0
0	0	1	1
0	1	0	1
0	1	1	1
1	0	0	1
1	0	1	1
1	1	0	1
1	1	1	1

NMOS로 구현한 OR 논리

여기서 잠깐

[그림 1-11(a)]는 NMOS로 구현한 OR 논리이다. NMOS ❸의 게이트 G는 NMOS ❶ 및 NMOS ❷를 통해 접지와 연결되어 있다. [그림 1-11(b)]는 입력 A=0, B=1인 경우로, NMOS ❶은 오프되고, NMOS ❷는 온된다. 그러면 NMOS ❸의 게이트 G가 NMOS ❷를 통해 접지와 연결되면서 NMOS ❸은 오프된다. NMOS ❸이 오프되면, Vcc가 출력 X와 연결되므로 1이 출력된다. A=1, B=0 및 A=1, B=1일 때에도 NMOS ❸이 오프되므로 출력 X는 1이 된다.

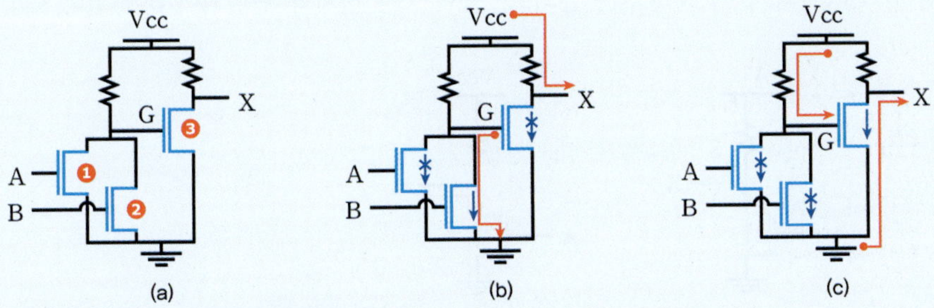

[그림 1-11] TTL로 구현한 OR 논리

반면에 [그림 1-11(c)]와 같이 입력 A=0, B=0이면, NMOS ❶과 ❷가 모두 오프된다. 그러면 NMOS ❸의 게이트 G가 Vcc와 연결되므로 NMOS ❸은 온된다. NMOS ❸이 온되면, 출력 X는 접지와 연결되며 0이 출력된다.

1.1.3 NOT 게이트

NOT 게이트는 부정의 논리를 전자회로로 만든 것으로, 1개의 입력 단자와 1개의 출력 단자로 구성된다. NOT 게이트는 인버터(Inverter)라고도 한다. NOT 논리는 입력과 반대의 논리 레벨을 출력하는 논리이다.

[그림 1-12]는 NOT 게이트의 기호로, '7404'는 NOT 게이트의 고유 IC 번호이다. [표 1-5]는 NOT 게이트의 진리표이다. 입력 A와 출력 X는 서로 반대(부정) 논리를 가진다. NOT 게이트의 논리식은 $X = \overline{A}$ 로 표시하고, 'A bar'로 읽는다.

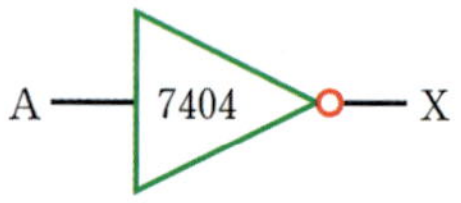

[그림 1-12] NOT 게이트의 기호

[표 1-5] NOT 게이트의 진리표

A	X
0	1
1	0

NMOS로 구현한 NOT 논리

여기서 잠깐

[그림 1-13(a)]는 NMOS로 구현한 NOT 논리이다. NMOS의 게이트 G는 입력 A와 연결되어 있다. A=0이면, [그림 1-13(b)]와 같이 NMOS가 오프되고, 출력 X는 Vcc와 연결되어 1이 된다. 반대로 A=1이면, [그림 1-13(c)]와 같이 NMOS는 온되고, 출력 X는 접지와 연결되어 0이 된다.

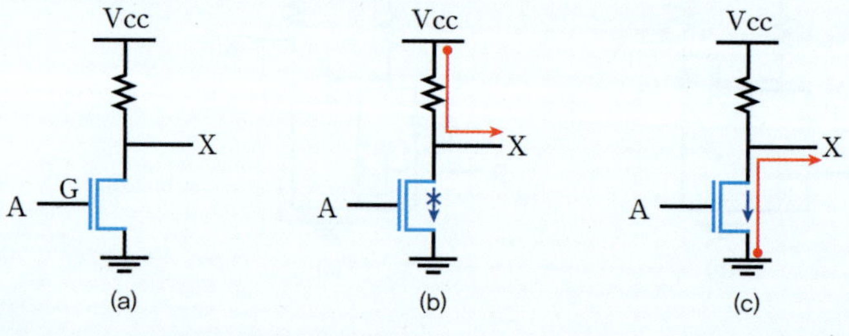

[그림 1-13] TTL로 구현한 NOT 논리

1.2 실험

【실험장비】

실험기기	디지털 실험장치	1대
회로부품	디지털 IC	7408(AND 게이트)
		7411(3입력 AND 게이트)
		7432(OR 게이트)
		7404(NOT 게이트)

1.2.1 AND 게이트

1 [그림 1-14]와 같은 AND 게이트의 실험회로를 구성하라. 각 단자에 표시된 숫자는 IC의 핀 번호이다. 배선은 아래의 [실험 따라하기]를 참조한다.

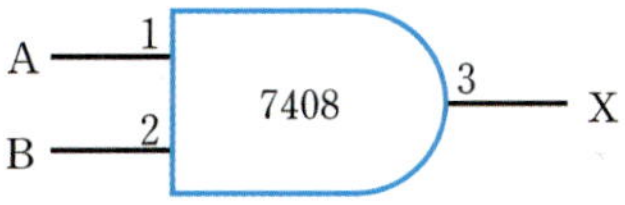

[그림 1-14] AND 게이트

2 입력 A, B에 따른 출력 X를 측정[6]하여 [표 1-6]에 기록하라.

[표 1-6] AND 게이트의 실험 결과

A	B	X
0	0	
0	1	
1	0	
1	1	

실험 따라하기 AND 게이트([그림 1-14])

1 **AND 게이트인 7408 IC의 핀 다이어그램과 패키지를 확인한다.**

7408 IC에는 4개의 AND 게이트가 있다. 회로도에 따라 1~3번 핀의 첫 번째 AND 게이트를 사용한다. (다른 핀에 연결된 AND 게이트를 사용해도 된다.)

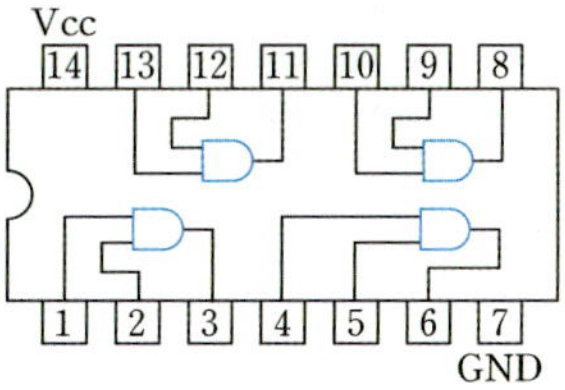

6 디지털 실험장치를 이용하면 편리하게 측정할 수 있다. 디지털 실험장치의 사용 방법은 〈부록 A〉를 참고하기 바란다.

2 브레드보드에 7408 IC를 삽입한다.

3 디지털 실험장치를 이용하여 7408 IC에 전원(Vcc, GND)을 연결한다.

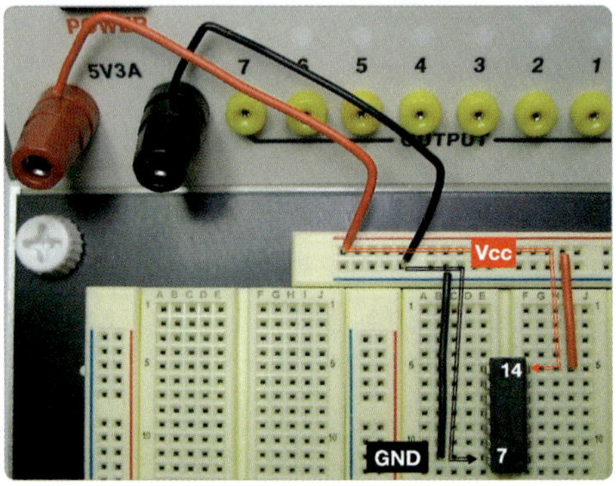

4 AND 게이트의 입력 A와 B(1번, 2번 핀)를 디지털 실험장치의 입력 설정부와 연결한다.

5 AND 게이트의 출력 X(3번 핀)를 디지털 실험장치의 출력 표시부와 연결한다.

6 입력 설정부의 토글스위치를 사용하여 입력 A와 B를 [표 1-6]에 주어진 값(0,0 → 0,1 → 1,0 → 1,1)으로 바꾸며 각각에 대한 출력 X를 확인하여 [표 1-6]에 기록한다.

7 다음 그림은 입력 A와 B를 1, 1로 설정한 모습으로 출력 X = 1을 얻었다(LED on).

3 [그림 1-15(a)]와 같이 AND 게이트 2개를 이용하여 3입력 AND 게이트를 구성하라. [그림 1-15(b)]는 배선도이다[7].

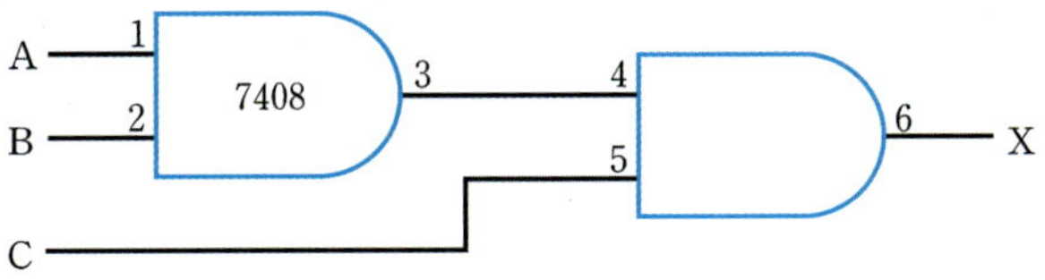

(a)

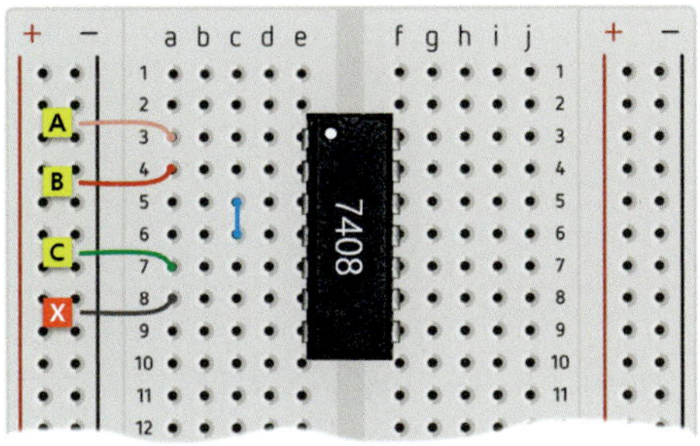

(b)

[그림 1-15] 3입력 AND 게이트 – AND 게이트 2개로 구성

4 3개의 입력 A, B, C에 따른 출력 X를 측정하여 [표 1-7]에 기록하라.

[표 1-7] 3입력 AND 게이트의 실험 결과

A	B	C	X	Y
0	0	0		
0	0	1		
0	1	0		
0	1	1		
1	0	0		
1	0	1		
1	1	0		
1	1	1		

5 [그림 1-16(a)]와 같은 3입력 AND 게이트 '7411'의 실험회로를 구성하라. [그림 1-16(b)]는 배선도이다.

7 복잡함을 피하기 위해 배선도에는 IC의 전원(Vcc, GND) 연결은 표시하지 않았다.

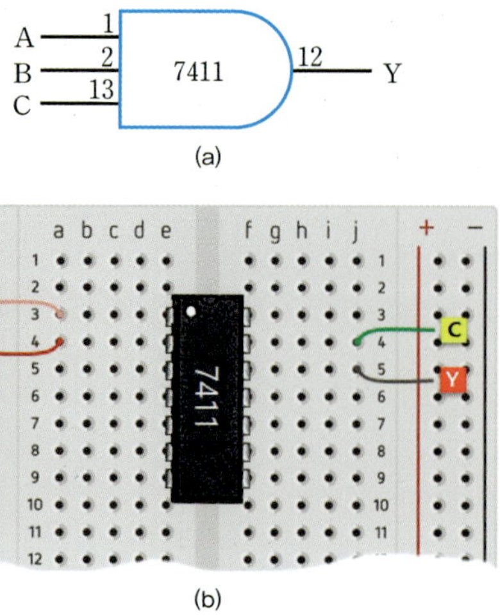

[그림 1-16] 3입력 AND 게이트

6 3개의 입력 A, B, C에 따른 출력 Y를 측정하여 [표 1-7]에 기록하라.

7 [표 1-7]에서 출력 X와 Y의 실험 결과가 서로 같은지 확인하라. (같음□ 다름□)

8 복잡함을 피하기 위해 배선도에는 IC의 전원(Vcc, GND) 연결을 표시하지 않았다.

1.2.2 OR 게이트

1 [그림 1-17(a)]와 같은 OR 게이트의 실험회로를 구성하라. [그림 1-17(b)]는 배선도이다.

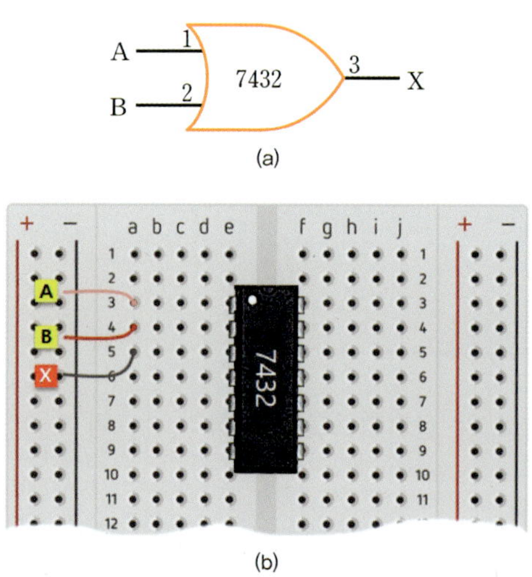

[그림 1-17] OR 게이트

2 입력 A, B에 따른 출력 X를 측정하여 [표 1-8]에 기록하라.

[표 1-8] OR 게이트의 실험 결과

A	B	X
0	0	
0	1	
1	0	
1	1	

3 [그림 1-18(a)]와 같이 OR 게이트 2개를 이용하여 3입력 OR 게이트를 구성하라. [그림 1-18(b)]는 배선도이다.

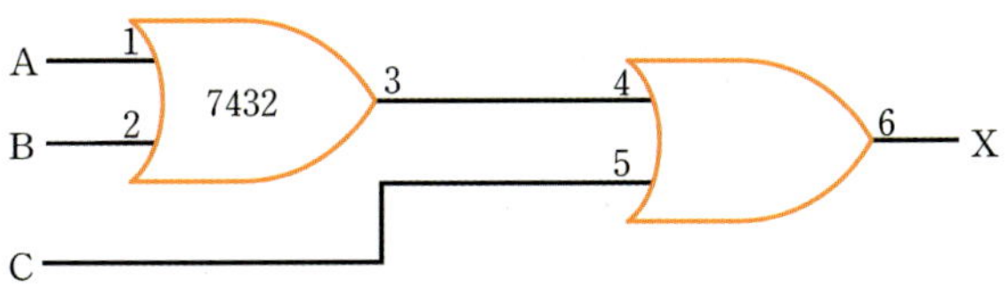

(a)

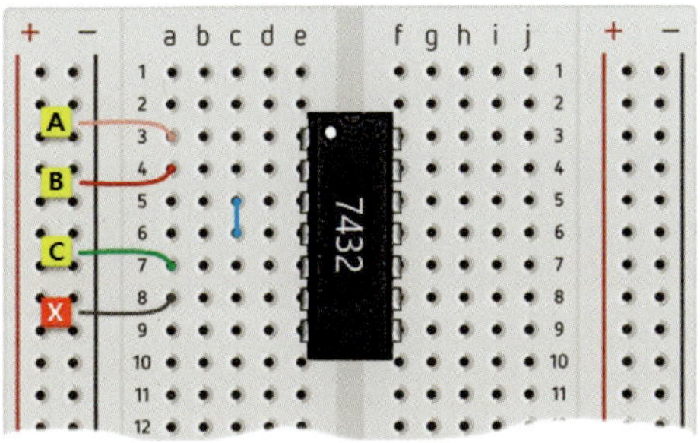

(b)

[그림 1-18] 3입력 OR 게이트 – OR 게이트 2개로 구성

4 입력 A, B, C에 따른 출력 X를 측정하여 [표 1-9]에 기록하라.

[표 1-9] 3입력 OR 게이트의 실험 결과

A	B	C	X
0	0	0	
0	0	1	
0	1	0	
0	1	1	
1	0	0	
1	0	1	
1	1	0	
1	1	1	

1.2.3 NOT 게이트

1 [그림 1-19(a)]와 같은 NOT 게이트의 실험회로를 구성하라. [그림 1-19(b)]는 배선도이다.

(a) (b)

[그림 1-19] NOT 게이트

2 입력 A에 따른 출력 X를 측정하여 [표 1-10]에 기록하라.

[표 1-10] NOT 게이트의 실험 결과

A	X
0	
1	

셀프 테스트

(1) AND 논리는 (논리합, 논리곱)이라고 한다.

(2) 논리 게이트의 입력에 따른 출력을 나타낸 표를 (   )(이)라 한다.

(3) 모든 입력이 1일 때만 1이 출력되는 논리 게이트는 (AND, OR, NOT) 게이트이다.

(4) 어느 한 입력만 1이면 1이 출력되는 논리 게이트는 (AND, OR, NOT) 게이트이다.

(5) 입력을 A와 B, 출력을 X라 할 때 OR 게이트의 논리식은 (X=AB, X=A+B)이다.

(6) 디지털 회로에서 시간에 따른 각 신호의 변화는 (   )(으)로 나타낸다.

(7) 논리 게이트의 입력이 3개이면 입력의 상태를 (4가지, 6가지, 8가지)로 조합할 수 있다.

(8) [그림 1-6(a)]의 AND 논리에서 입력이 A=1, B=0이면, NMOS ❸은 (온, 오프)된다.

(9) [그림 1-11(a)]의 OR 논리에서 입력이 A=0, B=1이면, NMOS ❸은 (온, 오프)된다.

예비학습

(1) 2입력 NAND 게이트의 진리표를 작성하고, AND 게이트와 다른 점을 설명하라.

(2) 2입력 NOR 게이트의 진리표를 작성하고, OR 게이트와 다른 점을 설명하라.

결과 보고서

실험 01 AND, OR, NOT 게이트

- 학번 :
- 이름 :
- 실험일 :

실험 1 AND 게이트

[표 1-6] AND 게이트의 실험 결과

A	B	X
0	0	
0	1	
1	0	
1	1	

[표 1-7] 3입력 AND 게이트의 실험 결과

A	B	C	X	Y
0	0	0		
0	0	1		
0	1	0		
0	1	1		
1	0	0		
1	0	1		
1	1	0		
1	1	1		

(1) [표 1-7]에서 출력 X와 Y의 실험 결과가 서로 같은지 확인하라. (같음 □ 다름 □)

(2) [표 1-1]의 진리표와 [표 1-6]의 실험 결과가 서로 같은지 확인하라. (같음 □ 다름 □)

(3) [표 1-6]과 [표 1-7]의 실험 결과를 이용해서 AND 게이트의 논리 동작을 설명하라.

실험 2 OR 게이트

[표 1-8] OR 게이트의 실험 결과

A	B	X
0	0	
0	1	
1	0	
1	1	

[표 1-9] 3입력 OR 게이트의 실험 결과

A	B	C	X
0	0	0	
0	0	1	
0	1	0	
0	1	1	
1	0	0	
1	0	1	
1	1	0	
1	1	1	

(1) [표 1-3]의 진리표와 [표 1-8]의 실험 결과가 서로 같은지 확인하라. (같음□ 다름□)

(2) [표 1-4]의 진리표와 [표 1-9]의 실험 결과가 서로 같은지 확인하라. (같음□ 다름□)

(3) [표 1-8]과 [표 1-9]의 실험 결과를 이용해서 OR 게이트의 논리 동작을 설명하라.

실험 3 NOT 게이트

[표 1-10] NOT 게이트의 실험 결과

A	X
0	
1	

(1) [표 1-5]의 진리표와 [표 1-10]의 실험 결과가 서로 같은지 확인하라. (같음□ 다름□)

(2) [표 1-10]의 실험 결과를 이용해서 NOT 게이트의 논리 동작을 설명하라.

m.e.m.o

실험 02

NAND, NOR 게이트

학습목표

- NAND 게이트와 NOR 게이트의 논리 동작을 실험한다.
- NAND 또는 NOR 게이트를 활용하여 NOT, AND, OR 게이트를 만드는 원리를 이해한다.

2.1 기초 이론

NAND 게이트의 논리 동작은 AND 게이트와 반대이다. 즉 NAND = NOT + AND이다. 마찬가지로 NOR 게이트의 논리 동작은 OR 게이트와 반대이다. 즉 NOR = NOT + OR이다.

디지털 회로는 주로 NAND나 NOR 게이트로 설계한다. 왜냐하면 NAND나 NOR 게이트로 AND, OR, NOT 게이트를 만들 수 있기 때문이다. 즉 NAND나 NOR 게이트를 활용하면 AND, OR, NOT 게이트를 사용할 필요가 없기 때문에 디지털 회로에 사용되는 논리 게이트의 종류를 줄일 수 있어 제품의 제조 원가를 낮출 수 있다.

2.1.1 NAND 게이트

NAND 게이트는 AND 논리의 부정(NOT)을 전자회로로 만든 것으로, 2개 이상의 입력 단자와 1개의 출력 단자로 구성된다. NAND 게이트는 AND 게이트와 반대이므로 모든 입력이 1일 때 0이 출력되고, 그 밖의 경우에 1이 출력된다.

[그림 2-1]은 NAND 게이트의 기호로, AND 게이트의 기호에 NOT을 뜻하는 작은 원을 덧붙인 모양이다. 그림에서 '7400은 NAND 게이트의 고유 IC 번호이다. [표 2-1]은 NAND 게이트의 진리표이다. A = 1, B = 1일 때 출력 X = 0이고, 그 밖의 경우에 X = 1이다. NAND 게이트의 논리식은 $X = \overline{AB}$로 표시하며, 'AB Bar'로 읽는다.

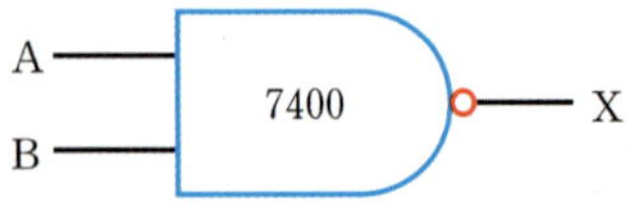

[그림 2-1] NAND 게이트의 기호

[표 2-1] NAND 게이트의 진리표

A	B	X
0	0	1
0	1	1
1	0	1
1	1	0

[그림 2-2]는 NAND 게이트의 타이밍도이다. 입력 A = 1, B = 1일 때만 출력 X = 0이고, 다른 모든 경우에 출력 X = 1이다.

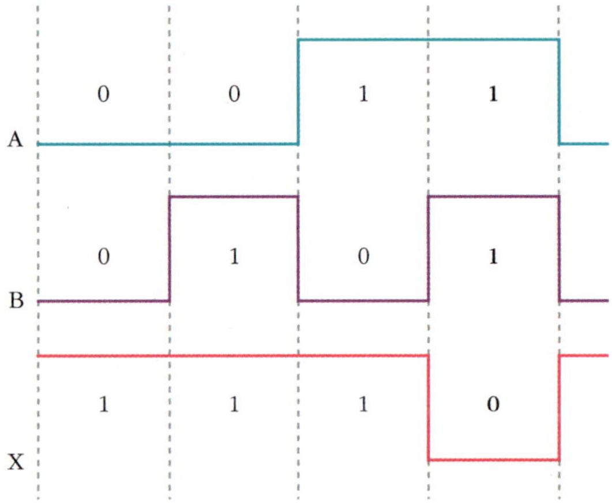

[그림 2-2] NAND 게이트의 타이밍도

NMOS로 구현한 NAND 논리

여기서 잠깐

[그림 2-3(a)]는 NMOS로 구현한 NAND 논리이다. 출력 X는 2개의 NMOS ❶과 ❷를 거쳐 접지와 연결되어 있다. [그림 2-3(b)]는 A=1, B=1인 경우로, NMOS ❶과 ❷는 모두 온된다. 그러면 그림과 같이 접지와 연결되면서 출력 X=0이 된다.

[그림 2-3(c)]는 A=0, B=1인 경우로, NMOS ❶은 오프되고, NMOS ❷는 온된다. 그러면 그림과 같이 출력 X는 Vcc와 연결되어 1이 된다. A=1, B=0이면 NMOS ❷가 오프되므로 출력 X는 Vcc와 연결되어 1이 된다. A=0, B=0이면, NMOS ❶과 ❷가 모두 오프되므로 마찬가지로 출력 X는 Vcc와 연결되어 1이 된다.

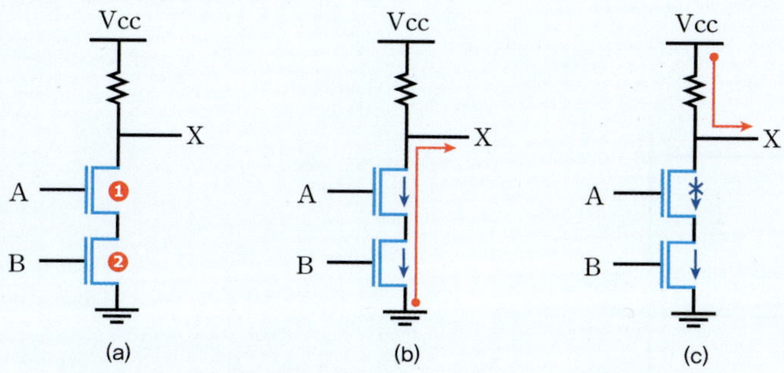

[그림 2-3] TTL로 구현한 NAND 논리

2.1.2 NOR 게이트

NOR 게이트는 OR 논리의 부정(NOT)을 전자회로로 만든 것으로, 2개 이상의 입력 단자와 1개의 출력 단자로 구성된다. NOR 게이트는 OR 게이트와 반대이므로 모든 입력이 0일 때 1이 출력되고, 그 밖의 경우에 0이 출력된다.

[그림 2-4]는 NOR 게이트의 기호로, '7402'는 NOR 게이트의 고유 IC 번호이다. OR 게이트의 기호에 NOT을 뜻하는 작은 원을 덧붙인 모양이다. [표 2-2]는 NOR 게이트의 진리표이다. $A=0$, $B=0$일 때 출력 $X=1$이고, 그 밖의 경우에 $X=0$이다. NOR 게이트의 논리식은 $X=\overline{A+B}$로 표시하며, 'A or B bar'로 읽는다.

[그림 2-4] NOR 게이트의 기호

[표 2-2] NOR 게이트의 진리표

A	B	X
0	0	1
0	1	0
1	0	0
1	1	0

[그림 2-5]는 NOR 게이트의 타이밍도이다. 입력 A = 0, B = 0일 때 출력 X = 1이고, 다른 모든 경우에 출력 X = 0이다.

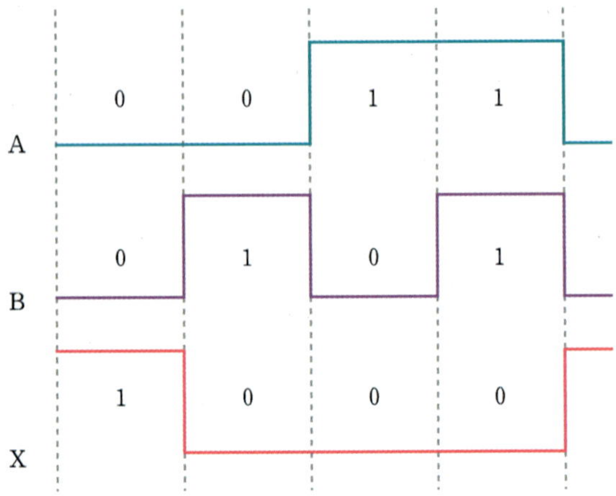

[그림 2-5] NOR 게이트의 타이밍도

NMOS로 구현한 NOR 논리

여기서 잠깐

[그림 2-6(a)]는 NMOS로 구현한 NOR 논리이다. 출력 X는 2개의 NMOS ❶과 ❷를 통해 접지와 연결되어 있다. [그림 2-6(b)]는 A = 0, B = 0인, 경우로 NMOS ❶과 ❷가 모두 오프된다. 그러면 출력 X는 Vcc와 연결되어 1이 된다.

[그림 2-6(c)]는 A = 0, B = 1인 경우이다. NMOS ❶은 오프되고, NMOS ❷는 온된다. 그러면 그림과 같이 출력 X는 접지와 연결되어 0이 된다. A = 1, B = 0이면, NMOS ❶이 온되므로 출력 X는 접지와 연결되어 0이 된다. A = 1, B = 1이면, NMOS ❶과 ❷가 모두 온되므로 마찬가지로 출력 X는 접지와 연결되어 0이 된다.

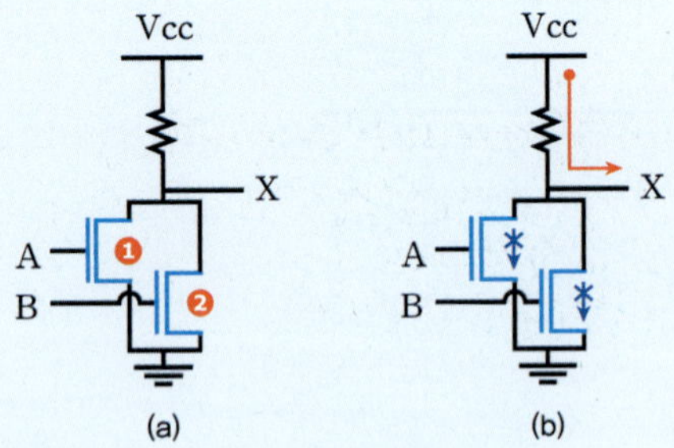

[그림 2-6] TTL로 구현한 NOR 논리

2.1.3 NAND 게이트의 활용

[그림 2-7]은 NAND 게이트로 NOT, AND, OR 게이트를 만드는 방법이다.

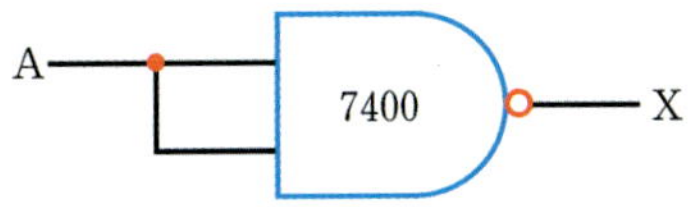

(a) NOT 게이트

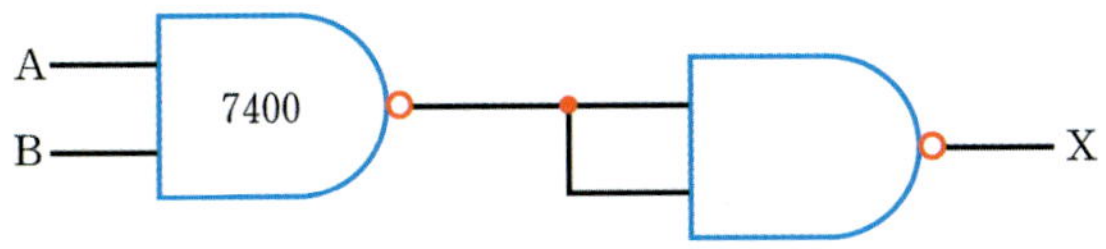

(b) AND 게이트

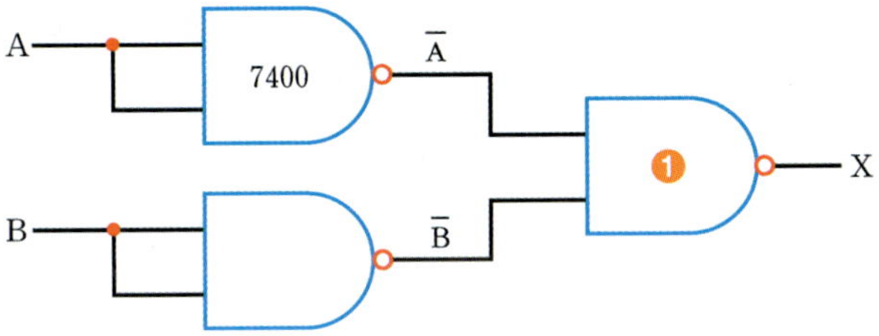

(c) OR 게이트

[그림 2-7] NAND 게이트의 활용

■ NOT 게이트

[그림 2-7(a)]와 같이 NAND 게이트의 입력 단자를 묶으면 NOT 게이트를 만들 수 있다. 이를 논리식으로 나타내면 $X = \overline{AA} = \overline{A}$ 이다.

■ AND 게이트

[그림 2-7(b)]와 같이 NAND 게이트와 [그림 2-7(a)]의 NOT 게이트를 연결하면 'NOT + NAND = AND'가 되어 AND 게이트를 만들 수 있다. 이를 논리식으로 나타내면 $X = \overline{\overline{AB}} = AB$ 이다.

■ OR 게이트

OR 게이트는 드 모르강의 정리(De Morgan's Theorem)[1]를 이용하여 만든다. 드 모르강의 정리에 대해서는 실험 05에서 자세히 다룬다. [그림 2-7(c)]에서 NAND 게이트 ❶의 입력은 $\overline{A}$ 와 $\overline{B}$ 이다.

---

1 • 제1정리 : 논리곱의 전체 부정(NAND) = 각 변수를 부정한 것의 OR ($\overline{AB} = \overline{A} + \overline{B}$)
• 제2정리 : 논리합의 전체 부정(NOR) = 각 변수를 부정한 것의 AND ($\overline{A + B} = \overline{A}\,\overline{B}$)

그러면 출력 $X = \overline{\overline{A}\,\overline{B}}$가 된다. 여기에 드 모르강의 정리 '$\overline{AB} = \overline{A} + \overline{B}$'를 적용하면, 다음과 같이 OR 게이트를 만들 수 있다.

$$X = \overline{\overline{A}\,\overline{B}} = \overline{\overline{A}} + \overline{\overline{B}}$$

$$= A + B \;(\overline{\overline{A}} = A,\; \overline{\overline{B}} = B\text{이므로})$$

2.1.4 NOR 게이트의 활용

[그림 2-8]은 NOR 게이트로 NOT, OR, AND 게이트를 만드는 방법이다.

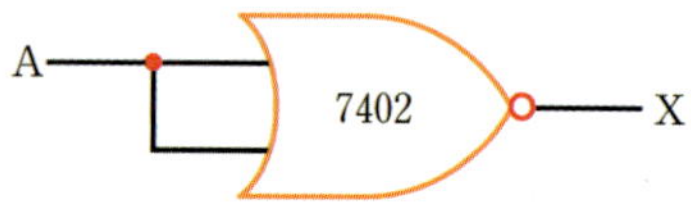

(a) NOT 게이트

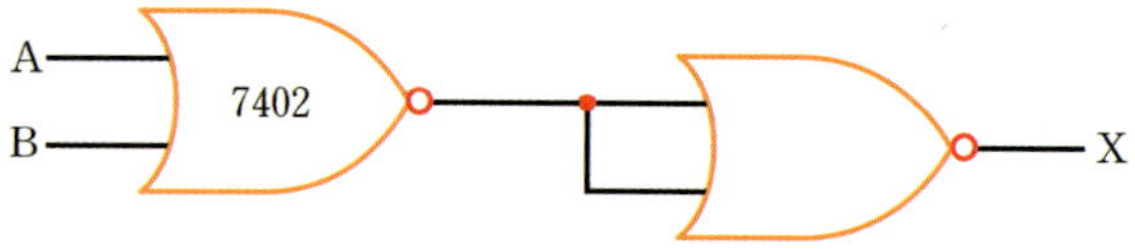

(b) OR 게이트

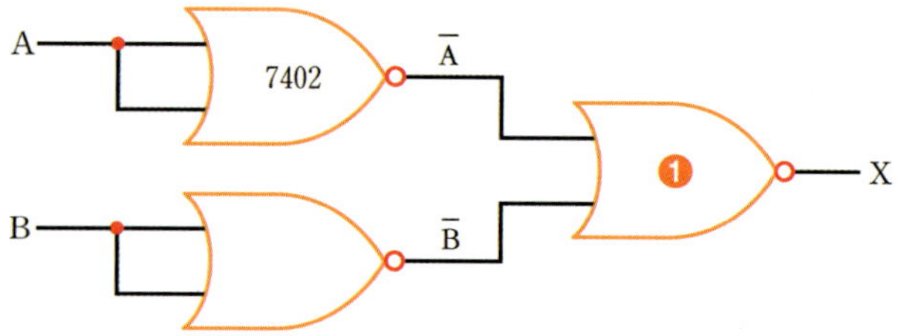

(c) AND 게이트

[그림 2-8] NOR 게이트의 활용

■ NOT 게이트

[그림 2-8(a)]와 같이 NOR 게이트의 입력 단자를 묶으면 NOT 게이트를 만들 수 있다. 이를 논리식으로 나타내면 $X = \overline{A + A} = \overline{A}$ 이다.

■ OR 게이트

[그림 2-8(b)]와 같이 NOR 게이트와 [그림 2-8(a)]의 NOT 게이트를 연결하면, 'NOR + NOT = OR'이 되어 OR 게이트를 만들 수 있다. 이를 논리식으로 나타내면 $X = \overline{\overline{A + B}} = A + B$이다.

■ AND 게이트

AND 게이트는 드 모르강의 정리를 이용하여 만든다. [그림 2-8(c)]에서 NOR 게이트 ❶의 입력은 $\overline{A}$와 $\overline{B}$이다. 따라서 출력 $X = \overline{\overline{A}+\overline{B}}$가 된다. 여기에 드 모르강의 정리 '$\overline{A+B} = \overline{A}\,\overline{B}$'를 적용하면 다음과 같이 AND 게이트를 만들 수 있다.

$$X = \overline{\overline{A}+\overline{B}} = \overline{\overline{A}}\,\overline{\overline{B}} = AB$$

지금까지 살펴본 것처럼, NAND와 NOR 게이트를 활용하여 AND, OR, NOT 게이트를 자유롭게 만들 수 있다. 디지털 IC '7400' 패키지에는 4개의 NAND 게이트가 있다. 이를 활용하면 7408(AND 게이트), 7432(OR 게이트)와 같은 다른 디지털 IC를 사용할 필요가 없다.

2.2 실험

【실험장비】

실험기기	디지털 실험장치	1대
회로부품	디지털 IC	7400(NAND 게이트)
		7402(NOR 게이트)

2.2.1 NAND 게이트

❶ [그림 2-9(a)]와 같은 NAND 게이트의 실험회로를 구성하라. [그림 2-9(b)]는 배선도이다.

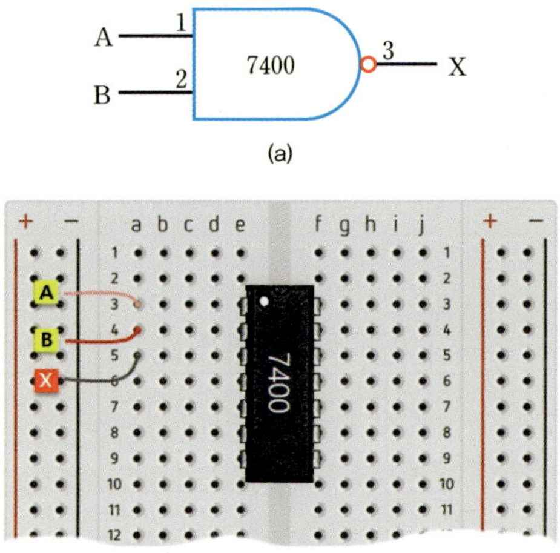

[그림 2-9] NAND 게이트

2 입력 A, B에 따른 출력 X를 측정하여 [표 2-3]에 기록하라.

[표 2-3] NAND 게이트의 실험 결과

A	B	X
0	0	
0	1	
1	0	
1	1	

3 [그림 2-10]과 같이 NAND 게이트로 만든 AND 게이트의 실험회로를 구성하라. 배선은 아래의 [실험 따라하기]를 참조한다.

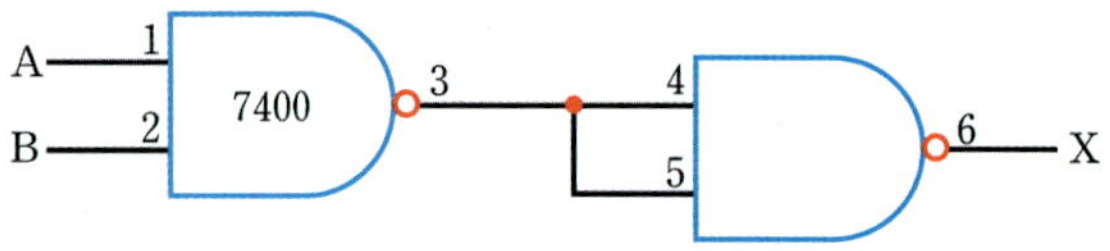

[그림 2-10] NAND 게이트의 활용 – AND 게이트

4 입력 A, B에 따른 출력 X를 측정하여 [표 2-4]에 기록하라.

[표 2-4] NAND 게이트의 활용 실험 결과 ①

A	B	X
0	0	
0	1	
1	0	
1	1	

5 [표 2-4]의 실험 결과가 AND 게이트의 진리표와 같은지 확인하라. (같음□ 다름□)

실험 따라하기 NAND 게이트([그림 2-10])

1 NAND 게이트 7400 IC의 핀 다이어그램을 확인한다. 7400 IC에는 4개의 NAND 게이트가 있다. 회로도에 표시된 핀 번호에 맞춰 첫 번째(1~3번 핀)와 두 번째(4~6번 핀) NAND 게이트를 사용한다.

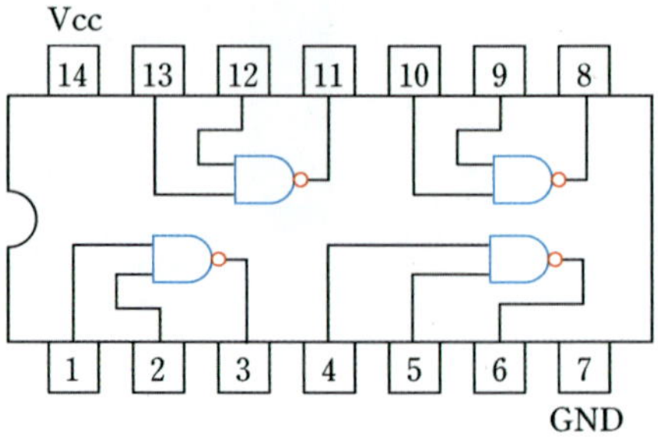

2 브레드보드에 7400 IC를 삽입하고, 전원(Vcc, GND)을 연결한다.

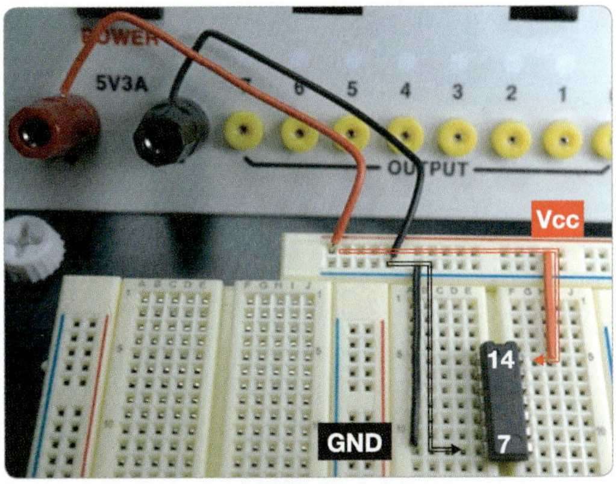

3 [그림 2-10]의 회로도에 따라 배선한다. 먼저 3번과 4번 핀을 연결하고, 이어서 4번과 5번 핀을 연결한다.

4 입력 A와 B(1번, 2번 핀)를 디지털 실험장치의 입력 설정부와 연결한다. 이어서 출력 X(6번 핀)를 디지털 실험장치의 출력 표시부와 연결한다.

5 입력 설정부의 토글스위치를 사용하여 입력 A와 B를 [표 2-4]에 주어진 값(0,0 → 0,1 → 1,0 → 1,1)으로 바꾸며 각각에 대한 출력 X를 확인하여 [표 2-4]에 기록한다.

6 다음 그림 (a)는 입력 A와 B를 1, 0으로 설정한 경우로 출력 X는 0이다. 그림 (b)는 입력 A와 B를 1, 1로 설정한 경우로 출력 X는 1이다.

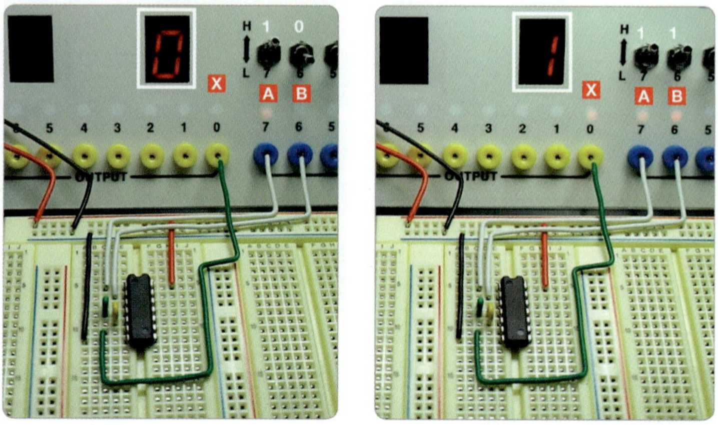

(a) (b)

입력 A와 B를 0, 0 및 0, 1로 설정한 경우에도 출력 X = 0을 얻었다. 이는 [그림 2-10]의 실험회로가 AND 논리로 동작함을 보여준다.

6 [그림 2-11(a)]와 같이 NAND 게이트로 만든 OR 게이트의 실험회로를 구성하라. [그림 2-11(b)]는 배선도이다.

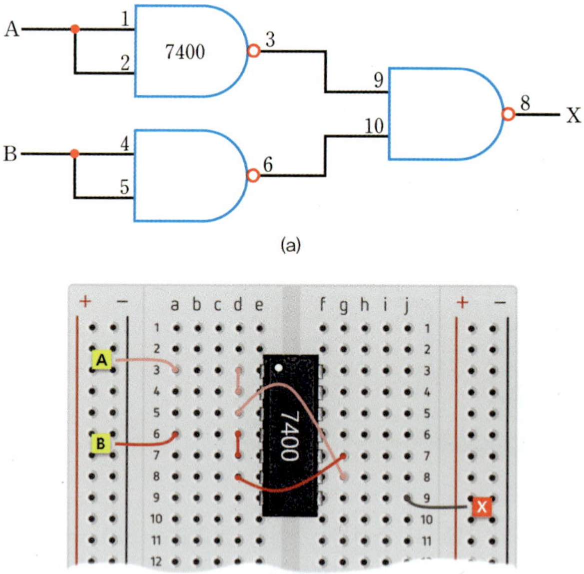

(a)

(b)

[그림 2-11] NAND 게이트의 활용 – OR 게이트

7 입력 A, B에 따른 출력 X를 측정하여 [표 2-5]에 기록하라.

[표 2-5] NAND 게이트의 활용 실험 결과 ②

A	B	X
0	0	
0	1	
1	0	
1	1	

8 [표 2-5]의 실험 결과가 OR 게이트의 진리표와 같은지 확인하라. (같음□ 다름□)

2.2.2 NOR 게이트

1 [그림 2-12(a)]와 같이 NOR 게이트의 실험회로를 구성하라. [그림 2-12(b)]는 배선도이다.

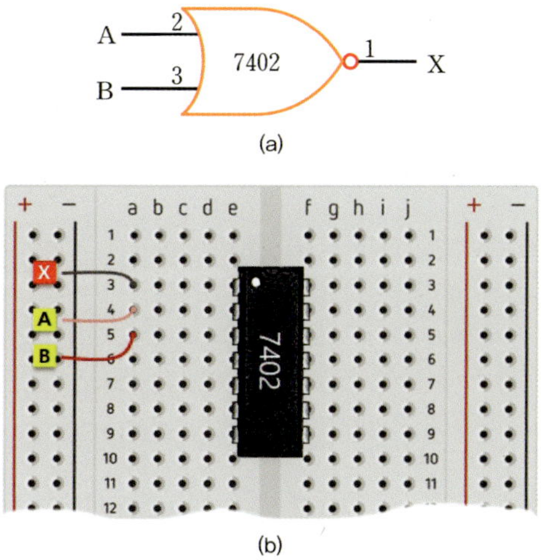

[그림 2-12] NOR 게이트

2 입력 A, B에 따른 출력 X를 측정하여 [표 2-6]에 기록하라.

[표 2-6] NOR 게이트의 실험 결과

A	B	X
0	0	
0	1	
1	0	
1	1	

3 [그림 2-13(a)]와 같이 NOR 게이트로 만든 OR 게이트의 실험회로를 구성하라. [그림 2-13(b)]는 배선도이다.

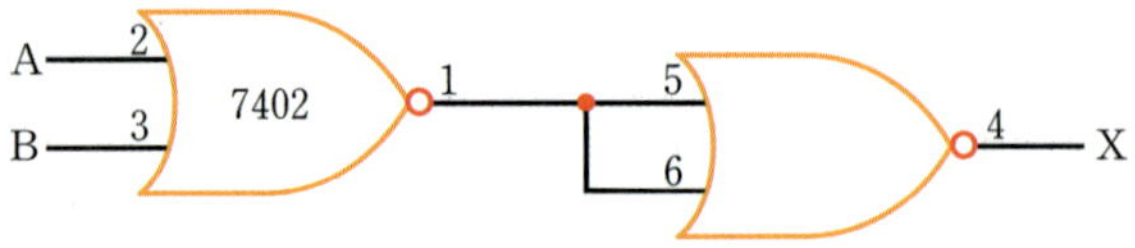

(a)

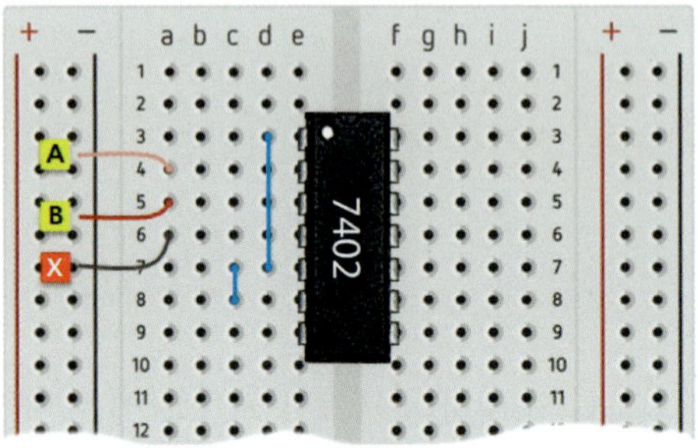

(b)

[그림 2-13] NOR 게이트의 활용 - OR 게이트

4 입력 A, B에 따른 출력 X를 측정하여 [표 2-7]에 기록하라.

[표 2-7] NOR 게이트의 활용 실험 결과 ①

A	B	X
0	0	
0	1	
1	0	
1	1	

5 [표 2-7]의 실험 결과가 OR 게이트의 진리표와 같은지 확인하라. (같음□ 다름□)

6 [그림 2-14(a)]와 같이 NOR 게이트로 만든 AND 게이트의 실험회로를 구성하라. [그림 2-14(b)]는 배선도이다.

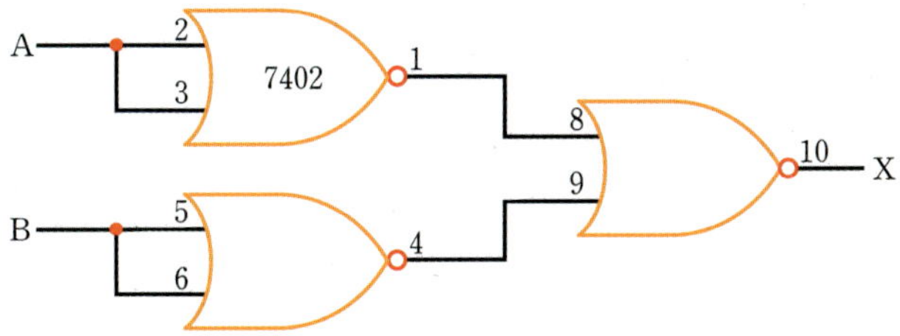

(a)

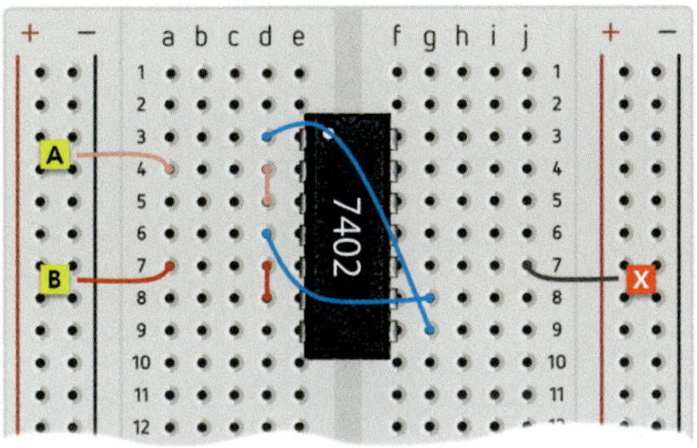

(b)

[그림 2-14] NOR 게이트의 활용 – AND 게이트

실험 따라하기

7 출력 X를 측정하여 [표 2-8]에 기록하라.

[표 2-8] NOR 게이트의 활용 실험 결과 ②

A	B	X
0	0	
0	1	
1	0	
1	1	

8 [표 2-8]의 실험 결과가 AND 게이트의 진리표와 같은지 확인하라. (같음□ 다름□)

셀프 테스트

(1) 모든 입력이 1일 때만 0이 출력되는 논리 게이트는 (NAND, NOR) 게이트이다.

(2) 모든 입력이 0일 때만 1이 출력되는 논리 게이트는 (NAND, NOR) 게이트이다.

(3) NAND 게이트로는 OR 게이트를 구현할 수 없다. (○, ×)

(4) NAND 게이트를 활용하면 회로에 사용되는 게이트의 종류를 줄일 수 있다. (○, ×)

(5) 디지털 회로는 주로 NAND나 NOR 게이트로 설계한다. (○, ×)

(6) 입력을 A와 B, 출력을 X라 할 때 NAND 게이트의 논리식은 ($X=\overline{AB}$, $X=\overline{A+B}$)이다.

(7) 논리식 $X=\overline{AA}$는 $X=\overline{A}$와 같다. (○, ×)

(8) 논리식 $X=\overline{\overline{A}}$는 $X=\overline{A}$와 같다. (○, ×)

(9) [그림 2-7(a)]의 논리 게이트는 (AND, OR, NOT) 게이트로 동작한다.

(10) [그림 2-8(b)]의 논리 게이트는 (AND, OR, NOT) 게이트로 동작한다.

예비학습

(1) PSpice에 대하여 조사하라.

(2) 아래의 웹사이트에서 PSpice가 포함된 체험판 프로그램인 〈OrCAD 17.2-2016 Lite(Capture, PSpice〉를 다운로드하라.

https://npit.co.kr (나인플러스 IT㈜)

[HOME ▸ 다운로드/기술지원 ▸ 다운로드 ▸ Demo(Lite)]

- 다운로드받은 체험판 프로그램을 각자의 컴퓨터에 설치하라.
- 다운로드받은 프로그램을 USB 메모리에 저장하여 실습에 사용할 수 있도록 준비하라.

결과 보고서

실험 02 NAND, NOR 게이트

- 학번 :
- 이름 :
- 실험일 :

실험 1 NAND 게이트

[표 2-3] NAND 게이트의 실험 결과

A	B	X
0	0	
0	1	
1	0	
1	1	

(1) [표 2-1]의 진리표와 [표 2-3]의 실험 결과가 같은지 확인하라. (같음□ 다름□)

(2) [표 2-3]의 실험 결과를 이용해서 NAND 게이트의 논리 동작을 설명하라.

[표 2-4] NAND 게이트의 활용 실험 결과 ①

A	B	X
0	0	
0	1	
1	0	
1	1	

[표 2-5] NAND 게이트의 활용 실험 결과 ②

A	B	X
0	0	
0	1	
1	0	
1	1	

(3) [표 2-4]의 실험 결과가 AND 게이트의 진리표와 같은지 확인하라. (같음□ 다름□)

(4) [표 2-5]의 실험 결과가 OR 게이트의 진리표와 같은지 확인하라. (같음□ 다름□)

실험 2 NOR 게이트

[표 2-6] NOR 게이트의 실험 결과

A	B	X
0	0	
0	1	
1	0	
1	1	

(1) [표 2-2]의 진리표와 [표 2-6]의 실험 결과가 같은지 확인하라. (같음□ 다름□)

(2) [표 2-6]의 실험 결과를 이용해서 NOR 게이트의 논리 동작을 설명하라.

[표 2-7] NOR 게이트의 활용 실험 결과 ①

A	B	X
0	0	
0	1	
1	0	
1	1	

[표 2-8] NOR 게이트의 활용 실험 결과 ②

A	B	X
0	0	
0	1	
1	0	
1	1	

(3) [표 2-7]의 실험 결과가 OR 게이트의 진리표와 같은지 확인하라. (같음□ 다름□)

(4) [표 2-8]의 실험 결과가 AND 게이트의 진리표와 같은지 확인하라. (같음□ 다름□)

실험 03

PSpice를 이용한 회로 시뮬레이션

학습목표

- PSpice 프로그램을 다운로드하여 컴퓨터에 설치한다.
- PSpice를 이용하여 간단한 디지털 회로를 시뮬레이션한다.
- 실험회로를 시뮬레이션하여 PSpice의 유효성을 확인한다.

3.1 기초 이론

PSpice는 1972년 미국 버클리의 캘리포니아 대학교에서 개발한 Spice[1]를 바탕으로 개발된 프로그램이다. Spice를 개선했다는 의미로 PSpice(Professional Spice)라는 이름이 붙었다. PSpice는 전기, 전자 및 디지털 회로의 특성과 동작을 확인할 때 사용하는 대표적인 시뮬레이션(Simulation) 프로그램이다.

PSpice의 개발 과정은 다음과 같다.

- 1972년 : Spice 개발(캘리포니아 대학교, 워크스테이션 컴퓨터용)
- 1984년 : PSpice 개발(MicroSim사, DOS 버전, PC용)
- 1992년 : PSpice 개선(MicroSim사, 윈도우 버전)
- 1998년 : PSpice 인수(OrCAD사)
- 2000년 : OrCAD사 인수(Cadence사)

3.1.1 PSpice 설치

이 책에서는 Capture[2]와 PSpice가 포함된 〈OrCAD 17.2-2016 Lite〉의 체험판(Demo)을 사용한다. 〈OrCAD 17.2-2016 Lite〉 체험판은 누구나 자유롭게 사용할 수 있지만 '노드(Node) 75개, 트랜지스터 20개, 디지털 부품 65개 이내'라는 제한이 있다. 이 책에서 다루는 회로는 이 제한을 넘지 않으므로 얼마든지 사용할 수 있다.

---

1 Simulation Program with Integrated Circuit Emphasis의 약자이다.

2 회로도를 작성하는 프로그램으로, 회로를 시뮬레이션하려면 먼저 회로도를 작성해야 한다. 이 때문에 Capture와 PSpice 프로그램이 함께 제공된다.

〈OrCAD 17.2-2016 Lite〉 체험판은 나인플러스 IT(주)의 홈페이지(https://npit.co.kr)에서 제공한다. 회원가입 후 로그인하여 [그림 3-1]과 같이 ❶ **다운로드/기술지원** → ❷ **다운로드** → ❸ **Demo(Lite)** 메뉴를 선택하면 ❹ 프로그램을 다운로드할 수 있다.

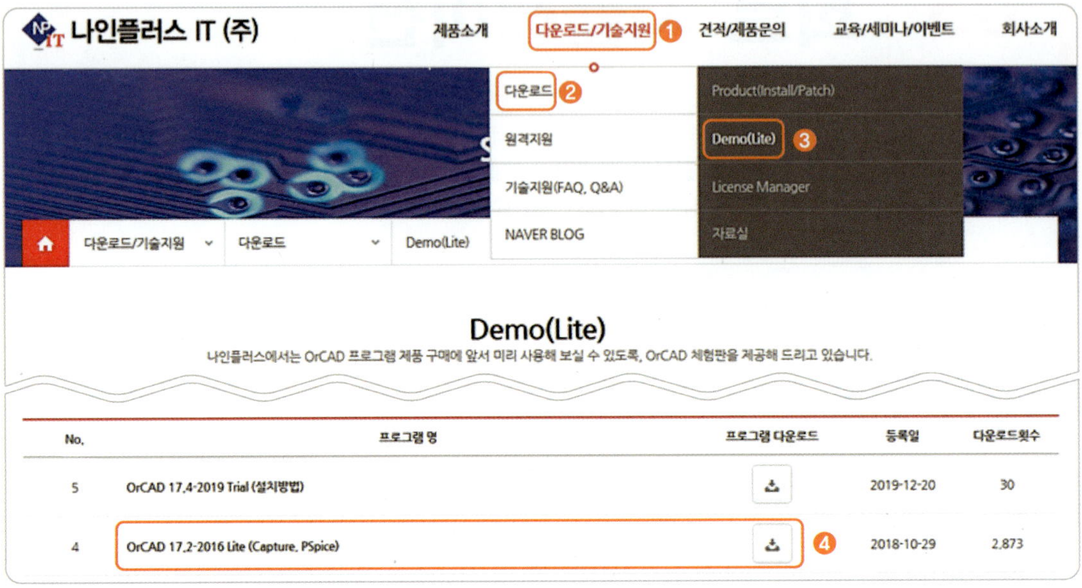

[그림 3-1] OrCAD 프로그램 다운로드

프로그램 설치하기

다운로드되는 파일명은 '17.2_OrCAD_Lite_Capture_PSpice_S038'이다[3]. 프로그램의 압축을 풀고 'setup'을 실행하면 [그림 3-2]와 같이 설치창이 나타난다.

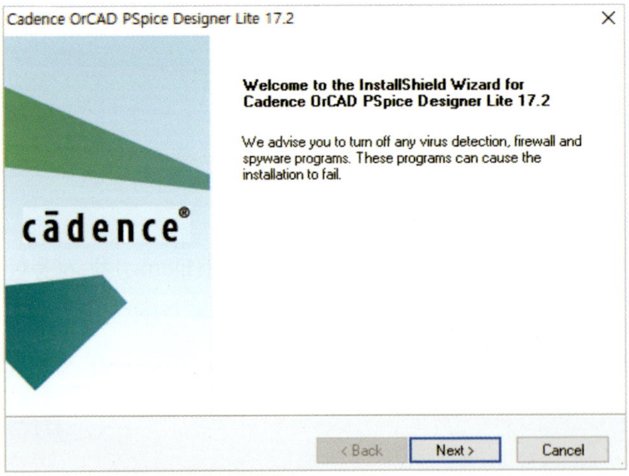

[그림 3-2] 프로그램 설치창

3 OrCAD 체험판 프로그램의 다운로드 경로와 파일명은 바뀔 수 있다.

[그림 3-3]은 프로그램을 설치하는 과정을 보여준다.

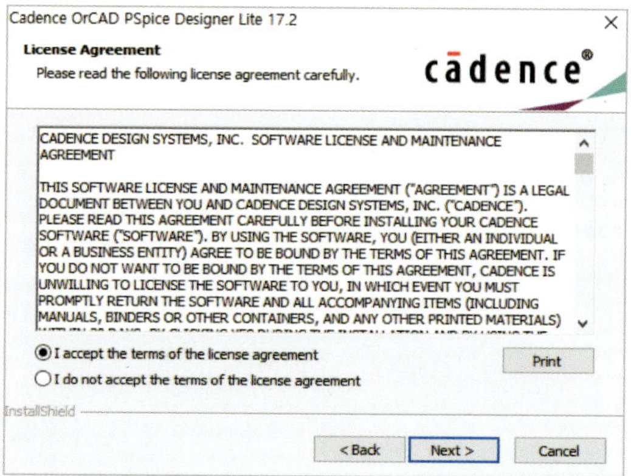

❶ 라이선스 동의

'I accept the terms~'를 선택한다.

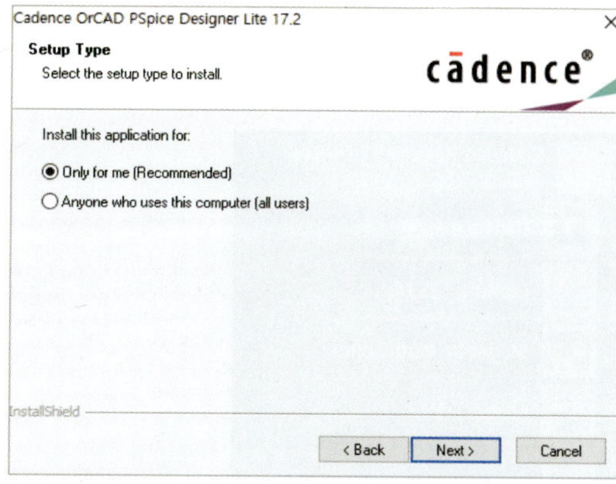

❷ 설치 형태 선택

'Only for me(Recommended)'를 선택한다.

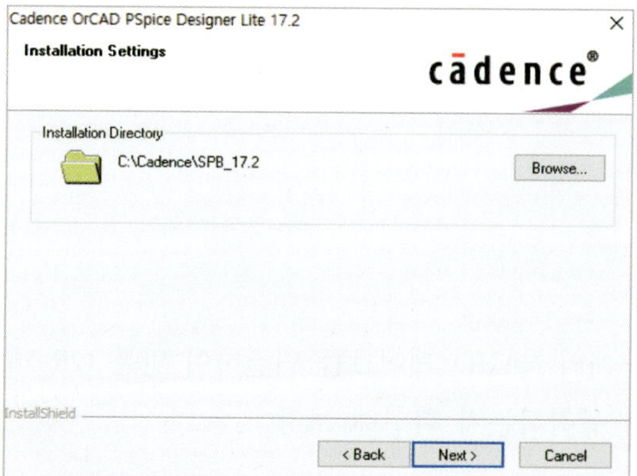

❸ 설치 폴더 선택

기본적으로 'C:\Cadence\SPB_17.2' 폴더에 설치된다.
이때 [Browse...] 버튼을 클릭하여 설치 폴더를 바꿀 수 있다.
여기에서는 기본 폴더에 설치한다.

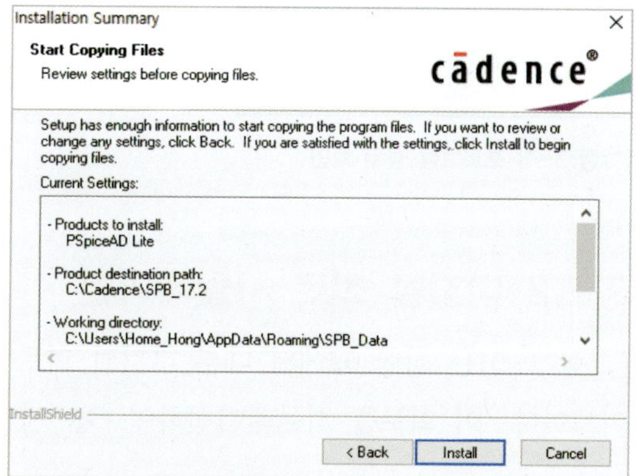

❹ 프로그램 요약 정보 확인

설치될 내용의 요약 정보를 확인한 후, [Install] 버튼을 클릭한다.

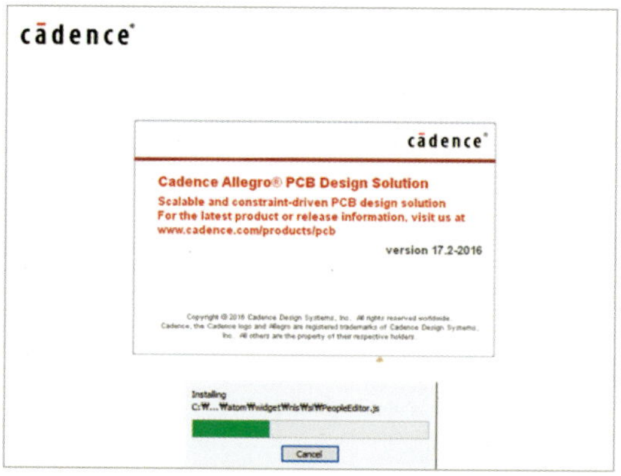

❺ 설치 시작

자동으로 프로그램이 설치된다.

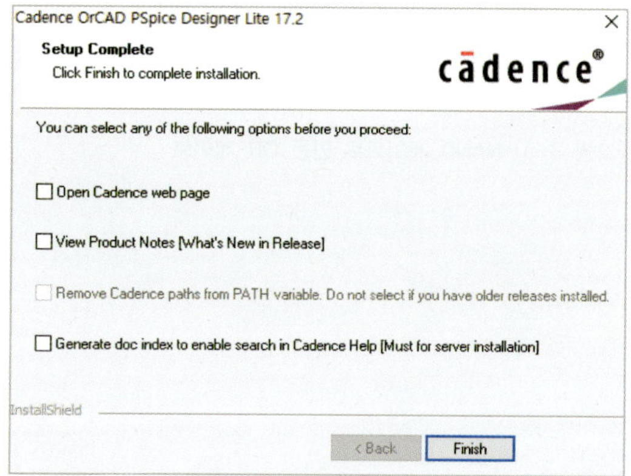

❻ 설치 완료

[Finish] 버튼을 클릭하여 설치를 완료한다.

[그림 3-3] 프로그램 설치 과정

프로그램 설치 확인하기

프로그램을 설치하면 [그림 3-4]와 같이 윈도우의 시작 메뉴에 'Cadence Release 17.2-2016' 이라는 프로그램 폴더가 생성된다. 'Capture CIS Lite'와 'PSpice AD Lite'가 설치되었다.

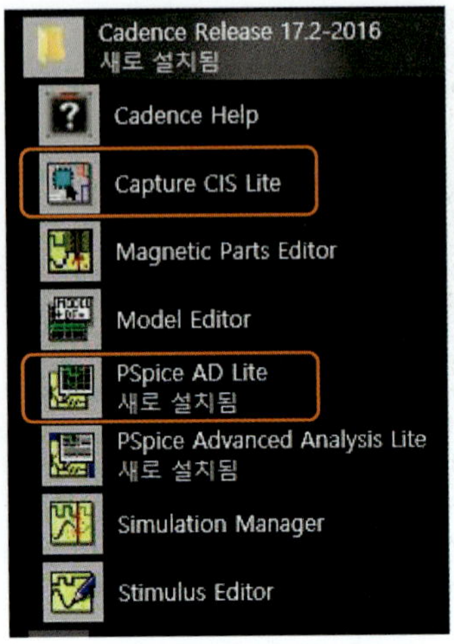

[그림 3-4] **프로그램 설치 확인**

3.1.2 디지털 회로 시뮬레이션

[그림 3-5]는 실험 02에서 다룬 디지털 회로[4]로, 3개의 NAND 게이트를 연결하여 만든 OR 게이트이다. 이 회로를 시뮬레이션하여 OR 게이트로 동작하는지 확인해 보자.

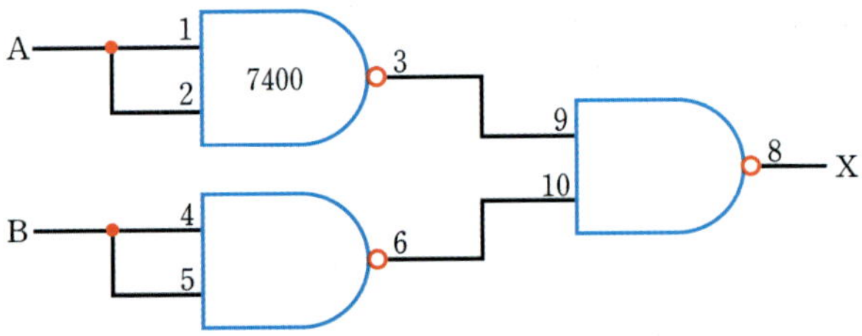

[그림 3-5] NAND 게이트로 만든 OR 게이트

4 [그림 2-11(a)]의 실험회로이다.

디지털 회로를 시뮬레이션하는 과정은 다음과 같다.

❶ **프로젝트 만들기**
Capture 프로그램에서 새로운 프로젝트(Project)를 만든다.

❷ **회로도 그리기**
도구 모음과 라이브러리를 이용해 부품을 배치하고 배선하여 회로도를 그린다.

❸ **디지털 입력 연결하기**
디지털 입력용 부품인 'STIM'을 논리 게이트의 입력단에 붙인다.

❹ **디지털 입력 설정하기**
'STIM'을 더블클릭하여 'COMMAND' 값을 설정한다.

❺ **시뮬레이션 설정하기**
시뮬레이션 조건을 설정한다.

❻ **시뮬레이션 실행 및 결과 확인하기**
회로에 프로브를 붙인 다음 PSpice를 실행하고, 결과를 확인한다.

프로젝트 만들기

회로도를 그리려면 먼저 프로젝트를 만들어야 한다. Capture 프로그램을 실행하면 [그림 3-6]과 같은 시작 페이지(Getting Started)가 나타난다. 시작 페이지의 'New Project'를 클릭하여 새로운 프로젝트를 만든다. 작업 중인 프로젝트를 불러내려면, 'Open Project'를 선택하면 된다.

[그림 3-6] 시작 페이지

[그림 3-7]과 같이 File-New-Project 메뉴를 선택해도 새로운 프로젝트를 만들 수 있다.

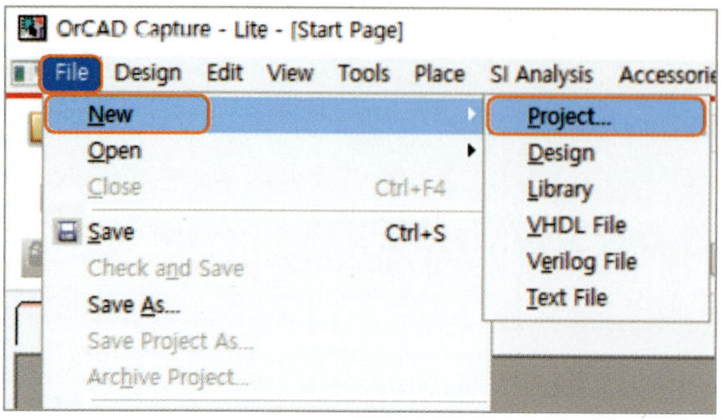

[그림 3-7] 메뉴를 이용한 프로젝트 만들기

'프로젝트'는 OrCAD에서 하나의 독립된 작업을 의미한다. 프로젝트 안에는 여러 개의 '디자인(Design)'이 포함될 수 있다. [그림 3-6]의 시작 페이지에서 'New Design'을 선택하면 프로젝트에 새로운 디자인을 추가할 수 있다.

새로운 프로젝트가 만들어지면 [그림 3-8]과 같이 프로젝트를 설정하는 〈New Project〉 창이 나타난다. ❶ 'Name'에 프로젝트 이름을 입력하고[5], ❷ 프로젝트 유형으로 'PSpice Analog or Mixed A/D'[6]를 선택한다. ❸ [Browse...] 버튼을 클릭하여 파일을 저장할 위치(Location)를 지정한다.

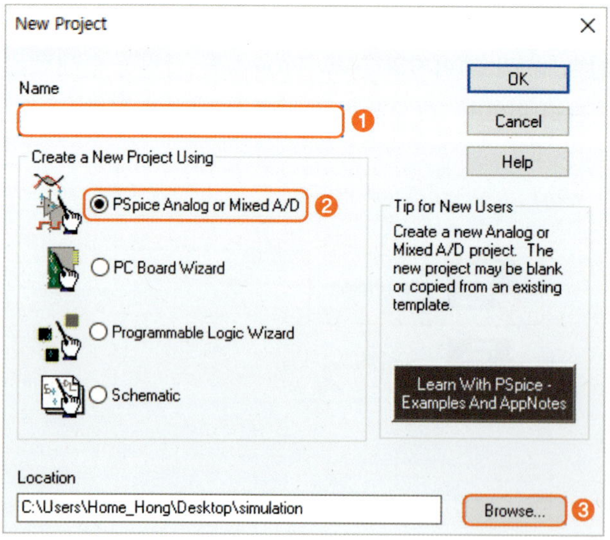

[그림 3-8] 프로젝트 설정창

5 프로젝트 이름으로 한글을 사용하면, 시뮬레이션을 실행할 때 파일을 인식하지 못해 프로그램 에러가 생긴다.
6 이 유형을 선택해야만 회로부품의 전기적 파라미터를 이용해 시뮬레이션을 할 수 있다.

프로젝트를 설정한 후 [OK]를 클릭하면, [그림 3-9]와 같은 〈Create PSpice Project〉 창이 나타난다. 이때 기존의 프로젝트를 바탕으로 프로젝트를 만들려면 'Create based upon an existing project'를 선택한다. 여기에서는 새로운 프로젝트를 만들 것이므로 'Create a blank project'를 선택한다.

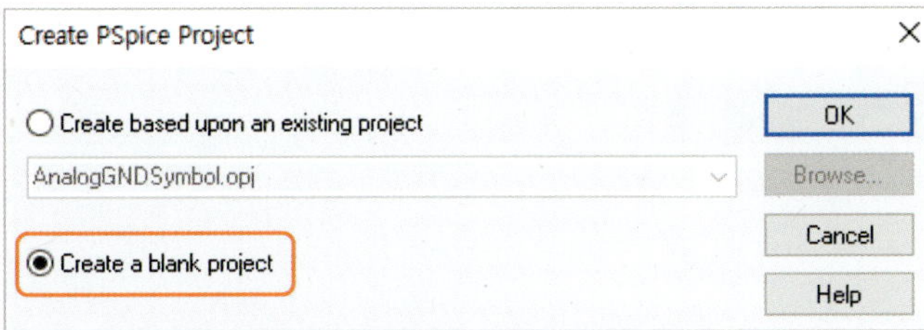

[그림 3-9] 새로운 프로젝트 만들기

[OK]를 클릭하면, [그림 3-10]과 같은 Capture 프로그램의 기본 화면이 나타난다. ❶은 회로도면 편집기(Schematic Page Editor)이고, ❷는 도구 모음(Draw Toolbar)이다. 이 도구 모음을 이용하여 편집기 화면에 회로도를 그린다. ❸은 프로젝트 관리자(Project Manager)이다. 이를 이용하여 도면(Page)을 추가하거나 삭제할 수 있다. ❹는 PSpice 도구 모음이다.

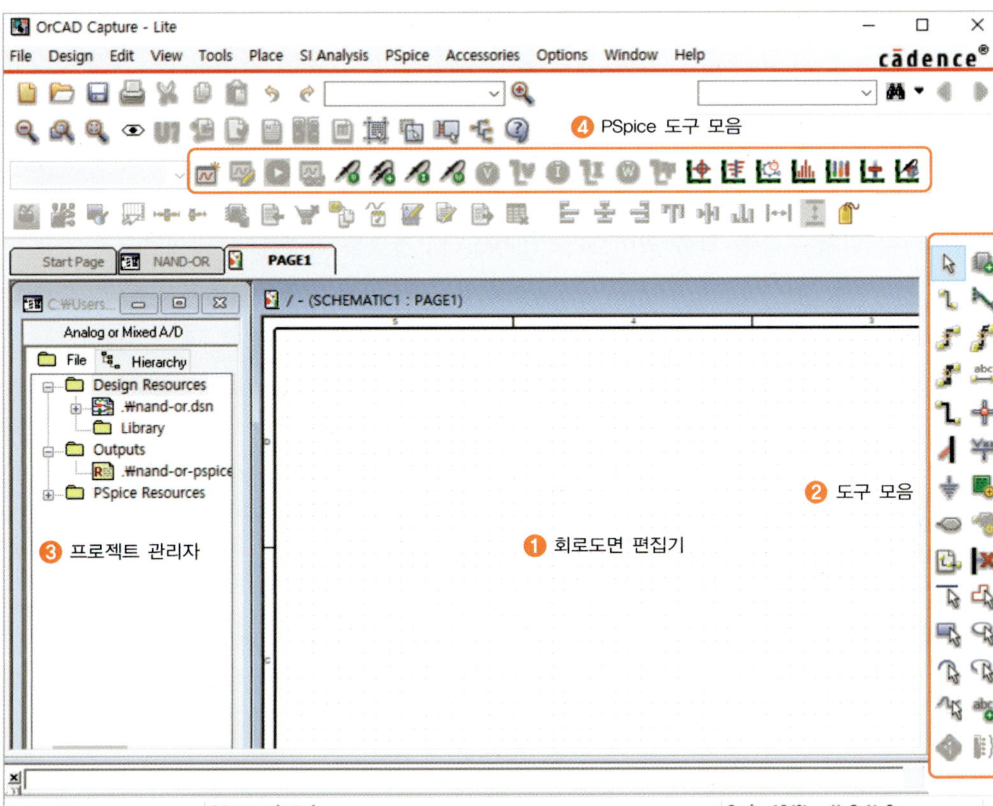

[그림 3-10] Capture 프로그램의 기본 화면

회로도 그리기

[그림 3-11]은 도구 모음이다. 이를 이용해 디지털 회로를 그릴 수 있다. 디지털 회로를 그릴 때 자주 사용되는 도구들을 이용해 회로를 그리는 과정은 다음과 같다.

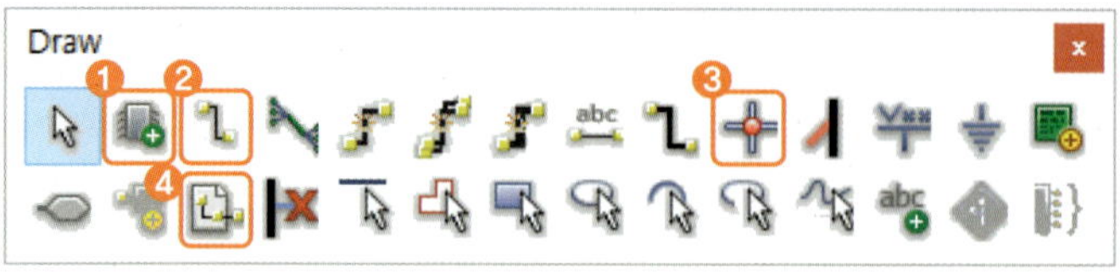

[그림 3-11] 도구 모음

❶ (Place part) : 부품을 찾아 배치한다.

❷ (Place wire) : 배선을 그려 부품을 연결한다.

❸ (Place junction) : 배선끼리 연결이 필요한 곳에 접합점을 표시한다.

❹ (Place off-page connector) : 출력 단자를 배치한다.

■ 부품 찾기

회로도를 그릴 부품을 찾기 위하여 [그림 3-11]에서 '(Place part)'를 클릭한다. [그림 3-12]와 같은 〈Place Part〉 설정창이 나타나면 설정창의 '⊞ Search for Part'를 클릭한다. 그러면 그림과 같이 '부품 검색창'이 나타난다.

부품 검색창에서는 먼저 부품을 찾을 라이브러리(Library)[7] 경로를 지정한다. 라이브러리 경로는 'Cadence\SPB_17.2\tools\capture\library\pspice'이다. 경로는 [그림 3-12]에서 ❶을 클릭하여 지정한다. 다음으로 ❷에 찾으려는 부품명을 입력하고 ❸을 클릭하면, ❹에 검색된 부품과 그 부품이 포함된 라이브러리가 표시된다. 라이브러리를 선택하고 ❺ [Add]를 클릭하면, ❻에는 부품 목록(Part List)이 표시되고 ❼에는 부품 기호가 표시된다.

[그림 3-12]에는 NAND 게이트 '7400'을 검색한 결과가 표시되어 있다. ❹에는 '7400'이 포함된 2개의 라이브러리 '7400/7400.olb'와 '7400/eval.olb[8]'가 표시되어 있다.

[그림 3-13]은 [그림 3-12]의 ❹에서 '7400/eval.olb'의 부품(7400)을 선택(더블클릭)한 후의 〈Place Part〉 설정창이다.

---

7 부품을 종류별로 묶은 파일로, 각 부품의 정보(기호 그래픽, 전기적 특성, 외형 정보 등)가 들어있다.

8 'olb'는 OrCAD 프로그램이 사용하는 라이브러리 파일의 확장자이다.

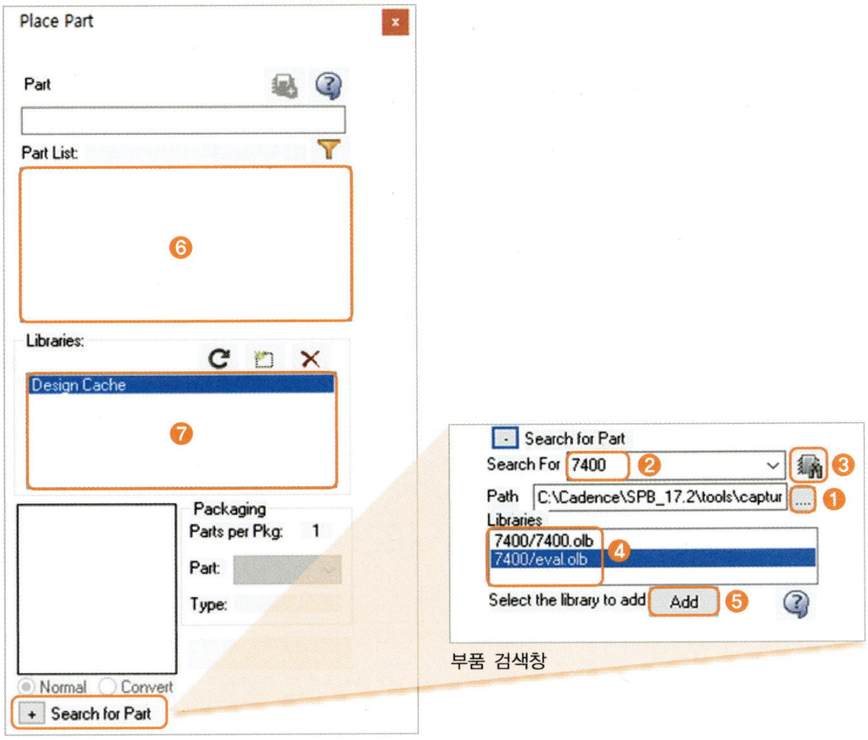

[그림 3-12] 〈Place Part〉 설정창

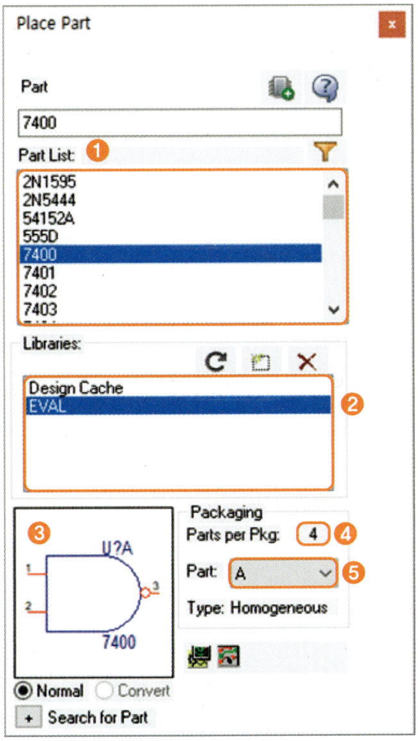

[그림 3-13] 부품 선택 후 〈Place Part〉 설정창

[그림 3-13]에서 ❶에는 라이브러리의 부품 목록이 표시되며, '7400'이 선택되어 있다. ❷에는 '7400'이 들어 있는 라이브러리인 'EVAL'이 표시되고, ❸에는 부품(7400)의 기호(NAND)가 표시된다. ❹는 부품(7400) 패키지에 4개의 게이트가 들어 있음을 나타내며, ❺는 4개의 게이트(A~D) 중에 'A'가 선택된 것을 나타낸다.

■ 부품 배치하기

[그림 3-13]의 ❶에서 부품을 더블클릭하면 회로도면 편집기에 부품을 배치할 수 있다. [그림 3-14]는 회로도에 따라 '7400'을 배치한 모습이다.

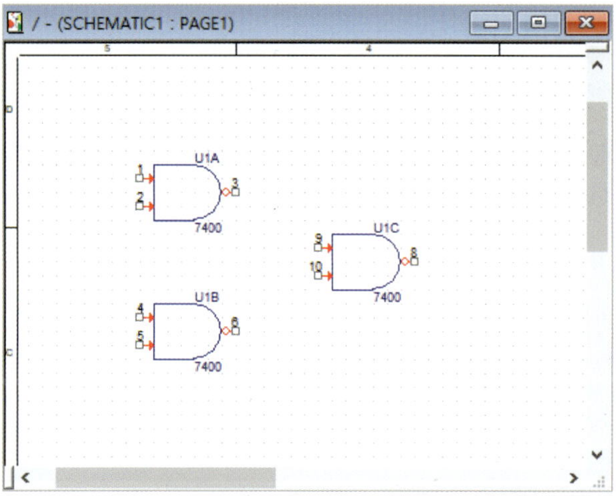

[그림 3-14] **부품 배치하기**

각 부품에는 부품 이름 '7400'과 'U1A~U1C'가 표시되어 있다. 'U1A'에서 'U1'은 부품의 일련번호이다. 디지털 IC를 추가하면 'U2'가 된다. 'U1A'에서 'A'는 패키지에 들어 있는 첫 번째 NAND 게이트를 나타낸다. 다른 NAND 게이트에는 U1B, U1C의 이름이 붙어져 있다. 각 부품에 표시된 숫자는 핀 번호이다.

■ 배선 그리기

디지털 회로의 배선은 [그림 3-15]에서 '(Place wire)'를 이용해 그린다. 이를 클릭한 다음 회로도면의 원하는 곳에 마우스 포인터를 놓고 왼쪽 버튼을 클릭하면 거기서부터 배선이 그려진다.

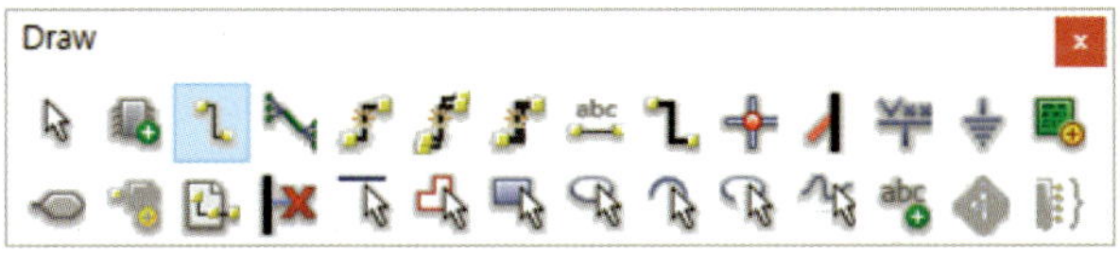

[그림 3-15] 'Place Wire' 선택

배선은 기본적으로 수직 및 수평 방향으로 그려진다. 이때 마우스 왼쪽 버튼을 클릭하면 방향을 바꿀 수 있다. Shift 키와 함께 마우스 왼쪽 버튼을 클릭하면 각도를 바꾸면서 배선을 그릴 수 있다.

마우스 왼쪽 버튼을 더블클릭하면 배선 그리기가 중단된다. 이때 회로도면의 다른 곳으로 포인터를 이동한 다음, 왼쪽 버튼을 다시 클릭하면 거기서부터 배선을 그릴 수 있다. [그림 3-16]은 배선을 그린 모습이다.

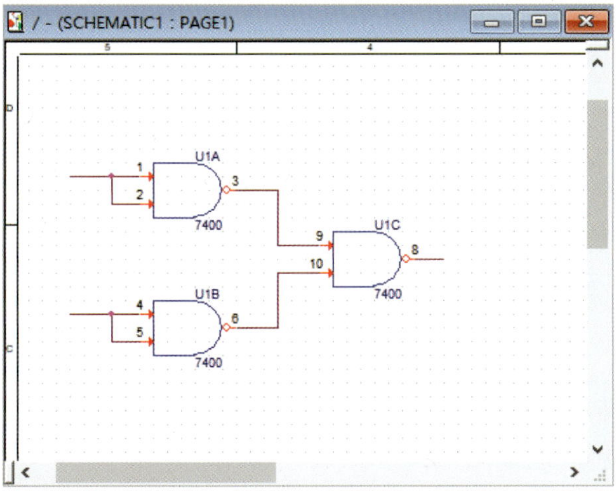

[그림 3-16] 배선 그리기

디지털 입력 연결하기

PSpice가 제공하는 디지털 입력의 이름은 'STIM'이다. STIM에는 1, 2, 4, 8, 16의 숫자가 붙으며, 이는 비트 수이다. [그림 3-12]를 참고하여 ❷의 부품 검색창에 'STIM1'을 입력한다. 이때 부품이 검색되지 않으면 라이브러리 경로 'Cadence\SPB_17.2\tools\capture\library\pspice'를 다시 설정한다.

[그림 3-17]은 디지털 입력을 연결한 회로도이다. 디지털 입력 'STIM1'의 부품명은 'DSTM'이며, 여기에 일련번호가 붙는다.

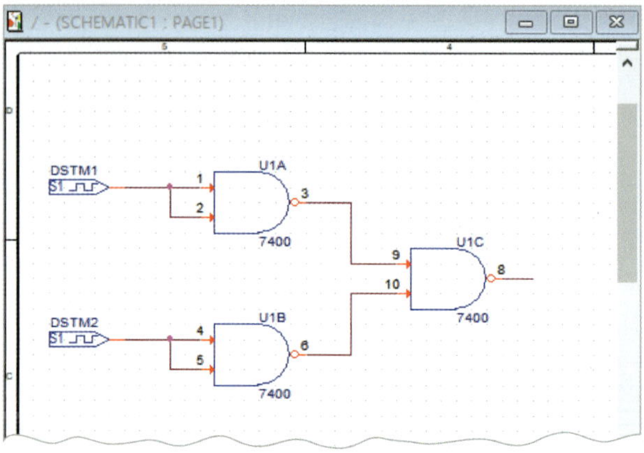

[그림 3-17] 디지털 입력 연결하기

[그림 3-5]의 회로도에서 입력의 이름은 A와 B이다. 여기에 맞추어 디지털 입력의 이름을 바꾸어 보자. 회로도면에서 글자 'DSTM1'을 더블클릭하면, [그림 3-18]의 'Display Properties' 설정창이 나타난다. 여기에서 이름을 'A'로 바꾼다. 'DSTM2'도 같은 요령으로 'B'로 바꾼다.

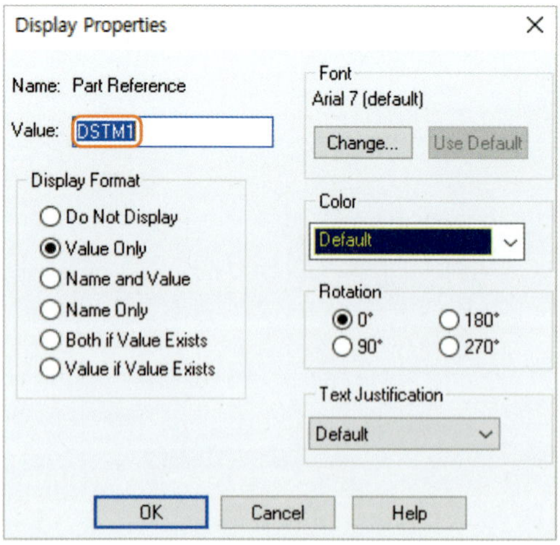

[그림 3-18] 디지털 입력의 이름 바꾸기

다음으로 출력 X를 입력해 보자. 먼저 [그림 3-19]와 같이 도구 모음에서 '(Place Off-Page Connector)'를 클릭한다. 이때 나타나는 설정창에서 'OFFPAGELEFT-L'을 선택하여 회로도면에 입력한다.

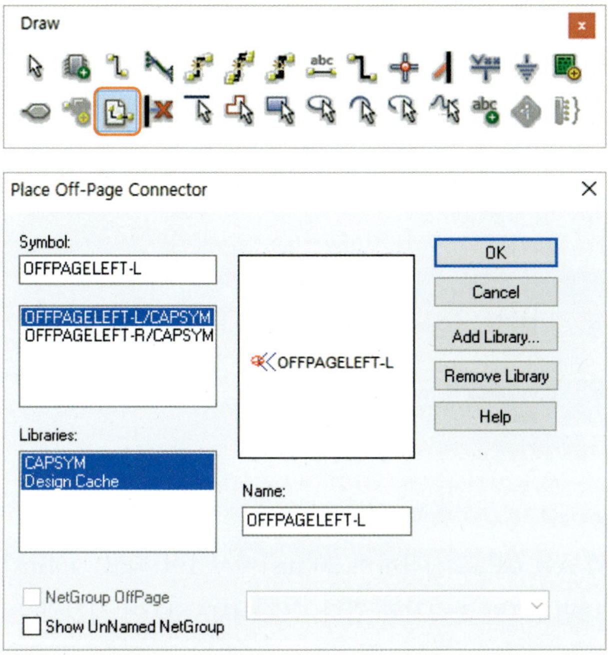

[그림 3-19] 출력 단자 만들기

다음으로 회로도면에서 'OFFPAGELEFT-L'을 더블클릭하여 이름을 'X'로 바꾸면 [그림 3-20]과 같이 회로도가 완성된다.

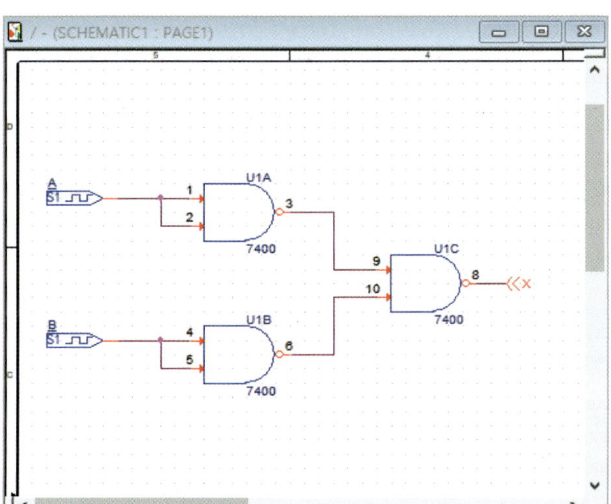

[그림 3-20] 완성된 회로도

디지털 입력 설정하기

디지털 회로를 시뮬레이션하려면 진리표에 따라 입력 A, B를 '0, 0 → 0, 1 → 1, 0 → 1, 1'과 같이 설정해야 한다. 이를 위한 도구가 디지털 입력이다.

이제 디지털 입력을 설정해 보자. 먼저 회로도에서 입력 A를 더블클릭하면 [그림 3-21]과 같은 〈Property Editor〉 설정창이 나타난다. 그림에서 'A' 표시는 입력 A를 나타낸다. 설정창의 'COMMAND' 칸에 시간과 논리 레벨(1 또는 0)을 써넣어 입력을 설정한다. 'COMMAND1'에는 '0ms 0'을 입력하여 입력 A가 0부터 시작되도록 설정한다. 'COMMAND2'에는 '20ms 1'를, 'COMMAND3'에는 '40ms 0'을 입력한다.

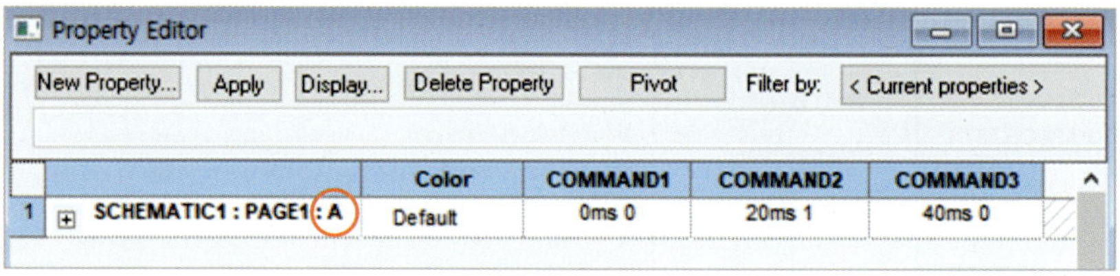

[그림 3-21] 〈Property Editor〉 설정창(입력 A 설정)

이와 같은 'COMMAND'의 설정에 따라 입력 A는 0으로 시작하여 20[ms]에서 1이 되고, 40[ms]에서 다시 0이 된다. 이를 타이밍도로 나타내면 [그림 3-22]와 같다. 'COMMAND'에 시간과 논리 레벨을 입력할 때 그림과 같은 타이밍도를 생각하면 설정에 도움이 된다.

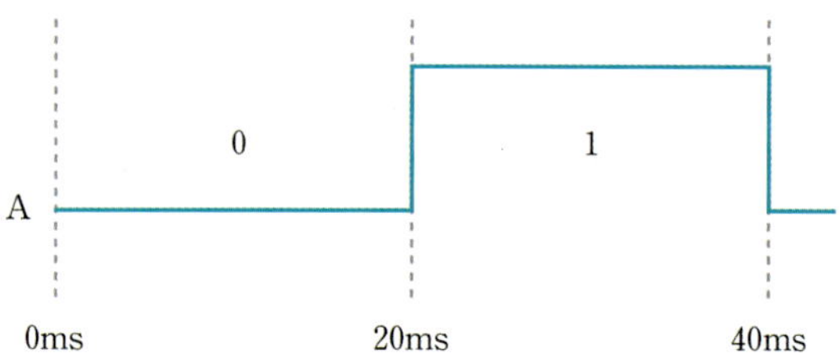

[그림 3-22] 입력 A의 타이밍도

[그림 3-23]은 입력 B의 〈Property Editor〉 설정창이다. 입력 B의 시작 레벨은 0이고, 10[ms]마다 '0 ↔ 1'을 반복하도록 설정한다.

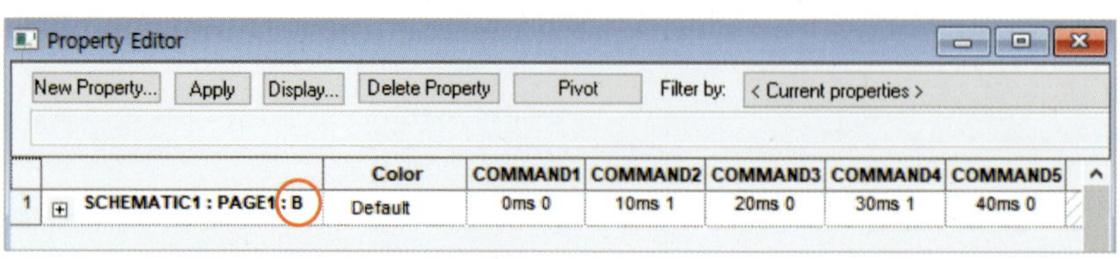

[그림 3-23] 〈Property Editor〉 설정창(입력 B 설정)

앞에서 설정한 입력 A와 B를 타이밍도로 그리면 [그림 3-24]와 같다. 진리표로 주어진 입력 A, B의 조합인 '0, 0 → 0, 1 → 1, 0 → 1, 1'이 설정되었다.

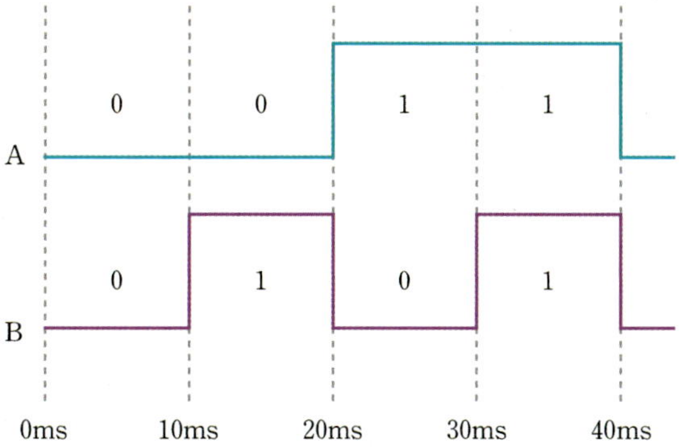

[그림 3-24] 입력 A와 B의 타이밍도

시뮬레이션 설정하기

[그림 3-25]는 PSpice 도구 모음이다. 이를 사용하여 시뮬레이션을 설정한다. 주로 사용되는 도구는 ❶~❺이다. 이를 살펴보자.

[그림 3-25] PSpice 도구 모음

❶ (New Simulation Profile) : 새로운 시뮬레이션을 시작한다.
❷ (Edit Simulation Profile) : 시뮬레이션 설정을 확인하거나 변경한다.
❸ (Run PSpice) : 시뮬레이션을 실행한다.
❹ (View Simulation Results) : 시뮬레이션 결과를 확인한다.
❺ (Voltage/Level Marker) : 논리 레벨을 측정할 프로브(Probe)를 회로에 붙인다.

[그림 3-26]과 같이 **PSpice** 메뉴를 선택해 시뮬레이션을 설정할 수도 있다.

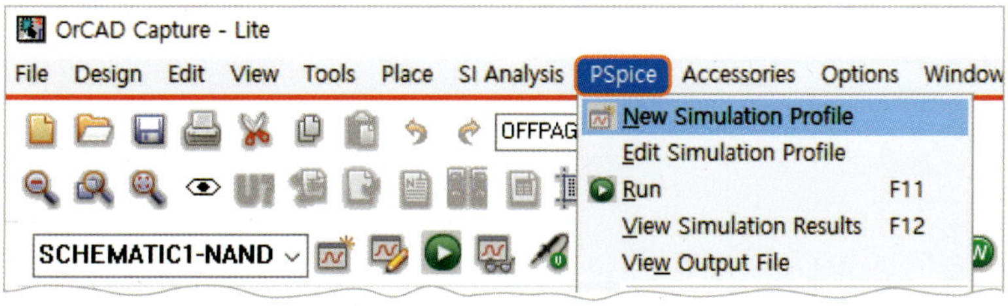

[그림 3-26] PSpice 메뉴

앞에서 그린 디지털 회로를 시뮬레이션하려면 [그림 3-25]에서 ❶ '(New Simulation Profile)'을 클릭해야 한다. 그러면 [그림 3-27]과 같은 〈New Simulation〉 설정창이 나타난다.

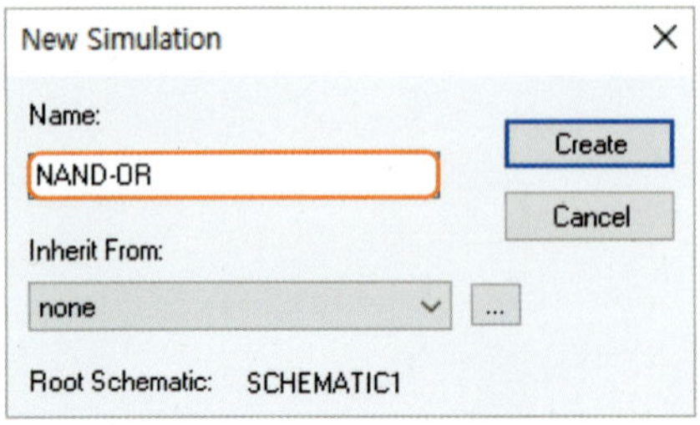

[그림 3-27] 〈New Simulation〉 설정창

[그림 3-27]에서 시뮬레이션 이름(NAND-OR)을 입력하고 [Create]를 클릭하면, [그림 3-28]과 같은 〈Simulation Settings〉 설정창이 나타난다.

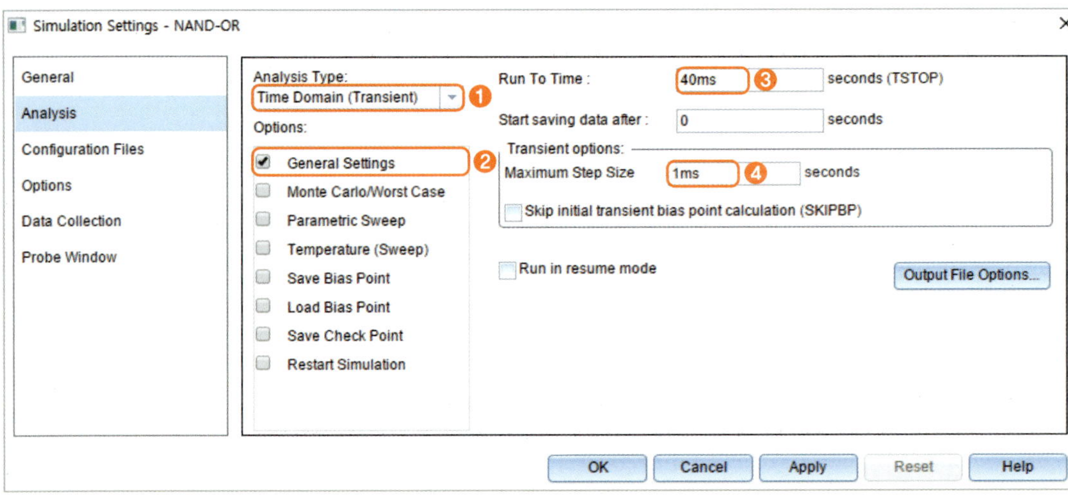

[그림 3-28] 〈Simulation Settings〉 설정창

❶ 'Analysis Type'은 시간에 따른 출력 변화를 살펴보는 'Time Domain(Transient)'을 선택한다. ❷ 'Options'은 'General Settings'를 선택한다. ❸ 'Run To Time'에는 실행 시간을 입력한다. [그림 3-24]에서 입력 A와 B를 40[ms]까지 설정했으므로 '40ms'를 입력한다. ❹ 'Maximum Step size'는 시뮬레이션 분석 정밀도이다. 여기에서는 '1ms'를 입력한다.

시뮬레이션 실행 및 결과 확인하기

[그림 3-25]에서 ❺ '(Voltage/Level Marker)'를 클릭한다. 그러면 프로브가 나타나며, 이를 [그림 3-29]와 같이 입력 A, B 및 출력 X에 붙인다[9]. 프로브를 붙인 곳의 논리 레벨이 결과 그래프로 표시된다.

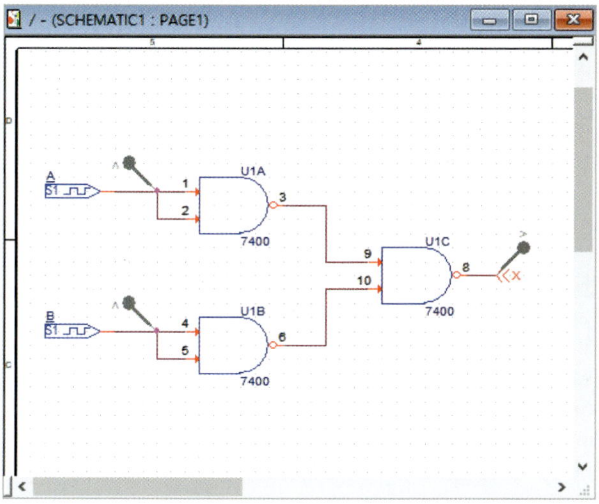

[그림 3-29] **프로브 붙이기**

다음으로 [그림 3-25]에서 ❸ '(Run PSpice)'를 클릭하여 시뮬레이션을 실행한다. 시뮬레이션이 오류 없이 진행되면, PSpice A/D 프로그램이 자동 실행되면서 [그림 3-30]과 같은 결과 그래프(타이밍도)[10]가 표시된다.

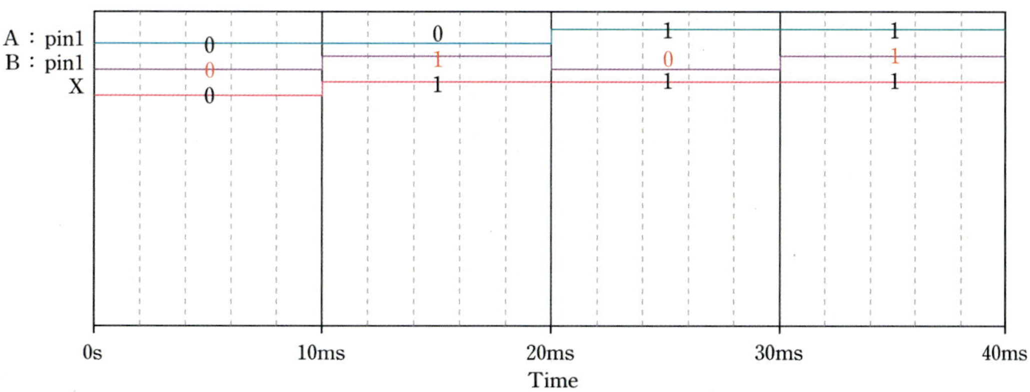

[그림 3-30] **시뮬레이션 결과 그래프**

9 키보드 R 키를 이용해 프로브를 회전시킬 수 있다.

10 원래의 결과 그래프는 검은색 바탕에 녹색 그래프로 표시된다. 이 책에서는 이해를 돕기 위해 그래프를 새로 그리고 '0'과 '1'을 추가했다.

[그림 3-30]에는 3개의 파형이 표시되어 있는데, 위쪽의 2개는 입력 A와 B이고 나머지 1개가 출력 X이다.

[표 3-1]은 시뮬레이션 결과를 정리한 표이다.

[표 3-1] 시뮬레이션 결과

A	B	X
0	0	0
0	1	1
1	0	1
1	1	1

[표 3-1]은 입력 A, B 중에서 어느 하나만 1이면, 출력 X = 1이 되는 OR 논리이다. 이로써 NAND 게이트로 만든 [그림 3-5]의 디지털 회로가 OR 게이트로 동작함을 확인했다.

3.2 실험

【실험장비】

실험기기	PSpice 프로그램(OrCAD 17.2-2016 Lite)
	실습용 컴퓨터

1 [그림 3-31]은 실험 02의 실험회로([그림 2-14(a)])이다. Capture 프로그램으로 이 회로를 그려라.

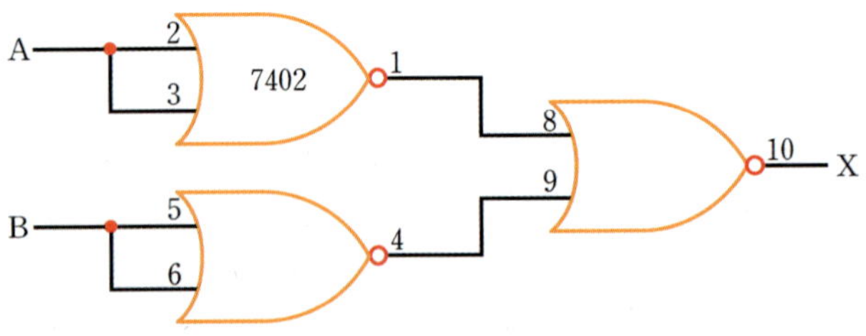

[그림 3-31] 시뮬레이션 실험회로

실험 따라하기

2 [표 3-2]와 같이 설정하여 [그림 3-31]의 실험회로를 시뮬레이션하라.

[표 3-2] 시뮬레이션 설정

대상 회로		[그림 3-31]
시뮬레이션 설정	Analysis type	Time Domain (Transient)
	Options	General Settings
	Run to time	40[ms]

3 시뮬레이션 결과를 이용하여 [표 3-3]의 진리표를 완성하라.

[표 3-3] 시뮬레이션 결과

A	B	X
0	0	
0	1	
1	0	
1	1	

4 [표 3-3]의 시뮬레이션 결과가 AND 게이트의 진리표와 같은지 확인하라. (같음□ 다름□)

5 프로브가 부착된 시뮬레이션 회로를 화면 캡처(Capture)하라.

6 시뮬레이션 결과 그래프를 화면 캡처하라.

셀프 테스트

(1) PSpice의 윈도우 버전을 개발한 회사는 (   )이다.

(2) OrCAD 체험판 프로그램은 (기능, 사용 부품 수)에 제한이 있다.

(3) 디지털 입력용 부품의 이름은 (STLM, STIM, SMIM)이다.

(4) 디지털 입력은 〈Property Editor〉 설정창의 (OFFPAGE, COMMAND)에 시간과 논리 레벨을 입력하여 설정한다.

(5) 7400 패키지에는 (2개, 4개, 6개)의 NAND 게이트가 들어 있다.

(6) 아래 그림에서 출력 단자를 만들 때 사용하는 도구는 (❶, ❷, ❸, ❹, ❺)이다.

(7) 아래 그림에서 배선을 그릴 때(Place Wire) 사용하는 도구는 (❶, ❷, ❸, ❹, ❺)이다.

(8) 아래 그림에서 부품을 찾을 때(Place Part) 사용하는 도구는 (❶, ❷, ❸, ❹, ❺)이다.

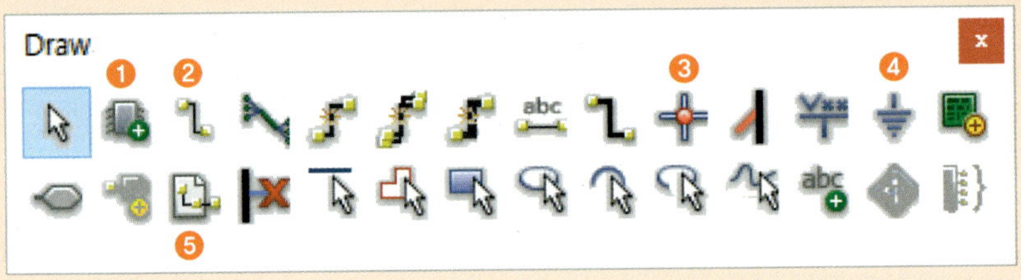

(9) 아래 그림에서 시뮬레이션 회로에 프로브를 붙일 때 사용하는 도구는 (❻, ❼, ❽, ❾, ❿)이다.

(10) 아래 그림에서 새로운 시뮬레이션의 설정에 사용되는 도구는 (❻, ❼, ❽, ❾, ❿)이다.

예비학습

(1) XOR(Exclusive OR) 게이트의 진리표를 작성하고, 논리 동작을 설명하라.

(2) XNOR(Exclusive NOR) 게이트의 진리표를 작성하고, 논리 동작을 설명하라.

결과 보고서

실험 03 PSpice를 이용한 회로 시뮬레이션

- 학번 :
- 이름 :
- 실험일 :

(1) 시뮬레이션 회로를 보여라(화면 캡처).

(2) 시뮬레이션 결과 그래프를 보이고(화면 캡처), [표 3-3]을 완성하라.

[표 3-3] 시뮬레이션 결과

A	B	X
0	0	
0	1	
1	0	
1	1	

(3) [표 3-3]의 시뮬레이션 결과가 AND 게이트의 진리표와 같은지 확인하라. (같음□ 다름□)

실험 04

XOR, XNOR 게이트

학습목표

- XOR 게이트와 XNOR 게이트의 논리 동작을 실험한다.
- 진리표로 논리식을 구한다.
- 논리식으로 디지털 회로를 '단계별'로 그리고, 실험으로 그 결과를 확인한다.

4.1 기초 이론

XOR 게이트는 'Exclusive OR' 게이트를 줄인 말이며, 배타적 OR이라 한다. 2개의 입력이 서로 다르면(배타적) 1, 같으면 0을 출력한다. XNOR 게이트는 'Exclusive NOR' 게이트를 줄인 말이며, 배타적 NOR이라 한다. XOR 게이트와 반대 논리로 동작한다. 즉 2개의 입력이 서로 다르면 0, 같으면 1을 출력한다.

XOR 게이트와 XNOR 게이트는 다양하게 응용되는 기본 논리 게이트들이다.

4.1.1 XOR 게이트

[그림 4-1]은 XOR 게이트의 기호로, OR 게이트 기호의 왼쪽에 원호를 덧붙인 모양이다. [표 4-1]은 XOR 게이트의 진리표이다. 입력 A와 B가 다를 때 출력 X = 1이고, 같을 때 X = 0이다.

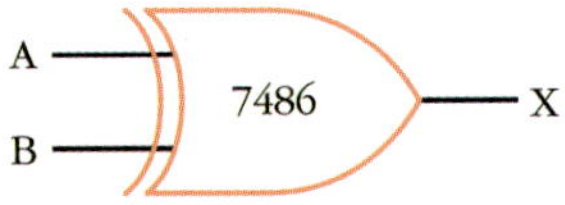

[그림 4-1] XOR 게이트의 기호

[표 4-1] XOR 게이트의 진리표

A	B	X
0	0	0
0	1	1
1	0	1
1	1	0

[그림 4-2]는 XOR 게이트의 타이밍도이다. 2개의 입력 A, B가 서로 다를 때만 출력 X = 1이다.

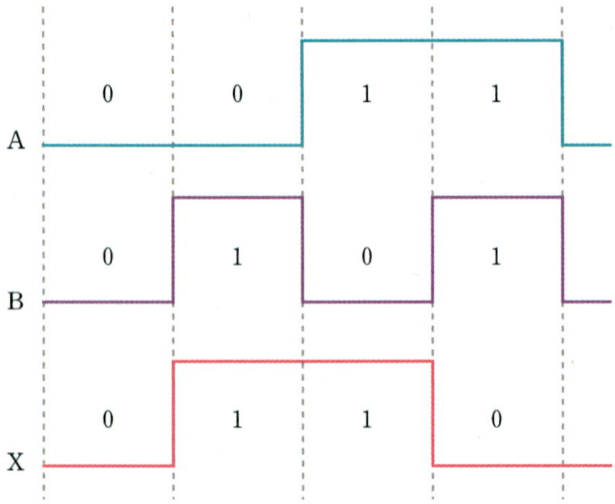

[그림 4-2] XOR 게이트의 타이밍도

XOR 게이트의 논리식은 $X = \overline{A}B + A\overline{B}$ 이며, 간단히 $X = A \oplus B$로 표시한다. 이때 '⊕'는 OR를 나타내는 '+'에 '○'를 씌운 모양이다. 논리식 $X = \overline{A}B + A\overline{B}$ 는 진리표로부터 구할 수 있다.

진리표로 논리식 구하기

여기서 잠깐

진리표로 논리식을 구하는 과정은 다음과 같다. XOR 게이트의 논리식을 구해보자.

❶ 출력 X가 1인 행을 찾는다.
→ 2행과 3행이 1이다.

❷ 출력 X가 1인 행의 입력을 'AND'로 표현한다. 이때 입력이 0이면 Bar를 붙인다.
→ 2행은 A가 0이므로 $\overline{A}B$가 된다. 3행은 B가 0이므로 $A\overline{B}$가 된다.

❸ 각 행에서 구한 논리식을 'OR'로 표현한다.
→ 2행과 3행을 OR로 표현하면 $\overline{A}B + A\overline{B}$가 된다.

❹ 부울 대수 또는 카르노 맵[1]을 이용하여 논리식을 간단히 만든다.
→ 이 논리식은 더 이상 간단히 만들 수 없다. 따라서 $X = \overline{A}B + A\overline{B}$ 가 된다.

---

1 부울 대수와 카르노 맵은 실험 05와 실험 06에서 다룬다.

A	B	X
0	0	0
0	1	1
1	0	1
1	1	0

$\overline{A}B$, $A\overline{B}$] OR → $X = \overline{A}B + A\overline{B}$

[그림 4-3] XOR 게이트의 진리표로 논리식 구하기

논리식을 알면 디지털 회로를 그릴 수 있다. 예를 들어, XOR 게이트의 논리식 $X = \overline{A}B + A\overline{B}$를 살펴보자. 이 논리식에서 '$\overline{A}B$' 및 '$A\overline{B}$'는 AND 게이트이고, '+'는 OR 게이트이다. Bar가 붙은 입력($\overline{A}$, $\overline{B}$)은 NOT 게이트를 추가한다. [그림 4-4]는 XOR 게이트의 논리식과 이에 대응되는 논리 게이트를 나타낸다.

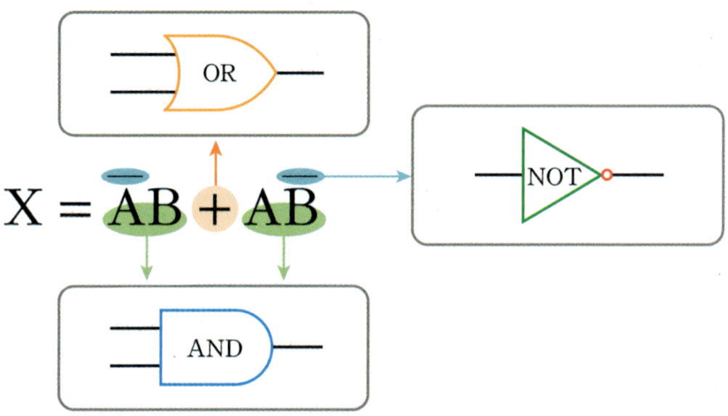

[그림 4-4] XOR 게이트 논리식과 대응되는 논리 게이트

논리식의 디지털 회로 그리기

여기서 잠깐

논리식의 디지털 회로는 '단계별'로 그리면 쉽다. [그림 4-4]를 참고하여 XOR 게이트의 논리식을 디지털 회로로 그려보자. 그 과정은 다음과 같다. 이때 [그림 4-5]를 함께 살펴보라.

❶ 논리식에 있는 입력의 수만큼 선을 그리고, 이름(A, B, … 등)을 붙인다.
→ 2개의 선을 그리고, 이름(A, B)을 붙인다.

❷ Bar가 붙어 있는 입력을 위해 입력선에 NOT 게이트를 그린다.
→ 논리식에 $\overline{A}$와 $\overline{B}$가 있으므로 각 입력선에 NOT 게이트를 그린다.

❸ 논리식에 표현된 수만큼 AND 게이트를 그린다.
→ 2개의 AND 게이트를 그린다.

❹ 논리식에 맞추어 입력(A, B, $\overline{A}$, $\overline{B}$)과 AND 게이트를 연결한다.

→ 위쪽 AND 게이트는 $\overline{A}B$가 되도록 선을 연결하고, 아래쪽 AND 게이트는 $A\overline{B}$가 되도록 선을 연결한다.

❺ 논리식에 표현된 수만큼 OR 게이트를 그린다.

→ 1개의 OR 게이트를 그린다.

❻ AND 게이트와 OR 게이트를 연결하고, OR 게이트 출력에 이름 X를 붙인다.

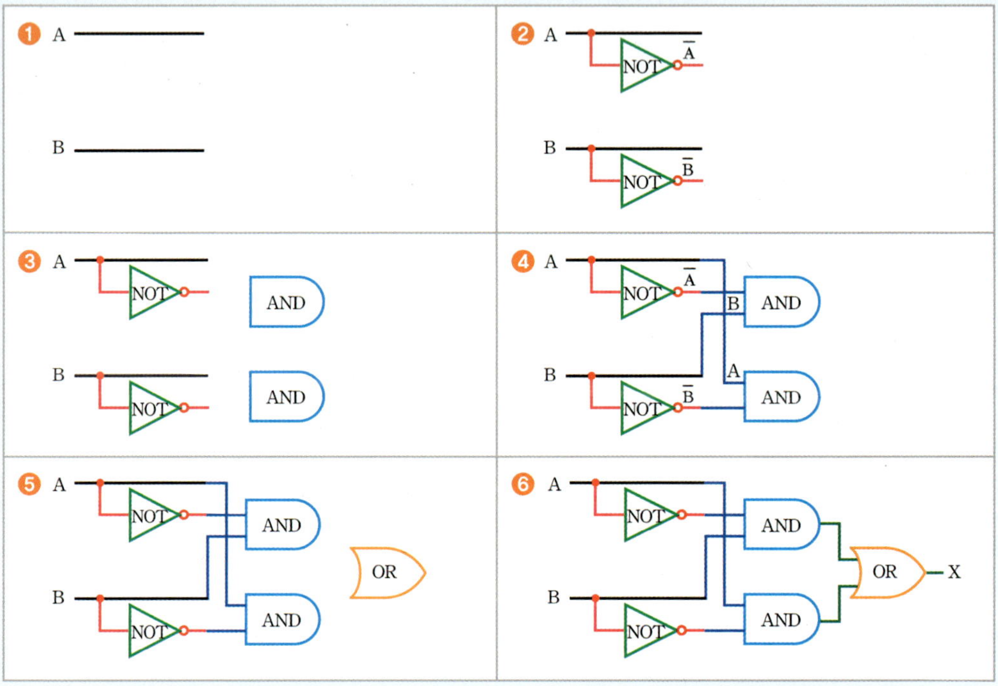

[그림 4-5] XOR 게이트의 논리식으로 디지털 회로 그리기

4.1.2 XNOR 게이트

[그림 4-6]은 XNOR 게이트의 기호로, XOR 게이트의 기호에 NOT을 의미하는 작은 원을 덧붙인 모양이다. [표 4-2]는 XNOR 게이트의 진리표이다. XOR 게이트와 반대로, 입력 A와 B가 같을 때만 출력 X = 1이다.

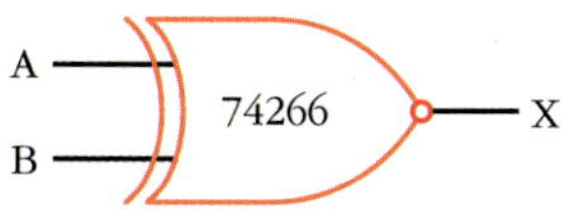

[그림 4-6] XNOR 게이트의 기호

[표 4-2] XNOR 게이트의 진리표

A	B	X
0	0	1
0	1	0
1	0	0
1	1	1

[그림 4-7]은 XNOR 게이트의 타이밍도이다.

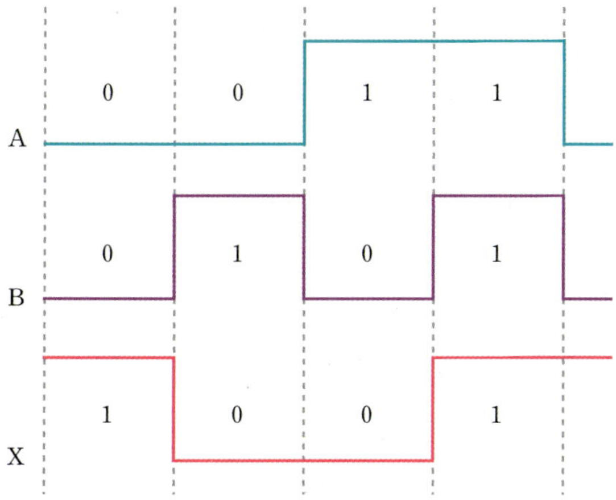

[그림 4-7] XNOR 게이트의 타이밍도

XNOR 게이트의 논리식은 $X = \overline{A}\,\overline{B} + AB$ 이며, 간단히 $X = A \odot B$ 로 표시한다. 이 논리식도 진리표로부터 구할 수 있다[2].

2 진리표로 논리식을 구하는 과정은 다음과 같다.
① [표 4-2]에서 1행과 4행이 $X = 1$이다.
② 1행은 $A = 0$, $B = 0$이므로 $\overline{A}\,\overline{B}$ 이다. 4행은 $A = 1$, $B = 1$이므로 AB이다.
③ 1행과 4행의 논리식을 OR한다.
④ 따라서 XNOR 게이트의 논리식은 $X = \overline{A}\,\overline{B} + AB$가 된다.

4.2 실험

【실험장비】

실험기기	디지털 실험장치	1대
회로부품	디지털 IC	7404(NOT 게이트)
		7408(AND 게이트)
		7432(OR 게이트)
		7486(XOR 게이트)

4.2.1 XOR 게이트

1 [그림 4-8]과 같은 XOR 게이트의 출력 X를 측정하여 [표 4-3]에 기록하라.

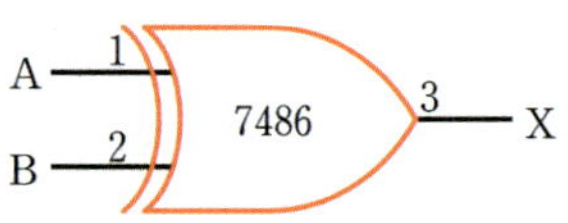

[그림 4-8] XOR 게이트

[표 4-3] XOR 게이트의 실험 결과

A	B	X
0	0	
0	1	
1	0	
1	1	

2 [그림 4-9(a)]는 XOR 게이트의 논리식 $X = \overline{A}B + A\overline{B}$ 의 디지털 회로이다([그림 4-5] 참조). 이 회로를 구성하고, 출력 Y를 측정하여 [표 4-4]에 기록하라. [그림 4-9(b)]는 배선도이다.

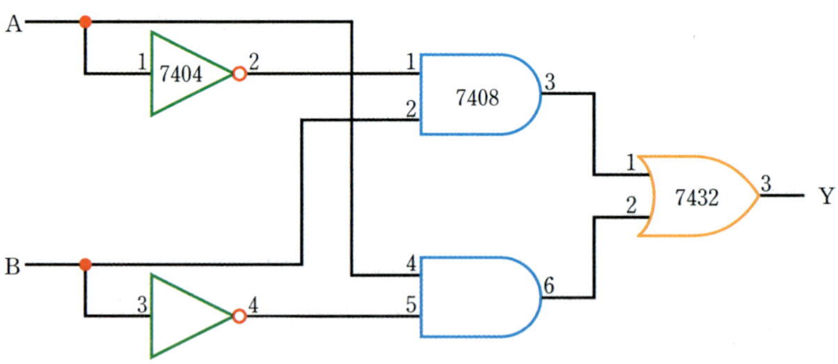

(a)

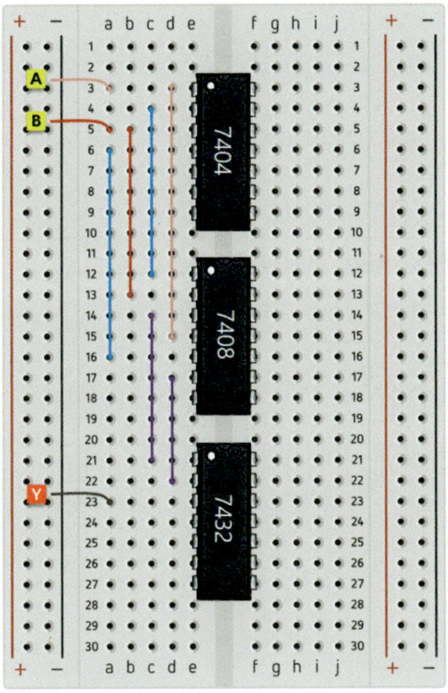

(b)

[그림 4-9] 논리식으로 구성한 XOR 게이트

[표 4-4] 논리식으로 구성한 XOR 게이트의 실험 결과

A	B	Y
0	0	
0	1	
1	0	
1	1	

3 [표 4-3]의 출력 X와 [표 4-4]의 출력 Y가 서로 같은지 확인하라. (같음□ 다름□)

실험 따라하기 XOR 게이트([그림 4-9(a)])

1 실험회로([그림 4-9(a)])에 사용된 NOT 게이트(7404), AND 게이트(7408), OR 게이트(7432) IC의 핀 다이어그램을 확인한다.

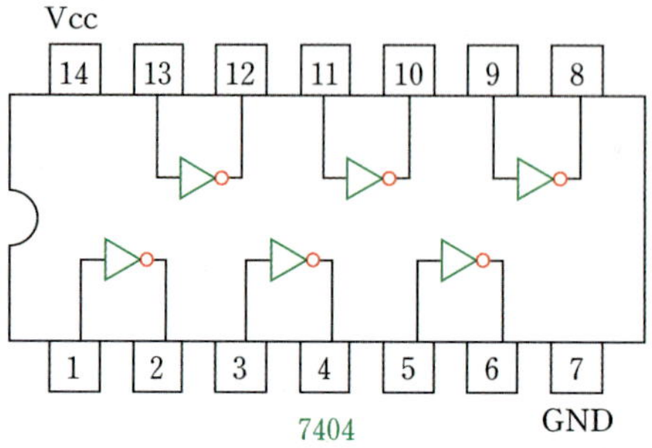

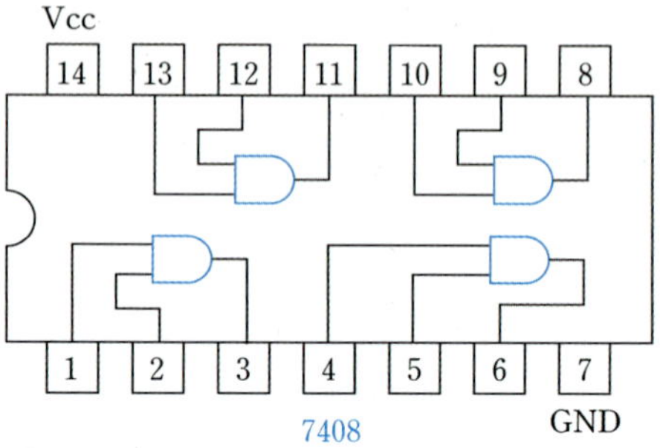

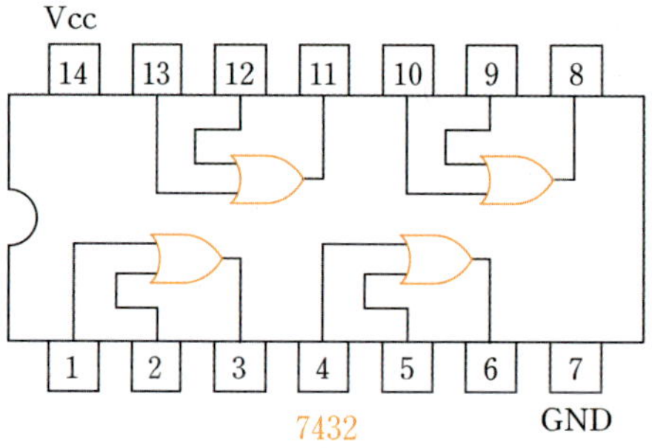

2 실험회로에 사용된 각 논리 게이트의 핀 번호를 확인한다.

- NOT 게이트(7404) : 1~2번 핀, 3~4번 핀
- AND 게이트(7408) : 1~3번 핀 및 4~6번 핀
- OR 게이트(7432) : 1~3번 핀

3 3개의 IC를 오른쪽 그림과 같이 브레드보드에 삽입한다. 이때 회로도와 비슷하게 배열하면 배선할 때 편리하다.

4 회로도에 따라 배선을 연결한다. 일반적으로 전원을 먼저 연결하지만, 여기에서는 알아보기 쉽게 배선을 먼저 연결하였다. 다음 그림은 배선을 연결한 모습이다.

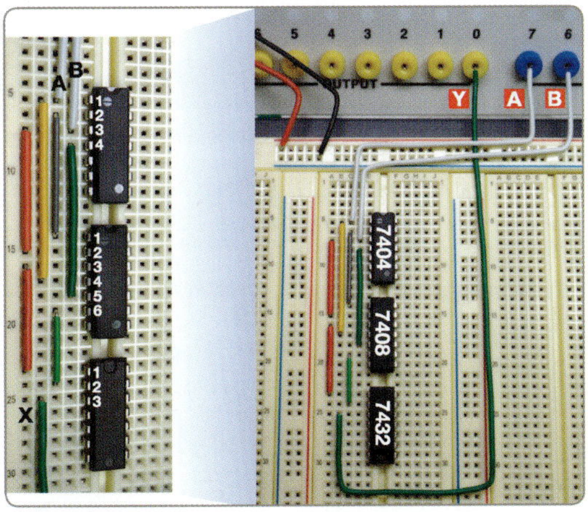

5 핀 다이어그램을 참고하여 다음 그림과 같이 각 IC에 전원(GND, Vcc)을 연결한다.

6 토글스위치로 입력 A와 B를 [표 4-4]에 주어진 값(0,0 → 0,1 → 1,0 → 1,1)으로 바꾸면서 출력 Y를 확인하여 [표 4-4]에 기록한다.

7 다음 그림 (a)는 입력 A와 B를 1, 0으로 설정한 경우로 출력 Y는 1이다. 그림 (b)는 입력 A와 B를 1, 1로 설정한 경우로 출력 Y는 0이다. 이로부터 [그림 4-9]의 실험회로가 XOR 논리로 동작함을 알 수 있다.

(a)

(b)

4.2.2 XNOR 게이트

1 XNOR 게이트의 논리식은 $X = \overline{A}\,\overline{B} + AB$ 이다. [표 4-5]를 이용하여 이 논리식의 디지털 회로를 '단계별'로 그려라(❶단계는 그려 두었다).

[표 4-5] XNOR 게이트의 디지털 회로 그리기

❶ 입력의 수만큼 선을 그리고, 입력 이름 붙이기	❷ Bar가 붙은 입력을 위한 NOT 게이트 그리기
A ——— B ———	A ——— B ———
❸ 논리식에 표현된 수만큼 AND 게이트 그리기	**❹ 논리식에 따라 입력(A, B, $\overline{A}$, $\overline{B}$, …)과 AND 게이트 연결하기**
A ——— B ———	A ——— B ———
❺ 논리식에 표현된 수만큼 OR 게이트 그리기	**❻ AND 게이트와 OR 게이트를 연결하고, OR 게이트 출력에 이름 X 붙이기**
A ——— B ———	A ——— B ———

2 [표 4-5]의 ❻단계에서 완성한 XNOR 게이트의 디지털 회로를 브레드보드에 구성하고, 출력 X를 측정하여 [표 4-6]에 기록하라.

[표 4-6] XNOR 게이트의 실험 결과

A	B	X
0	0	
0	1	
1	0	
1	1	

3 [표 4-6]의 진리표가 XNOR 게이트의 진리표와 같은지 확인하라. (같음□ 다름□)

4.3 PSpice 시뮬레이션

1 [표 4-7]과 같이 설정하여 [그림 4-9(a)]의 회로를 시뮬레이션하라.

[표 4-7] 시뮬레이션 설정

<table>
<tr><td colspan="3">대상 회로</td><td colspan="5">[그림 4-9(a)]</td></tr>
<tr><td rowspan="7">시뮬레이션 설정</td><td colspan="2">Analysis type</td><td colspan="5">Time Domain (Transient)</td></tr>
<tr><td colspan="2">Options</td><td colspan="5">General Settings</td></tr>
<tr><td colspan="2">Run to time</td><td colspan="5">40[ms]</td></tr>
<tr><td colspan="2" rowspan="2">디지털 입력 (STIM1) 설정</td><td colspan="5">COMMAND</td></tr>
<tr><td>1</td><td>2</td><td>3</td><td>4</td><td>5</td></tr>
<tr><td rowspan="2">입력</td><td>A</td><td>0s 0</td><td>20ms 1</td><td>40ms 0</td><td></td><td></td></tr>
<tr><td>B</td><td>0s 0</td><td>10ms 1</td><td>20ms 0</td><td>30ms 1</td><td>40ms 0</td></tr>
</table>

2 회로의 입력 A와 B를 디지털 입력 'STIM1'을 이용하여 설정하라. 설정에 필요한 'COMMAND' 입력 값은 [표 4-7]을 참고하라[3].

3 참고 [그림 4-10]의 시뮬레이션 회로를 확인하라.
논리 레벨을 측정하기 위한 프로브가 입력 A, B와 출력 X에 각각 붙어 있다.

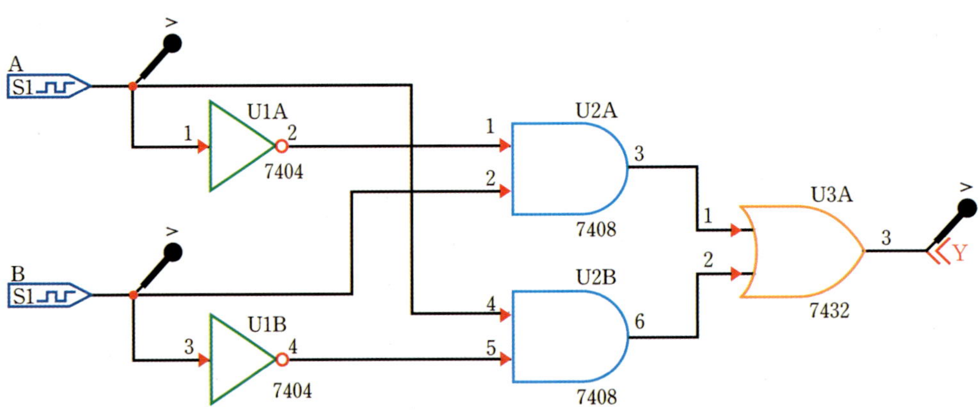

[그림 4-10] 시뮬레이션 회로

3 디지털 입력(STIM1) 설정 방법은 실험 03의 [그림 3-21]~[그림 3-24]를 참고하라.

4 **참고** [그림 4-11]의 시뮬레이션 결과를 확인하라.

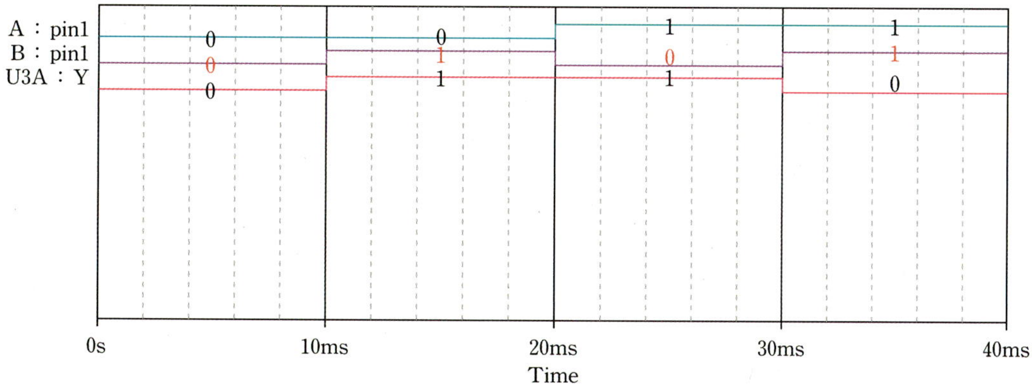

[그림 4-11] **시뮬레이션 결과**

[표 4-8]은 시뮬레이션 결과를 정리한 표이다. 입력 A와 B가 같으면 출력 Y는 0이고, 다르면 1이다. 이로부터 XOR 논리를 확인할 수 있다.

[표 4-8] **시뮬레이션 결과**

A	B	Y
0	0	0
0	1	1
1	0	1
1	1	0

셀프 테스트

(1) XOR 게이트는 2개의 입력이 다를 때는 (1, 0)을 출력하고, 같을 때는 (1, 0)을 출력한다.

(2) XOR 게이트의 회로 기호를 그려라.

(3) 다음은 타이밍도이다. 입력 A와 B를 기준으로 XOR 게이트의 출력 X의 파형을 그려라.

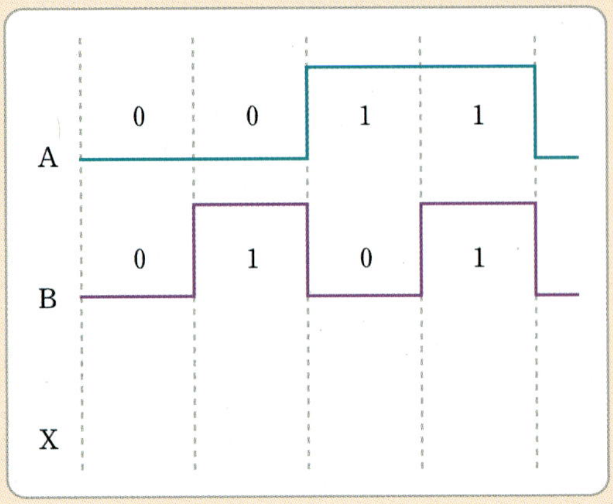

(4) XOR 게이트의 논리식은 $X = \overline{A}B + A\overline{B}$ 이며, 간단히 ($A \oplus B$, $A \odot B$)로 표시한다.

(5) 논리식 $X = \overline{A}\,\overline{B} + \overline{A}B + A\overline{B} + AB$ 를 디지털 회로로 그리면 (1개, 2개, 3개, 4개, 5개)의 NOT 게이트가 포함된다.

(6) 논리식 $X = \overline{A}\,\overline{B} + \overline{A}B + A\overline{B} + AB$ 를 디지털 회로로 그리면 (1개, 2개, 3개, 4개, 5개)의 AND 게이트가 포함된다.

(7) XNOR 게이트는 2개의 입력이 다를 때는 (1, 0)을 출력하고, 같을 때는 (1, 0)을 출력한다.

(8) 다음은 타이밍도이다. 입력 A와 B를 기준으로 XNOR 게이트의 출력 X의 파형을 그려라.

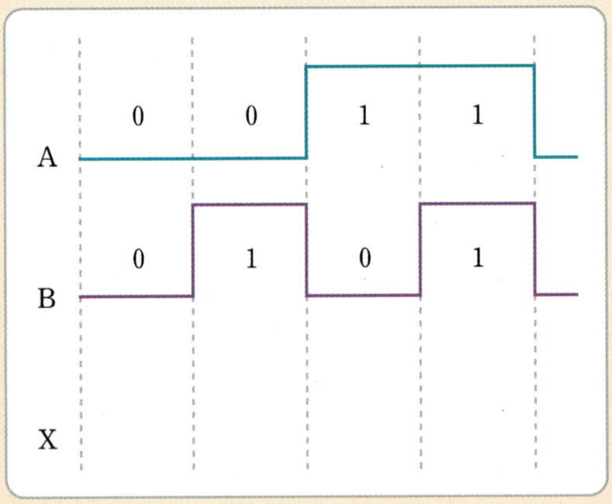

예비학습

(1) 부울 대수와 부울 정리를 설명하라.

(2) 드 모르강의 정리에 대해 설명하라.

결과 보고서

실험 04 XOR, XNOR 게이트

- 학번 :
- 이름 :
- 실험일 :

실험 1 XOR 게이트

[표 4-3] XOR 게이트의 실험 결과

A	B	X
0	0	
0	1	
1	0	
1	1	

[표 4-4] 논리식으로 구성한 XOR 게이트의 실험 결과

A	B	Y
0	0	
0	1	
1	0	
1	1	

(1) [표 4-1]의 진리표와 [표 4-3]의 실험 결과가 서로 같은지 확인하라. (같음□ 다름□)

(2) [표 4-3]의 실험 결과를 이용해서 XOR 게이트의 논리 동작을 설명하라.

(3) [표 4-4]의 실험 결과가 XOR 논리를 만족하는지 확인하라. (YES□ NO□)

실험 2 XNOR 게이트

[표 4-5] XNOR 게이트의 디지털 회로 그리기

❶ 입력의 수만큼 선을 그리고, 입력 이름 붙이기	❷ Bar가 붙은 입력을 위한 NOT 게이트 그리기
A —————— B ——————	A —————— B ——————
❸ 논리식에 표현된 수만큼 AND 게이트 그리기	❹ 논리식에 따라 입력(A, B, $\overline{A}$, $\overline{B}$, …)과 AND 게이트 연결하기
A —————— B ——————	A —————— B ——————
❺ 논리식에 표현된 수만큼 OR 게이트 그리기	❻ AND 게이트와 OR 게이트를 연결하고, OR 게이트 출력에 이름 X 붙이기
A —————— B ——————	A —————— B ——————

[표 4-6] XNOR 게이트의 실험 결과

A	B	X
0	0	
0	1	
1	0	
1	1	

(1) [표 4-2]의 진리표와 [표 4-6]의 실험 결과가 서로 같은지 확인하라. (같음□ 다름□)

(2) [표 4-6]의 실험 결과를 이용해서 XNOR 게이트의 논리 동작을 설명하라.

PSpice 시뮬레이션 XNOR 게이트

(1) [표 4-5]에서 그린 XNOR의 디지털 회로를 OrCAD Capture를 이용해 시뮬레이션 회로로 작성하라(화면 캡처).

(2) 시뮬레이션 결과 그래프를 보여라(화면 캡처).

(3) 시뮬레이션 결과를 참고하여 [표 4-9]의 진리표를 완성하라.

[표 4-9] XNOR 게이트의 시뮬레이션 결과

A	B	X
0	0	
0	1	
1	0	
1	1	

(4) [표 4-9]의 진리표가 XNOR 게이트의 진리표와 같은지 확인하라. (같음□ 다름□)

논리식으로 디지털 회로 그리기

(1) 다음의 표를 이용해서 논리식 $X = \overline{A}\,\overline{B} + \overline{A}B + A\overline{B} + AB$의 디지털 회로를 단계별로 그려라.

❶ 입력의 수만큼 선을 그리고, 입력 이름 붙이기

❷ Bar가 붙은 입력을 위한 NOT 게이트 그리기

❸ 논리식에 표현된 수만큼 AND 게이트 그리기

❹ 논리식에 따라 입력(A, B, $\overline{A}$, $\overline{B}$, …)과 AND 게이트 연결하기

❺ 논리식에 표현된 수만큼 OR 게이트 그리기

❻ AND 게이트와 OR 게이트를 연결하고, OR 게이트 출력에 이름 X 붙이기

실험
05
부울 대수와 드 모르강의 정리

학습목표
- 부울 대수로 논리식을 간소화하고, 실험으로 확인한다.
- 드 모르강의 정리를 실험으로 확인한다.

5.1 기초 이론

5.1.1 부울 대수

부울 대수(Boolean Algebra)는 영국의 수학자 조지 부울(George Boole)이 19세기 중반에 고안한 논리 수학이다. 부울 대수는 AND, OR, NOT 논리를 이용하여 논리식을 표현한다. 논리식의 각 변수는 0과 1의 값(논리 레벨)을 가지며, 논리 연산이 가능하다.

[표 5-1]은 부울 대수의 기본 법칙인 교환법칙, 결합법칙, 분배법칙의 논리식과 적용 예를 보여준다. 표의 논리식에서 더하기는 OR 논리로, 곱하기는 AND 논리로 생각하면 된다.

[표 5-1] 부울 대수의 기본 법칙

법칙	논리식	적용 예
교환법칙	$A+B=B+A$	$1+0=0+1$
결합법칙	$A+(B+C)=(A+B)+C$	$1+(1+0)=(1+1)+0$
	$(A \cdot B) \cdot C=A \cdot (B \cdot C)$	$(1 \cdot 0) \cdot 1=1 \cdot (0 \cdot 1)$
분배법칙	$A \cdot (B+C)=A \cdot B+A \cdot C$	$1 \cdot (1+0)=1 \cdot 1+1 \cdot 0$

[그림 5-1]은 분배법칙의 적용 예이다. 등호의 왼쪽에 있는 논리식의 연산 결과는 1이다. 오른쪽의 연산 결과도 마찬가지로 1이다. 이로부터 분배법칙을 확인할 수 있다.

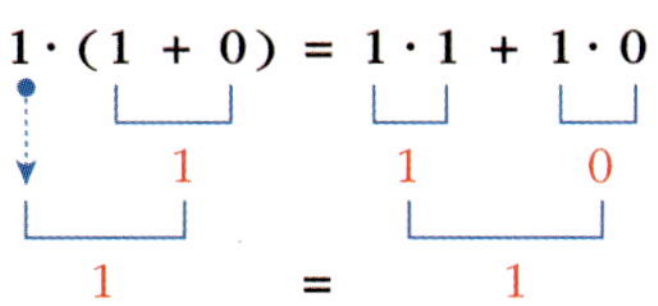

[그림 5-1] 분배법칙의 적용 예

[표 5-2]는 부울 대수에 따른 기본 정리(Theorems), 즉 부울 정리이다.

[표 5-2] 부울 정리

논리	논리 연산	
OR 논리	$A+0=A$	$A+1=1$
	$A+A=A$	$A+\overline{A}=1$
AND 논리	$A\cdot 0=0$	$A\cdot 1=A$
	$A\cdot A=A$	$A\cdot \overline{A}=0$
NOT 논리	$\overline{\overline{A}}=A$	

예를 들어 '$A+0=A$'의 논리 연산을 살펴보자. $A=1$이면, OR 논리에 따라 '$A+0$'은 1이 된다. 반대로 $A=0$이면, '$A+0$'은 0이 된다. 즉 '$A+0$'은 '0'에는 관계없고 'A'에 따라 결과가 결정된다. 따라서 '$A+0=A$'로 표현할 수 있다. 다른 정리들도 이와 같이 적용하여 확인해 볼 수 있다. 부울 대수와 부울 정리는 디지털 회로의 논리 분석과 설계에 활용되며, 논리식의 간소화에도 활용된다.

[표 5-3]은 3변수(A, B, C) 진리표의 예이다. 이 진리표에 부울 대수와 부울 정리를 적용해 보자.

[표 5-3] 3변수(A, B, C) 진리표

A	B	C	X
0	0	0	1
0	0	1	1
0	1	0	0
0	1	1	1
1	0	0	0
1	0	1	1
1	1	0	0
1	1	1	1

[표 5-3]에 따른 논리식은 다음과 같다[1].

$$X=\overline{A}\,\overline{B}\,\overline{C}+\overline{A}\,\overline{B}C+\overline{A}BC+A\overline{B}C+ABC$$

이 논리식을 부울 대수와 부울 정리로 간소화해 보자. 그 과정은 다음과 같다. '**'이 표시된 행에서는 항을 2개씩 묶기 위해 같은 항($\overline{A}\,\overline{B}C$)을 추가하였다. 이는 [표 5-2]에 보인 부울 정리 '$A+A=A$'를 활용한 것이다.

1 진리표로부터 논리식을 구하는 과정은 실험 04의 [그림 4-3]을 참조하라.

$$
\begin{aligned}
X &= \overline{A}\,\overline{B}\,\overline{C} + \overline{A}\,\overline{B}C + \overline{A}\,\overline{B}C + \overline{A}BC + A\overline{B}C + ABC \\
&= \overline{A}\,\overline{B}(\overline{C} + C) + \overline{A}C(\overline{B} + B) + AC(\overline{B} + B) \\
&= \overline{A}\,\overline{B} \cdot 1 + \overline{A}C \cdot 1 + AC \cdot 1 \\
&= \overline{A}\,\overline{B} + \overline{A}C + AC \\
&= \overline{A}\,\overline{B} + C(\overline{A} + A) \\
&= \overline{A}\,\overline{B} + C
\end{aligned}
$$

[그림 5-2]는 위에서 간소화한 논리식 $X = \overline{A}\,\overline{B} + C$의 디지털 회로이다.

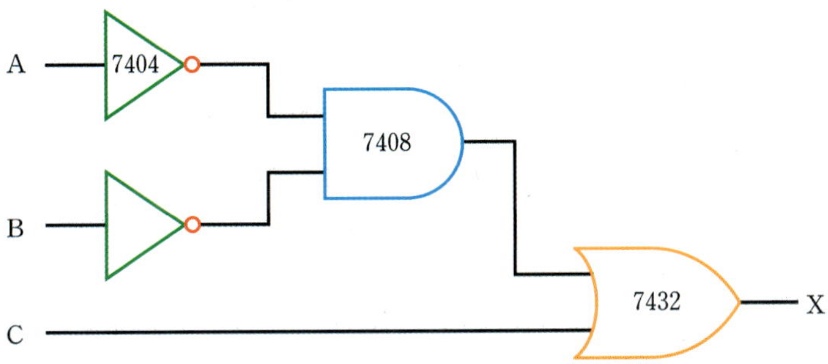

[그림 5-2] $X = \overline{A}\,\overline{B} + C$의 디지털 회로

부울 대수와 부울 정리로 논리식을 간소화하는 방법은 요령이 필요하고, 적용하기 어려운 경우도 많다. 이 때문에 논리식을 간소화할 때는 주로 '카르노 맵'이 활용된다[2].

5.1.2 드 모르강의 정리

드 모르강의 정리(De Morgan's Theorems)는 논리 연산에 사용되는 또 하나의 중요한 정리이다. 이를 활용하면 AND와 OR의 논리식을 NOR와 NAND의 논리식으로 바꿀 수 있다.

- 제1정리 : 각 변수를 부정(NOT)한 것의 OR는 NAND와 같다.

$$\overline{A} + \overline{B} = \overline{AB}$$

- 제2정리 : 각 변수를 부정(NOT)한 것의 AND는 NOR와 같다.

$$\overline{A}\,\overline{B} = \overline{A + B}$$

2 카르노 맵은 실험 06에서 다룬다.

[그림 5-2]의 논리식 '$X = \overline{A}\,\overline{B} + C$'에 드 모르강의 정리를 적용해 보면 다음과 같다.

$$
\begin{aligned}
X &= \overline{A}\,\overline{B} + C \\
&= \overline{A+B} + C
\end{aligned}
$$

[그림 5-3]은 위 논리식의 디지털 회로이다. 드 모르강의 정리에 따라 변수의 부정(NOT)을 NOR로 바꾸니 회로가 훨씬 간단해졌다.

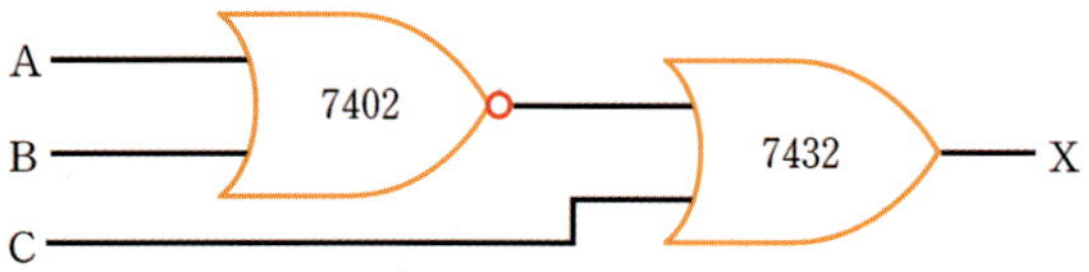

[그림 5-3] $X = \overline{A+B} + C$의 디지털 회로

5.2 실험

【실험장비】

실험기기	디지털 실험장치	1대
회로부품	디지털 IC	7400(NAND 게이트)
		7402(NOR 게이트)
		7404(NOT 게이트)
		7408(AND 게이트)
		7432(OR 게이트)

5.2.1 부울 대수

1 [그림 5-4(a)]의 실험회로[3]를 구성하고, 출력 Y를 측정하여 [표 5-4]에 기록하라. [그림 5-4(b)]는 배선도이다.

2 [표 5-3]의 출력 X와 [표 5-4]의 출력 Y가 서로 같은지 확인하라[4]. (같음□ 다름□)

---

3 $X = \overline{A}\,\overline{B} + C$의 디지털 회로이다.

4 [그림 5-4(a)]는 [표 5-3]에서 구한 논리식을 간소화하여 얻은 디지털 회로이다. 따라서 [표 5-3]과 [표 5-4]는 서로 같아야 한다.

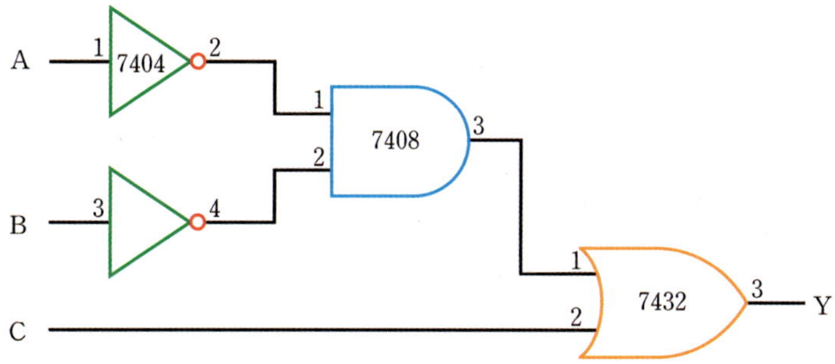

(a)

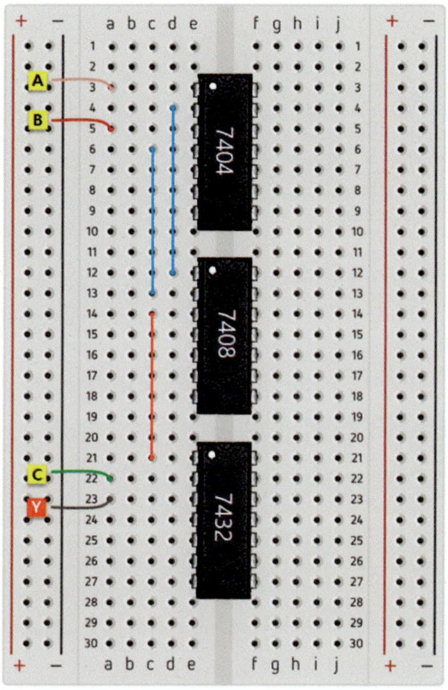

(b)

[그림 5-4] 부울 대수의 실험회로

[표 5-4] 부울 대수의 실험 결과

A	B	C	Y
0	0	0	
0	0	1	
0	1	0	
0	1	1	
1	0	0	
1	0	1	
1	1	0	
1	1	1	

5.2.2 드 모르강의 정리

드 모르강의 제1정리

1 [그림 5-5]의 실험회로를 구성하라[5]. 배선은 [실험 따라하기]를 참고한다.

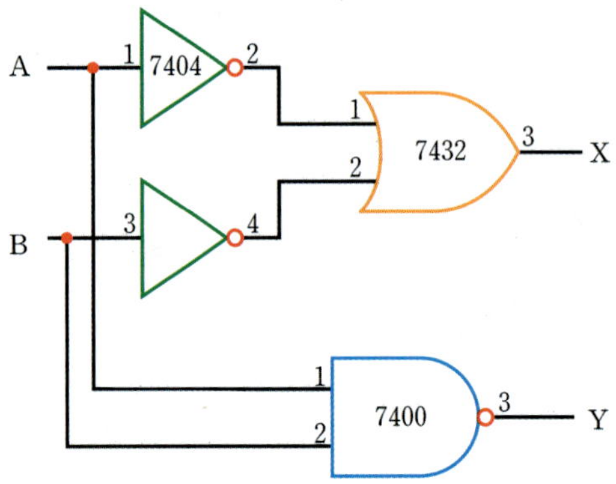

[그림 5-5] 드 모르강의 제1정리 실험회로

2 출력 X와 Y를 측정하여 [표 5-5]에 기록하라.

[표 5-5] 드 모르강의 제1정리 실험 결과

A	B	X	Y
0	0		
0	1		
1	0		
1	1		

3 [표 5-5]의 출력 X와 Y가 서로 같은지 확인하라. (같음□ 다름□)

5 드 모르강의 제1정리 $\overline{A}+\overline{B}=\overline{AB}$를 실험하기 위한 회로이다. $X=\overline{A}+\overline{B}$이고, $Y=\overline{AB}$이다.

실험 따라하기 | 드 모르강의 제1정리([그림 5-5])

1 실험회로([그림 5-5])에 사용된 NOT 게이트(7404), OR 게이트(7432), NAND 게이트(7400) IC의 핀 다이어그램을 확인한다.

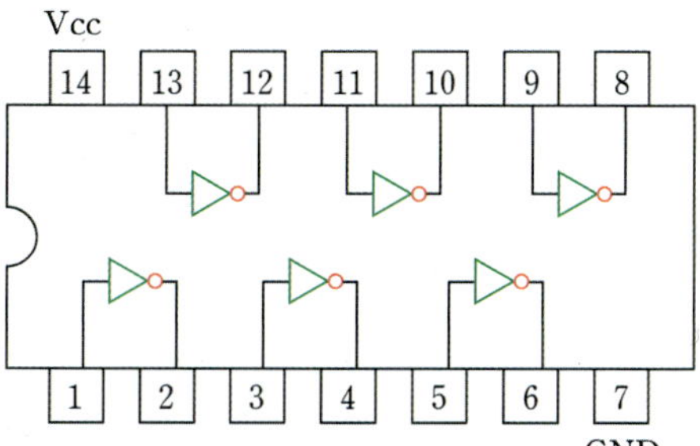

7404

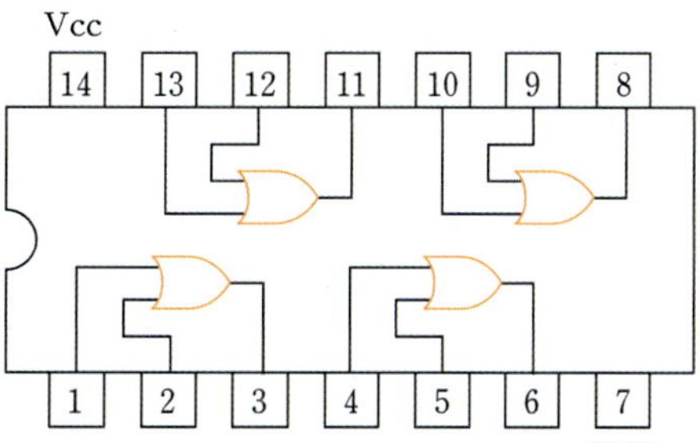

7432

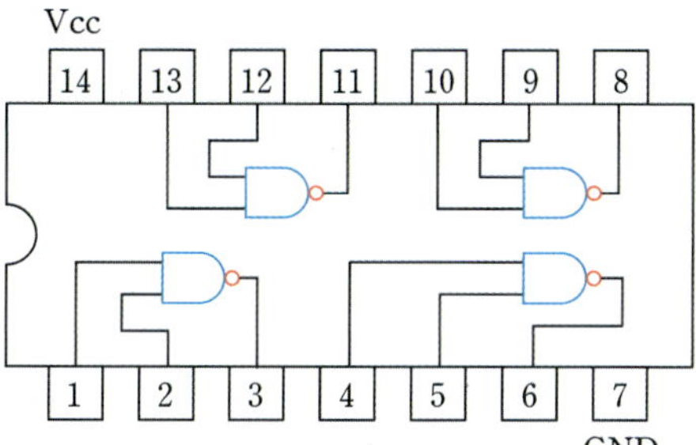

7400

2 실험회로에 사용된 각 논리 게이트의 핀 번호를 확인한다.

- NOT 게이트(7404) : 1~2번 핀 및 3~4번 핀
- OR 게이트(7432) : 1~3번 핀
- NAND 게이트(7400) : 1~3번 핀

3 회로도의 배열에 맞추어 IC를 삽입하고, 전원(Vcc, GND)을 연결한다.

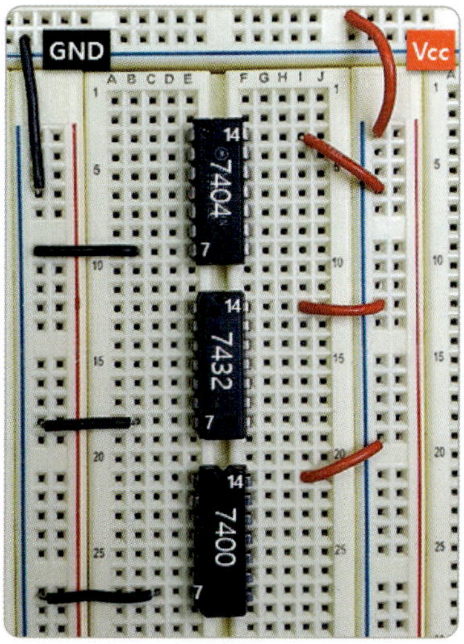

4 회로도에 따라 배선을 연결한다. 입력 A, B는 디지털 실험장치의 입력 설정부와 연결하고, 출력 X, Y는 출력 표시부와 각각 연결한다.

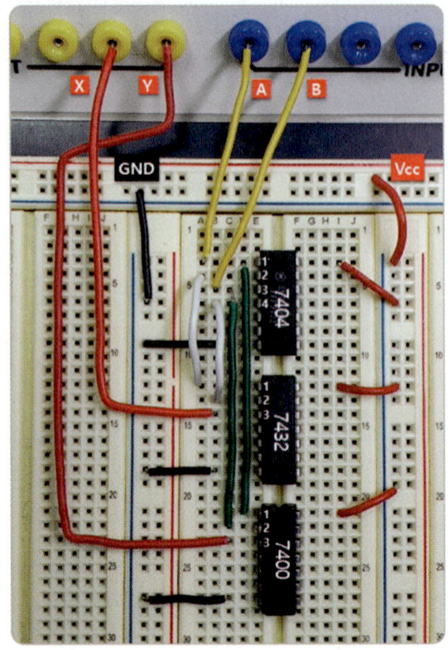

5 입력 설정부의 토글스위치를 사용하여 입력 A, B를 [표 5-5]에 주어진 값으로 바꾸어 본다. 그에 따른 출력 X, Y를 확인하여 [표 5-5]에 기록한다.

6 다음 그림 (a)는 입력 A와 B를 1, 1로 설정한 경우로, 출력 X와 Y는 '0'으로 동일하다. 그림 (b)는 입력 A와 B를 0, 1 → 1, 0 → 0, 0으로 바꾸는 모습이다. 모든 경우에 출력 X와 Y는 '1'로 동일하다.

(a) (b)

출력 X는 '$\overline{A}+\overline{B}$'를, 출력 Y는 '$\overline{AB}$'를 디지털 회로로 만든 것이다. 위에서 확인한 것처럼 이들은 같은 결과를 나타내며, 이로부터 드 모르강의 정리를 확인할 수 있다.

드 모르강의 제2정리

4 [그림 5-6(a)]의 실험회로를 구성하라[6]. [그림 5-6(b)]는 배선도이다.

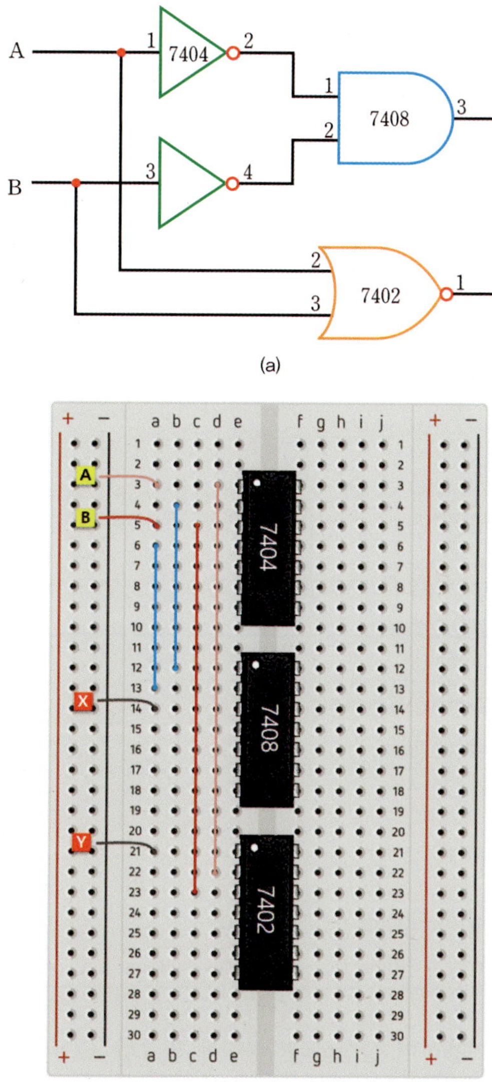

[그림 5-6] 드 모르강의 제2정리 실험회로

6 드 모르강의 제2정리 $\overline{A}\,\overline{B} = \overline{A+B}$를 실험하기 위한 회로이다. $X = \overline{A}\,\overline{B}$이고, $Y = \overline{A+B}$이다.

5 출력 X와 Y를 측정하여 [표 5-6]에 기록하라.

[표 5-6] 드 모르강의 제2정리 실험 결과

A	B	X	Y
0	0		
0	1		
1	0		
1	1		

6 [표 5-6]의 출력 X와 Y가 서로 같은지 확인하라. (같음□ 다름□)

5.3 PSpice 시뮬레이션

1 [표 5-7]과 같이 설정하여 [그림 5-5]의 회로를 시뮬레이션하라.

[표 5-7] 시뮬레이션 설정

대상 회로			[그림 5-5]				
시뮬레이션 설정	Analysis type		Time Domain (Transient)				
	Options		General Settings				
	Run to time		40[ms]				
	디지털 입력 (STIM1) 설정		COMMAND				
			1	2	3	4	5
	입력	A	0s 0	20ms 1	40ms 0		
		B	0s 0	10ms 1	20ms 0	30ms 1	40ms 0

2 회로의 입력 A와 B를 디지털 입력 'STIM1'을 이용하여 설정하라. 설정에 필요한 'COMMAND' 입력 값은 [표 5-7]을 참고하라.

3 **참고** [그림 5-7]의 시뮬레이션 회로를 확인하라.

논리 레벨을 측정하기 위한 프로브가 입력 A, B와 출력 X, Y에 붙어 있다.

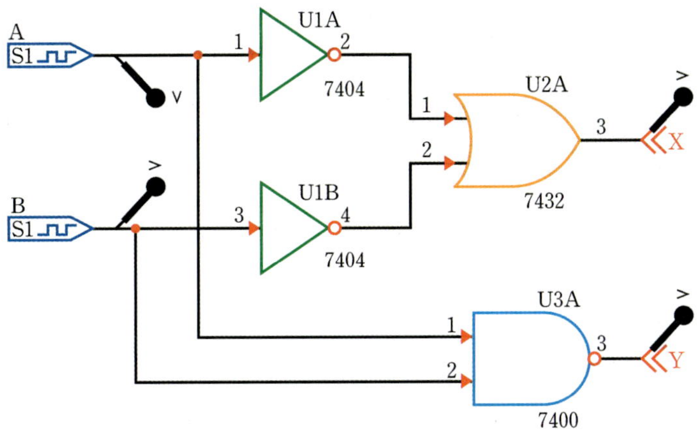

[그림 5-7] **시뮬레이션 회로**

4 **참고** [그림 5-8]의 시뮬레이션 결과를 확인하라.

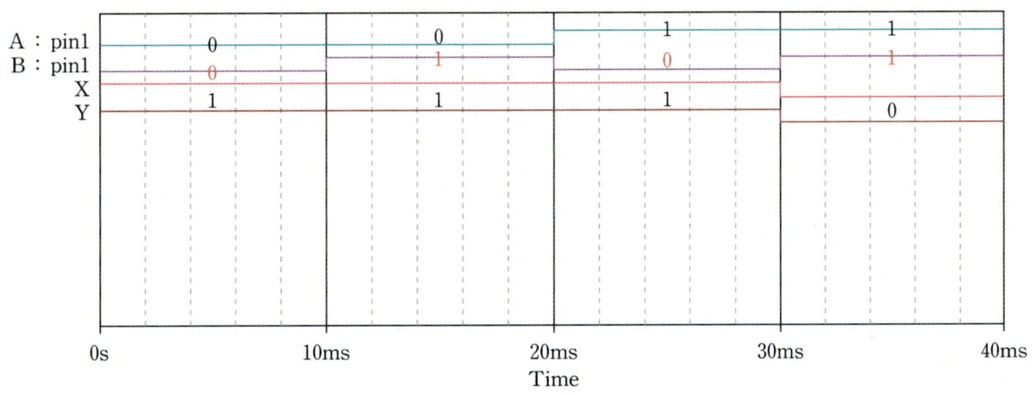

[그림 5-8] **시뮬레이션 결과**

[표 5-8]은 시뮬레이션 결과를 정리한 표이다. 입력 A와 B에 대하여 출력 X와 출력 Y는 서로 같다. 이로부터 드 모르강의 제1정리($\overline{A}+\overline{B}=\overline{AB}$)를 확인할 수 있다.

[표 5-8] **시뮬레이션 결과**

A	B	X	Y
0	0	1	1
0	1	1	1
1	0	1	1
1	1	0	0

셀프 테스트

(1) 논리식 $A+(B+C)=(A+B)+C$는 부울 대수의 (교환, 결합, 분배)법칙을 나타낸다.

(2) 논리식 $A \cdot (B+C)=A \cdot B+A \cdot C$는 부울 대수의 (교환, 결합, 분배)법칙을 나타낸다.

(3) 다음의 부울 정리에 대하여 ㉮와 같이 연산 결과를 써 넣어라.

> 예 $A+0=(\ A\ )$

- $A+A=(\quad)$
- $A+\overline{A}=(\quad)$
- $A \cdot \overline{A}=(\quad)$
- $A \cdot A=(\quad)$
- $A \cdot 1=(\quad)$
- $\overline{\overline{A}}=(\quad)$

(4) 드 모르강의 제1정리는 $\overline{A}+\overline{B}=(A\overline{B},\ \overline{A}B,\ \overline{A}\,\overline{B},\ \overline{AB})$이다.

(5) 드 모르강의 제2정리는 $\overline{A}\,\overline{B}=(A+\overline{B},\ \overline{A+B},\ \overline{A}+B,\ \overline{A}+\overline{B})$이다.

예비학습

(1) 카르노 맵(Karnaugh Map)에 대해 조사하라.

(2) 2변수 카르노 맵에서 변수를 배열하는 방법을 설명하라.

결과 보고서

실험 05 부울 대수와 드 모르강의 정리

- 학번 :
- 이름 :
- 실험일 :

실험 1 부울 대수

[표 5-4] 부울 대수의 실험 결과

A	B	C	Y
0	0	0	
0	0	1	
0	1	0	
0	1	1	
1	0	0	
1	0	1	
1	1	0	
1	1	1	

(1) [표 5-3]의 출력 X와 [표 5-4]의 출력 Y가 서로 같은지 확인하라. (같음□ 다름□)

(2) 위의 (1)에서 [표 5-3]의 출력 X와 [표 5-4]의 출력 Y가 서로 같은 이유를 설명하라.

실험 2 드 모르강의 정리

[표 5-5] 드 모르강의 제1정리 실험 결과

A	B	X	Y
0	0		
0	1		
1	0		
1	1		

(1) [표 5-5]의 출력 X와 Y가 서로 같은지 확인하라. (같음□ 다름□)

(2) [표 5-5]의 실험 결과를 이용하여 드 모르강의 제1정리를 설명하라.

[표 5-6] 드 모르강의 제2정리 실험 결과

A	B	X	Y
0	0		
0	1		
1	0		
1	1		

(3) [표 5-6]의 출력 X와 Y가 서로 같은지 확인하라. (같음□ 다름□)

(4) [표 5-6]의 실험 결과를 이용하여 드 모르강의 제2정리를 설명하라.

PSpice 시뮬레이션 부울 대수

(1) [그림 5-4(a)]의 실험회로를 OrCAD Capture로 작성하라(화면 캡처).

(2) 시뮬레이션 결과 그래프를 보여라(화면 캡처).

(3) 시뮬레이션 결과를 참고하여 [표 5-9]의 진리표를 완성하라.

[표 5-9] 드 모르강의 제1정리 시뮬레이션 결과

A	B	C	Z
0	0	0	
0	0	1	
0	1	0	
0	1	1	
1	0	0	
1	0	1	
1	1	0	
1	1	1	

(4) [표 5-9]의 시뮬레이션 결과가 [표 5-3] 및 [표 5-4]와 같은지 확인하라. (같음□ 다름□)

진리표에서 논리식 구하기

(1) [표 5-10]의 진리표에서 출력 X의 논리식을 구하라.

[표 5-10] 진리표

A	B	C	X
0	0	0	0
0	0	1	0
0	1	0	0
0	1	1	0
1	0	0	1
1	0	1	1
1	1	0	1
1	1	1	1

(2) 위의 (1)에서 구한 논리식을 부울 대수와 부울 정리를 이용하여 간소화하라.

실험 06

카르노 맵

학습목표

- 카르노 맵으로 논리식을 간소화하는 방법을 익힌다.
- 카르노 맵으로 간소화한 논리식을 실험으로 확인한다.
- 카르노 맵을 묶는 방법에 따른 차이를 실험으로 확인한다.

6.1 기초 이론

부울 대수를 이용하여 논리식을 간소화하는 방법은 적용하기 어려운 경우도 많고, 방법도 체계적이지 않다. 이러한 이유로 논리식을 간소화할 때는 카르노 맵(Karnaugh Map)을 주로 활용한다. 카르노 맵은 변수[1]의 개수에 따라 작성되며, 2변수 또는 4변수 카르노 맵을 많이 사용한다.

카르노 맵으로 논리식을 간소화하는 과정은 다음과 같다.

❶ 논리식의 각 항을 카르노 맵에 1로 표시한다.
❷ 1이 표시된 칸을 직사각형 또는 정사각형으로 묶는다.
❸ 묶인 부분에서 논리 레벨이 변하는 변수를 삭제한다.
❹ 남겨진 변수에 따른 논리식을 'OR'하여 간소화된 논리식을 만든다.

1 논리식과 디지털 회로의 입력(A, B, C, …)을 말한다.

6.1.1 2변수 카르노 맵

2변수 카르노 맵은 [그림 6-1]과 같이 변수($\overline{A}$, A 및 $\overline{B}$, B) 또는 2진수(0, 1)를 가로와 세로 방향으로 배열하여 작성한다. [그림 6-1(a)]는 변수를 배열한 것이고, [그림 6-1(b)]는 2진수를 배열한 것이다. 이 책에서는 변수를 배열하는 방법을 사용한다.

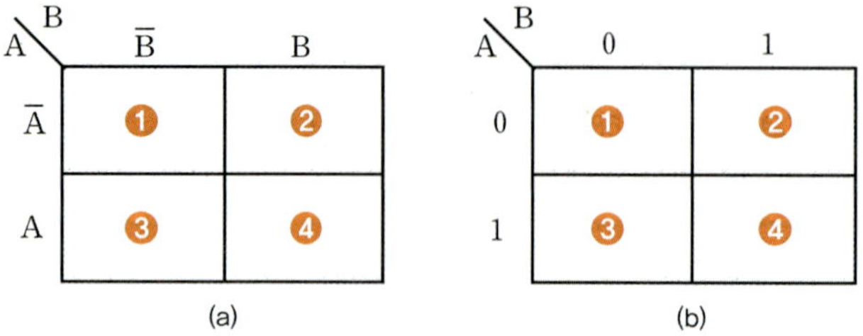

[그림 6-1] **2변수 카르노 맵**

[그림 6-1]에서 ❶번 칸은 $\overline{A}\,\overline{B}$ 또는 (0, 0)에 해당하고, ❷번 칸은 $\overline{A}B$ 또는 (0, 1)에 해당한다. ❸번 칸은 $A\overline{B}$ 또는 (1, 0), ❹번 칸은 AB 또는 (1, 1)에 해당한다.

2변수 카르노 맵을 이용하여 논리식 $X = \overline{A}\,\overline{B} + A\overline{B}$를 간소화해 보자. [그림 6-2]는 이 논리식에 대한 카르노 맵이다.

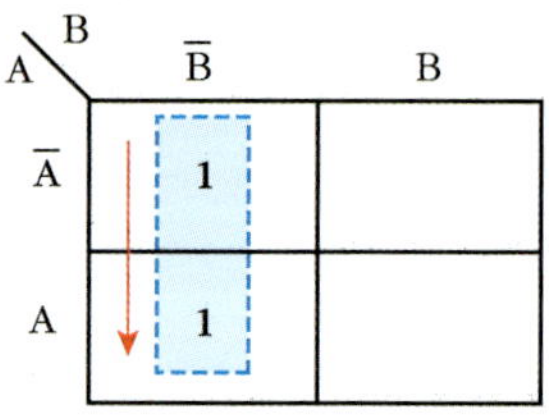

[그림 6-2] **2변수 카르노 맵의 간소화**

앞에서 설명한 간소화 과정에 따라, 먼저 논리식의 각 항 $\overline{A}\,\overline{B}$, $A\overline{B}$에 해당되는 ❶, ❸번 칸에 1을 표시한다. 이어서 [그림 6-2]와 같이 1이 표시된 칸을 사각형으로 묶고, 논리 레벨이 변하는 변수를 삭제한다. 이 경우는 $\overline{A} \rightarrow A$로 변하므로 삭제한다. 그러면 변수 $\overline{B}$만 남아 $X = \overline{B}$로 간소화된다.

6.1.2 3변수 카르노 맵

3변수 카르노 맵은 [그림 6-3]과 같이 가로 방향으로 2개의 변수 A, B를 배열하고, 세로 방향으로 1개의 변수 C를 배열한다[2]. 2개의 변수는 '$\overline{A}\,\overline{B} \rightarrow \overline{A}B \rightarrow AB \rightarrow A\overline{B}$'와 같이 단계별로 하나의 변수만 논리 레벨이 바뀌도록 배열한다. 2진수는 '00 → 01 → 11 → 10'으로 배열한다.

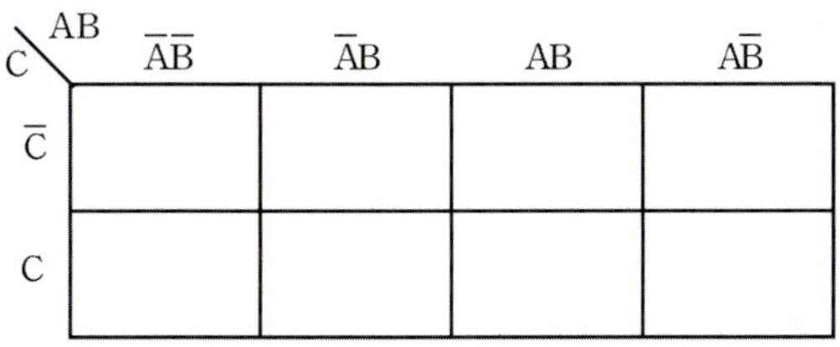

[그림 6-3] 3변수 카르노 맵

실험 05에서 다룬 [표 5-3]을 3변수 카르노 맵에 적용해 보자. [표 5-3]을 논리식으로 나타내면 $X = \overline{A}\,\overline{B}\,\overline{C} + \overline{A}\,\overline{B}C + \overline{A}BC + A\overline{B}C + ABC$이다[3].

[그림 6-4]는 이 논리식의 각 항을 표시한 카르노 맵이다.

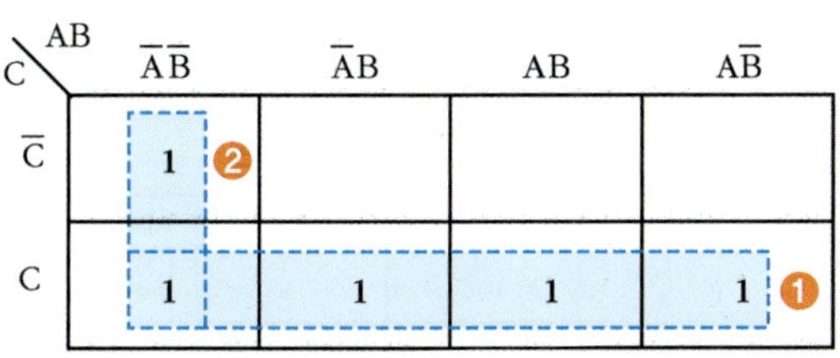

[그림 6-4] 3변수 카르노 맵의 간소화

[그림 6-4]에서 묶음 ❶은 변수 A와 B의 논리 레벨이 모두 변하므로 삭제한다. 그러면 변수 'C'만 남아 묶음 ❶은 $X = C$가 된다. 묶음 ❷는 $\overline{C} \rightarrow C$로 변하므로 변수 C를 삭제한다. 그러면 묶음 ❷는 $X = \overline{A}\,\overline{B}$가 된다. 그리고 묶음 ❶과 묶음 ❷의 논리식을 'OR'하여 간소화된 논리식 $X = \overline{A}\,\overline{B} + C$를 구한다. 이는 실험 05에서 부울 대수로 간소화한 논리식과 같다.

2 반대로도 배열할 수 있다.

3 이 논리식에 부울 대수를 적용하여 간소화한 논리식은 $X = \overline{A}\,\overline{B} + C$이다.

6.1.3 4변수 카르노 맵

4변수 카르노 맵은 [그림 6-5]와 같이 변수를 2개씩 배열한다. 마찬가지로 단계별로 하나의 변수만 논리 레벨이 변한다. 4변수 카르노 맵의 적용 방법도 2변수 및 3변수와 같다.

CD \ AB	$\overline{A}\overline{B}$	$\overline{A}B$	AB	$A\overline{B}$
$\overline{C}\overline{D}$				
$\overline{C}D$				
CD				
$C\overline{D}$				

[그림 6-5] 4변수 카르노 맵

[그림 6-6]은 카르노 맵의 여러 가지 묶음과 그에 따른 논리식이다. 묶음을 만드는 원칙은 1이 표시된 칸을 2^n 단위의 가장 큰 사각형으로 묶고, 간소화되는 경우에 한해서 1을 중복해서 묶는 것이다. 각 카르노 맵에 표시한 묶음과 그에 따른 논리식을 확인해 보라.

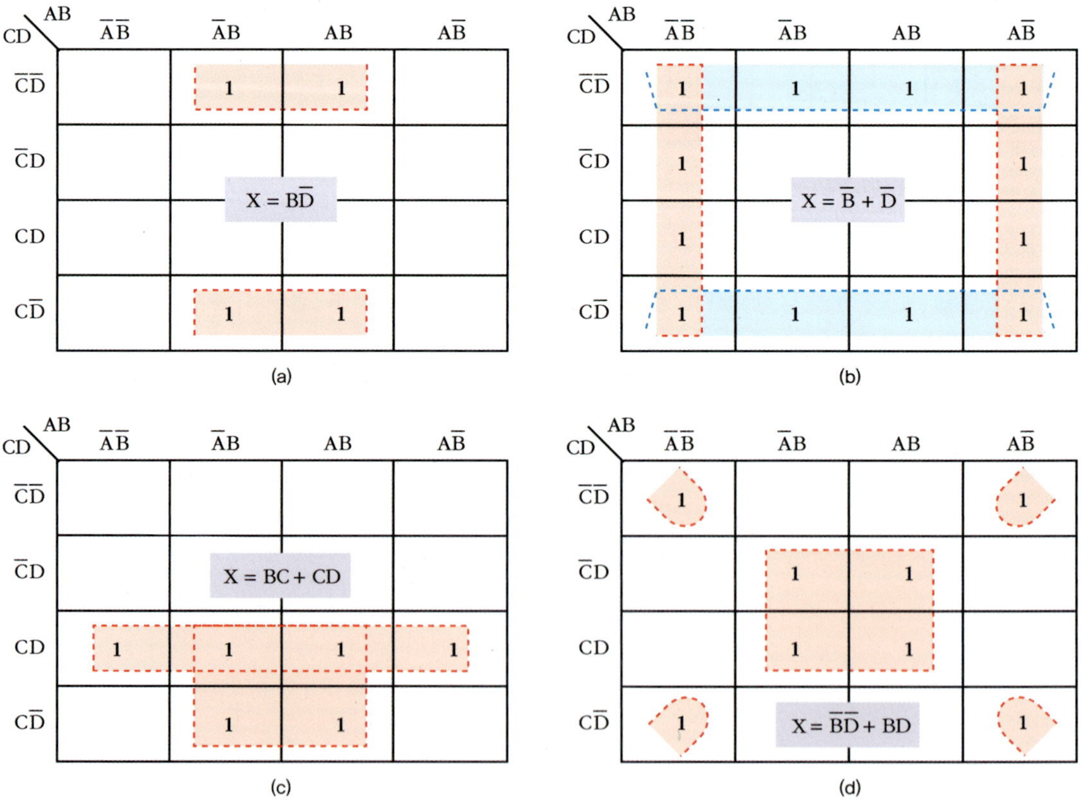

[그림 6-6] 4변수 카르노 맵의 간소화

6.2 실험

【실험장비】

실험기기	디지털 실험장치	1대
회로부품	디지털 IC	7404(NOT 게이트)
		7408(AND 게이트)
		7432(OR 게이트)

6.2.1 카르노 맵

1 [표 6-1]에서 출력 X의 논리식을 구하여 [표 6-2]에 기록하라.

[표 6-1] 진리표

A	B	C	D	X
0	0	0	0	0
0	0	0	1	0
0	0	1	0	1
0	0	1	1	1
0	1	0	0	0
0	1	0	1	0
0	1	1	0	1
0	1	1	1	1
1	0	0	0	0
1	0	0	1	0
1	0	1	0	0
1	0	1	1	0
1	1	0	0	1
1	1	0	1	1
1	1	1	0	1
1	1	1	1	1

[표 6-2] X 의 논리식

X =

2 [표 6-2]의 논리식을 이용하여 [그림 6-7]의 카르노 맵을 작성하라.

CD \ AB	$\overline{A}\overline{B}$	$\overline{A}B$	AB	$A\overline{B}$
$\overline{C}\overline{D}$				
$\overline{C}D$				
CD				
$C\overline{D}$				

[그림 6-7] **4변수 카르노 맵**

3 카르노 맵으로 간소화한 논리식을 [표 6-3]에 기록하라. [표 6-2]의 논리식과 구별하기 위해 논리식을 'Y'로 표시한다.

[표 6-3] **Y 의 논리식**

Y =

4 과정 **3**에서 구한 논리식 Y의 디지털 회로를 [그림 6-8]에 그려라[4]. 이 디지털 회로가 실험회로이다.

[그림 6-8] **논리식 Y 의 디지털 회로(실험회로)**

4 실험 04에서 설명한 단계별로 그리는 방법을 사용해 보라.

5 [그림 6-8]에 그린 실험회로를 구성하고, 출력 Y를 측정하여 [표 6-4]에 기록하라.

[표 6-4] **카르노 맵에 의한 간소화의 실험 결과**

A	B	C	D	Y
0	0	0	0	
0	0	0	1	
0	0	1	0	
0	0	1	1	
0	1	0	0	
0	1	0	1	
0	1	1	0	
0	1	1	1	
1	0	0	0	
1	0	0	1	
1	0	1	0	
1	0	1	1	
1	1	0	0	
1	1	0	1	
1	1	1	0	
1	1	1	1	

6 [표 6-1]의 출력 X와 [표 6-4]의 출력 Y가 서로 같은지 확인하라. (같음□ 다름□)

6.3 PSpice 시뮬레이션

1 [표 6-5]와 같이 설정하여 [그림 6-8]의 실험회로를 시뮬레이션하라.

[표 6-5] 시뮬레이션 설정

대상 회로			[그림 6-8]							
시뮬레이션 설정	Analysis type		Time Domain (Transient)							
	Options		General Settings							
	Run to time		80[ms]							
	디지털 입력 (STIM1) 설정		COMMAND							
			1	2	3	4	5	6	7	8
	입력	A	0s 0	40ms 1						
		B	0s 0	20ms 1	40ms 0	60ms 1				
		C	0s 0	10ms 1	20ms 0	30ms 1	40ms 0	50ms 1	60ms 0	70ms 1

2 입력 A, B, C를 디지털 입력 'STIM1'을 이용하여 설정하라. 설정에 필요한 'COMMAND' 입력 값은 [표 6-5]를 참고하라.

3 참고 [그림 6-9]의 시뮬레이션 회로를 확인하라.

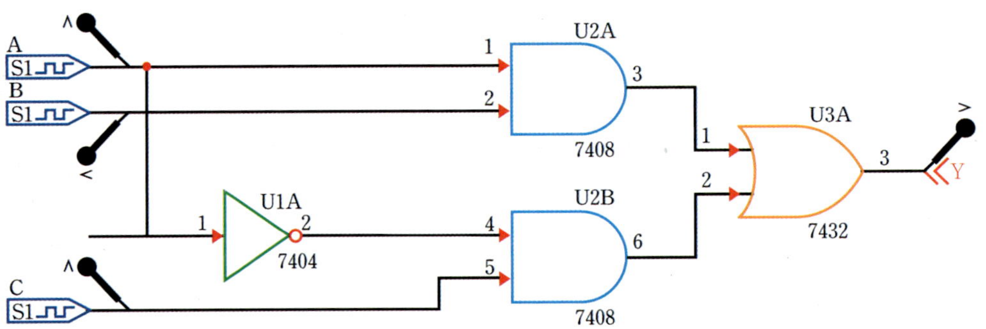

[그림 6-9] 시뮬레이션 회로

4 **참고** [그림 6-10]의 시뮬레이션 결과를 확인하라.

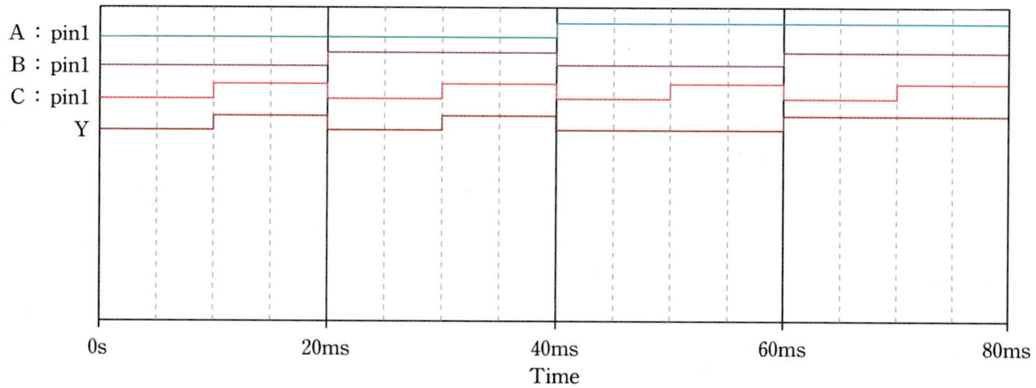

[그림 6-10] 시뮬레이션 결과

[표 6-6]은 시뮬레이션 결과를 정리한 진리표이다. [그림 6-9]에는 입력 D가 없으나 [표 6-4]와의 비교를 위해 입력 D를 포함하였다. [그림 6-9]에 입력 D가 없으므로 D는 '무관항'에 해당된다[5]. [표 6-1]과 [표 6-6]을 비교해 보면 서로 같다. 이로부터 카르노 맵에 의한 간소화가 유효함을 확인할 수 있다.

[표 6-6] 시뮬레이션 결과

A	B	C	D	Y
0	0	0	0	0
0	0	0	1	0
0	0	1	0	1
0	0	1	1	1
0	1	0	0	0
0	1	0	1	0
0	1	1	0	1
0	1	1	1	1
1	0	0	0	0
1	0	0	1	0
1	0	1	0	0
1	0	1	1	0
1	1	0	0	1
1	1	0	1	1
1	1	1	0	1
1	1	1	1	1

5 시뮬레이션 결과를 D가 0인 경우와 1인 경우에 대해 동일하게 입력하였다.

셀프 테스트

(1) 카르노 맵은 변수의 개수에 따라 작성된다. (○, ×)

(2) 3변수 카르노 맵은 반드시 가로 방향으로 2개의 변수를 배열하고, 세로 방향으로 1개의 변수를 배열해야 한다. (○, ×)

(3) 카르노 맵은 각각의 묶음에서 구한 논리식을 모두 (NOT, AND, OR, NAND)하여 간소화된 논리식을 만든다.

(4) 다음 카르노 맵에서 (❶) 부분에 들어갈 변수는 (AB, $\overline{A}$B)이다.

C \ AB	$\overline{A}\overline{B}$	(❶)	AB	A$\overline{B}$
$\overline{C}$				
C				

(5) 다음 카르노 맵에서 1이 기록된 부분의 논리식은 (　　　　　　)이다.

C \ AB	$\overline{A}\overline{B}$	$\overline{A}$B	AB	A$\overline{B}$
$\overline{C}$		1		
C				

(6) 카르노 맵은 1을 묶는 방법에 따라 간소화된 논리식이 달라진다. (○, ×)

(7) 다음 카르노 맵의 묶인 부분에서 삭제되는 변수는 A와 (C, D)이다.

CD \ AB	$\overline{A}\overline{B}$	$\overline{A}$B	AB	A$\overline{B}$
$\overline{C}\overline{D}$				
$\overline{C}$D		1	1	
CD		1	1	
C$\overline{D}$				

(8) 위와 같은 카르노 맵에서 묶인 부분의 간소화된 논리식은 (　　　　　　)이다.

예비학습

(1) 1의 보수(1′s Complement)와 2의 보수(2′s Complement)에 대하여 조사하라.

(2) 반가산기(Half Adder)와 전가산기(Full Adder)의 차이점을 설명하라.

결과 보고서

실험 06

카르노 맵

- 학번 :
- 이름 :
- 실험일 :

실험 1 카르노 맵

[표 6-2] X 의 논리식

X =

CD \ AB	$\overline{A}\overline{B}$	$\overline{A}B$	AB	$A\overline{B}$
$\overline{C}\overline{D}$				
$\overline{C}D$				
CD				
$C\overline{D}$				

[그림 6-7] 4변수 카르노 맵

[표 6-3] Y 의 논리식

Y =

[그림 6-8] 논리식 Y 의 디지털 회로(실험회로)

[표 6-4] 카르노 맵에 의한 간소화의 실험 결과

A	B	C	D	Y
0	0	0	0	
0	0	0	1	
0	0	1	0	
0	0	1	1	
0	1	0	0	
0	1	0	1	
0	1	1	0	
0	1	1	1	
1	0	0	0	
1	0	0	1	
1	0	1	0	
1	0	1	1	
1	1	0	0	
1	1	0	1	
1	1	1	0	
1	1	1	1	

(1) [표 6-1]의 출력 X와 [표 6-4]의 출력 Y가 서로 같은지 확인하라. (같음□ 다름□)

(2) 논리식 $X = \overline{A}B\overline{C} + \overline{A}BC + AB\overline{C} + ABC + A\overline{B}C + A\overline{B}\,\overline{C}$를 카르노 맵으로 간소화하라.

C \ AB	$\overline{A}\overline{B}$	$\overline{A}B$	AB	$A\overline{B}$
$\overline{C}$				
C				

X =

(3) 논리식 $X = \overline{A}\,\overline{B}C\overline{D} + \overline{A}\,\overline{B}CD + A\overline{B}C\overline{D} + A\overline{B}CD + ABCD$를 카르노 맵으로 간소화하라.

CD \ AB	$\overline{A}\,\overline{B}$	$\overline{A}B$	AB	$A\overline{B}$
$\overline{C}\,\overline{D}$				
$\overline{C}D$				
CD				
$C\overline{D}$				

X =

PSpice 시뮬레이션 카르노 맵

[그림 6-11]은 [표 6-7]의 진리표 ①을 카르노 맵으로 그린 것이다.

[표 6-7] 진리표 ①

A	B	C	X
0	0	0	0
0	0	1	0
0	1	0	0
0	1	1	1
1	0	0	1
1	0	1	0
1	1	0	1
1	1	1	1

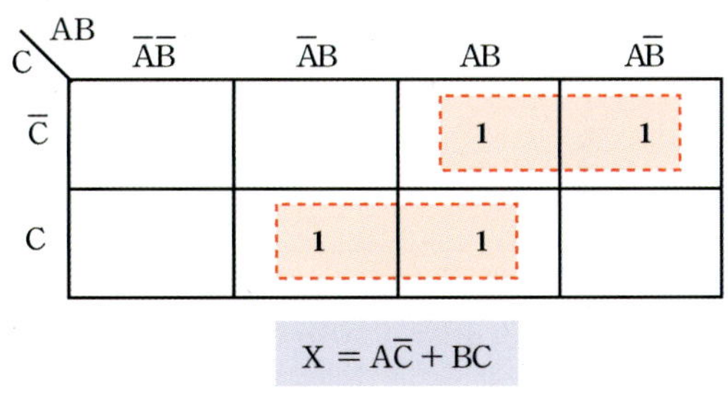

[그림 6-11] 카르노 맵

(1) OrCAD Capture로 논리식 $A\overline{C} + BC$의 디지털 회로를 그려라. 이때 회로의 출력을 Y로 표시하라.

(2) (1)에서 그린 시뮬레이션 회로를 보여라(화면 캡처).

(3) 시뮬레이션 결과 그래프를 보여라(화면 캡처).

(4) 시뮬레이션 결과를 참고하여 [표 6-8]의 진리표 ②를 완성하라.

[표 6-8] **진리표 ②**

A	B	C	Y
0	0	0	
0	0	1	
0	1	0	
0	1	1	
1	0	0	
1	0	1	
1	1	0	
1	1	1	

(5) [표 6-7]의 출력 X와 [표 6-8]의 출력 Y가 서로 같은지 확인하라. (같음□ 다름□)

PART 02

조합 논리회로

조합 논리회로는 입력에 의해서만 출력이 정해지는 디지털 회로이다. 2부에서는 대표적인 조합 논리회로인 가산기, 디코더, 멀티플렉서 등의 구성과 동작을 배운다. 또한 디지털 시스템에 많이 사용되는 그레이 코드와 오류 검출 코드의 원리, 변환회로 등을 배운다.

실험 07

가산기와 감산기

학습목표

- 가산기의 회로 구성과 동작을 실험한다.
- 감산기의 회로 구성과 동작을 실험한다.
- 보수에 의한 감산을 실험으로 확인한다.

7.1 기초 이론

가산기(Adder)와 감산기(Subtracter)는 2진수를 더하거나 빼는 디지털 회로이다. 가산기는 보수를 이용하여 감산을 할 수 있고, '자리옮김(Shift)'으로 곱하기나 나누기도 할 수 있다. 이 때문에 감산기보다 가산기가 더 많이 사용된다.

7.1.1 가산기

가산기는 두 개의 2진수를 더하는 동작을 한다. [그림 7-1]에 보인 2진수 '1001'과 '0001'의 예를 가지고 가산기의 동작을 알아보자. 2진수도 10진수와 마찬가지로 맨 아랫자리부터 더한다. 맨 아랫자리의 합(Sum) S는 0이고, 이때 윗자리로 올라가는 자리올림 출력(Carry Out) C_o이 생긴다.

자리올림 출력 C_o는 윗자리에서 2진수를 더할 때 함께 더한다. 윗자리에서는 이를 자리올림 입력(Carry In) C_i라 한다.

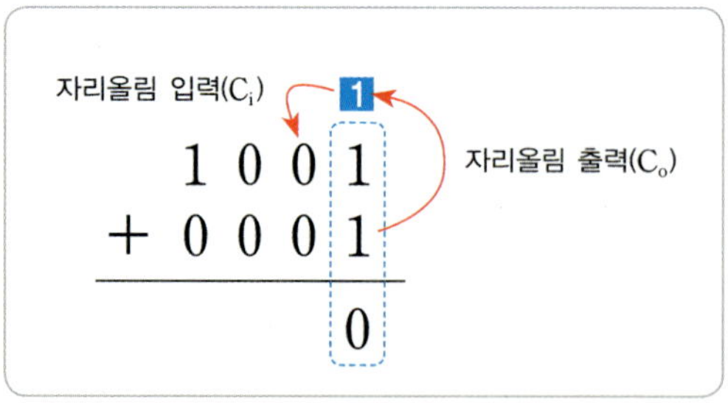

[그림 7-1] 2진수 가산과 자리올림

반가산기

반가산기(Half Adder)는 합 S와 자리올림 출력 C_o만을 출력하며, 자리올림 입력 C_i를 받을 수 없다. 즉 반가산기는 완전한 가산기는 아니다.

[표 7-1]은 반가산기의 진리표로, 2진수 A와 B를 더할 때의 S와 C_o가 표시되어 있다. 자리올림 출력 C_o는 A = 1, B = 1일 때 생긴다. [표 7-1]에서 S와 C_o의 논리식을 구하면, $S = \overline{A}B + A\overline{B}$이고, $C_o = AB$이다. S의 논리식은 XOR 게이트의 논리식과 같다.

[표 7-1] 반가산기의 진리표

A	B	S	C_o
0	0	0	0
0	1	1	0
1	0	1	0
1	1	0	1

S와 C_o의 논리식을 디지털 회로로 그리면, [그림 7-2]와 같이 반가산기가 만들어진다. 앞에서 설명한 것처럼 반가산기에는 자리올림 입력 C_i 단자는 없다.

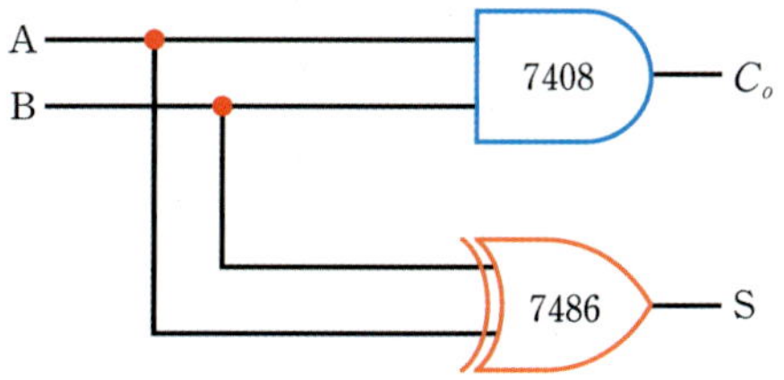

[그림 7-2] 반가산기

전가산기

일반적으로 가산기라 하면 전가산기(Full Adder)를 말한다. 전가산기는 두 개의 반가산기로 구성되며, 1비트의 2진수를 더할 수 있다. [표 7-2]는 전가산기의 진리표이다. 입력으로 2진수 A, B 외에 자리올림 입력 C_i가 포함되어 있다. 진리표에는 2진수 A, B에 대해 $C_i = 0$ 및 $C_i = 1$일 때의 S와 C_o가 표시되어 있다. 예로 A와 B가 모두 0인 1행과 2행을 살펴보자[1]. 1행은 $C_i = 0$일 때, 2행은 $C_i = 1$일 때에 대한 S와 C_o가 표시되어 있다. 다른 행들도 같은 방법으로 표시되어 있다.

1 진리표에 주황색 음영으로 표시하였다.

[표 7-2] 전가산기의 진리표

A	B	C_i	S	C_o
0	0	0	0	0
0	0	1	1	0
0	1	0	1	0
0	1	1	0	1
1	0	0	1	0
1	0	1	0	1
1	1	0	0	1
1	1	1	1	1

진리표에서 S와 C_o의 논리식을 구하여 전가산기를 구성할 수 있다.

먼저 $S=\overline{A}\,\overline{B}C_i+\overline{A}B\overline{C_i}+A\overline{B}\,\overline{C_i}+ABC_i$이고, 간소화하면 $S=(A\oplus B)\oplus C_i$가 된다[2]. 또한 $C_o=\overline{A}BC_i+A\overline{B}C_i+AB\overline{C_i}+ABC_i$이며, 간소화하면 $C_o=AB+C_i(A\oplus B)$가 된다[3].

[그림 7-3]은 간소화한 S와 C_o의 논리식을 디지털 회로로 그린 전가산기이다. 이를 살펴보면 전가산기는 그림에 ❶과 ❷로 표시한 것처럼 두 개의 반가산기로 구성되어 있음을 알 수 있다.

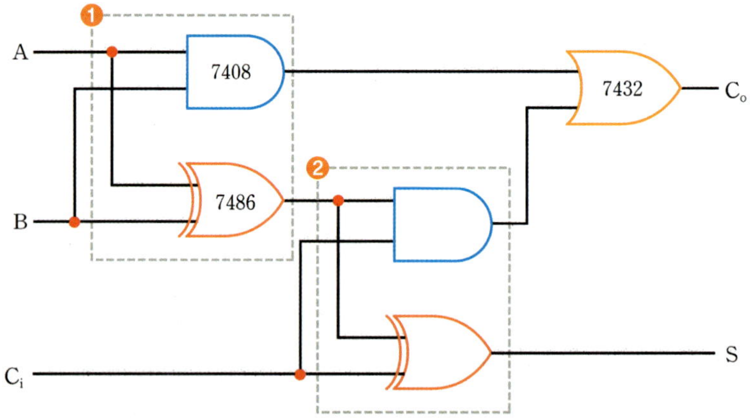

[그림 7-3] 전가산기

2 이 논리식은 1을 효과적으로 묶을 수 없기 때문에 카르노 맵으로 간소화할 수 없다. 따라서 아래와 같이 XOR 및 XNOR의 논리식, 부울 대수 등을 이용해 간소화한다.

$$S=\overline{A}\,\overline{B}C_i+\overline{A}B\overline{C_i}+A\overline{B}\,\overline{C_i}+ABC_i$$
$$=\overline{A}(\overline{B}C_i+B\overline{C_i})+A(\overline{B}\,\overline{C_i}+BC_i)=\overline{A}(B\oplus C_i)+A(\overline{B\oplus C_i})=A\oplus(B\oplus C_i)=(A\oplus B)\oplus C_i$$

3 $C_o=\overline{A}BC_i+A\overline{B}C_i+AB\overline{C_i}+ABC_i=C_i(\overline{A}B+A\overline{B})+AB(\overline{C_i}+C_i)=C_i(A\oplus B)+AB$

4비트 병렬 가산기

전가산기를 병렬로 연결하면, 여러 비트의 2진수를 한 번에 더하는 병렬 가산기를 구성할 수 있다.

[그림 7-4]는 4개의 전가산기로 구성한 4비트 병렬 가산기이다. 이 병렬 가산기는 자리올림 입력 C_i를 포함하여 4비트의 2진수 $A_4 \sim A_1$과 $B_4 \sim B_1$을 더하고, 자리올림이 생길 경우 마지막에 C_o를 출력한다. A_4와 B_4가 맨 윗자리인 MSB(Most Significant Bit)이고, A_1과 B_1이 맨 아랫자리인 LSB(Least Significant Bit)이다.

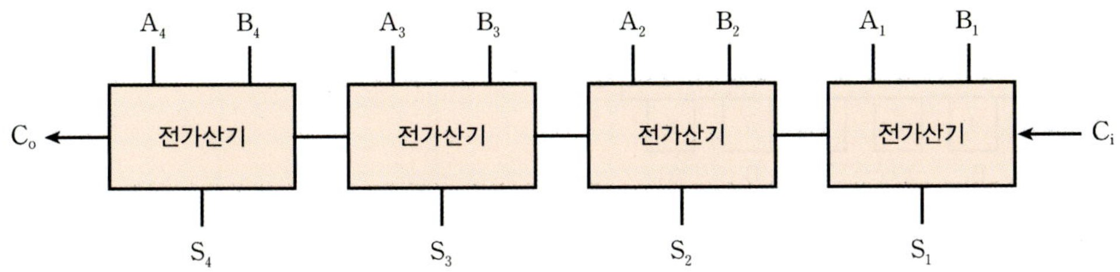

[그림 7-4] **4비트 병렬 가산기**

[그림 7-4]의 4비트 병렬 가산기로 '1011(11)'과 '0011(3)'을 더해보자. 이때 $C_i = 1$로 가정한다. [그림 7-5]는 병렬 가산기의 동작을 나타낸 것이다.

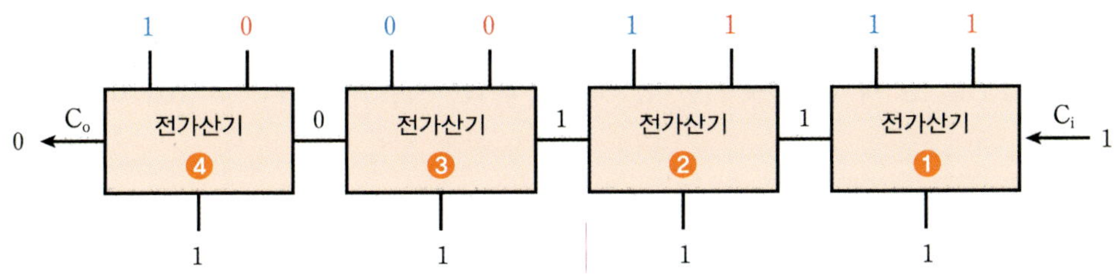

[그림 7-5] **병렬 가산기의 동작**

[그림 7-5]에서 전가산기 ❶은 더하는 2진수가 각각 1, 1이고 C_i도 1이므로 $S = 1$, $C_o = 1$이 된다. 전가산기 ❷에서는 2진수 1, 1과 함께 전가산기 ❶이 출력한 $C_o = 1$을 더한다. 그러면 $S = 1$, $C_o = 1$이 된다. 이후의 전가산기 ❸과 ❹의 동작은 그림에 표시하였다. 결과적으로 2진수 '1011'과 '0011'의 가산 결과는 그림에서 보는 바와 같이 '01111'이 된다[4].

---

4 '01111'은 10진수로 15이다. 가산한 두 2진수의 합은 14이지만, $C_i = 1$이라 가정하였으므로 1을 더해 15가 되었다.

[그림 7-6]은 패키지로 만든 4비트 병렬 가산기로, 고유 IC 번호는 '7483'이다. 이 가산기는 4비트의 2진수($A_4 \sim A_1$, $B_4 \sim B_1$)의 가산 결과를 $\Sigma_4 \sim \Sigma_1$에 표시한다. 13번 핀의 C_0(C Zero)가 자리올림 입력 C_i이고, 14번 핀의 C_4는 자리올림 출력 C_o이다[5].

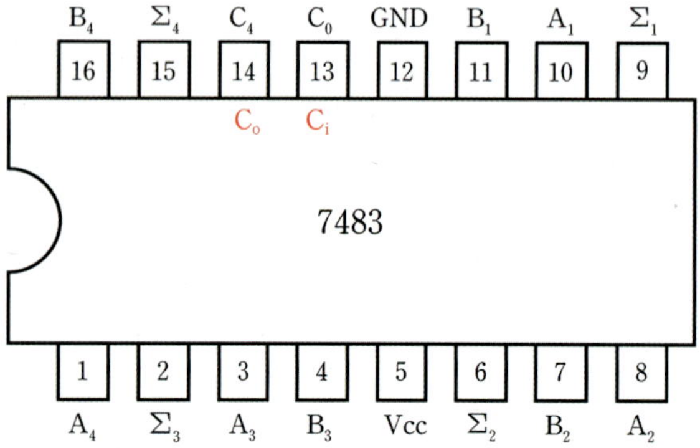

[그림 7-6] 4비트 병렬 가산기

7.1.2 감산기

감산기는 2진수에서 다른 2진수를 빼는 동작을 한다. [그림 7-7]에 보인 2진수 '1010'과 '0001'의 예를 가지고 감산기의 동작을 알아보자. 먼저 맨 아랫자리는 0에서 1을 빼므로 윗자리에서 1을 빌려오는 자리빌림 출력(Borrow Out) B_o가 생기고, 차(Difference) D는 1이 된다. 자리빌림 출력 B_o는 윗자리에서 2진수를 뺄 때 함께 빼야 하며, 윗자리에서는 이를 자리빌림 입력(Borrow In) B_i라 한다.

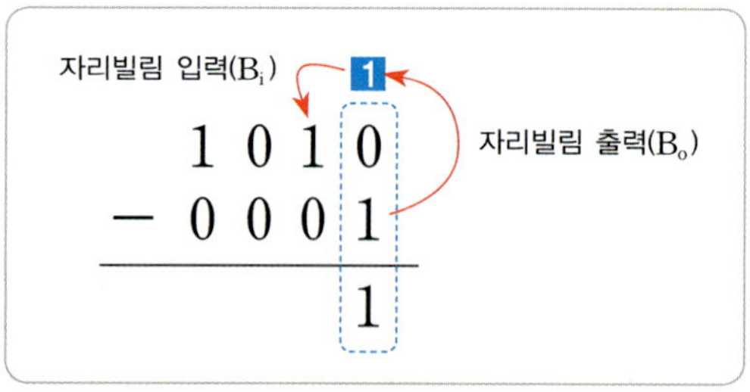

[그림 7-7] 2진수 감산과 자리빌림

5 [그림 7-6]에 표시된 핀 이름은 데이터시트(Data Sheet)를 따랐다. 참조할 수 있도록 이 책에서 사용하는 용어도 그림에 표시해 두었다.

반감산기

반감산기(Half Subtracter)는 차 D와 자리빌림 출력 B_o만을 출력하며, 자리빌림 입력 B_i를 받을 수 없다. 즉 반감산기는 완전한 감산기는 아니다.

[표 7-3]은 반감산기의 진리표이다. 2진수 A에서 B를 뺄 때의 D와 B_o가 표시되어 있으며, B_o는 A = 0, B = 1일 때 생긴다. [표 7-3]에서 D와 B_o의 논리식을 구하면, $D = \overline{A}B + A\overline{B}$이고, $B_o = \overline{A}B$가 된다. D의 논리식은 XOR 게이트의 논리식과 같다.

D와 B_o의 논리식을 디지털 회로로 그리면, [그림 7-8]과 같이 반감산기가 만들어진다. 앞에서 설명한 것처럼 자리빌림 입력 B_i 단자는 없다.

[표 7-3] 반감산기의 진리표

A	B	D	B_o
0	0	0	0
0	1	1	1
1	0	1	0
1	1	0	0

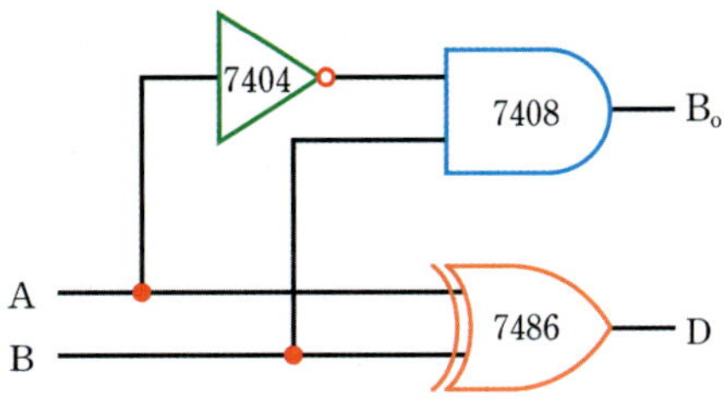

[그림 7-8] 반감산기

전감산기

일반적으로 감산기라 하면 전감산기(Full Subtracter)를 말한다. 전감산기는 두 개의 반감산기로 구성되며, 1비트의 2진수를 뺄 수 있다. [표 7-4]는 2진수 A에서 B를 뺄 때 전감산기의 진리표이다. 입력으로 2진수 A, B 외에 자리빌림 입력 B_i가 포함되어 있다. 진리표에는 2진수 A, B에 대해 $B_i = 0$ 및 $B_i = 1$일 때의 D와 B_o가 표시되어 있다.

예를 들어 4행의 A = 0, B = 1, B_i = 1인 경우를 살펴보자. B_i = 1인데 A = 0이므로 자리빌림이 생겨 B_o = 1이 된다. 자리빌림에서 B_i = 1과 B = 1을 차례로 빼면 D = 0이 된다.

다른 예로 마지막 행의 A = 1, B = 1, B_i = 1인 경우를 살펴보자. B_i = 1이므로 이를 먼저 빼면 A = 0이 된다. 그러면 A − B는 '0 − 1'이 되므로 자리빌림이 생겨 B_o = 1이 된다. 자리빌림에서 B = 1을 빼면 D = 1이 된다.

[표 7-4] 전감산기의 진리표

A	B	B_i	D	B_o
0	0	0	0	0
0	0	1	1	1
0	1	0	1	1
0	1	1	0	1
1	0	0	1	0
1	0	1	0	0
1	1	0	0	0
1	1	1	1	1

진리표에서 D와 B_o의 논리식을 구하여 전감산기를 구성할 수 있다.

먼저 $D = \overline{A}\,\overline{B}B_i + \overline{A}B\overline{B_i} + A\overline{B}\,\overline{B_i} + ABB_i$이고, 간소화하면, $D = (A \oplus B) \oplus B_i$가 된다[6]. 또한 $B_o = \overline{A}\,\overline{B}B_i + \overline{A}B\overline{B_i} + \overline{A}BB_i + ABB_i$이며, 간소화하면 $B_o = \overline{A}B + B_i(\overline{A \oplus B})$가 된다[7].

[그림 7-9]는 간소화한 D와 B_o의 논리식을 디지털 회로로 그린 전감산기이다. 이를 살펴보면 전감산기는 그림에 ❶과 ❷로 표시한 것처럼 두 개의 반감산기로 구성되어 있음을 알 수 있다.

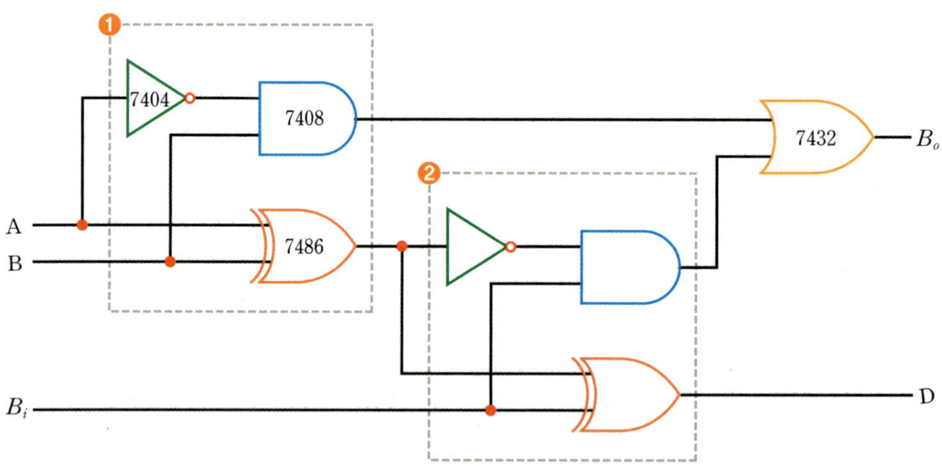

[그림 7-9] 전감산기

6 이 논리식도 1을 효과적으로 묶을 수 없기 때문에 카르노 맵으로 간소화할 수 없다. 따라서 아래와 같이 XOR 및 XNOR의 논리식, 부울 대수 등을 이용해 간소화한다.

$$D = \overline{A}\,\overline{B}B_i + \overline{A}B\overline{B_i} + A\overline{B}\,\overline{B_i} + ABB_i$$
$$= \overline{A}(\overline{B}B_i + B\overline{B_i}) + A(\overline{B}\,\overline{B_i} + BB_i) = \overline{A}(B \oplus B_i) + A(\overline{B \oplus B_i}) = A \oplus (B \oplus B_i) = (A \oplus B) \oplus B_i$$

7 $B_o = \overline{A}\,\overline{B}B_i + \overline{A}B\overline{B_i} + \overline{A}BB_i + ABB_i = B_i(\overline{A}\,\overline{B} + AB) + \overline{A}B(\overline{B_i} + B_i) = B_i(\overline{A \oplus B}) + \overline{A}B$

7.1.3 보수와 감산

보수를 이용하면 가산기로 감산을 할 수 있다. 보수에는 1의 보수(1's Complement)와 2의 보수(2's Complement)가 있다. 1의 보수는 2진수를 반전시켜 만들고, 2의 보수는 1의 보수에 1을 더하여 만든다. 예를 들어 2진수 '1001'의 1의 보수는 '0110'이고 2의 보수는 여기에 1을 더한 '0111'이다.

2의 보수를 이용하여 감산하는 방법은 다음과 같다.

- '빼는 수'를 2의 보수로 만든다.
- 2의 보수를 '빼임수'에 더한다[8].
- 자리올림이 생기면 무시한다.
  이때는 더한 결과가 그대로 감산 값이다.
- 자리올림이 생기지 않으면, 더한 결과를 2의 보수로 만들고 (−)를 붙인다.
  이것이 감산 값이다.

감산 방법을 그림으로 표현하면 [그림 7-10]과 같다. 그림에서 괄호 속의 숫자는 10진수 값이다. [그림 7-10(a)]의 경우를 살펴보자. 먼저 빼는 수 '0101'의 2의 보수인 '1011'을 빼임수 '1000'에 더한다. 그러면 자리올림이 생기는데, 위의 설명에 따라 무시한다[9]. 그러면 감산 값은 '0011'이 된다.

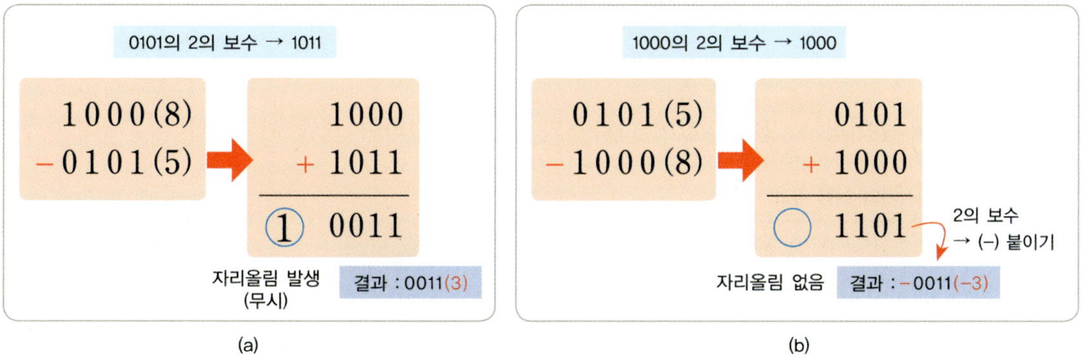

[그림 7-10] 2의 보수를 이용한 감산 방법

[그림 7-10(b)]의 경우를 살펴보자. 마찬가지로 빼는 수 '1000'의 2의 보수인 '1000'을 빼임수 '0101'에 더한다. 이때는 자리올림이 생기지 않으며, 위의 설명에 따라 계산 결과를 2의 보수로 만들고 (−)를 붙인다. 그러면 감산 값은 '−0011'이 된다.

8 빼는 수는 감수(減數)를, 빼임수는 피감수(被減數)를 나타낸다.
9 자리올림은 큰 수에서 작은 수를 뺄 때 생긴다.

7.2 실험

【실험장비】

실험기기	디지털 실험장치	1대
회로부품	디지털 IC	7404(NOT 게이트)
		7408(AND 게이트)
		7432(OR 게이트)
		7483(4비트 병렬 가산기)
		7486(XOR 게이트)

7.2.1 가산기

1 [그림 7-11]과 같은 전가산기의 실험회로를 구성하라. 배선은 [실험 따라하기]를 참조한다.

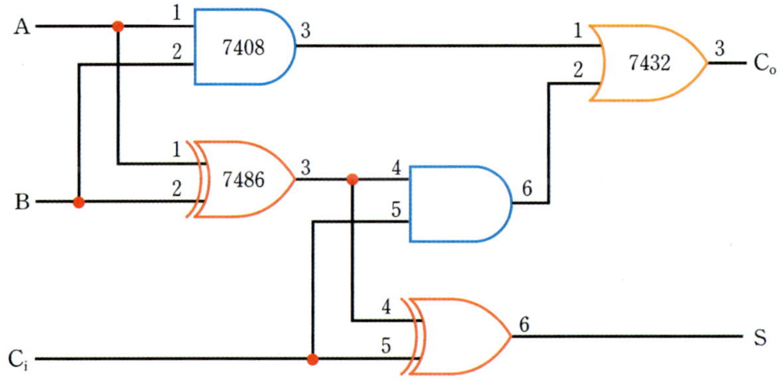

[그림 7-11] 전가산기

2 [표 7-5]에 주어진 A, B, C_i값에 따라 S와 C_o를 측정하여 표에 기록하라.

[표 7-5] 전가산기의 실험 결과

A	B	C_i	S	C_o
0	0	0		
0	0	1		
0	1	0		
0	1	1		
1	0	0		
1	0	1		
1	1	0		
1	1	1		

3 [표 7-2]와 [표 7-5]의 실험 결과가 서로 같은지 확인하라. (같음□ 다름□)

실험 따라하기 가산기([그림 7-11])

1 실험회로([그림 7-11])에 사용된 AND 게이트(7408), OR 게이트(7432), XOR 게이트(7486) IC의 핀 다이어그램을 확인한다.

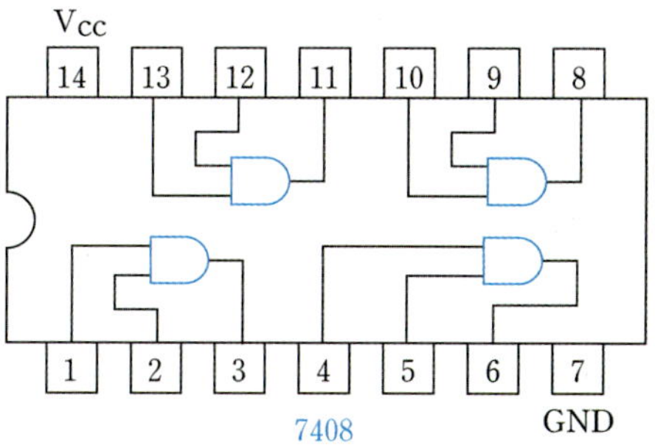

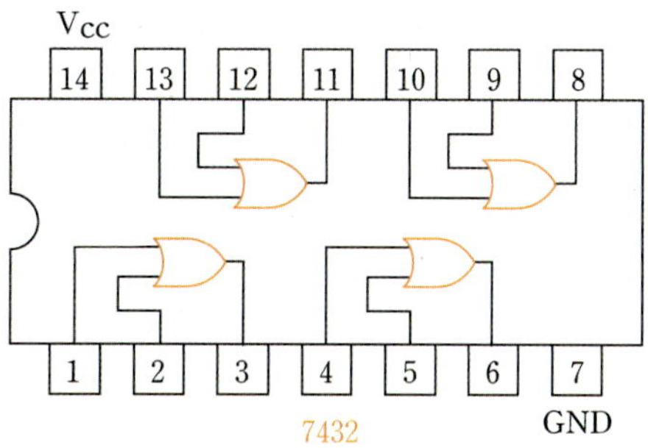

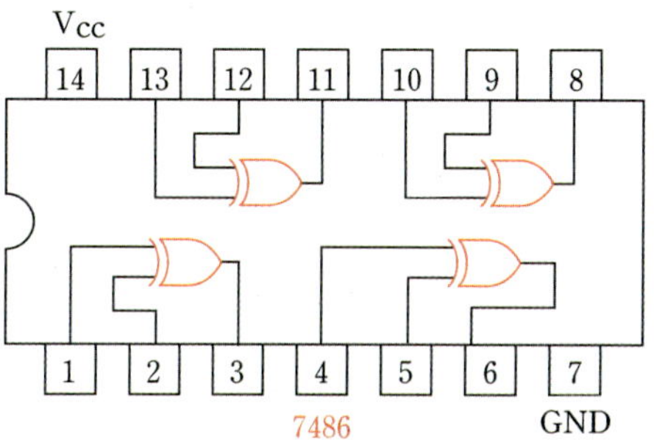

2 실험회로에 사용된 논리 게이트 IC의 핀 번호를 확인한다.

- AND 게이트(7408) : 1~3번 및 4~6번 핀
- OR 게이트(7432) : 1~3번 핀
- XOR 게이트(7486) : 1~3번 및 4~6번 핀

3 가능한 한 회로도의 배열에 맞추어 3개의 IC를 브레드보드에 삽입하고, 전원을 연결한다.

4 **회로도에 따라 배선을 연결한다.**

그림은 입출력 단자를 제외하고 배선을 연결한 모습이다. 회로를 구성할 때 연결을 마친 핀 번호를 체크해 두면 빠짐없이 배선하는 데 도움이 된다.

5 다음 그림과 같이 입출력 단자까지 모두 연결한다. 입력(A, B 및 C_i)은 디지털 실험장치의 입력 설정부(토글스위치)와 연결하고, 출력(S, C_o)은 출력 표시부와 연결하였다.

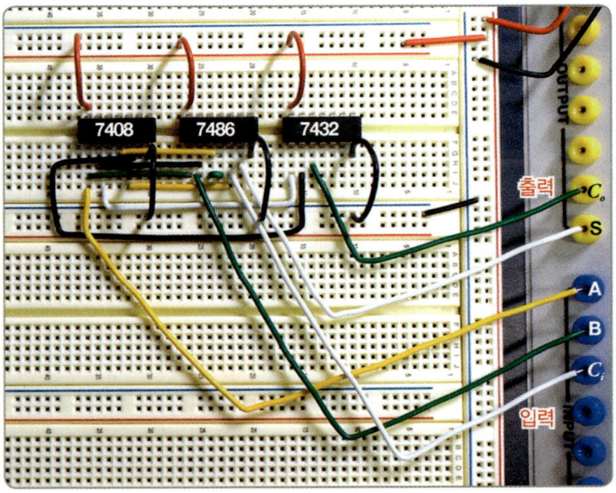

6 입력(A, B 및 C_i)을 [표 7-5]에 주어진 값으로 바꾸면서 출력(S, C_o)을 확인하여 기록한다.

7 다음 그림은 입력 설정부의 토글스위치로 입력(A, B 및 C_i)을 모두 1로 설정한 모습이다(토글스위치 표시용 LED on).

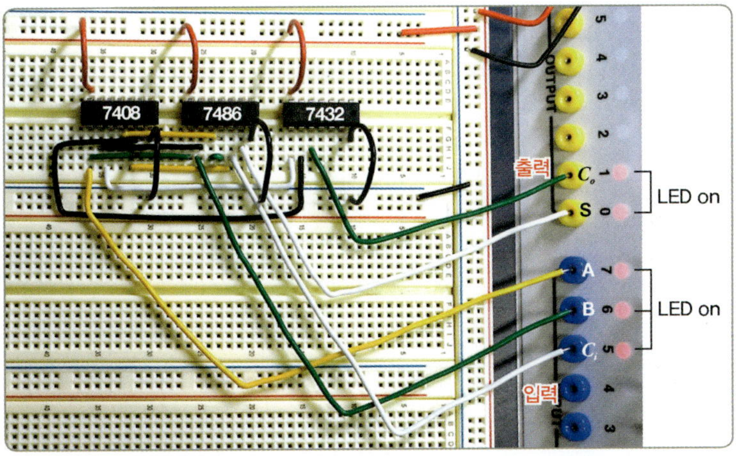

출력(S, C_o)의 LED가 모두 온된다. 이는 이들 출력이 모두 1임을 나타내며, [표 7-2]에서 이 결과가 올바른 것임을 확인할 수 있다.

7.2.2 감산기

1 [그림 7-12(a)]와 같은 전감산기의 실험회로를 구성하라. [그림 7-12(b)]는 배선도이다.

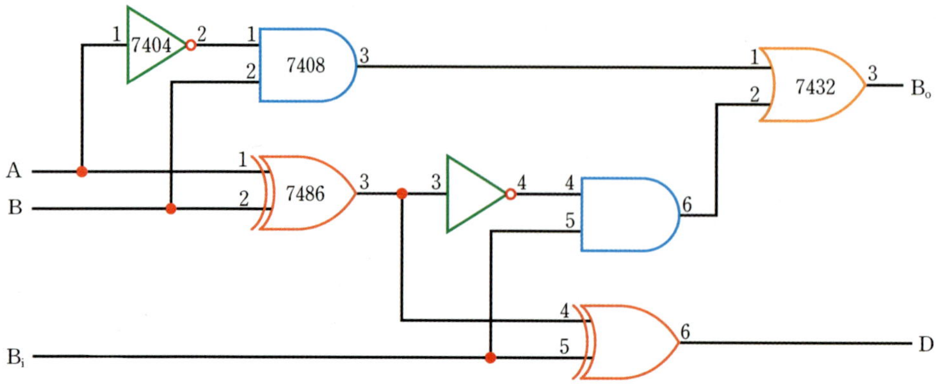

(a)

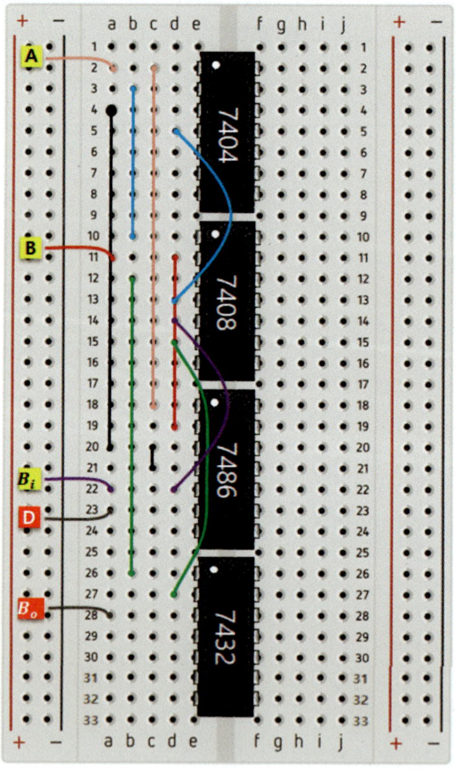

(b)

[그림 7-12] 전감산기

2 [표 7-6]에 주어진 A, B, B_i값에 따라 D와 B_o를 측정하여 표에 기록하라.

[표 7-6] 전감산기의 실험 결과

A	B	B_i	D	B_o
0	0	0		
0	0	1		
0	1	0		
0	1	1		
1	0	0		
1	0	1		
1	1	0		
1	1	1		

3 [표 7-4]와 [표 7-6]의 실험 결과가 서로 같은지 확인하라. (같은□ 다름□)

7.2.3 4비트 병렬 가산기

1 [그림 7-13]은 4비트 병렬 가산기 '7483'의 핀 다이어그램이다[10].

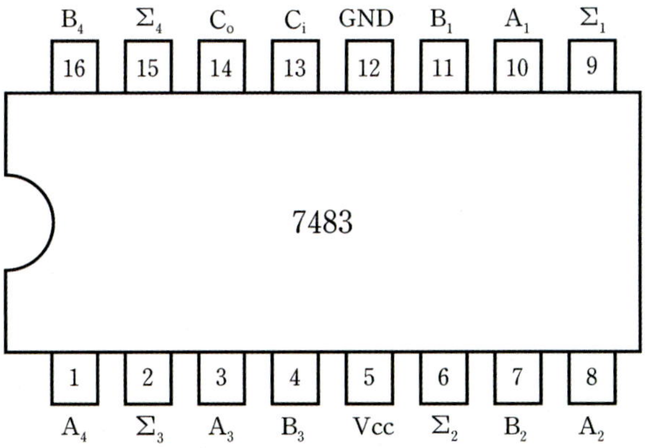

[그림 7-13] 4비트 병렬 가산기의 핀 다이어그램

2 '7483'과 디지털 실험장치를 연결하라. 연결 방법은 [그림 7-14]를 참고하라. 이 실험회로는 7.2.4절에서도 다시 사용한다.

3 C_i를 0으로 설정하라[11].

---

10 자리올림 입력인 13번 핀 및 자리올림 출력인 14번 핀의 이름을 이 책에서 사용하는 C_i와 C_o로 바꾸었다.

11 자리올림 입력이 없는 상태가 된다.

4 디지털 실험장치의 입력 설정부로 [표 7-7]에 주어진 2진수 $A_4 \sim A_1$과 $B_4 \sim B_1$을 각각 설정하고, 그때의 $\Sigma_4 \sim \Sigma_1$ 및 C_o를 확인하여 표에 기록하라.

[표 7-7] **4비트 병렬 가산기의 실험 결과**

$A_4 \sim A_1$	$B_4 \sim B_1$	$\Sigma_4 \sim \Sigma_1$	C_o
0101(5)	0011(3)	(　　)	
0111(7)	1100(12)	(　　)	
0110(6)	0011(3)	(　　)	

5 $\Sigma_4 \sim \Sigma_1$을 10진수로 바꾸어 [표 7-7]의 괄호 안에 기록하라. 이때 $C_o = 1$이면, 이를 포함하여 10진수로 바꾸어야 한다[12].

6 [표 7-7]의 괄호 안에 표시한 10진수를 이용해 실험 결과가 올바른지 확인하라. (Yes□ No□)

[그림 7-14] **디지털 실험장치와 '7483'의 연결**

12 예를 들어 $\Sigma_4 \sim \Sigma_1$의 값이 0011이고 $C_o = 1$이면, 가산 결과는 10011이 된다. 이를 10진수로 바꾸면 $10011 = 1 \times 2^4 + 1 \times 2^1 + 1 \times 2^0 = 19$이다.

7.2.4 2의 보수를 이용한 감산

1 [그림 7-13]에 보인 '7483' 4비트 병렬 가산기를 이용하여 실험하라.

2 C_i를 0으로 설정하라.

3 [표 7-8]에서 빼는 수인 2진수 $B_4 \sim B_1$의 2의 보수를 구하여 '2의 보수' 칸에 기록하라.

4 디지털 실험장치의 입력 설정부로 [표 7-8]에 주어진 2진수 $A_4 \sim A_1$와 2의 보수를 각각 설정하고, 그때의 $\Sigma_4 \sim \Sigma_1$ 및 C_o를 확인하여 표에 기록하라.

[표 7-8] 2의 보수를 이용한 감산 실험 결과

$A_4 \sim A_1$	$B_4 \sim B_1$	2의 보수	$\Sigma_4 \sim \Sigma_1$	C_o	감산 값
0101(5)	0011(3)				(　)
1000(8)	0100(4)				(　)
0011(3)	0110(6)				(　)

5 $C_o = 1$이면, $\Sigma_4 \sim \Sigma_1$의 값을 그대로 [표 7-8]의 '감산 값' 칸에 기록하라.

6 $C_o = 0$이면, $\Sigma_4 \sim \Sigma_1$의 2의 보수를 구하고, (−)를 붙여 '감산 값' 칸에 기록하라.

7 [표 7-8]의 '감산 값' 칸에 기록된 2진수를 10진수로 바꾸어 괄호 안에 기록하라.

8 [표 7-8]의 괄호 안에 표시한 10진수를 이용해 실험 결과가 올바른지 확인하라. (Yes□ No□)

7.3 PSpice 시뮬레이션

1 [표 7-9]와 같이 설정하여 [그림 7-11]의 실험회로를 시뮬레이션하라.

[표 7-9] 시뮬레이션 설정

대상 회로			[그림 7-11]							
시뮬레이션 설정	Analysis type		Time Domain (Transient)							
	Options		General Settings							
	Run to time		80[ms]							
	디지털 입력 (STIM1) 설정		COMMAND							
			1	2	3	4	5	6	7	8
	입력	A	0s 0	40ms 1						
		B	0s 0	20ms 1	40ms 0	60ms 1				
		C_i	0s 0	10ms 1	20ms 0	30ms 1	40ms 0	50ms 1	60ms 0	70ms 1

2 입력 A, B, C_i를 디지털 입력 'STIM1'을 이용하여 설정하라. 설정에 필요한 'COMMAND' 입력 값은 [표 7-9]를 참고하라[13].

3 **참고** [그림 7-15]의 시뮬레이션 회로를 확인하라.

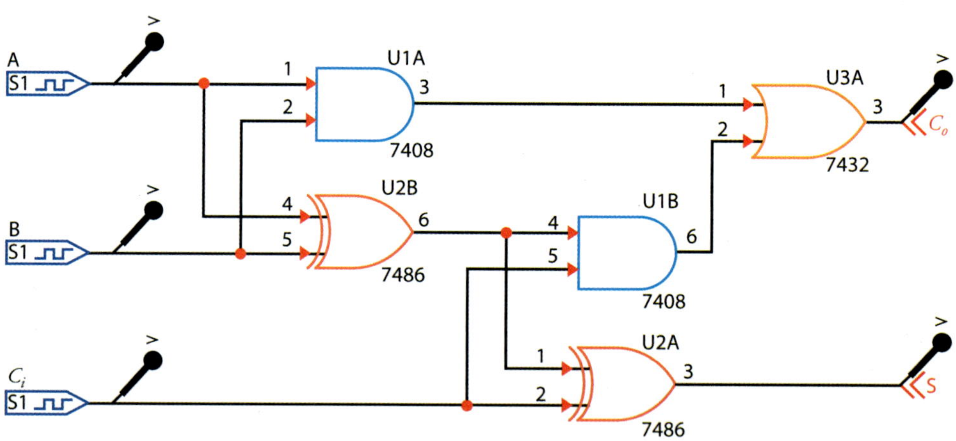

[그림 7-15] 시뮬레이션 회로

13 이 'COMMAND' 입력 값은 [표 7-5]에 맞추어 지정하였다.

4 **참고** [그림 7-16]의 시뮬레이션 결과를 확인하라.

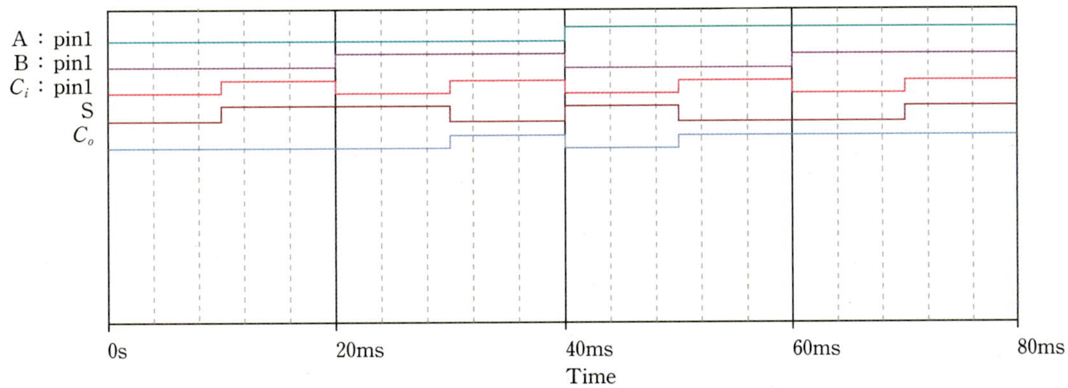

[그림 7-16] 시뮬레이션 결과

[표 7-10]은 시뮬레이션 결과를 정리한 표이다. 표에 기록된 데이터 값은 시뮬레이션 결과의 0과 1을 옮겨 기록한 것이다[14].

[표 7-10] 시뮬레이션 결과

Time	A	B	C_i	S	C_o
~ 10ms	0	0	0	0	0
~ 20ms	0	0	1	1	0
~ 30ms	0	1	0	1	0
~ 40ms	0	1	1	0	1
~ 50ms	1	0	0	1	0
~ 60ms	1	0	1	0	1
~ 70ms	1	1	0	0	1
~ 80ms	1	1	1	1	1

[표 7-10]을 [표 7-2]의 전가산기 진리표와 비교해 보면 서로 같다. 이로부터 시뮬레이션 결과가 정확함을 알 수 있다.

14 예를 들어 [그림 7-16]에서 'Time'의 '20 ~ 30[ms]' 구간을 살펴보자. 이 구간에서 입력 A = 0, B = 1, C_i = 0이고 출력 S = 1 및 C_o = 0이다. 이 값들을 [표 7-10]에 그대로 기록하였다.

셀프 테스트

(1) 2진수 '01'과 '11'을 더하면 자리올림 출력이 생긴다. (○, ×)

(2) 자리올림 출력을 나타내는 용어는 (C_o, C_i)이고, 자리올림 입력을 나타내는 용어는 (C_o, C_i)이다.

(3) 반가산기는 (C_o, C_i) 단자는 있으나 (C_o, C_i) 단자는 없다.

(4) 전가산기는 (2개, 3개, 4개)의 반가산기로 구성된다.

(5) 2진수 '10'에서 '01'을 빼면 자리빌림 출력이 생긴다. (○, ×)

(6) 자리빌림 출력을 나타내는 용어는 (B_o, B_i)이고, 자리빌림 입력을 나타내는 용어는 (B_o, B_i)이다.

(7) 반감산기는 (B_o, B_i) 단자는 있으나 (B_o, B_i) 단자는 없다.

(8) 다음 표는 전감산기 진리표의 일부이다. 감산기의 동작을 생각하면서 입력 A, B, B_i에 따른 출력 D와 B_o를 써 넣어라.

A	B	B_i	D	B_o
0	0	1		
0	1	1		
1	0	0		
1	1	1		

(9) 2진수 '1011'의 2의 보수는 (0100, 0011, 0101, 0111)이다.

(10) 보수를 이용한 감산에서 자리올림이 있으면 (무시하고, 2의 보수를 만든 다음 (−)를 붙이고), 자리올림이 없으면 (무시한다, 2의 보수를 만든 다음 (−)를 붙인다).

예비학습

(1) 인코더(Encoder)에 대해 조사하라.

(2) 디코더(Decoder)에 대해 조사하라.

결과 보고서

실험 07 가산기와 감산기

- 학번 :
- 이름 :
- 실험일 :

실험 1 가산기

[표 7-5] 전가산기의 실험 결과

A	B	C_i	S	C_o
0	0	0		
0	0	1		
0	1	0		
0	1	1		
1	0	0		
1	0	1		
1	1	0		
1	1	1		

(1) [표 7-2]와 [표 7-5]의 실험 결과가 같은지 확인하라. (같음□ 다름□)

(2) [표 7-5]에서 $A=1$, $B=1$, $C_i=1$일 때 $S=1$, $C_o=1$이 되는 과정을 설명하라.

실험 2 감산기

[표 7-6] 전감산기의 실험 결과

A	B	B_i	D	B_o
0	0	0		
0	0	1		
0	1	0		
0	1	1		
1	0	0		
1	0	1		
1	1	0		
1	1	1		

(1) [표 7-4]와 [표 7-6]의 실험 결과를 비교해 보라. (같음□ 다름□)

(2) [표 7-6]에서 $A = 1$, $B = 1$, $B_i = 1$일 때 $D = 1$, $B_o = 1$이 되는 과정을 설명하라.

실험 3 4비트 병렬 가산기

[표 7-7] 4비트 병렬 가산기의 실험 결과

$A_4 \sim A_1$	$B_4 \sim B_1$	$\Sigma_4 \sim \Sigma_1$	C_o
0101(5)	0011(3)	( )	
0111(7)	1100(12)	( )	
0110(6)	0011(3)	( )	

(1) [표 7-7]의 괄호 안에 표시한 10진수를 이용해 실험 결과가 올바른지 확인하라. (Yes□ No□)

실험 4 2의 보수를 이용한 감산

[표 7-8] 2의 보수를 이용한 감산 실험 결과

$A_4 \sim A_1$	$B_4 \sim B_1$	2의 보수	$\Sigma_4 \sim \Sigma_1$	C_o	감산 값
0101(5)	0011(3)				( )
1000(8)	0100(4)				( )
0011(3)	0110(6)				( )

(1) [표 7-8]의 괄호 안에 표시한 10진수를 이용해 실험 결과를 설명하라.

PSpice 시뮬레이션 감산기

(1) [그림 7-12(a)]의 실험회로를 OrCAD Capture로 작성하라(화면 캡처).

(2) 시뮬레이션 결과 그래프를 보여라(화면 캡처).

(3) 시뮬레이션 결과를 참고하여 [표 7-11]의 진리표를 완성하라.

[표 7-11] 감산기의 시뮬레이션 결과

Time	A	B	B_i	D	B_o
~ 10ms	0	0	0		
~ 20ms	0	0	1		
~ 30ms	0	1	0		
~ 40ms	0	1	1		
~ 50ms	1	0	0		
~ 60ms	1	0	1		
~ 70ms	1	1	0		
~ 80ms	1	1	1		

(4) [표 7-11]의 시뮬레이션 결과가 [표 7-6]과 같은지 확인하라. (같음□ 다름□)

실험

08

인코더와 디코더

학습목표

- 인코더의 회로 구성과 동작을 실험한다.
- 디코더의 회로 구성과 동작을 실험한다.

8.1 기초 이론

인코더(Encoder)는 여러 개의 입력 중에서 신호(1 또는 0)가 주어진 입력의 정보를 코드로 변환하는 디지털 회로이다. 디코더(Decoder)는 반대로 인코더가 만든 코드를 원래의 정보로 복원하는 디지털 회로이다. 이들을 합하여 코덱(Codec)[1]이라 한다.

8.1.1 인코더

기본 인코더인 4-to-2 인코더를 살펴보자. [표 8-1]은 4-to-2 인코더의 진리표이다. 진리표에는 4개의 입력 $D_0 \sim D_3$에 따른 2비트 코드(A, B)가 표시되어 있다. 즉 2비트 코드는 각각 4개의 입력 중 하나와 연결되어 해당 입력을 표시한다. 이처럼 입력이 4개이고, 그에 따른 2비트 코드를 만들어내는 인코더를 4-to-2 인코더라 한다[2].

[표 8-1]의 각 코드(A, B)는 4개의 입력 $D_0 \sim D_3$ 중에서 어떤 입력이 '1'인지에 관한 정보를 가지고 있다. 예를 들어 코드 '11'은 입력 D_3가 '1'임을 나타낸다.

[표 8-1] 4-to-2 인코더의 진리표

D_0	D_1	D_2	D_3	코드	
				A	B
1	0	0	0	0	0
0	1	0	0	0	1
0	0	1	0	1	0
0	0	0	1	1	1

1 Encoder의 'co'와 Decoder의 'dec'를 합해서 만든 용어이다.

2 입력의 개수에 따라 코드의 비트 수가 달라진다. 입력이 8개이면, $2^3 = 8$이므로 3비트 코드가 필요하다.

[표 8-1]에서 A와 B의 논리식을 구하면 다음과 같다.

$$A = \overline{D_0}\,\overline{D_1}D_2\overline{D_3} + \overline{D_0}\,\overline{D_1}\,\overline{D_2}D_3$$

$$= \overline{D_0}\,\overline{D_1}(D_2\overline{D_3} + \overline{D_2}D_3) = \overline{D_0 + D_1}\,(D_2 \oplus D_3)$$

$$B = \overline{D_0}D_1\overline{D_2}\,\overline{D_3} + \overline{D_0}\,\overline{D_1}\,\overline{D_2}D_3$$

$$= \overline{D_0}\,\overline{D_2}(D_1\overline{D_3} + \overline{D_1}D_3) = \overline{D_0 + D_2}\,(D_1 \oplus D_3)$$

[그림 8-1]은 위의 논리식으로 구성한 4-to-2 인코더의 회로이다.

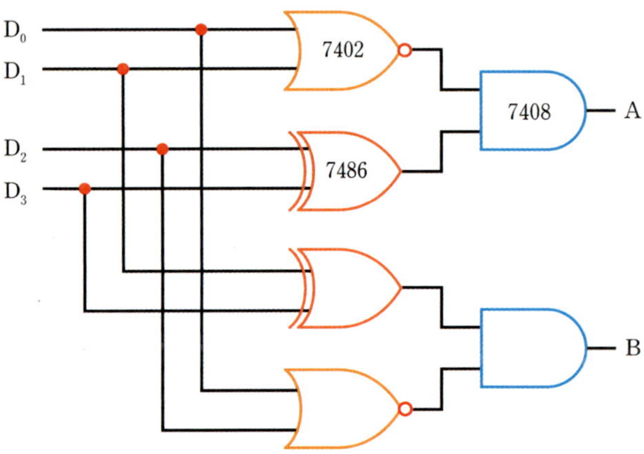

[그림 8-1] 4-to-2 인코더

[그림 8-2]는 입력 $D_1 = 1$일 때 인코더의 동작으로, 코드(A, B)로 '01'이 출력되었다. [표 8-1]을 확인해 보면, 이 경우의 코드는 '01'로 결과가 같음을 알 수 있다.

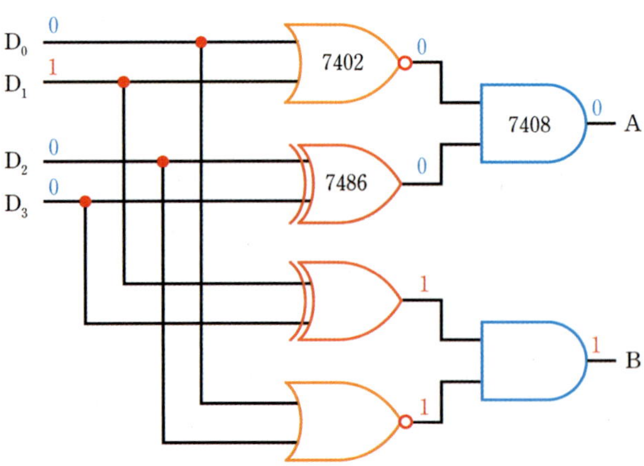

[그림 8-2] 4-to-2 인코더의 동작

8.1.2 디코더

기본 디코더인 2-to-4 디코더를 살펴보자. [표 8-2]는 2-to-4 디코더의 진리표이다. 진리표에는 2비트의 코드(A, B)와 그에 따른 출력 $X_0 \sim X_3$이 표시되어 있다. 이처럼 2비트 코드에 따라 4개의 출력 중에서 하나를 선택하는 디코더를 2-to-4 디코더라 한다. 이 디코더는 인코더와 반대로 코드에 따라 4개의 출력($X_0 \sim X_3$) 중에서 하나를 선택한다. 즉 4-to-2 인코더가 만든 코드를 원래의 정보로 복원한다. 예를 들어 코드가 '11'이면 X_3으로 1이 출력된다.

[표 8-2] 2-to-4 디코더의 진리표

코드		X_0	X_1	X_2	X_3
A	B				
0	0	1	0	0	0
0	1	0	1	0	0
1	0	0	0	1	0
1	1	0	0	0	1

[표 8-2]에서 각 출력의 논리식을 구하면 다음과 같다.

$$X_0 = \overline{A}\,\overline{B}$$

$$X_1 = \overline{A}B$$

$$X_2 = A\overline{B}$$

$$X_3 = AB$$

[그림 8-3]은 위의 논리식으로 구성한 2-to-4 디코더의 회로이다.

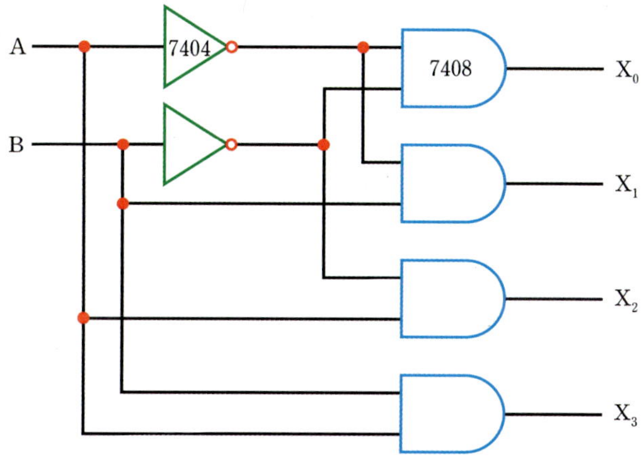

[그림 8-3] 2-to-4 디코더

예를 들어 코드(A, B)가 '11'이면 출력 X_3과 연결된 AND 게이트에 1, 1이 입력되어 $X_3 = 1$이 된다. 나머지 출력 $X_0 \sim X_2$의 AND 게이트는 모두 인버터와 연결되어 있어 1개 이상의 0이 입력된다. 따라서 출력 $X_0 \sim X_2$는 모두 0이 된다. [표 8-2]를 확인해 보면, 올바른 결과임을 알 수 있다.

8.1.3 3-to-8 디코더

[그림 8-4]는 IC 패키지로 만든 3-to-8 디코더로, 고유 IC 번호는 '74138'이다. 이 디코더는 3비트의 코드에 따라 8개의 출력 단자 중 하나로 신호를 내보낸다.

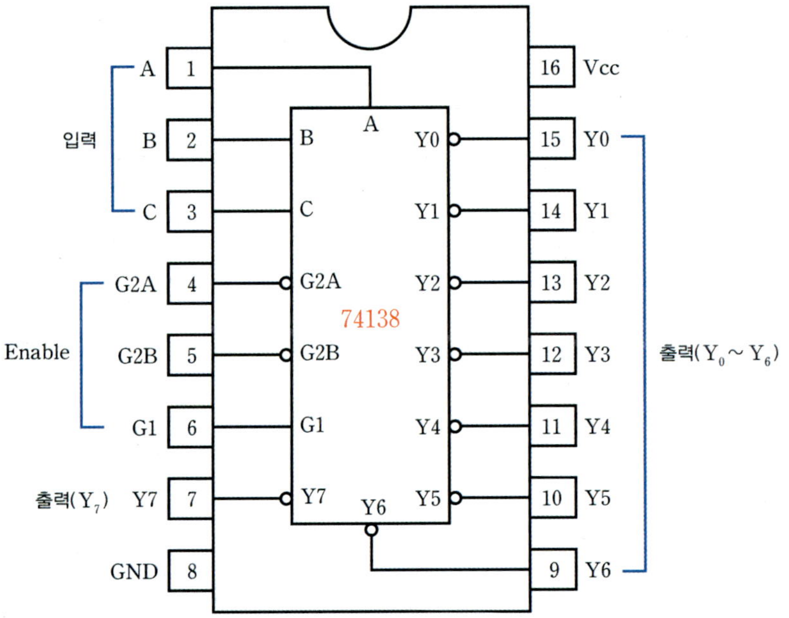

[그림 8-4] 3-to-8 디코더

이 디코더는 3개의 입력(A, B, C : 1~3번 핀)과 8개의 출력($Y_0 \sim Y_6$: 9~15번 핀, Y_7 : 7번 핀)을 가지고 있다. 출력 단자에는 NOT을 나타내는 '○'이 붙어 있다. 이는 선택된 단자로 '0'을 출력하는 'Active Low'를 의미한다[3].

'74138' 디코더의 4~6번 핀은 디코더의 사용 여부를 결정하고 제어하는 데 이용되는 'Enable' 단자(G_1, G_{2A}, G_{2B})이다. [그림 8-4]에서 G_1은 'Active High'이고, G_{2A}와 G_{2B}는 'Active Low'임을 알 수 있다. 따라서 '74138' 디코더는 Enable 단자 $G_1 = 1$, $G_{2A} = 0$, $G_{2B} = 0$으로 설정해야 동작한다[4].

3 선택된 단자로 '1'을 출력하는 것은 'Active High'이다.
4 Enable 단자를 이용하면 여러 개의 '74138' 디코더를 사용할 때, 각각의 동작을 제어할 수 있다.

[표 8-3]은 '74138' 디코더의 진리표이다. 3비트 코드[5]에 따라 출력 $Y_0 \sim Y_7$ 중에서 하나가 '0'이 된다.

[표 8-3] '74138' 디코더의 진리표

Enable	C	B	A	출력							
				Y_0	Y_1	Y_2	Y_3	Y_4	Y_5	Y_6	Y_7
$G_1 = 1$ $G_{2A} = 0$ $G_{2B} = 0$	0	0	0	0	1	1	1	1	1	1	1
	0	0	1	1	0	1	1	1	1	1	1
	0	1	0	1	1	0	1	1	1	1	1
	0	1	1	1	1	1	0	1	1	1	1
	1	0	0	1	1	1	1	0	1	1	1
	1	0	1	1	1	1	1	1	0	1	1
	1	1	0	1	1	1	1	1	1	0	1
	1	1	1	1	1	1	1	1	1	1	0

8.2 실험

【실험장비】

실험기기	디지털 실험장치	1대
회로부품	디지털 IC	7404(NOT 게이트)
		7408(AND 게이트)
		7486(XOR 게이트)
		7402(NOR 게이트)
		74138(3-to-8 디코더)

5 코드 중에서 C가 MSB이다. 코드를 10진수로 바꾸어 보면, 어떤 출력 단자가 선택되는지 알 수 있다.

8.2.1 인코더

1 [그림 8-5(a)]와 같은 4-to-2 인코더의 실험회로를 구성하라. [그림 8-5(b)]는 배선도이다.

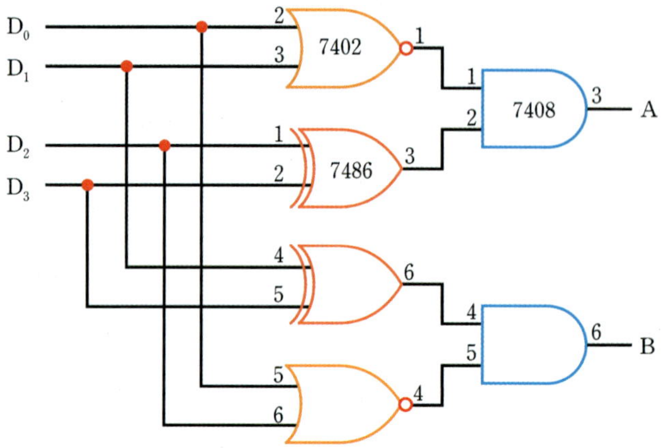

(a)

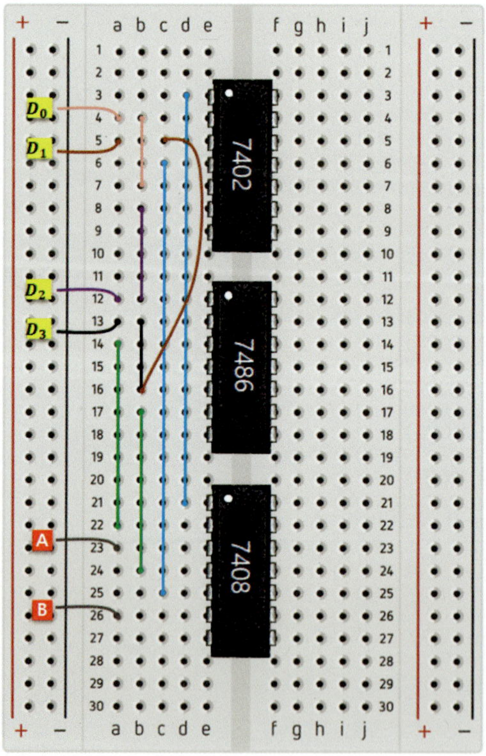

(b)

[그림 8-5] 4-to-2 인코더 실험회로

실험 따라하기

2 [표 8-4]에 주어진 입력 $D_0 \sim D_3$에 따른 코드(A, B)를 측정하여 표에 기록하라.

[표 8-4] 4-to-2 인코더의 실험 결과

D_0	D_1	D_2	D_3	코드	
				A	B
1	0	0	0		
0	1	0	0		
0	0	1	0		
0	0	0	1		

3 [표 8-4]의 실험 결과와 [표 8-1]이 서로 같은지 확인하라. (같음□ 다름□)

8.2.2 디코더

1 [그림 8-6(a)]와 같은 2-to-4 디코더의 실험회로를 구성하라. [그림 8-6(b)]는 배선도이다.

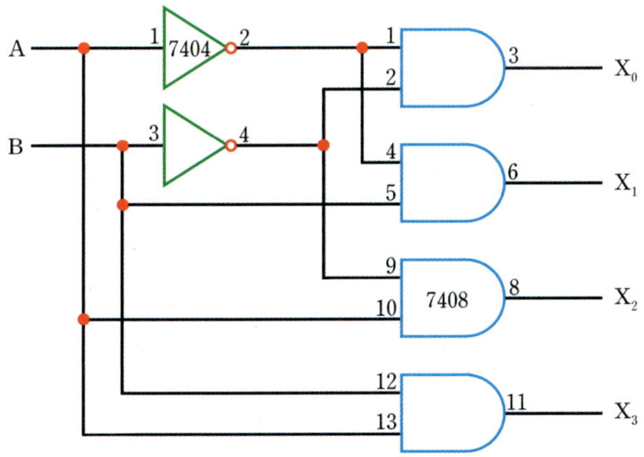

(a)

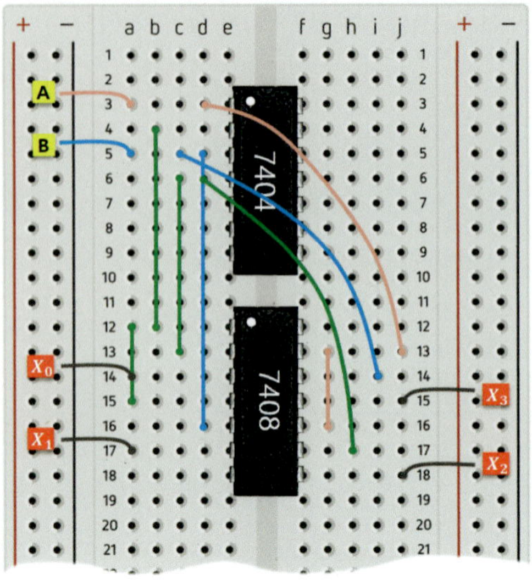

(b)

[그림 8-6] 2-to-4 디코더 실험회로

2 [표 8-5]에 주어진 입력 코드(A, B)에 따라 각 출력을 측정하여 표에 기록하라.

[표 8-5] 2-to-4 디코더의 실험 결과

코드		X_0	X_1	X_2	X_3
A	B				
0	0				
0	1				
1	0				
1	1				

3 [표 8-5]에서 입력 코드(A, B)에 대해 하나의 출력만 '1'이 되는가? (Yes□ No□)

4 [표 8-5]의 실험 결과와 [표 8-2]가 서로 같은지 확인하라. (같음□ 다름□)

8.2.3 3-to-8 디코더

1 [그림 8-7]과 같은 3-to-8 디코더 '74138'에 전원을 연결하라[6].

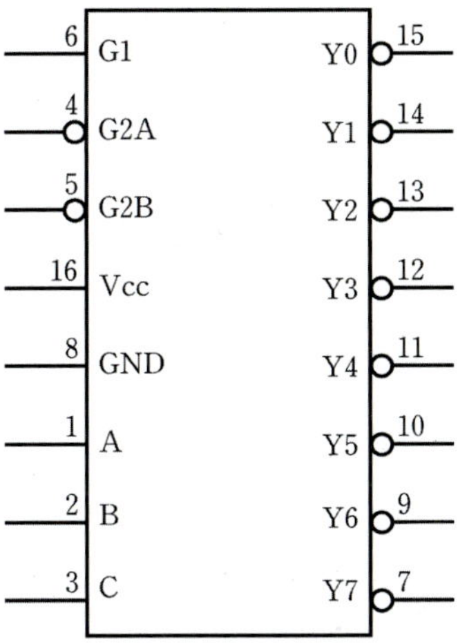

[그림 8-7] 3-to-8 디코더

2 디코더가 동작하도록 'Enable' 단자 $G_1 = 1$, $G_{2A} = 0$, $G_{2B} = 0$으로 설정하라.

3 [표 8-6]에 주어진 입력 코드(C, B, A)에 따른 출력을 확인하여 표에 기록하라.

[표 8-6] 3-to-8 디코더의 실험 결과

C	B	A	출력							
			Y_0	Y_1	Y_2	Y_3	Y_4	Y_5	Y_6	Y_7
0	0	0								
0	0	1								
0	1	0								
0	1	1								
1	0	0								
1	0	1								
1	1	0								
1	1	1								

4 [표 8-6]에서 입력 코드(C, B, A)에 대해 하나의 출력만 '0'이 되는가? (Yes□ No□)

5 [표 8-6]의 실험 결과와 [표 8-3]가 서로 같은지 확인하라. (같음□ 다름□)

---

6 [그림 8-4]의 디코더를 기능별로 핀을 배치하였다. 전원 핀은 〈부록 C〉를 참고하라.

8.3 PSpice 시뮬레이션

1 [표 8-7]과 같이 설정하여 [그림 8-6(a)]의 실험회로를 시뮬레이션하라.

[표 8-7] 시뮬레이션 설정

대상 회로			[그림 8-6(a)]				
시뮬레이션 설정	Analysis type		Time Domain (Transient)				
	Options		General Settings				
	Run to time		40[ms]				
	디지털 입력 (STIM1) 설정		COMMAND				
			1	2	3	4	5
	입력	코드 A	0s 0	20ms 1	40ms 0		
		코드 B	0s 0	10ms 1	20ms 0	30ms 1	40ms 0

2 회로의 입력 코드(A, B)를 디지털 입력 'STIM1'을 이용하여 설정하라. 설정에 필요한 'COMMAND' 입력 값은 [표 8-7]을 참고하라.

3 참고 [그림 8-8]의 시뮬레이션 회로를 확인하라.

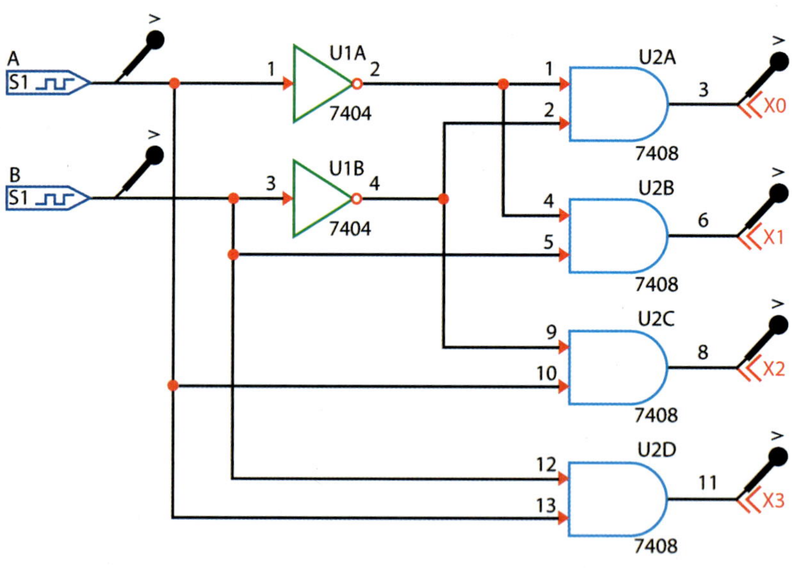

[그림 8-8] 시뮬레이션 회로

4 **참고** [그림 8-9]의 시뮬레이션 결과를 확인하라.

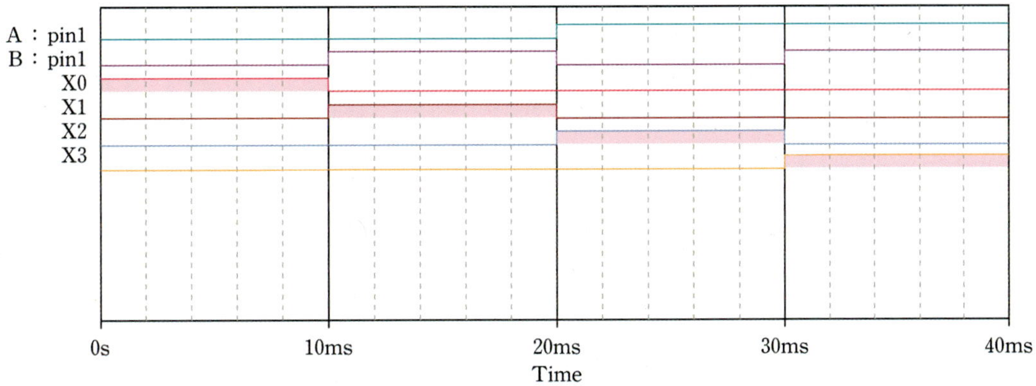

[그림 8-9] 시뮬레이션 결과

[그림 8-9]에서 분홍색 막대는 출력 $X_0 \sim X_3$ 중에서 '1'이 된 출력을 표시한 것이다. [표 8-8]은 시뮬레이션 결과를 정리한 표이다. 입력 코드(A, B)에 따라 출력이 차례로 '1'이 됨을 확인할 수 있다.

[표 8-8] 시뮬레이션 결과

Time	코드		X_0	X_1	X_2	X_3
	A	B				
~ 10ms	0	0	1	0	0	0
~ 20ms	0	1	0	1	0	0
~ 30ms	1	0	0	0	1	0
~ 40ms	1	1	0	0	0	1

셀프 테스트

(1) 신호가 주어진 입력의 정보를 가진 코드를 만들어 내는 디지털 회로는 (인코더, 디코더)이다.

(2) 코드를 원래의 정보로 복원하는 디지털 회로는 (인코더, 디코더)이다.

(3) 4개의 입력을 가진 인코더는 (2비트, 3비트, 4비트)의 코드를 만들어 낸다.

(4) 다음 그림과 같이 디코더의 입력 코드(A, B)가 '10'이면, 출력 (X_0, X_1, X_2, X_3)(이)가 '1'이 된다.

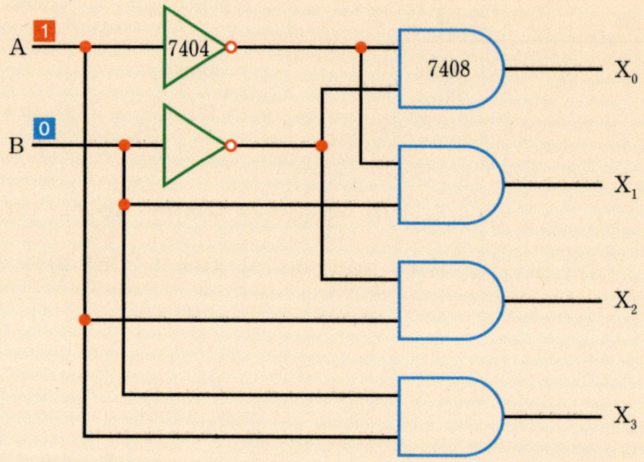

(5) 출력 단자에 붙어 있는 '○' 표시는 (Active High, Active Low)를 나타낸다.

(6) 'Active Low'는 선택된 단자로 (1, 0)을 출력하는 것이다.

(7) 3-to-8 디코더는 입력된 코드에 따라 (4개, 6개, 8개, 16개)의 출력 단자 중에서 하나의 출력 단자로 신호를 내보낸다.

예비학습

(1) 멀티플렉서(Multiplexer)에 대하여 설명하라.

(2) 디멀티플렉서(Demultiplexer)에 대하여 설명하라.

(3) 멀티플렉서와 디멀티플렉서의 응용 분야에 대하여 조사하라.

결과 보고서

실험 08 인코더와 디코더

- 학번 :
- 이름 :
- 실험일 :

실험 1 인코더

[표 8-4] 4-to-2 인코더의 실험 결과

D_0	D_1	D_2	D_3	코드	
				A	B
1	0	0	0		
0	1	0	0		
0	0	1	0		
0	0	0	1		

(1) [표 8-4]의 실험 결과와 [표 8-1]이 서로 같은지 확인하라. (같음□ 다름□)

(2) [표 8-4]의 실험 결과를 이용하여 인코더의 동작을 설명하라.

실험 2 디코더

[표 8-5] 2-to-4 디코더의 실험 결과

코드		X_0	X_1	X_2	X_3
A	B				
0	0				
0	1				
1	0				
1	1				

(1) [표 8-5]에서 입력 코드(A, B)에 대해 하나의 출력만 '1'이 되는가? (Yes□ No□)

(2) [표 8-5]의 실험 결과와 [표 8-2]이 서로 같은지 확인하라. (같음□ 다름□)

(3) [표 8-5]의 실험 결과를 이용하여 디코더의 동작을 설명하라.

실험 3 3-to-8 디코더

[표 8-6] 3-to-8 디코더의 실험 결과

C	B	A	출력							
			Y_0	Y_1	Y_2	Y_3	Y_4	Y_5	Y_6	Y_7
0	0	0								
0	0	1								
0	1	0								
0	1	1								
1	0	0								
1	0	1								
1	1	0								
1	1	1								

(1) [표 8-6]에서 입력 코드(C, B, A)에 대해 하나의 출력만 '0'이 되는가? (Yes□ No□)

(2) [표 8-6]의 실험 결과와 [표 8-3]이 서로 같은지 확인하라. (같음□ 다름□)

(3) [표 8-6]의 실험 결과를 이용하여 'Active Low'에 대해 설명하라.

PSpice 시뮬레이션 4-to-2 인코더

(1) [그림 8-5(a)]의 실험회로를 OrCAD Capture로 작성하라(화면 캡처).

(2) 시뮬레이션 결과 그래프를 보여라(화면 캡처)[7].

7 입력 $D_0 \sim D_3$의 디지털 입력(STIM1) 'COMMAND' 값은 [표 8-9]를 참조하여 설정하라.

(3) 시뮬레이션 결과를 참고하여 [표 8-9]의 진리표를 완성하라.

[표 8-9] 4-to-2 인코더의 시뮬레이션 결과

Time	D_0	D_1	D_2	D_3	코드	
					A	B
~ 10ms	1	0	0	0		
~ 20ms	0	1	0	0		
~ 30ms	0	0	1	0		
~ 40ms	0	0	0	1		

(4) [표 8-9]의 시뮬레이션 결과를 [표 8-4]와 비교해 보라. (같음□ 다름□)

실험 09

멀티플렉서와 디멀티플렉서

학습목표

- 멀티플렉서의 회로 구성과 동작을 실험한다.
- 디멀티플렉서의 회로 구성과 동작을 실험한다.

9.1 기초 이론

멀티플렉서(MUX : MUltipleXer)는 여러 입력 데이터 중에서 하나를 선택하는 조합 논리회로이다. 이러한 특징 때문에 데이터 선택기(Data Selector)나 채널 선택기(Channel Selector)라고도 한다. 디멀티플렉서(DEMUX : DEMUltipleXer)는 멀티플렉서와 반대로 여러 출력 단자 중에서 하나로 데이터를 내보내는 조합 논리회로이다. 이러한 특징 때문에 데이터 분배기(Data Distributor)나 채널 분배기(Channel Distributor)라고도 한다.

[그림 9-1]은 멀티플렉서와 디멀티플렉서로 구성된 데이터 전송 시스템의 예이다. 멀티플렉서는 여러 입력 중에서 'Data B'를 선택하여 통신선으로 전달하였다. 이때 '선택 신호 1'이 사용된다.

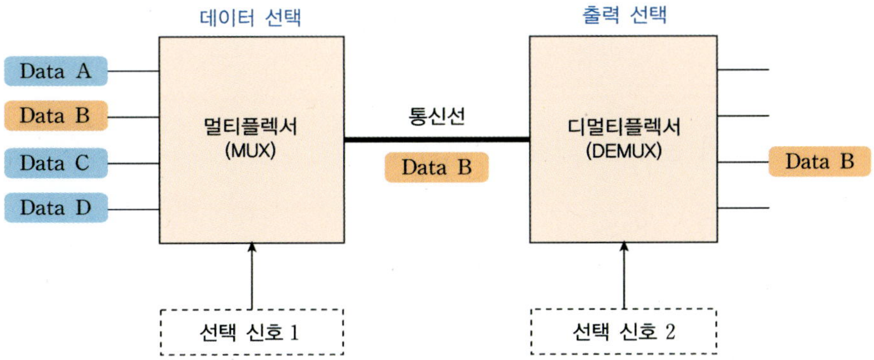

[그림 9-1] 멀티플렉서와 디멀티플렉서로 구성된 데이터 전송 시스템

디멀티플렉서는 통신선을 통해 전달된 데이터를 '선택 신호 2'에 의해 선택된 출력 단자로 내보낸다. 멀티플렉서와 디멀티플렉서의 선택 신호를 동기화시키면, 하나의 통신선으로 여러 채널의 데이터를 전송하는 시분할 다중화(Time Division Multiplexing)가 가능해진다.

9.1.1 멀티플렉서

[그림 9-2]는 4입력 멀티플렉서의 기호이다. 이 멀티플렉서는 4개의 데이터($D_0 \sim D_3$) 중에서 하나를 선택하여 출력 X로 내보낸다. 이를 위해 선택 신호(S_1, S_2)가 사용된다.

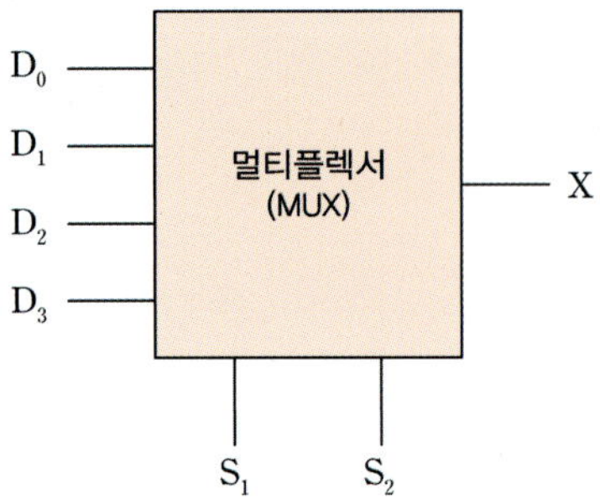

[그림 9-2] 4입력 멀티플렉서의 기호

[표 9-1]은 4입력 멀티플렉서의 진리표이다. 선택 신호(S_1, S_2)에 따라 데이터 $D_0 \sim D_3$ 중에서 하나가 출력 X에 나타난다. 예를 들어 선택 신호(S_1, S_2)가 (1, 1)이면 D_3가 출력 X에 전달된다.

[표 9-1] 4입력 멀티플렉서의 진리표

입력 데이터	선택 신호		X
	S_1	S_2	
$D_0 \sim D_3$	0	0	D_0
	0	1	D_1
	1	0	D_2
	1	1	D_3

[표 9-1]의 진리표에서 각 출력의 논리식을 구하면 다음과 같다.

$$D_0 = \overline{S_1}\,\overline{S_2} \qquad D_1 = \overline{S_1}S_2$$

$$D_2 = S_1\overline{S_2} \qquad D_3 = S_1S_2$$

위에서 구한 4개의 논리식은 선택 신호에 대한 것이다. 멀티플렉서가 올바르게 동작하려면, 선택 신호와 함께 데이터를 AND 게이트에 입력해야 한다. 이를 위해 4입력 멀티플렉서는 3입력 AND 게이트를 사용한다.

[그림 9-3]은 앞의 논리식을 바탕으로 그린 4입력 멀티플렉서이다. 4개의 3입력 AND 게이트에는 선택 신호(S_1, S_2)와 함께 입력 데이터($D_0 \sim D_3$)가 각각 입력된다. 두 개의 2입력 OR 게이트를 이용하여 3입력 AND 게이트를 연결하였다[1].

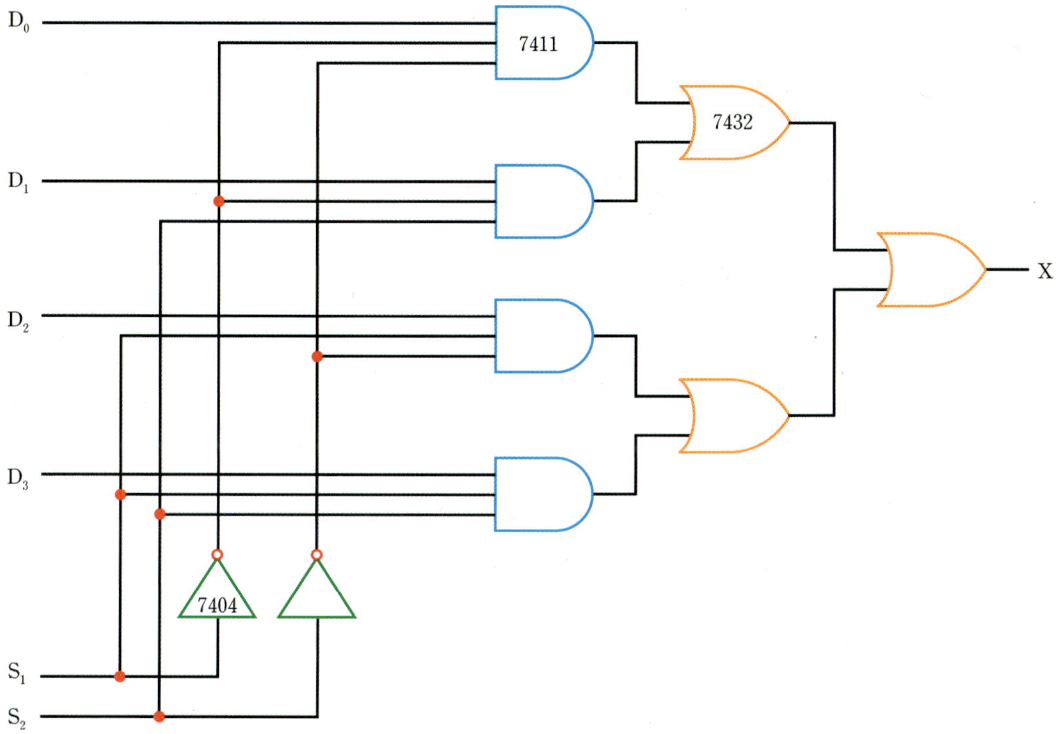

[그림 9-3] 4입력 멀티플렉서

[그림 9-4]는 선택 신호(S_1, S_2)를 (1, 1)로 설정한 4입력 멀티플렉서의 동작 예이다. 선택 신호에 의해 D_3과 연결된 AND 게이트에만 1이 입력된다. 즉 입력 데이터 중에서 D_3이 선택된 것이다. 그러면 그림에 표시한 것처럼 D_3이 출력 X로 전달된다. 선택 신호(S_1, S_2)를 바꾸면, 다른 데이터가 선택된다.

1 4입력 OR 게이트 패키지 제품은 없다.

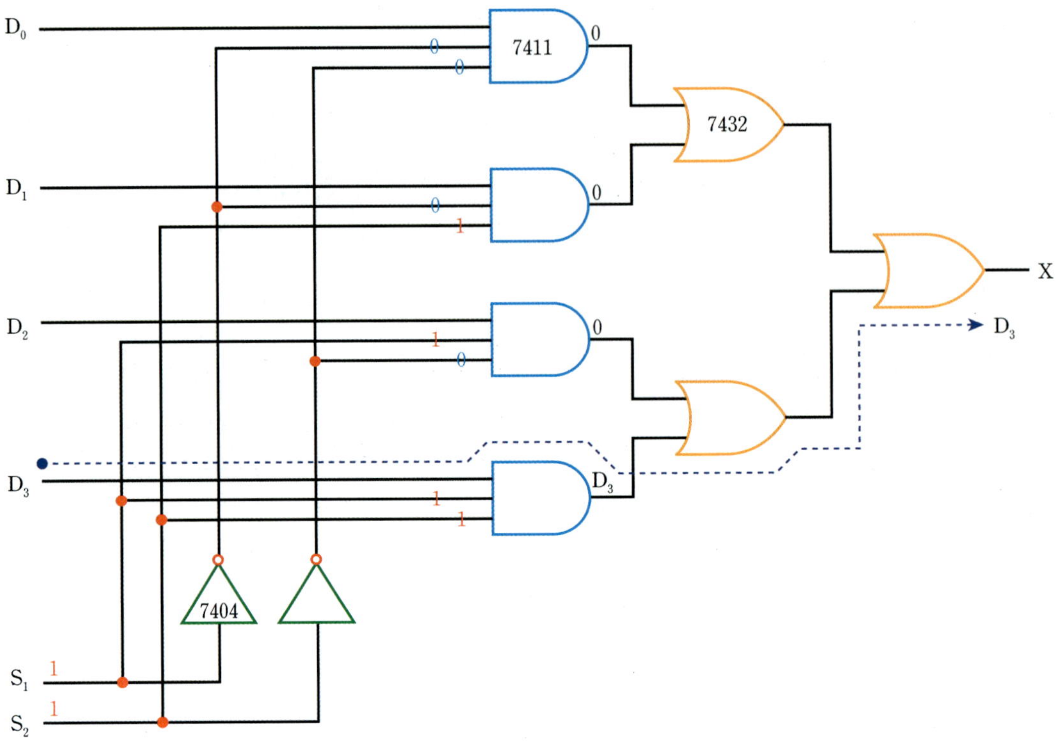

[그림 9-4] 4입력 멀티플렉서의 동작

9.1.2 디멀티플렉서

[그림 9-5]는 4출력 디멀티플렉서의 기호이다. 이 디멀티플렉서는 4개의 출력($Y_0 \sim Y_3$) 중에서 하나를 선택하여 입력 데이터(D_i)를 내보낸다. 이를 위해 선택 신호(S_1, S_2)가 사용된다.

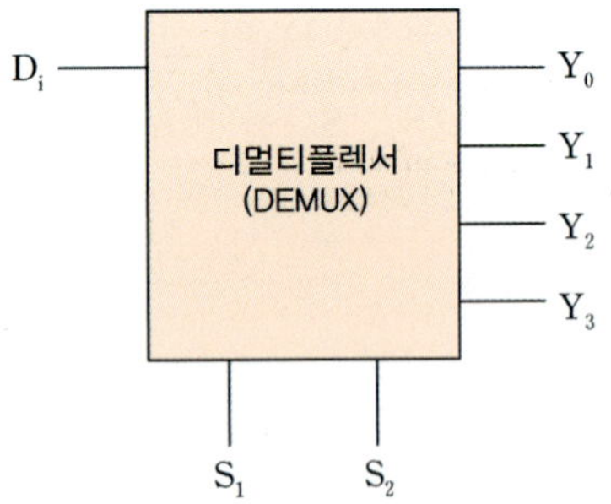

[그림 9-5] 4출력 디멀티플렉서의 기호

[표 9-2]는 4출력 디멀티플렉서의 진리표이다. 입력 데이터 D_i는 선택 신호(S_1, S_2)에 의해 선택된 단자로 출력된다. 예를 들어 선택 신호(S_1, S_2)가 (1, 0)이면, 출력 Y_2로 입력 데이터 D_i가 전달된다.

[표 9-2] 4출력 디멀티플렉서의 진리표

입력 데이터	선택 신호		출력			
	S_1	S_2	Y_0	Y_1	Y_2	Y_3
D_i	0	0	D_i	0	0	0
	0	1	0	D_i	0	0
	1	0	0	0	D_i	0
	1	1	0	0	0	D_i

[표 9-2]의 진리표에서 각 출력의 논리식을 구하면 다음과 같다.

$$Y_0 = \overline{S_1}\,\overline{S_2} \qquad Y_1 = \overline{S_1}S_2$$

$$Y_2 = S_1\overline{S_2} \qquad Y_3 = S_1S_2$$

위에서 구한 4개의 논리식은 선택 신호에 대한 것이다. 디멀티플렉서가 올바르게 동작하려면, 선택 신호와 함께 데이터 D_i를 AND 게이트에 입력해야 한다. 이를 위해 디멀티플렉서도 3입력 AND 게이트를 사용한다. [그림 9-6]은 위의 논리식을 바탕으로 그린 4출력 디멀티플렉서이다. 4개의 3입력 AND 게이트에는 선택 신호(S_1, S_2)와 함께 입력 데이터 D_i도 연결되어 있다. 예를 들어 선택 신호(S_1, S_2)가 (0, 1)이면, 출력 Y_1과 연결된 AND 게이트에만 1이 입력된다. 그러면 입력 데이터 D_i는 출력 Y_1으로 전달된다.

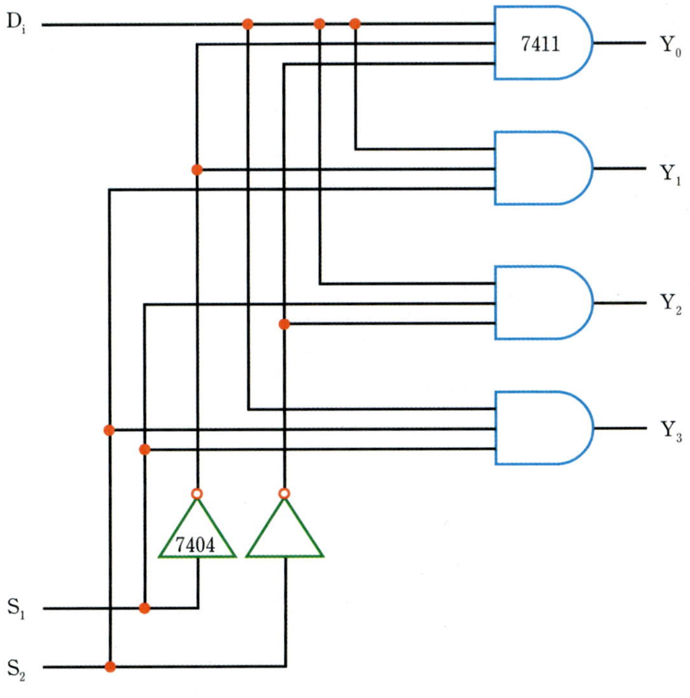

[그림 9-6] 4출력 디멀티플렉서

9.2 실험

【실험장비】

실험기기	디지털 실험장치	1대
회로부품	디지털 IC	7404(NOT 게이트)
		7411(3입력 AND 게이트) 2개
		7432(OR 게이트)

9.2.1 멀티플렉서

1 [그림 9-7(a)]와 같은 4입력 멀티플렉서의 실험회로를 구성하라. [그림 9-7(b)]는 배선도이다[2].

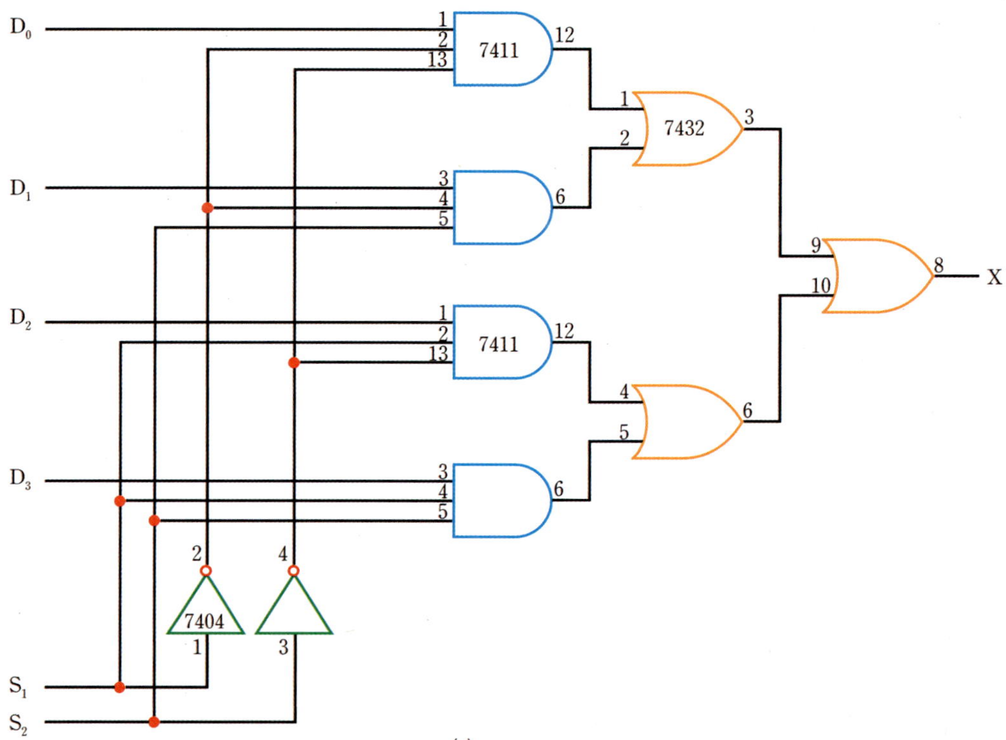

(a)

2 7411 패키지에는 3개의 3입력 AND 게이트가 들어 있다. 실험회로에는 4개의 AND 게이트가 사용되므로 2개의 7411 패키지가 필요하다. 이때 7411 패키지에서 각각 2개의 3입력 AND 게이트를 사용하면 배선이 편하다. 이를 반영하여 실험회로를 구성하였다(핀 번호 확인).

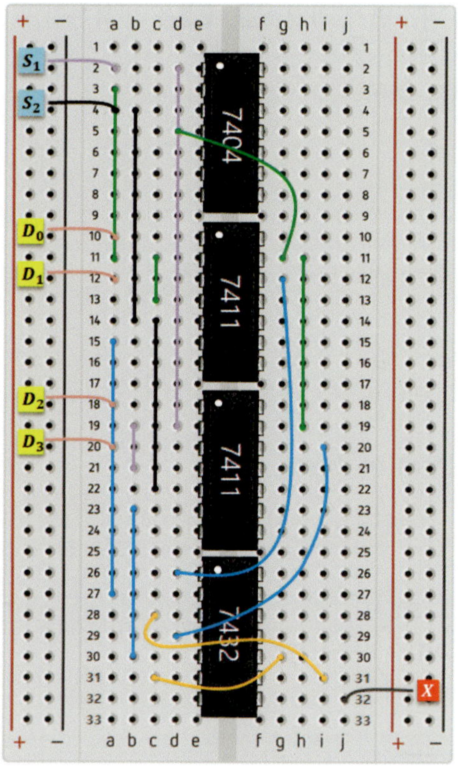

(b)

[그림 9-7] 4입력 멀티플렉서의 실험회로

2 입력 데이터($D_0 \sim D_3$)와 선택 신호(S_1, S_2)를 디지털 실험장치의 입력 설정부에 연결하라.

3 출력 X를 디지털 실험장치의 출력 표시부에 연결하라.

4 [표 9-3]에 따라 먼저 선택 신호(S_1, S_2)를 (0, 0)으로 설정하라.

5 입력 데이터 $D_0 \sim D_3$와 연결된 토글스위치를 각각 반복적으로 온/오프해 보라.

6 어떤 토글스위치를 온/오프할 때 출력 X가 따라서 변하는지 확인하고, 그 토글스위치에 해당하는 입력 데이터를 [표 9-3]에 기록하라.

[표 9-3] 4입력 멀티플렉서의 실험 결과

입력 데이터	선택 신호		X
	S_1	S_2	
$D_0 \sim D_3$	0	0	
	0	1	
	1	0	
	1	1	

7 선택 신호(S_1, S_2)를 (0, 1), (1, 0), (1, 1)로 바꾸면서 과정 5, 6을 반복하라.

8 [표 9-3]의 실험 결과와 [표 9-1]이 서로 같은지 확인하라. (같음□ 다름□)

9.2.2 디멀티플렉서

1 [그림 9-8(a)]와 같은 4출력 디멀티플렉서의 실험회로를 구성하라. [그림 9-8(b)]는 배선도이다[3].

2 입력 데이터 D_i와 선택 신호(S_1, S_2)를 디지털 실험장치의 입력 설정부에 연결하라.

3 출력($Y_0 \sim Y_3$)을 디지털 실험장치의 출력 표시부에 연결하라.

4 입력 데이터 D_i를 1로 설정하라.

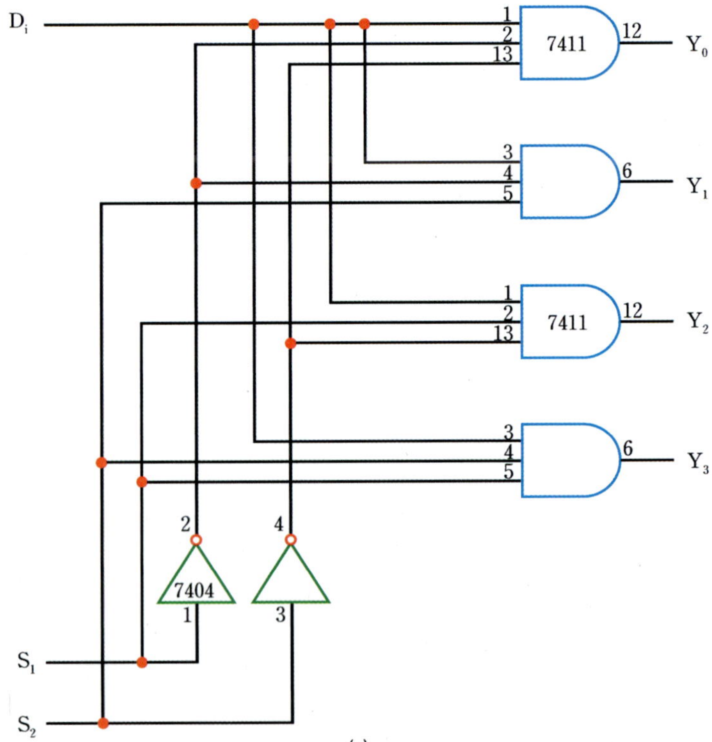

(a)

3 [그림 9-7(a)]와 마찬가지로 2개의 7411 패키지에서 각각 2개의 AND 게이트를 사용하도록 구성하였다.

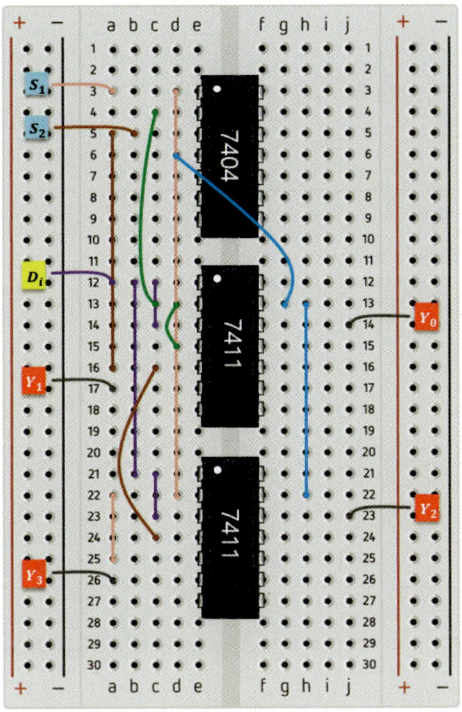

(b)

[그림 9-8] 4출력 디멀티플렉서의 실험회로

5 [표 9-4]에 따라 먼저 선택 신호(S_1, S_2)를 (0, 0)으로 설정하라.

6 출력($Y_0 \sim Y_3$) 중에서 '1'이 되는 출력을 확인하고, [표 9-4]의 해당 출력의 칸에 D_i를 기록하라.

7 선택 신호(S_1, S_2)를 (0, 1), (1, 0), (1, 1)로 바꾸면서 과정 **6**을 반복하라.

[표 9-4] 4출력 디멀티플렉서의 실험 결과

입력 데이터	선택 신호		출력			
	S_1	S_2	Y_0	Y_1	Y_2	Y_3
$D_i = 1$	0	0				
	0	1				
	1	0				
	1	1				

8 [표 9-4]의 실험 결과와 [표 9-2]가 서로 같은지 확인하라. (같음□ 다름□)

9.3 PSpice 시뮬레이션

1 [표 9-5]와 같이 설정하여 [그림 9-8(a)]의 실험회로를 시뮬레이션하라.

[표 9-5] 시뮬레이션 설정

대상 회로			[그림 9-8(a)]				
시뮬레이션 설정	Analysis type		Time Domain (Transient)				
	Options		General Settings				
	Run to time		40[ms]				
	디지털 입력 (STIM1) 설정		COMMAND				
			1	2	3	4	5
	입력	D_i	0s 0	5ms 1	35ms 0		
		S_1	0s 0	20ms 1	40ms 0		
		S_2	0s 0	10ms 1	20ms 0	30ms 1	40ms 0

2 입력 데이터 D_i 및 선택 신호 S_1, S_2를 디지털 입력 'STIM1'을 이용하여 설정하라. 설정에 필요한 'COMMAND' 입력 값은 [표 9-5]를 참고하라.

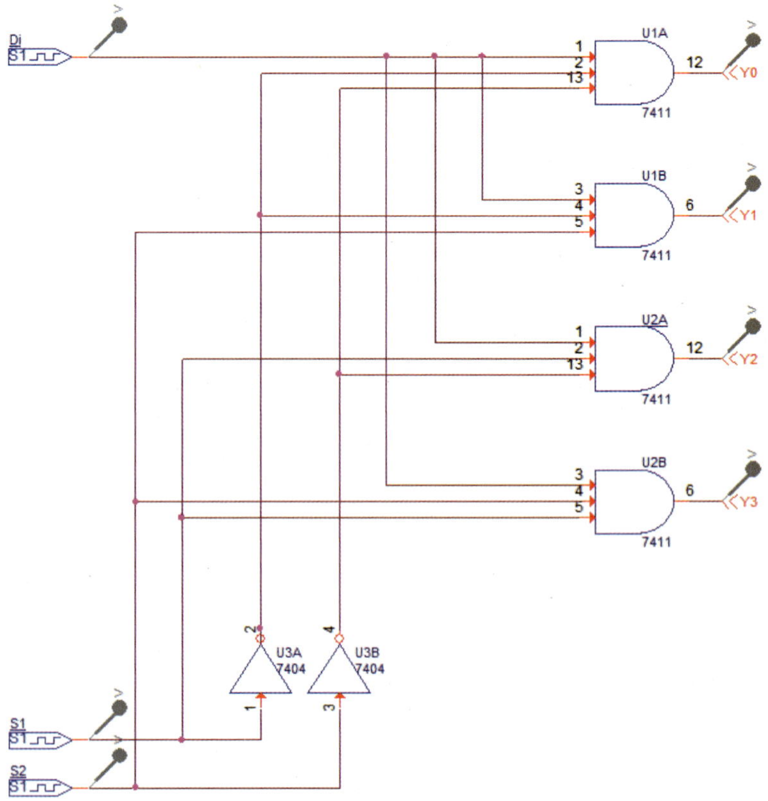

[그림 9-9] 시뮬레이션 회로

3 **참고** [그림 9-9]의 시뮬레이션 회로를 확인하라[4].

4 **참고** 시뮬레이션 결과([그림 9-10])를 확인하라.

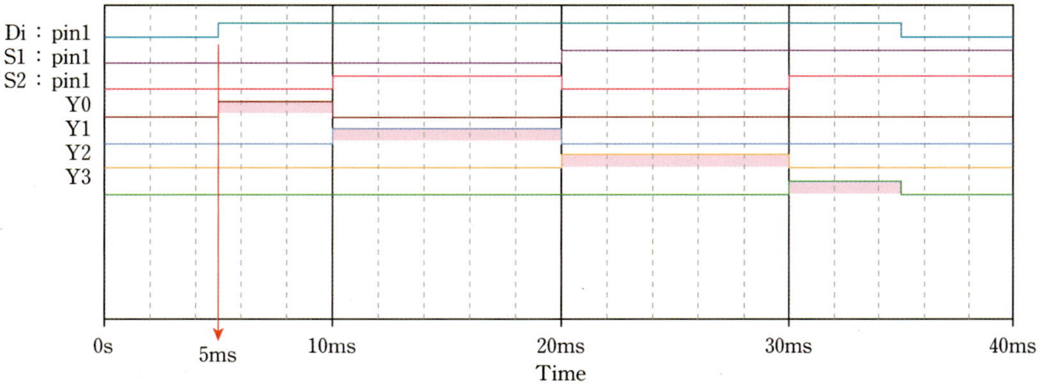

[그림 9-10] **시뮬레이션 결과**

[그림 9-10]은 4출력 디멀티플렉서의 시뮬레이션 결과이다. 입력 데이터 D_i는 5 ~ 35[ms]의 구간에서 1이다([표 9-6] 참조). 그래프의 분홍 막대는 출력(Y_0 ~ Y_3)이 '1'이 될 때를 표시한 것이다. 선택 신호(S_1, S_2)에 따라 각각 다른 출력이 선택되며, 선택된 출력으로 입력 데이터 D_i의 '1'이 출력된다.

[표 9-6]은 시뮬레이션 결과를 정리한 표이다. 선택 신호(S_1, S_2)에 따라 출력(Y_0 ~ Y_3) 중에서 어느 하나가 선택되고, 선택된 출력으로 입력 데이터 D_i가 출력된다.

[표 9-6] **시뮬레이션 결과**

Time	입력		선택 신호		출력			
			S_1	S_2	Y_0	Y_1	Y_2	Y_3
0 ~ 5ms	D_i	0	0	0	0	0	0	0
5 ~ 10ms		1			1			
10 ~ 20ms		1	0	1	0	1	0	0
20 ~ 30ms		1	1	0	0	0	1	0
30 ~ 35ms		1	1	1	0	0	0	1
35 ~ 40ms		0						0

4 [그림 9-9]는 7411 패키지에서 각각 2개의 AND 게이트를 사용하여 그렸다. 따라서 부품 일련번호는 U1A, U1B, U2A, U2B이다. 부품 일련번호를 바꾸는 방법은 다음과 같다.
- 3입력 AND 게이트 4개를 차례로 그린다(일련번호는 U1A, U1B, U1C, U2A로 표시된다).
- 'U1C'를 더블클릭하고 〈Display Properties〉 설정창에서 'U2A'로 바꾼다(핀 번호는 자동으로 바뀜).
- 같은 방법으로 'U2A'를 'U2B'로 바꾼다.

예를 들어 시간 구간 0 ~ 10[ms]를 살펴보면, 이때는 선택 신호(S_1, S_2)가 (0, 0)이므로 출력 Y_0가 선택된다. 입력 데이터 D_i는 5[ms]에서 1로 바뀌며, 그에 따라 출력 Y_0도 5[ms]에서 1로 바뀐다. 다른 예로 시간 구간 20 ~ 30[ms]에서는 선택 신호(S_1, S_2)가 (1, 0)이므로 출력 Y_2가 선택된다. 이때 입력 데이터 D_i가 1이므로 선택된 출력 Y_2만이 1이 된다.

셀프 테스트

(1) (멀티플렉서, 디멀티플렉서)는 여러 개의 입력 데이터 중에서 하나를 선택하여 출력으로 내보내는 조합 논리회로이다.

(2) (멀티플렉서, 디멀티플렉서)는 여러 출력 중에서 하나를 선택하여 데이터를 내보내는 조합 논리회로이다.

(3) 4입력 멀티플렉서를 위한 선택 신호는 (1비트, 2비트, 3비트, 4비트)이다.

(4) 4입력 멀티플렉서는 (2입력, 3입력, 4입력) AND 게이트를 사용하여 구성한다.

(5) 4출력 디멀티플렉서를 구성하는 모든 AND 게이트에는 입력 데이터 D_i가 연결되어 있다. (○, ×)

(6) [그림 9-6]에서 선택 신호(S_1, S_2)을(를) (0, 1)(으)로 설정하였다. 그러면 4개의 출력 중에서 (Y_0, Y_1, Y_2, Y_3)이(가) 선택된다.

예비학습

(1) 그레이 코드에 대하여 설명하라.

(2) 오류 검출에 사용되는 패리티 비트에 대해 설명하라.

결과 보고서

실험 09 멀티플렉서와 디멀티플렉서

- 학번 :
- 이름 :
- 실험일 :

실험 1 멀티플렉서

[표 9-3] 4입력 멀티플렉서의 실험 결과

입력 데이터	선택 신호		X
	S_1	S_2	
$D_0 \sim D_3$	0	0	
	0	1	
	1	0	
	1	1	

(1) [표 9-3]의 실험 결과와 [표 9-1]이 서로 같은지 확인하라. (같음□ 다름□)

(2) [표 9-3]의 실험 결과를 이용하여 4입력 멀티플렉서의 동작을 설명하라.

실험 2 디멀티플렉서

[표 9-4] 4출력 디멀티플렉서의 실험 결과

입력 데이터	선택 신호		출력			
	S_1	S_2	Y_0	Y_1	Y_2	Y_3
D_i	0	0				
	0	1				
	1	0				
	1	1				

(1) [표 9-4]의 실험 결과와 [표 9-2]가 서로 같은지 확인하라. (같음□ 다름□)

(2) [표 9-4]의 실험 결과를 이용하여 4출력 디멀티플렉서의 동작을 설명하라.

PSpice 시뮬레이션 4입력 멀티플렉서

(1) [그림 9-7(a)]의 실험회로를 OrCAD Capture로 작성하라(화면 캡처).

(2) 시뮬레이션 결과 그래프를 보여라(화면 캡처). 디지털 입력(STIM1)은 [표 9-7]을 참조하여 설정하라[5].

5 선택 신호(S_1, S_2)에 따라 입력 데이터($D_0 \sim D_3$) 중 어떤 데이터가 출력 X에 나타나는지 확인할 수 있도록 입력 데이터($D_0 \sim D_3$)를 설정한 예이다.

[표 9-7] 디지털 입력 설정

	COMMAND				
	1	2	3	4	5
S_1	0s 0	20ms 1	40ms 0		
S_2	0s 0	10ms 1	20ms 0	30ms 1	40ms 0
D_0	0s 1	38ms 0			
D_1	0s 0	38ms 1			

	COMMAND								
	1	2	3	4	5	6	7	8	9
D_2	0s 1	5ms 0	10ms 1	15ms 0	20ms 1	25ms 0	30ms 1	35ms 0	40ms 1
D_3	0s 0	5ms 1	10ms 0	15ms 1	20ms 0	25ms 1	30ms 0	35ms 1	40ms 0

(3) (2)의 시뮬레이션 결과를 참고하여 [표 9-8]을 완성하라.

[표 9-8] 4입력 멀티플렉서의 시뮬레이션 결과

입력 데이터	선택 신호		X
	S_1	S_2	
$D_0 \sim D_3$	0	0	
	0	1	
	1	0	
	1	1	

(4) [표 9-8]을 이용하여 4입력 멀티플렉서의 동작을 설명하라.

실험 10 그레이 코드와 오류 검출 코드

학습목표

- 그레이 코드의 원리와 이를 생성하는 디지털 회로의 동작을 실험한다.
- 오류 검출 코드를 생성하는 디지털 회로의 동작을 실험한다.

10.1 기초 이론

디지털 시스템에는 2진수로 만든 다양한 코드(Code)들이 사용된다. 예로 10진수를 4비트 2진수로 표현한 BCD(Binary Coded Decimal) 코드, 보수에 의한 감산에 이용되는 3초과(Excess-3) 코드, 문자와 숫자 등을 7비트 코드로 표현한 ASCII(American Standard Code for Information Interchange) 코드, 데이터 오류를 줄일 수 있는 그레이(Grey) 코드, 오류를 찾아내는 오류 검출(Error Detection) 코드 등이 있다. 이번 실험에서는 그레이 코드와 오류 검출 코드의 원리를 살펴보고, 이를 생성하는 디지털 회로의 동작을 실험한다.

10.1.1 그레이 코드

그레이 코드는 비가중치(Non-weight) 코드의 일종이다. 비가중치 코드란 비트 열의 위치에 따라 가중되는 값이 없는 코드로, 데이터 변환 등의 용도로 사용된다[1]. 그레이 코드는 연산에는 사용할 수 없으며, A/D 변환기(Analog to Digital Converter)나 입출력 장치에 주로 사용된다.

[표 10-1]은 10진수를 BCD 코드와 그레이 코드로 나타낸 것이다. 언뜻 보면 그레이 코드는 규칙성이 없는 것처럼 보이지만, 그레이 코드의 규칙성은 인접한 코드 사이에 1개의 비트만 바뀌는 것이다.

예를 들어 10진수 '6'에 해당되는 그레이 코드 '0101'을 살펴보자. 이 코드의 바로 앞인 10진수 '5'의 그레이 코드는 '0111'이며, 3번째 비트만 0 → 1로 바뀌었다. 마찬가지로 바로 뒤인 10진수 '7'의 그레이 코드는 '0100'이며, 4번째 비트만 1 → 0으로 바뀌었다.

1 가중치(Weighted) 코드는 비트의 위치에 따라 값이 달라진다. 예를 들어 BCD 코드 '1010'에서 첫 비트의 1은 십진수 '8'의 가중치를 가진다. 반면에 세 번째 1은 십진수 '2'에 해당된다.

[표 10-1] BCD 코드와 그레이 코드

10진수	BCD 코드	그레이 코드	10진수	BCD 코드	그레이 코드
0	0000	0000	8	1000	1100
1	0001	0001	9	1001	1101
2	0010	0011	10	1010	1111
3	0011	0010	11	1011	1110
4	0100	0110	12	1100	1010
5	0101	0111	13	1101	1011
6	0110	0101	14	1110	1001
7	0111	0100	15	1111	1000

[그림 10-1]은 BCD 코드를 그레이 코드로 바꾸는 방법을 보여준다. 먼저 최상위 비트(MSB)는 그대로 내려 쓰고, 다음 비트는 앞과 비교하여 XOR 연산(⊕)을 하는 것이다. [그림 10-2]는 그레이 코드를 BCD 코드로 바꾸는 방법을 보여준다. 최상위 비트(MSB)는 그대로 내려 쓰고, 다음 비트는 생성된 BCD 코드와 그레이 코드를 XOR 연산(⊕)을 한다.

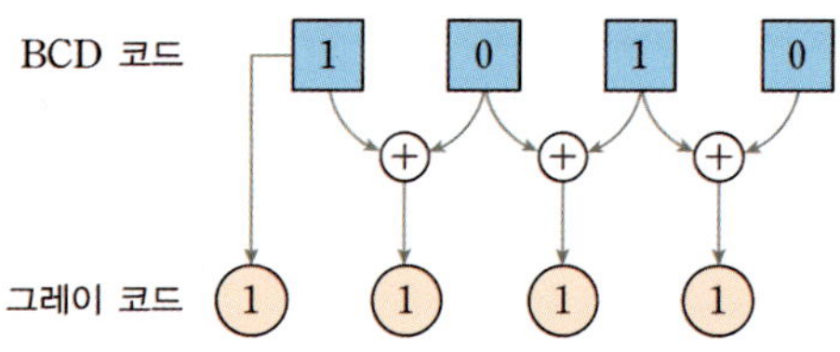

[그림 10-1] BCD 코드를 그레이 코드로 바꾸는 방법

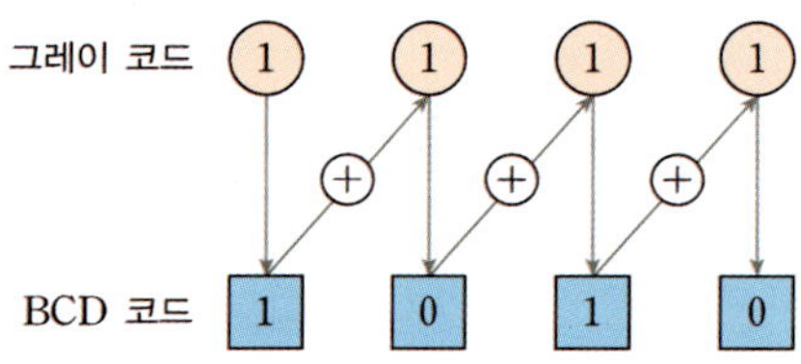

[그림 10-2] 그레이 코드를 BCD 코드로 바꾸는 방법

그레이 코드의 장점은 무엇일까? [그림 10-3]을 살펴보자. 그림은 10진수 7 ~ 10에 대한 BCD 코드와 그레이 코드를 비교한 것이다. BCD 코드는 그림에 나타낸 것처럼 10진수에 따라 1개 비트 내지 4개 비트의 변화가 불규칙하게 생긴다. 반면에 그레이 코드는 10진수에 따라 단지 1개의 비트만 바뀐다.

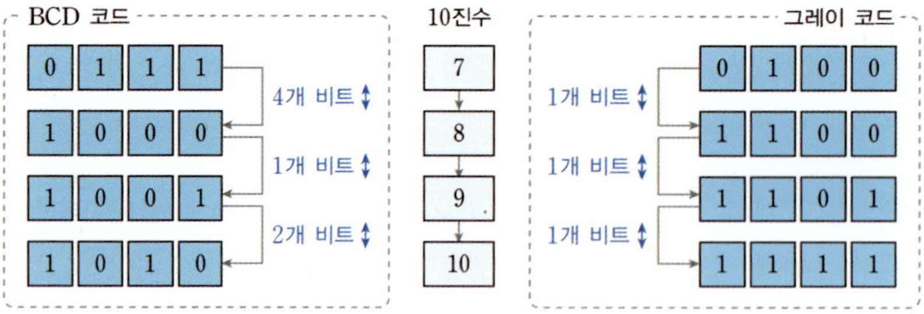

[그림 10-3] BCD 코드와 그레이 코드의 비교

2진수의 비트 변화는 실제로는 전자회로의 스위칭으로 구현된다. BCD 코드는 한 번에 여러 비트가 바뀌는 경우가 많으므로 복잡한 스위칭 회로가 동시에 동작해야 한다. 그러면 스위칭 오류가 생길 확률이 높아지고, 스위칭 지연으로 글리치(Glitch)[2]가 생기기도 한다.

반면에 그레이 코드는 10진수에 따라 단지 1개의 비트만 변하므로 BCD 코드의 경우와 같이 스위칭 오류가 생기지 않는다. 또한 연속적으로 증가하거나 감소하는 데이터를 전송할 때 오류를 찾아내기 쉽다. 이러한 장점 때문에 그레이 코드는 A/D 변환기, 입출력 장치 등에 많이 사용된다.

10.1.2 오류 검출 코드

오류 검출 코드는 디지털 데이터의 전송 과정에 생기는 오류를 찾아내는 데 사용된다. 가장 많이 알려진 것은 데이터에 패리티(Parity) 비트를 추가하는 방식이다. 패리티 비트는 데이터는 아니며, 데이터가 오류 없이 전송되었는지를 확인하는 데에만 쓰인다.

[표 10-2]는 7비트 데이터에 패리티 비트를 추가하는 방법으로, 짝수 패리티(Even Parity)와 홀수 패리티(Odd Parity)가 있다. 짝수 패리티는 1의 개수가 짝수가 되도록 1비트를 추가하고, 홀수 패리티는 1의 개수가 홀수가 되도록 1비트를 추가한다. 예를 들어 [표 10-2]에서 '0000010'은 1의 개수가 홀수이므로 짝수 패리티는 '1'을 추가하고, 홀수 패리티는 '0'을 추가한다.

[표 10-2] 짝수 패리티와 홀수 패리티

데이터	짝수 패리티	홀수 패리티
0000000	0000000 0	0000000 1
0000001	0000001 1	0000001 0
0000010	0000010 1	0000010 0
0000011	0000011 0	0000011 1
0000100	0000100 1	0000100 0
0000101	0000101 0	0000101 1
0000110	0000110 0	0000110 1

2 디지털 게이트의 일부 입력이 지연되어 일시적으로 잘못된 결과가 출력되는 상태를 말한다. 아래 그림과 같이 AND 게이트의 입력 B가 A보다 Δt 만큼 지연되어 0으로 바뀌면, 그 시간만큼 출력 X가 1이 되는 오류가 생기는데, 이를 글리치라 한다.

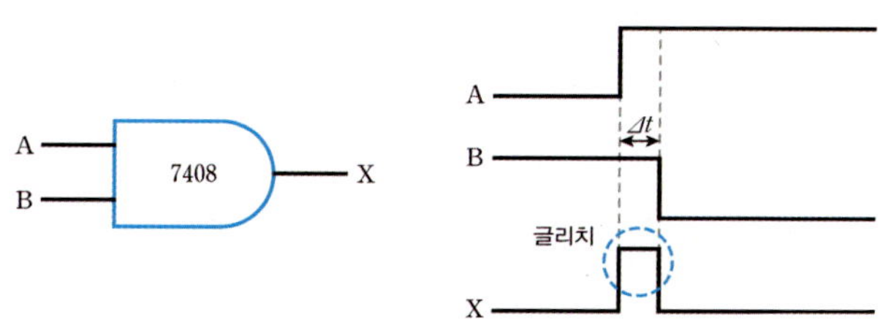

[그림 10-4]는 7비트 데이터를 위한 짝수 패리티 비트 발생기로, 6개의 XOR 게이트로 구성되어 2진수 $A_0 \sim A_6$에 대한 짝수 패리티 비트를 발생시킨다. 예를 들어 2진수 '0000110'의 경우, $P=(0\oplus0)\oplus(0\oplus0)\oplus(1\oplus1)\oplus0=0$이 된다. 데이터 '0000110'에 패리티 비트를 추가하면, '00001100'이 되어 1의 개수는 짝수를 유지한다.

데이터가 '1010111'인 경우에는 $P=(1\oplus0)\oplus(1\oplus0)\oplus(1\oplus1)\oplus1=1$이 된다. 그러면 데이터는 '10101111'이 되어 1의 개수는 짝수가 된다.

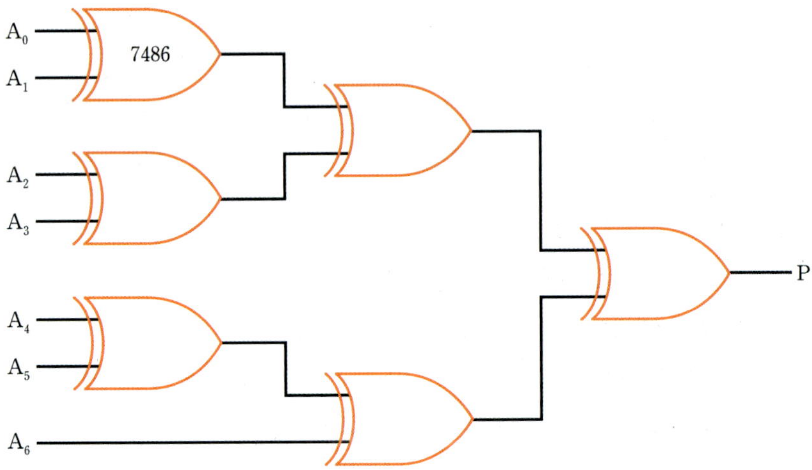

[그림 10-4] **짝수 패리티 비트 발생기**

홀수 패리티는 짝수 패리티의 역이다. 즉 짝수 패리티 비트 발생기의 출력에 NOT 게이트를 추가하면 홀수 패리티 비트 발생기를 만들 수 있다.

[그림 10-5]는 짝수 패리티 검사기(Parity Checker)이다. 이 회로는 패리티 비트 발생기와 기본적으로 회로 구성이 같다. 이 회로는 패리티 비트 'P'를 포함한 8비트 데이터에서 1의 개수가 짝수이면 0, 홀수이면 1을 출력한다[3]. 출력 X가 '1'이라는 것은 1의 개수가 홀수임을 나타내며, 이는 데이터에 '오류'가 있음을 알려준다. 예를 들어 데이터 '00001101'[4]을 패리티 검사기에 적용해 보면 $X=(0\oplus0)\oplus(0\oplus0)\oplus(1\oplus1)\oplus(0\oplus1)=1$이 된다. 이는 데이터에서 '1'의 개수가 홀수(오류)임을 알려준다. 홀수 패리티 검사기는 [그림 10-5]의 짝수 패리티 검사기의 출력에 NOT 게이트를 추가하여 구성한다.

패리티 비트를 이용한 오류 검출 방식은 1의 개수로 오류를 검출하고, 오류가 생긴 데이터를 재전송 받아 오류를 수정한다. 이 방식은 짝수개의 비트가 동시에 0이나 1로 바뀌면 데이터 전체적으로는 1의 개수가 짝수이므로 오류를 검출하지 못하는 단점이 있다.

---

3 이는 짝수 패리티 비트 발생기와 같은 동작이다. 이 때문에 패리티 비트 발생기와 검사기는 동일한 회로 구성을 가지게 된다.
4 마지막 비트의 '1'이 패리티 비트이다.

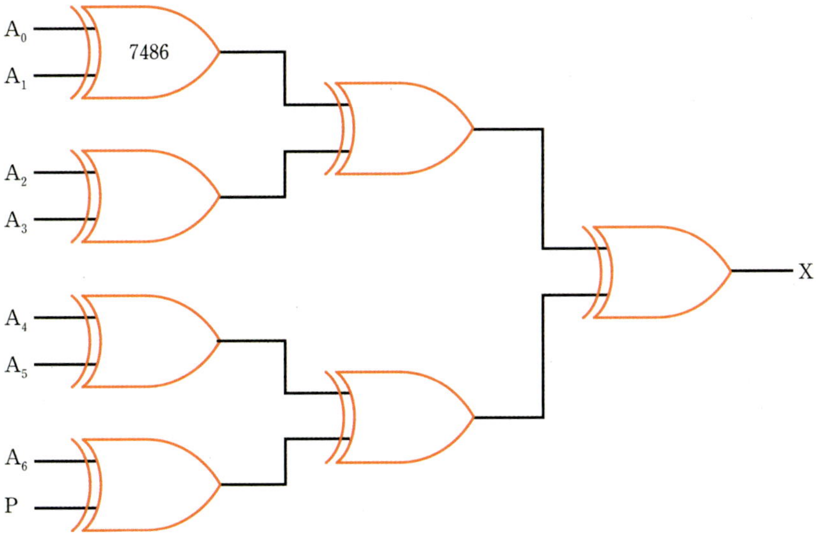

[그림 10-5] **짝수 패리티 검사기**

이와 같은 문제를 해결하기 위해 2차원 패리티 비트를 사용한다. [그림 10-6]은 2차원 홀수 패리티 비트를 이용한 오류 수정 예이다. 이 방식은 각 데이터의 마지막 열과 마지막 행에 패리티 비트를 추가하여 행과 열을 모두 홀수 패리티로 설정한다.

전송 순서 / 4열 / 패리티 비트(행)

			4열				패리티 비트(행)	
0	0	0	0	0	0	0	**1**	
0	0	0	**1**	0	0	1	**0**	2행
0	0	0	0	0	1	0	**0**	
0	0	0	0	0	1	1	**1**	
0	0	0	0	1	0	0	**0**	
0	0	0	0	1	0	1	**1**	
0	0	0	0	1	1	0	**1**	
1	**1**	**1**	**1**	**0**	**0**	**0**	**0**	

패리티 비트(열)

[그림 10-6] **2차원 홀수 패리티 비트를 이용한 오류 수정**

[그림 10-6]의 '2행'을 살펴보자. 2행의 데이터는 1의 개수가 짝수(2개)이므로 오류가 검출된다. 이때 열 방향(수직 방향)을 살펴보면, 다른 열은 1의 개수가 홀수인 반면에 4열은 짝수이다. 결과적으로 2행의 4번째 비트에 발생한 오류를 찾아낼 수 있다. 그러면 해당 비트를 반전시켜 데이터를 수정할 수 있다.

10.2 실험

【실험장비】

실험기기	디지털 실험장치	1대
회로부품	디지털 IC	7486(XOR 게이트) 2개

10.2.1 BCD 코드 → 그레이 코드 변환

1 [그림 10-7(a)]와 같은 실험회로를 구성하라[5]. [그림 10-7(b)]는 배선도이다.

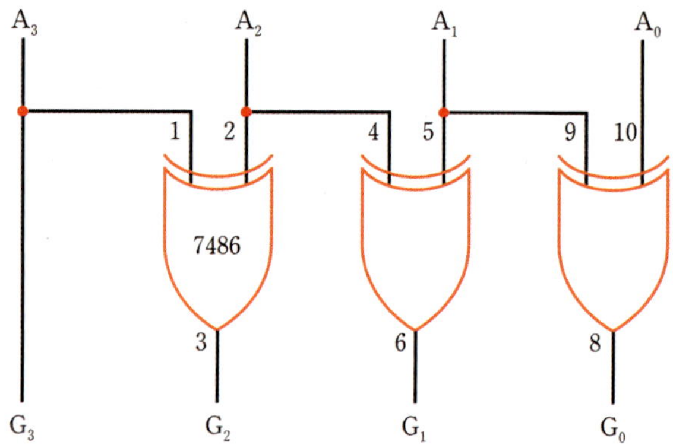

(a)

(b)

[그림 10-7] BCD 코드 → 그레이 코드 변환기 실험회로

2 $A_3 \sim A_0$(BCD 코드)를 디지털 실험장치의 입력 설정부에 연결하라.

3 출력 $G_3 \sim G_0$(그레이 코드)는 디지털 실험장치의 출력 표시부에 연결하라.

4 [표 10-3]과 같이 $A_3 \sim A_0$를 설정하면서, 출력 $G_3 \sim G_0$를 확인하여 표에 기록하라.

5 이는 [그림 10-1]을 디지털 회로로 구현한 것이다.

[표 10-3] BCD 코드 → 그레이 코드 변환 실험 결과

10진수	$A_3 \sim A_0$ (BCD 코드)	$G_3 \sim G_0$ (그레이 코드)	10진수	$A_3 \sim A_0$ (BCD 코드)	$G_3 \sim G_0$ (그레이 코드)
0	0000		8	1000	
1	0001		9	1001	
2	0010		10	1010	
3	0011		11	1011	
4	0100		12	1100	
5	0101		13	1101	
6	0110		14	1110	
7	0111		15	1111	

5 [표 10-3]의 실험 결과와 [표 10-1]이 서로 같은지 확인하라. (같음□ 다름□)

10.2.2 그레이 코드 → BCD 코드 변환

1 [그림 10-8(a)]와 같은 실험회로를 구성하라[6]. [그림 10-8(b)]는 배선도이다.

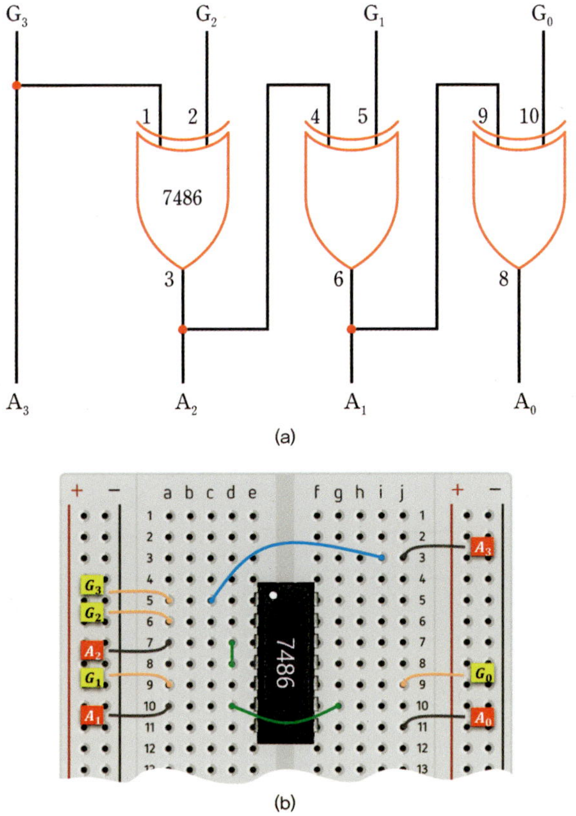

[그림 10-8] 그레이 코드 → BCD 코드 변환기 실험회로

6 이는 [그림 10-2]를 디지털 회로로 구현한 것이다.

2 $G_3 \sim G_0$를 디지털 실험장치의 입력 설정부에 연결하라.

3 출력 $A_3 \sim A_0$는 디지털 실험장치의 출력 표시부에 연결하라.

4 [표 10-4]와 같이 $G_3 \sim G_0$를 설정하면서, 출력 $A_3 \sim A_0$를 확인하여 표에 기록하라[7].

[표 10-4] 그레이 코드 → BCD 코드 변환의 실험 결과

10진수	$A_3 \sim A_0$ (BCD 코드)	$G_3 \sim G_0$ (그레이 코드)	10진수	$A_3 \sim A_0$ (BCD 코드)	$G_3 \sim G_0$ (그레이 코드)
0		0000	8		1100
1		0001	9		1101
2		0011	10		1111
3		0010	11		1110
4		0110	12		1010
5		0111	13		1011
6		0101	14		1001
7		0100	15		1000

5 [표 10-4]의 실험 결과와 [표 10-1]이 서로 같은지 확인하라. (같음□ 다름□)

10.2.3 오류 검출 코드(패리티 비트 발생기)

1 [그림 10-9(a)]와 같은 실험회로를 구성하라. [그림 10-9(b)]는 배선도이다.

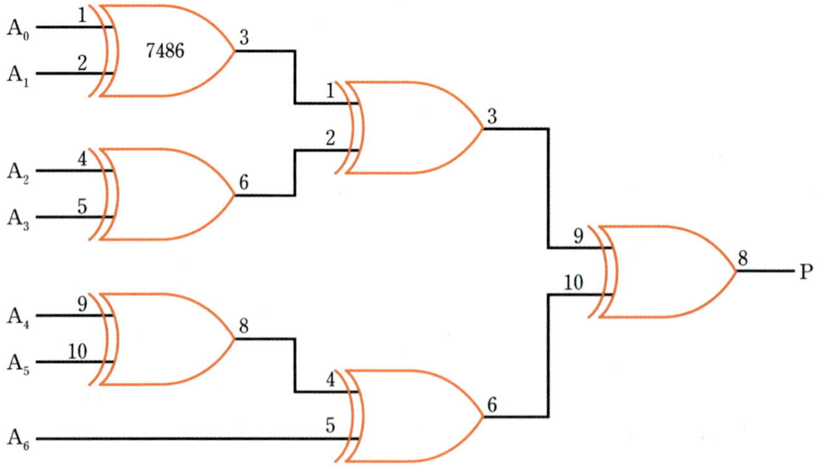

(a)

7 실험 결과를 비교하기 위해 $A_3 \sim A_0$의 칸을 왼쪽에 그대로 두었다.

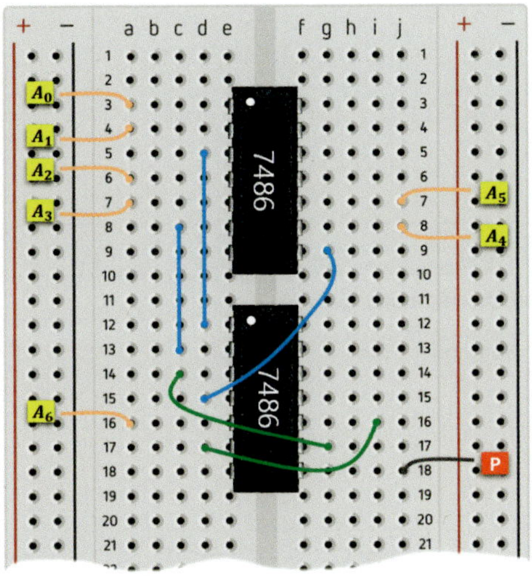

(b)

[그림 10-9] **패리티 비트 발생기 실험회로**

실험 따라하기

2 데이터($A_0 \sim A_6$)를 디지털 실험장치의 입력 설정부에 연결하라.

3 출력 P는 디지털 실험장치의 출력 표시부에 연결하라.

4 [표 10-5]와 같이 데이터($A_0 \sim A_6$)를 설정하면서, 출력 P를 확인하여 표에 기록하라.

[표 10-5] **패리티 비트 발생기의 실험 결과**

데이터($A_0 \sim A_6$)	P
0000001	
0000011	
0001100	
0101001	
0011001	
1110010	
0010110	
1100101	

5 [표 10-5]에서 실험 결과 'P'를 확인하라. 이 실험회로가 짝수나 홀수 패리티 비트 발생기 중 어떤 것으로 동작하는가? (짝수□ 홀수□)

10.3 PSpice 시뮬레이션

1 [표 10-6]과 같이 설정하여 [그림 10-9(a)]의 실험회로를 시뮬레이션하라.

[표 10-6] 시뮬레이션 설정

대상 회로			[그림 10-9(a)]			
시뮬레이션 설정	Analysis type		Time Domain (Transient)			
	Options		General Settings			
	Run to time		20[ms]			
	디지털 입력 (STIM1) 설정		COMMAND			
			1	2	3	4
	입력	A_0	0s 0	5ms 1	10ms 0	15ms 1
		A_1	0s 1	5ms 0	10ms 1	15ms 0
		A_2	0s 1	5ms 0	10ms 1	
		A_3	0s 0	10ms 1	15ms 0	
		A_4	0s 0	5ms 1	15ms 0	
		A_5	0s 0	5ms 1	10ms 0	
		A_6	0s 0	15ms 1		

2 입력 데이터 $A_0 \sim A_6$를 디지털 입력 'STIM1'을 이용하여 설정하라. 설정에 필요한 'COMMAND' 입력 값은 [표 10-6]을 참고하라.

3 참고 [그림 10-10]의 시뮬레이션 회로를 확인하라.

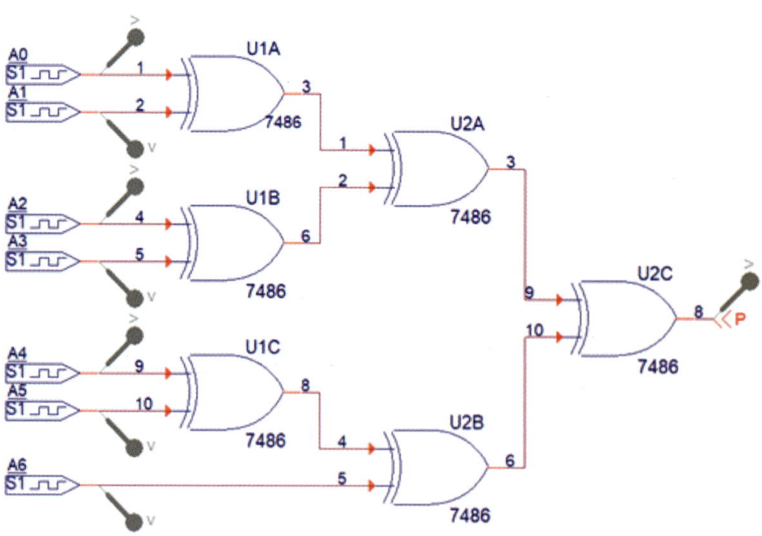

[그림 10-10] 시뮬레이션 회로

4 **참고** [그림 10-11]의 시뮬레이션 결과를 확인하라.

$A_0 \sim A_6$	0110000	1000110	0111100	1010001

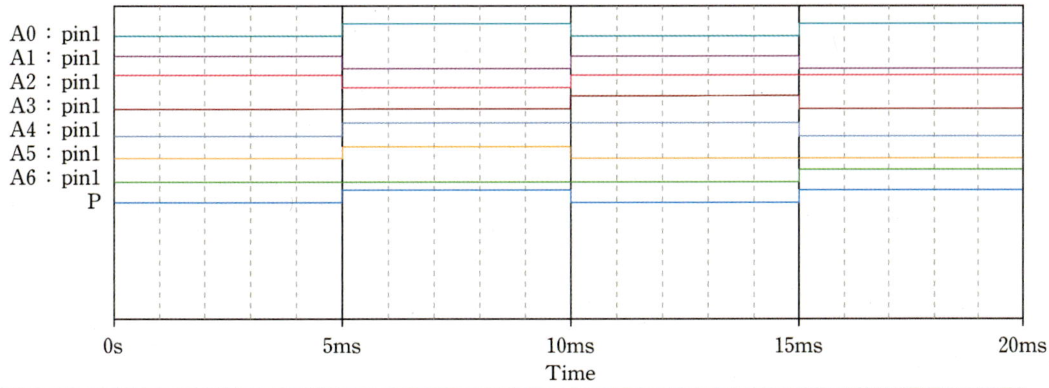

P	0	1	0	1

[그림 10-11] 시뮬레이션 결과

[그림 10-11]은 시뮬레이션 결과이다. 위쪽에는 5[ms] 시간 구간별로 입력 데이터 $A_0 \sim A_6$를, 아래쪽에는 출력 P를 표시하였다. 그림에서 $0 \sim 5$[ms]의 시간 구간을 살펴보면, 입력 데이터 $A_0 \sim A_6$는 '0110000'이며, 1의 개수가 짝수이므로 $P = 0$이 출력되었다. 즉 입력 데이터 $A_0 \sim A_6$의 1의 개수에 따라 패리티 비트 P가 결정되었다. 다른 시간 구간도 마찬가지로 1의 개수가 짝수가 되도록 P가 결정되었다.

셀프 테스트

(1) 그레이 코드는 (비가중치, 가중치) 코드이다.

(2) 그레이 코드는 인접한 코드 사이에 1개의 비트만 바뀐다. (○, ×)

(3) 2진수 '0110'을 그레이 코드로 바꾸면 (1001, 0101, 0100)이 된다.

(4) 아래 그림은 그레이 코드를 BCD 코드로 바꾸는 방법이다. BCD 코드의 빈칸을 채워라.

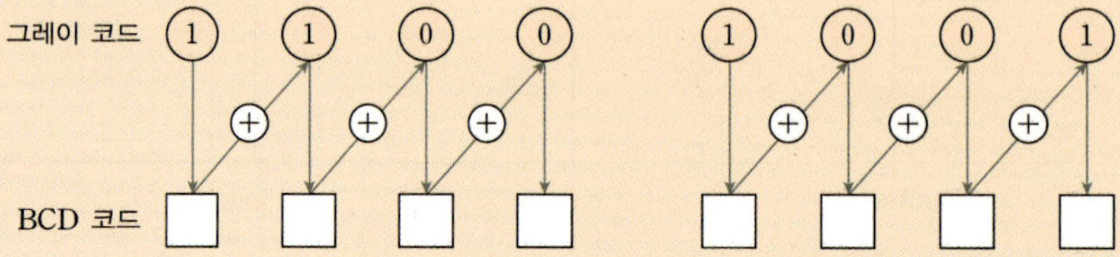

(5) 그레이 코드에 대한 설명 중에서 옳지 않은 것은 무엇인가? (   )

① A/D 변환기에 많이 사용된다.
② 인접한 코드 간에 1개의 비트만 변한다.
③ 글리치가 생긴다.
④ 코드가 변할 때 빠른 스위칭이 가능하다.

(6) 데이터 '0101101'에 패리티 비트로 '1'이 추가되면, 이는 (짝수, 홀수) 패리티이다.

(7) 짝수 패리티 비트는 오류 검출과 수정이 가능하나, 홀수 패리티 비트는 오류 검출만 가능하다. (○, ×)

(8) 2차원 패리티 비트를 이용하면 오류를 찾아내 수정할 수 있다. (○, ×)

예비학습

(1) 순서 논리회로(Sequential Logic Circuit)가 무엇인지 조사하라.

(2) 플립플롭(Flip Flop)에 대하여 설명하라.

결과 보고서

실험 10 그레이 코드와 오류 검출 코드

- 학번 :
- 이름 :
- 실험일 :

실험 1 BCD 코드 → 그레이 코드 변환

[표 10-3] BCD 코드 → 그레이 코드 변환의 실험 결과

10진수	$A_3 \sim A_0$ (BCD 코드)	$G_3 \sim G_0$ (그레이 코드)	10진수	$A_3 \sim A_0$ (BCD 코드)	$G_3 \sim G_0$ (그레이 코드)
0	0000		8	1000	
1	0001		9	1001	
2	0010		10	1010	
3	0011		11	1011	
4	0100		12	1100	
5	0101		13	1101	
6	0110		14	1110	
7	0111		15	1111	

(1) [표 10-3]의 실험 결과와 [표 10-1]이 서로 같은지 확인하라. (같음□ 다름□)

실험 2 그레이 코드 → BCD 코드 변환

[표 10-4] 그레이 코드 → BCD 코드 변환의 실험 결과

10진수	$A_3 \sim A_0$ (BCD 코드)	$G_3 \sim G_0$ (그레이 코드)	10진수	$A_3 \sim A_0$ (BCD 코드)	$G_3 \sim G_0$ (그레이 코드)
0		0000	8		1100
1		0001	9		1101
2		0011	10		1111
3		0010	11		1110
4		0110	12		1010
5		0111	13		1011
6		0101	14		1001
7		0100	15		1000

(1) [표 10-4]의 실험 결과와 [표 10-1]이 서로 같은지 확인하라. (같음□ 다름□)

실험 3 오류 검출 코드(패리티 비트 발생기)

[표 10-5] 패리티 비트 발생기의 실험 결과

데이터($A_0 \sim A_6$)	P
0000001	
0000011	
0001100	
0101001	
0011001	
1110010	
0010110	
1100101	

(1) [표 10-5]에서 실험 결과 'P'를 확인하라. 이 실험회로가 짝수나 홀수 패리티 비트 발생기 중 어떤 것으로 동작하는가? (짝수□ 홀수□)

(2) [표 10-5]의 실험 결과를 이용하여 패리티 비트 발생기의 동작을 설명하라.

PSpice 시뮬레이션 BCD 코드 → 그레이 코드 변환

(1) [그림 10-7(a)]의 실험회로를 OrCAD Capture로 작성하라(화면 캡처).

(2) 디지털 입력(STIM1)을 이용하여 $A_3 \sim A_0$(BCD 코드)를 10진수 0 ~ 5에 해당하는 값으로 설정하라([표 10-7] 참조). 시뮬레이션을 행하고 결과 그래프를 보여라(화면 캡처).

(3) 시뮬레이션 결과를 참고하여 [표 10-7]을 완성하라.

[표 10-7] 시뮬레이션 결과

10진수	$A_3 \sim A_0$(BCD 코드)	$G_3 \sim G_0$(그레이 코드)
0	0000	
1	0001	
2	0010	
3	0011	
4	0100	
5	0101	

(4) [표 10-7]의 시뮬레이션 결과를 [표 10-3]에서 10진수가 0 ~ 5인 경우와 서로 같은지 확인하라. (같음□ 다름□)

PART 03

순서 논리회로

순서 논리회로는 입력 및 논리회로의 현재 상태에 의해 출력이 정해지는 디지털 회로이다. 3부에서는 대표적인 순서 논리회로인 플립플롭의 구성과 동작을 배우고, 이 플립플롭을 바탕으로 만들어지는 시프트 레지스터, 비동기 및 동기 카운터의 구성과 동작을 배운다.

실험 11

RS 및 D 플립플롭

학습 목표

- RS 플립플롭의 회로 구성과 동작을 실험한다.
- D 플립플롭의 회로 구성과 동작을 실험한다.

11.1 기초 이론

플립플롭(Flip Flop)은 전원이 공급되면 1 또는 0의 출력이 유지되는 디지털 회로이다. 출력이 두 가지 상태(1 또는 0) 중 하나로 안정되기 때문에 쌍안정 멀티바이브레이터(Bistable Multivibrator)라고도 한다. 이와 같은 특성을 이용하여 플립플롭은 메모리로도 많이 활용된다[1].

플립플롭은 대표적인 순서 논리회로(Sequential Logic Circuit)이다[2]. 순서 논리회로는 출력을 입력 쪽에 연결한 궤환(Feedback) 회로를 가지고 있으며, 이를 통해 출력이 논리 동작에 영향을 미친다. 순서 논리회로에는 플립플롭 외에도 뒤에서 배울 레지스터(Register), 카운터(Counter) 등이 있다.

플립플롭에는 RS 플립플롭, D 플립플롭, JK 플립플롭, T 플립플롭 등이 있으며, 이번 실험에서는 RS 및 D 플립플롭을 다룬다.

11.1.1 RS 플립플롭

[그림 11-1]은 RS 플립플롭의 기호이다. RS 플립플롭은 입력(R, S)과 출력(Q, $\overline{Q}$), 클록 단자(CK)를 가지고 있다[3]. R, S는 각각 'Reset'과 'Set'를 나타내며, CK로는 클록 펄스(Clock Pulse)[4]가 입력된다. RS 플립플롭은 $R=1$일 때 $Q=0$으로 리셋(Reset)되고, $S=1$일 때 $Q=1$로 설정(Set)된다.

1 예를 들면 컴퓨터 메모리 SRAM(Static RAM)이 있다.
2 앞에서 다룬 가산기, 인코더, 멀티플렉서 등은 입력에 의해서만 출력이 결정되는 조합 논리회로이다.
3 앞으로는 클록 단자를 간단히 'CK'로 표시한다.
4 플립플롭의 동작 여부를 제어하는 역할을 한다. 여러 개의 플립플롭에 같은 클록 펄스를 연결하면 동작을 동기화(Synchronization)할 수 있다.

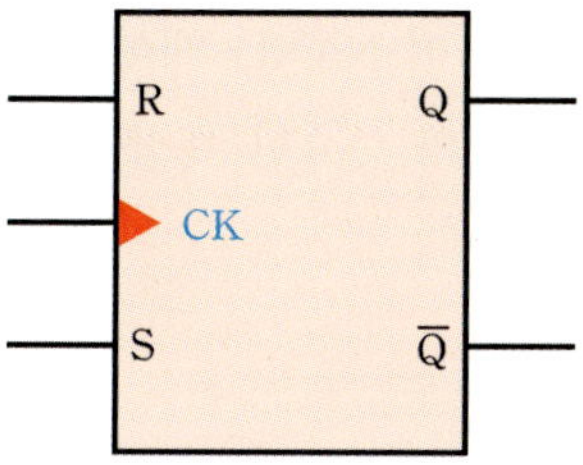

[그림 11-1] RS 플립플롭의 기호

[표 11-1]은 RS 플립플롭의 진리표이다. 진리표에서 $Q(t)$는 't'라는 과거 시간에 결정된 출력 상태이고, $Q(t+1)$은 현재의 출력 상태이다.

[표 11-1]에서 $R=0$, $S=0$인 경우, $Q(t+1)$의 칸에 '$Q(t)$'가 기록되어 있다. 이는 현재의 출력이 과거와 같다는 뜻이다. 즉 출력은 바뀌지 않는다. 다음으로 $R=0$, $S=1$이면 $Q(t+1)=1$이 되고, $R=1$, $S=0$이면 $Q(t+1)=0$이 된다.

[표 11-1] RS 플립플롭의 진리표

CK	R	S	$Q(t+1)$	$\overline{Q}(t+1)$	동작
↑	0	0	$Q(t)$	$\overline{Q(t)}$	상태 유지
↑	0	1	1	0	Set
↑	1	0	0	1	Reset
↑	1	1	1	1	금지

한편, [표 11-1]에서 $R=1$, $S=1$이면 $Q(t+1)$과 $\overline{Q}(t+1)$이 모두 1이 되는 논리 모순이 생긴다. RS 플립플롭은 이 상태를 '금지(부정)'로 정하고 사용하지 않는다. 앞으로는 $Q(t+1)$ 및 $\overline{Q}(t+1)$을 간편하게 Q 및 $\overline{Q}$로 표기한다.

[표 11-1]의 '↑'는 CK에 공급되는 클록 펄스가 '0 → 1'로 변할 때 플립플롭이 동작하는 상승 엣지 트리거(Rising Edge Trigger)를 나타낸다. 클록 펄스가 '1 → 0'으로 변할 때 동작하는 것은 하강 엣지 트리거(Falling Edge Trigger)이며, 이 책에서는 '↓'로 표시한다[5].

RS 플립플롭의 디지털 회로 구성

RS 플립플롭은 NAND 게이트만으로 구성하거나 NOR 게이트와 AND 게이트를 조합하여 구성한다. NAND 게이트로 구성하는 방법은 한 종류의 게이트만을 사용하여 효율성이 좋으므로 주로 사용된다.

5 트리거는 (총의) 방아쇠를 뜻하는 단어로, 클록 펄스를 트리거 신호로 이용해 플립플롭의 동작을 동기화하거나 제어한다.

[그림 11-2]는 NAND 게이트만으로 구성한 RS 플립플롭이다. 출력(Q, $\overline{Q}$)이 NAND 게이트로 궤환되므로 출력이 논리 동작에 영향을 미치게 된다. 이 점이 순서 논리회로의 중요한 특징이다.

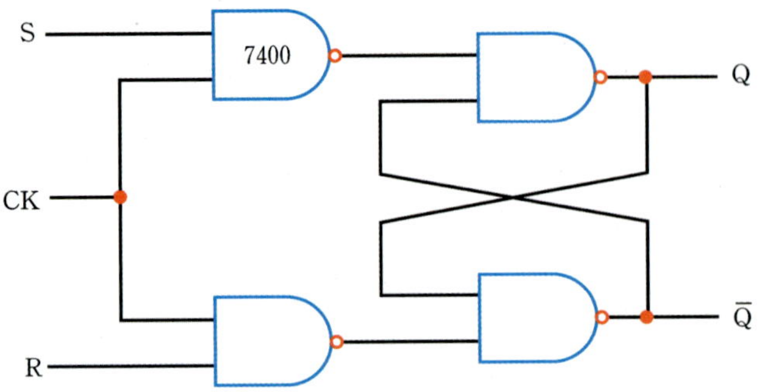

[그림 11-2] NAND 게이트만으로 구성한 RS 플립플롭

[그림 11-3]은 NOR 및 AND 게이트로 구성한 RS 플립플롭이다. [그림 11-2]와 마찬가지로 출력(Q, $\overline{Q}$)이 NOR 게이트로 궤환된다.

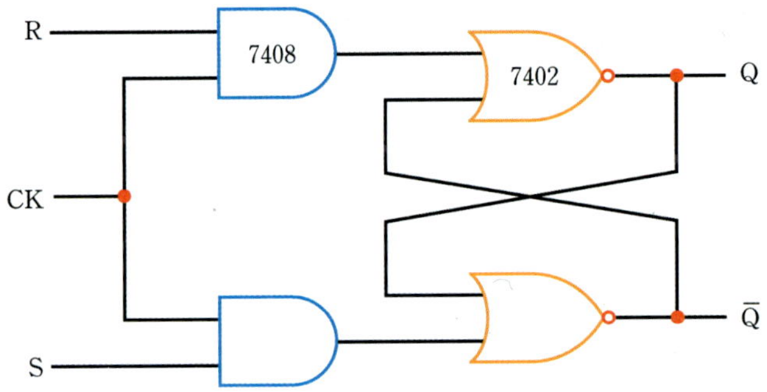

[그림 11-3] NOR 및 AND 게이트로 구성한 RS 플립플롭

RS 플립플롭의 동작

[그림 11-4]는 NAND 게이트로 구성한 RS 플립플롭의 동작이다. R = 0, S = 1이고 CK는 플립플롭이 동작할 수 있도록 '↑'로 설정되어 있다.

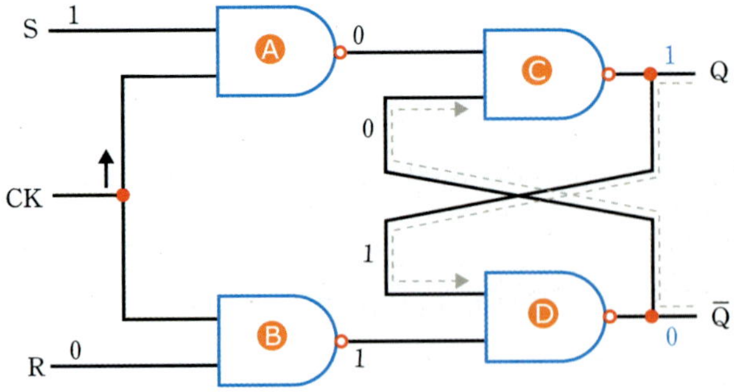

[그림 11-4] RS 플립플롭의 동작(R = 0, S = 1일 때)

먼저 입력(R, S)과 CK에 의해 NAND 게이트(Ⓐ, Ⓑ)의 출력이 (0, 1)로 결정된다. 이때 NAND 게이트(Ⓐ)의 출력이 '0'이므로 NAND 게이트(Ⓒ)의 출력은 무조건 '1'이 된다. 이 '1'이 궤환되므로 NAND 게이트(Ⓓ)의 출력은 '0'이 된다. 즉 출력(Q, $\overline{Q}$)은 (1, 0)으로 결정된다.

[그림 11-5]는 R=1, S=0일 때 RS 플립플롭의 동작이다. CK는 플립플롭이 동작할 수 있도록 '↑'로 설정되어 있다.

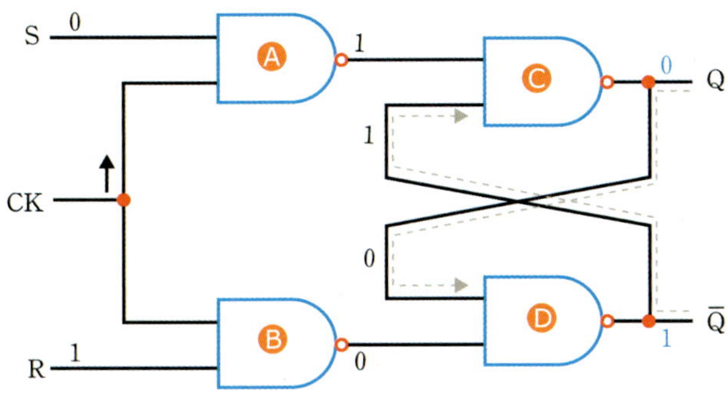

[그림 11-5] RS 플립플롭의 동작(R = 1, S = 0일 때)

먼저 입력(R, S)과 CK에 의해 NAND 게이트(Ⓐ, Ⓑ)의 출력이 (1, 0)으로 결정된다. 이때 NAND 게이트(Ⓑ)의 출력이 '0'이므로 NAND 게이트(Ⓓ)의 출력은 무조건 '1'이 된다. 이 '1'이 궤환되므로 NAND 게이트(Ⓒ)의 출력은 '0'이 된다. 즉 출력(Q, $\overline{Q}$)은 (0, 1)로 결정된다.

11.1.2 D 플립플롭

[그림 11-6]은 D 플립플롭의 기호이다. D 플립플롭은 1개의 입력(D)과 2개의 출력(Q, $\overline{Q}$) 및 CK를 가지고 있다. D 플립플롭도 상승 엣지형이다.

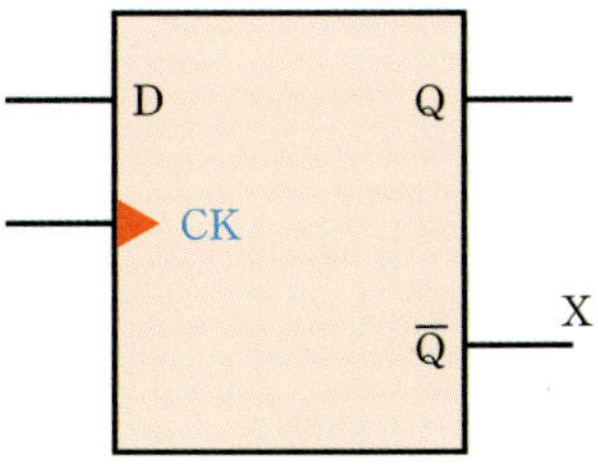

[그림 11-6] D 플립플롭의 기호

[표 11-2] D 플립플롭의 진리표

CK	D	Q	$\overline{Q}$
↑	1	1	0
↑	0	0	1

[표 11-2]는 D 플립플롭의 진리표이다. 진리표를 보면 D=1일 때 Q=1이 되고, D=0이면 Q=0이 된다. 결과적으로 입력 D와 출력 Q는 항상 같다. 이는 마치 메모리에 데이터(Data)를 기록하는 것과 같으므로 D 플립플롭이라는 이름을 붙였다.

[그림 11-7]은 D 플립플롭의 디지털 회로로, 이는 RS 플립플롭에 NOT 게이트를 추가한 구성이다. 입력 'D'는 RS 플립플롭의 'S'에 해당되며, 'R'에 해당되는 입력은 NOT 게이트를 통해 연결된다.

D 플립플롭은 RS 플립플롭의 입력(R, S)을 (1, 0) 또는 (0, 1)로만 설정하는 것으로 생각할 수 있다. 이렇게 하면 RS 플립플롭의 '금지' 상태를 근본적으로 막을 수 있다.

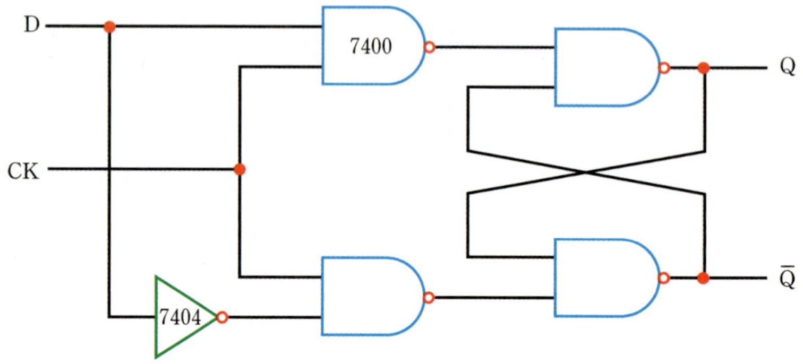

[그림 11-7] D 플립플롭

11.1.3 D 플립플롭 IC 패키지

D 플립플롭은 IC 패키지 제품으로도 만들어져 있으며, 고유 IC 번호는 '7474'이다. [그림 11-8]은 '7474'의 핀 다이어그램이다. '7474' 패키지에는 2개의 D 플립플롭이 들어 있다. 첫 번째 D 플립플롭의 핀들은 패키지 왼쪽에 있으며, 핀 이름에 숫자 1이 붙어 있다. 두 번째 D 플립플롭의 핀들은 패키지 오른쪽에 있으며, 핀 이름에 숫자 2가 붙어 있다.

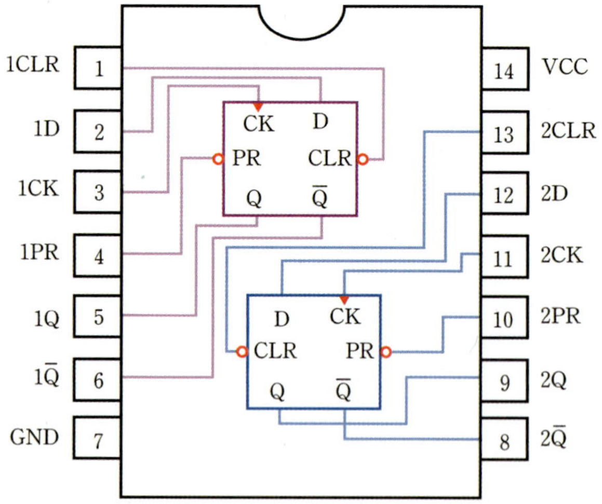

[그림 11-8] D 플립플롭 IC 패키지(7474)

11.2 실험

【실험장비】

실험기기	디지털 실험장치	1대
회로부품	디지털 IC	7400(NAND 게이트)
		7404(NOT 게이트)
		7474(D 플립플롭 IC 패키지)

11.2.1 RS 플립플롭

1 [그림 11-9(a)]와 같은 RS 플립플롭의 실험회로를 구성하라. [그림 11-9(b)]는 배선도이다.

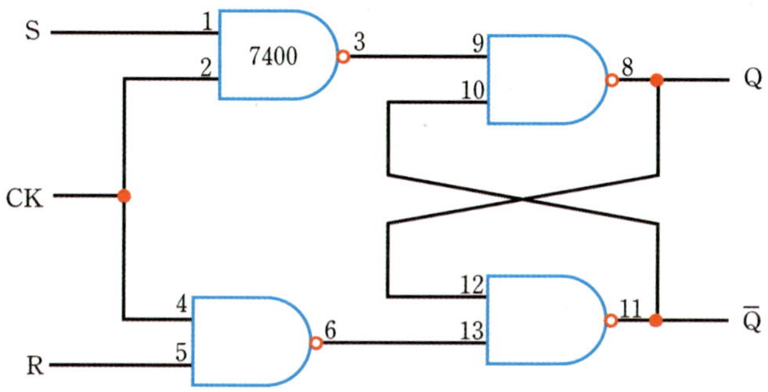

(a)

(b)

[그림 11-9] RS 플립플롭의 실험회로

실험 따라하기

2 [표 11-3]과 같이 CK, R, S를 설정하고, Q, $\overline{Q}$를 측정하여 표에 기록하라[6].

3 [표 11-3]에서 CK가 '↑'일 때의 실험 결과와 [표 11-1]이 같은지 확인하라[7]. (같음□ 다름□)

---

6 CK를 디지털 실험장치의 토글스위치에 연결하고, 스위치를 '오프 ⇢ 온'하라. 그러면 클록 펄스가 '0 → 1'이 되면서 상승 엣지 트리거가 이루어진다.

7 $Q(t+1)$을 Q로, $\overline{Q}(t+1)$을 $\overline{Q}$로 간편하게 표기하였음을 참고하라.

[표 11-3] RS 플립플롭의 실험 결과

CK	R	S	Q	$\overline{Q}$
0	0	1		
0	1	0		
↑	0	0		
↑	0	1		
↑	1	0		
↑	1	1		

4 [표 11-3]에서 CK는 '↑'이고, R = 1, S = 1일 때 논리 모순이 발생하는지 확인하라. (Yes□ No□)

11.2.2 D 플립플롭

1 [그림 11-10(a)]와 같은 D 플립플롭의 실험회로를 구성하라. [그림 11-10(b)]는 배선도이다.

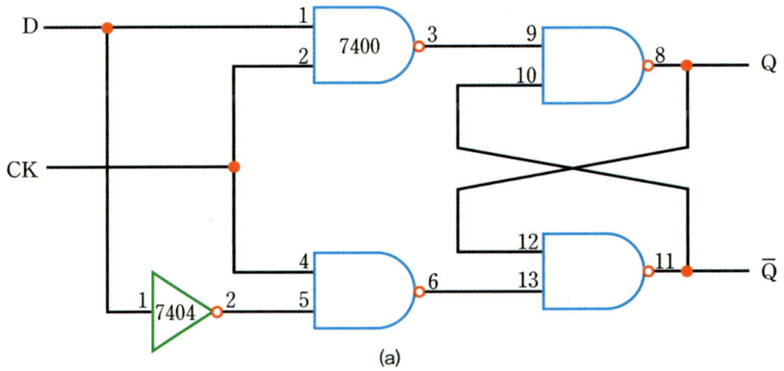

(a)

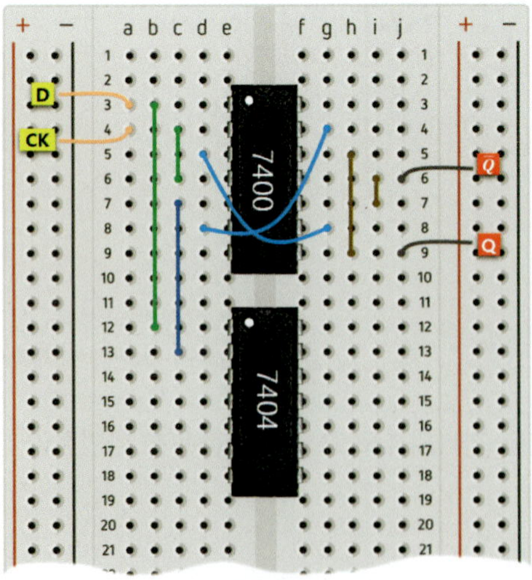

(b)

[그림 11-10] D 플립플롭의 실험회로

2 [표 11-4]와 같이 CK와 D를 설정하고, Q 및 $\overline{Q}$를 측정하여 표에 기록하라. [표 11-4]의 CK 칸에 표시된 '1'은 엣지 트리거 대신에 '1'을 인가하라는 의미이다[8].

[표 11-4] D 플립플롭의 실험 결과

CK	D	Q	$\overline{Q}$
1	1		
1	0		
↑	1		
↑	0		

3 [표 11-4]에서 CK가 '1'일 때와 '↑'일 때의 실험 결과가 서로 같은지 확인하라.
(같음□ 다름□)

4 [표 11-4]에서 CK가 '↑'일 때의 실험 결과와 [표 11-2]가 서로 같은지 확인하라.
(같음□ 다름□)

11.2.3 D 플립플롭 IC 패키지

1 [그림 11-8]과 같은 D 플립플롭 IC 패키지(7474)에 전원(7번과 14번 핀)을 연결하라.

2 [표 11-5]와 같이 CK와 D를 설정하고, 출력 Q 및 $\overline{Q}$를 측정하여 표에 기록하라[9].

[표 11-5] D 플립플롭 IC 패키지의 실험 결과

CK	D	Q	$\overline{Q}$
0	1		
0	0		
1	1		
1	0		
↑	1		
↑	0		

3 [표 11-5]에서 CK로 '1'을 인가할 때와 '↑'를 인가할 때 실험 결과가 서로 같은지 확인하라. (같음□ 다름□)

8 [그림 11-10]에서 CK는 단순히 NAND 게이트와 연결되어 있기 때문에 엣지 트리거 대신에 단순히 '1'을 연결해도 같은 실험 결과를 얻을 수 있다. 반면에 IC 패키지는 트리거 회로가 포함되어 있기 때문에 단순히 '1'을 연결하면 플립플롭은 동작하지 않는다. 이에 대해서는 11.2.3절에서 실험해 본다.

9 CK 칸에 표시된 '1'은 CK에 단순히 '1'을 인가하라는 의미이다.

11.3 PSpice 시뮬레이션

1 [표 11-6]과 같이 설정하여 [그림 11-10(a)]의 실험회로를 시뮬레이션하라.

[표 11-6] 시뮬레이션 설정

대상 회로			[그림 11-10(a)]				
시뮬레이션 설정	Analysis type		Time Domain (Transient)				
	Options		General Settings				
	Run to time		40[ms]				
	디지털 입력 (STIM1) 설정		COMMAND				
			1	2	3	4	5
	입력	CK	0s 0	5ms 1	35ms 0		
		D	0s 0	10ms 1	20ms 0	30ms 1	35ms 0

2 디지털 입력 'STIM1'을 이용하여 CK와 D를 설정하라. 설정에 필요한 'COMMAND' 입력 값은 [표 11-6]을 참고하라.

3 참고 [그림 11-11]의 시뮬레이션 회로를 확인하라.

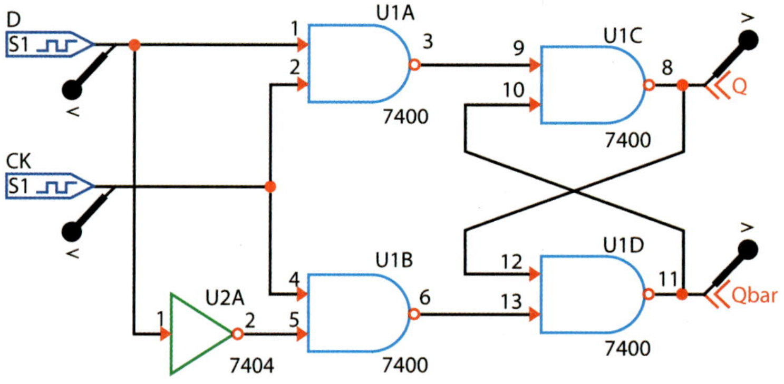

[그림 11-11] 시뮬레이션 회로

4 **참고** [그림 11-12]의 시뮬레이션 결과를 확인하라.

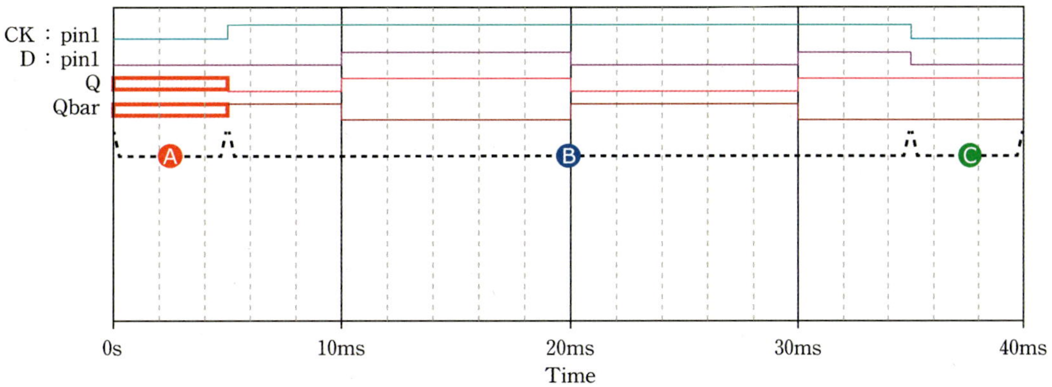

[그림 11-12] **시뮬레이션 결과**

[그림 11-12]는 시뮬레이션 결과이다. 구간 Ⓐ는 0 ~ 5[ms]이고, 구간 Ⓑ는 10 ~ 35[ms], 구간 Ⓒ는 35 ~ 40[ms]의 시간이다.

- 구간 Ⓐ : CK = 0

  클록 펄스가 0이므로 출력 Q와 $\overline{Q}$의 상태가 결정되지 않는다.
  PSpice는 이 상태를 붉은 직사각형으로 표시한다.

- 구간 Ⓑ : CK = 0

  입력 D와 출력 Q가 동일하게 변한다. 즉 [그림 11-10(a)]의 실험회로는 D 플립플롭으로 동작한다.

- 구간 Ⓒ : CK = 0

  CK = 0이기 때문에 입력 D가 변해도 출력 Q는 바뀌지 않는다.

셀프 테스트

(1) 플립플롭은 (한 개, 두 개, 세 개)의 안정된 출력 상태를 가진 디지털 회로이다.

(2) 컴퓨터의 (DRAM, SRAM)은 플립플롭을 이용하여 만든다.

(3) 플립플롭은 (조합, 순서) 논리회로이다.

(4) RS 플립플롭에서 입력 R=0, S=1이면, 출력 Q는 (1, 0, 금지)이다.

(5) RS 플립플롭에서 입력 R=1, S=0이면, 출력 Q는 (1, 0, 금지)이다.

(6) RS 플립플롭에서 입력 S=1, R=1이면, 출력 Q는 (1, 0, 금지)이다.

(7) NOR 게이트와 AND 게이트로 구성한 RS 플립플롭이 주로 사용된다. (○, ×)

(8) D 플립플롭에서 입력 D=1이면, 출력 Q는 (1, 0, 금지)이다.

(9) D 플립플롭은 RS 플립플롭의 금지 상태를 방지하기 위해 (AND, OR, NOT, NAND)게이트를 사용한다.

(10) 다음 그림은 D 플립플롭에서 출력이 결정되는 과정이다. 빈 사각형에 1 또는 0의 논리 레벨을 써 넣어라.

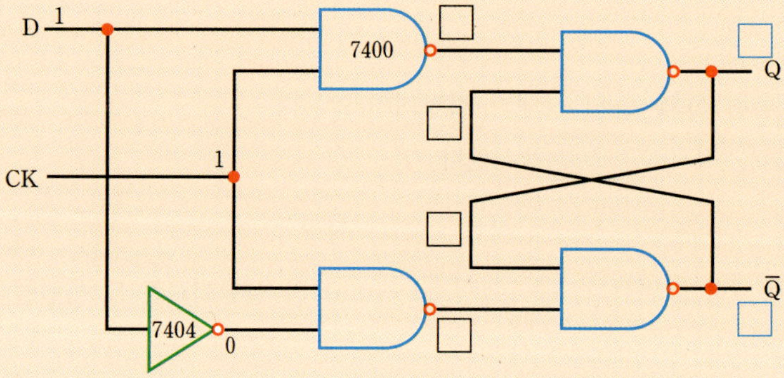

예비학습

(1) RS 플립플롭과 JK 플립플롭의 차이점을 설명하라.

(2) T 플립플롭에 대하여 설명하라.

결과 보고서

실험 11 RS 및 D 플립플롭

- 학번 :
- 이름 :
- 실험일 :

실험 1 RS 플립플롭

[표 11-3] RS 플립플롭의 실험 결과

CK	R	S	Q	$\overline{Q}$
0	0	1		
0	1	0		
↑	0	0		
↑	0	1		
↑	1	0		
↑	1	1		

(1) [표 11-3]에서 CK가 '↑'일 때의 실험 결과와 [표 11-1]이 같은지 확인하라. (같음□ 다름□)

(2) [표 11-3]에서 CK는 '↑'이고, R=1, S=1일 때 논리 모순이 발생되는지 확인하라. (Yes□ No□)

(3) [표 11-3]의 실험 결과를 이용하여 RS 플립플롭의 동작을 설명하라.

실험 2 D 플립플롭

[표 11-4] D 플립플롭의 실험 결과

CK	D	Q	$\overline{Q}$
1	1		
1	0		
↑	1		
↑	0		

(1) [표 11-4]에서 CK가 '1'일 때와 '↑'일 때의 실험 결과가 서로 같은지 확인하라.
(같음□ 다름□)

(2) [표 11-4]에서 CK가 '↑'일 때의 실험 결과와 [표 11-2]가 서로 같은지 확인하라.
(같음□ 다름□)

(3) [표 11-4]의 실험 결과를 이용하여 D 플립플롭의 동작을 설명하라.

실험 3 D 플립플롭 IC 패키지

[표 11-5] D 플립플롭 IC 패키지의 실험 결과

CK	D	Q	$\overline{Q}$
0	1		
0	0		
1	1		
1	0		
↑	1		
↑	0		

(1) [표 11-5]에서 CK로 '1'을 인가할 때와 '↑'를 인가할 때 실험 결과가 서로 같은지 확인하라.
(같음□ 다름□)

(2) [표 11-5]에서 CK로 '1'을 인가할 때와 '↑'을 인가할 때의 실험 결과가 다른 이유를 설명하라.

PSpice 시뮬레이션 RS 플립플롭

(1) [그림 11-9(a)]의 실험회로를 OrCAD Capture로 작성하라(화면 캡처).

(2) 시뮬레이션 결과 그래프를 보여라(화면 캡처).

(3) 시뮬레이션 결과를 참고하여 다음의 [표 11-7]을 완성하라.

[표 11-7] RS 플립플롭의 시뮬레이션 결과

CK	R	S	Q	$\overline{Q}$
1	0	0		
1	0	1		
1	1	0		
1	1	1		

(4) [표 11-7]의 시뮬레이션 결과와 [표 11-3]의 실험 결과가 서로 같은지 확인하라.
(같음□ 다름□)

실험 12

JK 및 T 플립플롭

학습목표

- JK 플립플롭의 회로 구성과 동작을 실험한다.
- T 플립플롭의 회로 구성과 동작을 실험한다.

12.1 기초 이론

앞에서 배운 RS 플립플롭은 입력 R과 S가 모두 1일 때 출력 Q와 $\overline{Q}$가 모두 1이 되는 논리 모순이 발생하였다. D 플립플롭은 NOT 게이트를 사용하여 이러한 논리 모순의 문제를 해결한다. 이번 실험에서는 논리 모순의 문제를 출력 Q와 $\overline{Q}$의 논리 레벨이 서로 바뀌는 새로운 동작으로 바꾼 JK 플립플롭과 T 플립플롭을 다룬다.

JK 플립플롭의 'JK'는 집적회로(Integrated Circuit)를 최초로 발명한 미국의 물리학자 잭 킬비(Jack Kilby)를 기념하기 위해 붙인 이름이다. J는 RS 플립플롭의 입력 S에 해당되고, K는 R에 해당된다. JK 플립플롭은 입력 J와 K가 모두 1일 때, 출력 Q와 $\overline{Q}$의 논리 레벨이 바뀌는 토글(Toggle)이 일어난다. 토글은 JK 플립플롭의 가장 큰 특징이다.

T 플립플롭은 JK 플립플롭의 입력 J와 K를 하나로 묶고, T라는 이름을 붙인 플립플롭으로, 입력 T가 1이 될 때마다 출력이 토글된다[1].

12.1.1 JK 플립플롭

[그림 12-1]은 JK 플립플롭의 기호로, 입력 J와 K 및 출력(Q, $\overline{Q}$)이 표시되어 있다. CK로는 클록 펄스가 입력된다. JK 플립플롭은 'CLR'과 'PR' 단자도 가지고 있다. CLR은 'Clear'로, 출력 Q를 0으로 설정할 때 사용된다. PR은 'Preset'으로, 출력 Q를 1로 미리 설정해 둘 때 사용된다. CLR과 PR 단자는 'Active Low'이며 0을 연결해야 동작한다.

---

1 'Toggle'에서 T 플리플롭 이름의 'T'를 가져왔다.

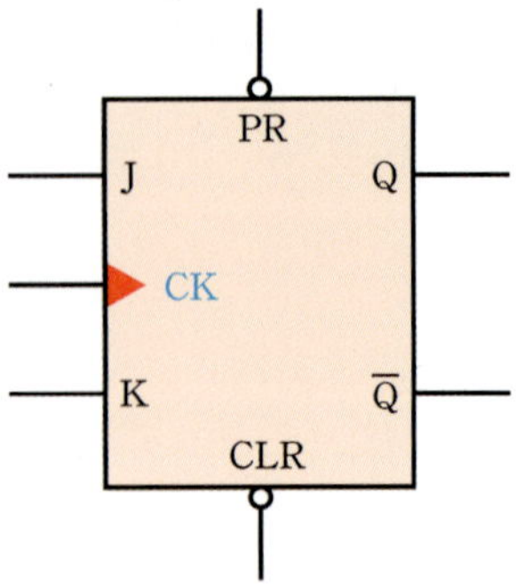

[그림 12-1] JK 플립플롭의 기호

[표 12-1] JK 플립플롭의 진리표

CK	J	K	Q
↑	0	0	불변
↑	0	1	0
↑	1	0	1
↑	1	1	토글

[표 12-1]은 JK 플립플롭의 진리표이다. 입력 J와 K에 따라 출력이 결정되며, J = 0, K = 0이면 RS 플립플롭과 마찬가지로 출력은 변하지 않는다(불변). 또한 J 또는 K만 1일 때의 동작도 RS 플립플롭과 같다. 반면에 J = 1, K = 1일 경우에는 출력 Q와 $\overline{Q}$의 논리 레벨이 바뀌는 '토글'이 일어난다.

JK 플립플롭의 디지털 회로

[그림 12-2]는 NAND 게이트로 구성한 JK 플립플롭이다. 여기에는 2입력 NAND 게이트 '7400'과 3입력 NAND 게이트 '7410'이 사용된다. 회로를 단순하게 보여주기 위해 'CLR'과 'PR' 단자는 표시하지 않았다. 이 회로의 특징은 출력 Q는 입력 K로, 출력 $\overline{Q}$는 입력 J로 궤환된다는 점이다.

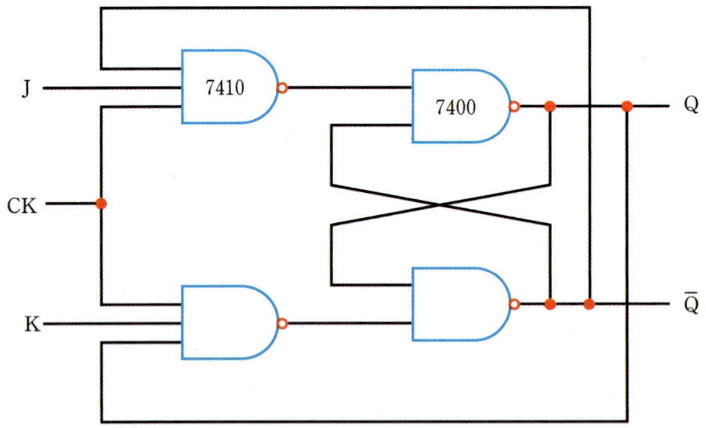

[그림 12-2] JK 플립플롭의 디지털 회로

JK 플립플롭 IC 패키지(7476)

JK 플립플롭은 IC 패키지 제품으로도 만들어져 있으며, 고유 IC 번호는 '7476'이다. [그림 12-3]은 '7476'의 핀 다이어그램이다. '7476' 패키지에는 2개의 JK 플립플롭이 들어 있으며, 각 플립플롭은 핀 이름에 '1'과 '2'를 붙여서 구별한다. 전원은 5번 핀(V_{CC})과 13번 핀(GND)이다. CK는 'ㅇ'이 표시되어 있는 하강 엣지형이다.

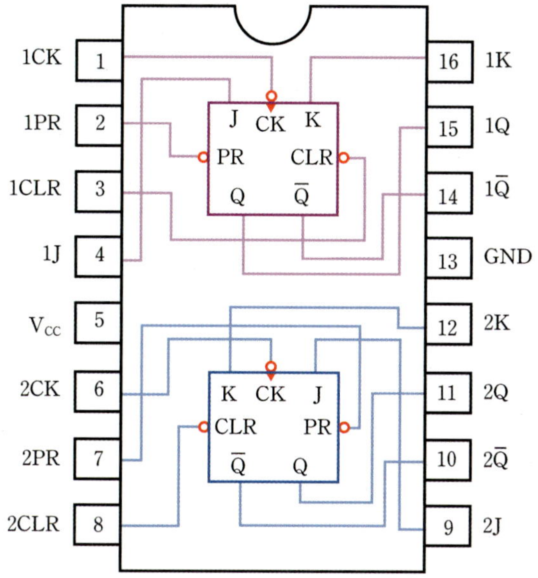

[그림 12-3] JK 플리플롭 IC 패키지(7476)

12.1.2 T 플립플롭

[그림 12-4]는 T 플립플롭의 기호로, 1개의 입력(T)과 2개의 출력(Q, $\overline{Q}$)을 가지고 있다. T 플립플롭은 JK 플립플롭의 입력 J와 K를 묶어 하나의 입력 'T'를 만든 것이다. 이렇게 하면, JK 플립플롭의 토글 동작만을 사용하게 된다. T 플립플롭도 'PR'과 'CLR' 단자를 가지고 있다.

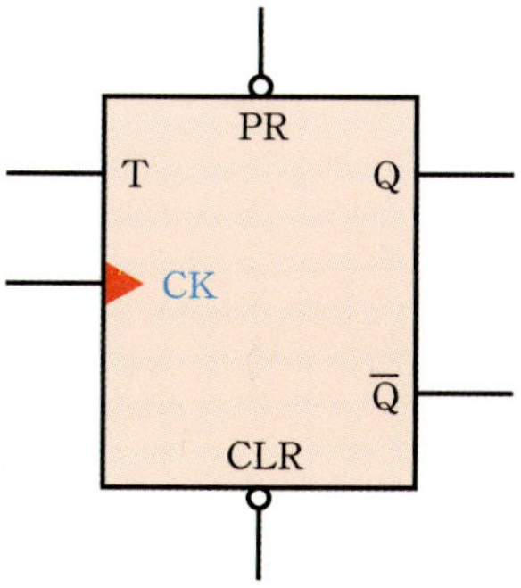

[그림 12-4] T 플립플롭의 기호

[표 12-2] T 플립플롭의 진리표

CK	T	Q
↑	0	불변
↑	1	토글

[표 12-2]는 T 플립플롭의 진리표이다. T = 0이면 출력(Q, $\overline{Q}$)은 변하지 않으며, T = 1일 때 출력(Q, $\overline{Q}$)이 토글된다.

[그림 12-5]는 JK 플립플롭을 이용해 구성한 T 플립플롭의 디지털 회로이다. [그림 12-2]와 비교해 보면, JK 플립플롭의 입력 J와 K를 묶어 하나의 입력 'T'로 구성하였음을 알 수 있다.

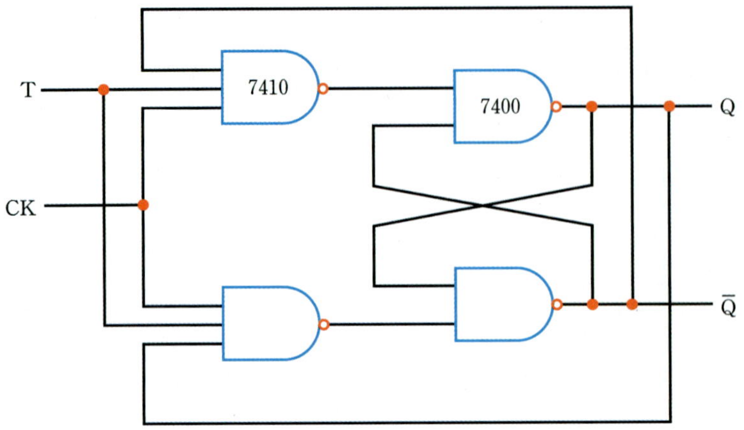

[그림 12-5] T 플립플롭

12.2 실험

【실험장비】

실험기기	디지털 실험장치	1대
회로부품	디지털 IC	7476(JK 플립플롭 IC 패키지)

12.2.1 JK 플립플롭

1 [그림 12-6]과 같이 JK 플립플롭 IC 패키지 '7476'으로 실험한다[2].

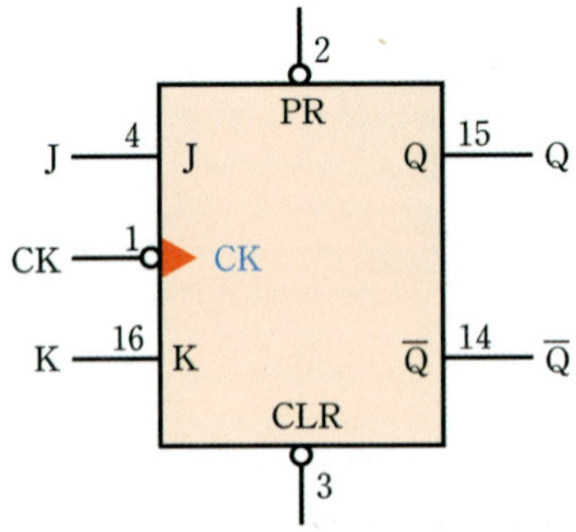

[그림 12-6] JK 플립플롭 실험회로

2 [그림 12-2]에 보인 NAND 게이트로 구성한 JK 플립플롭은 트리거 회로가 없기 때문에 클록 펄스의 타이밍을 맞추기 어렵고, 올바른 실험 결과를 얻기 힘들다.

2 PR과 CLR 단자에 '1'을 연결하라.

3 [표 12-3]과 같이 입력 J와 K를 설정하고, Q와 $\overline{Q}$를 측정하여 표에 기록하라.

4 [표 12-3]의 CK 칸에 표시된 '↓'는 하강 엣지 트리거를 나타낸다[3].

[표 12-3] JK 플립플롭의 실험 결과

CK	J	K	Q
↓	0	0	
↓	0	1	
↓	1	0	
↓	1	1	토글(Yes□ No□)

5 J = 1, K = 1일 때 출력(Q, $\overline{Q}$)이 토글되는지 확인하여 [표 12-3]에 기록하라.

실험 따라하기 JK 플립플롭([그림 12-6])

1 실험회로([그림 12-6])에 사용된 JK 플립플롭 IC 패키지(7476)의 핀 다이어그램을 확인한다.

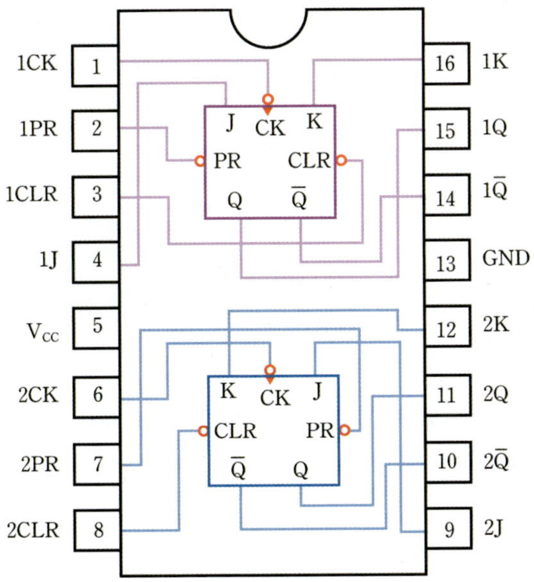

3 CK를 디지털 실험장치의 토글스위치에 연결하고, 스위치를 '온 → 오프'하라. 그러면 클록 펄스가 '1 → 0'이 되는 하강 엣지 트리거가 이루어진다.

2 실험회로에 사용된 JK 플립플롭 IC 패키지의 핀 번호를 확인한다.

- 입력(J, K) : 4, 16번 핀
- 출력(Q) : 15번 핀
- CK : 1번 핀
- PR 및 CLR 단자 : 2, 3번 핀

3 그림과 같이 전원 및 입력과 출력을 회로도에 맞추어 연결한다. 입력(J, K)과 CK는 디지털 실험장치의 입력 설정부(토글스위치)에 연결한다. 출력(Q)은 디지털 실험장치의 출력 표시부에 연결한다. PR 및 CLR 단자(2, 3번 핀)는 논리 레벨 '1'이 되도록 V_{CC} 전원과 연결한다. 이렇게 하면 PR 및 CLR 단자는 동작하지 않는다.

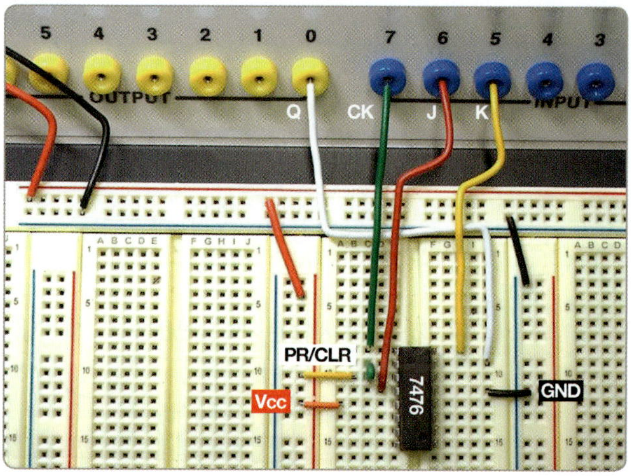

4 다음 그림은 CK 연결부의 상세한 모습으로, 1번 핀 'CK'를 토글스위치에 연결하였다.

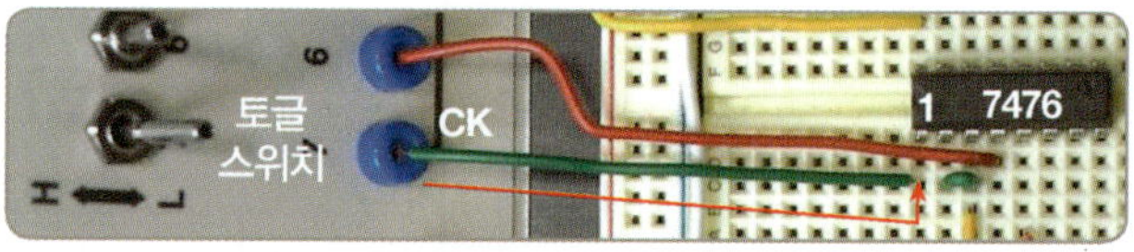

5 [표 12-3]에 주어진 값으로 입력(J, K)을 설정한다. 이어서 토글스위치를 '온 → 오프'하여 CK에 하강 엣지 트리거를 공급하고, 출력(Q)을 확인하여 표에 기록한다.

6 다음 그림은 J=1, K=0을 설정한 실험 예이다.

- 그림 (a) : CK에 클록 펄스를 인가하기 전의 상태이다.
  CK와 연결된 토글스위치는 오프되어 있고, 출력 Q = 0이다.
- 그림 (b) : 토글스위치를 온 시켜 CK에 상승 엣지 트리거(0 → 1)를 공급하였다.
  JK 플립플롭은 'Active Low'이므로 출력은 바뀌지 않는다.
- 그림 (c) : 토글스위치를 오프 시켜 CK에 하강 엣지 트리거(1 → 0)를 공급하였다.
  JK 플립플롭이 동작하면서 출력 Q = 1이 되었다.

(a)

(b)

(c)

12.2.2 T 플립플롭

1 JK 플립플롭 IC 패키지 '7476'을 이용하여 [그림 12-7(a)]와 같은 T 플립플롭의 실험회로를 구성하라. [그림 12-7(b)]는 배선도이다.

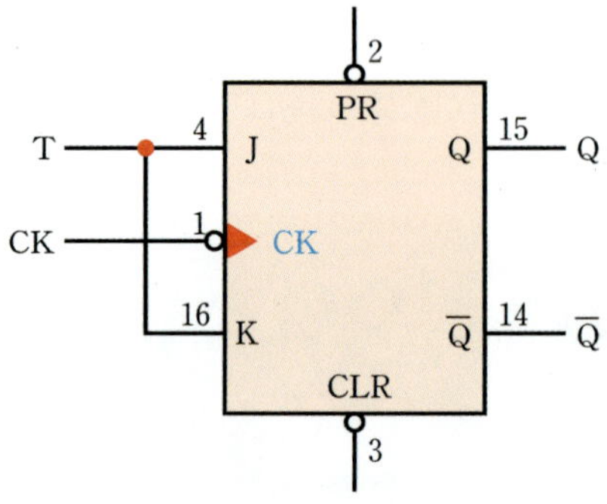

(a)

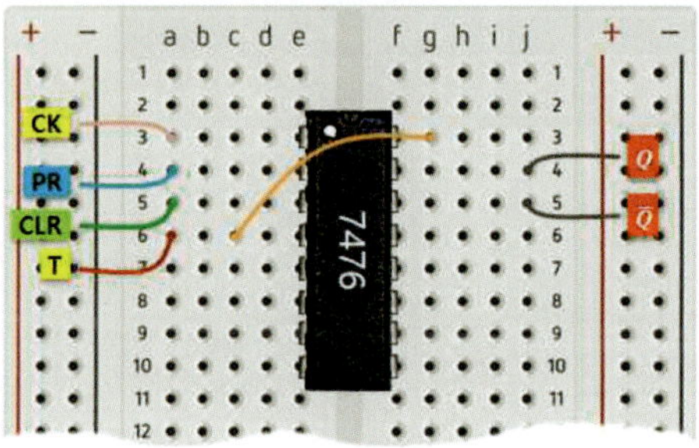

(b)

[그림 12-7] T 플립플롭의 실험회로

2 PR과 CLR 단자에 '1'을 연결하라.

3 [표 12-4]와 같이 T를 설정하고, 출력(Q, $\overline{Q}$)이 토글되는지 확인하여 표에 기록하라.

[표 12-4] T 플립플롭의 실험 결과 ①

CK	T	Q
↓	0	토글 (Yes□ No□)
↓	1	토글 (Yes□ No□)

4 [표 12-5]와 같이 T, PR, CLR을 설정하고, 출력 Q를 측정하여 표에 기록하라.

[표 12-5] T 플립플롭의 실험 결과 ②

CK	T	PR	CLR	Q
↓	0	0	1	
↓	1	0	1	
↓	0	1	0	
↓	1	1	0	

5 [표 12-5]에서 PR = 0일 때, 출력 Q는 입력 T에 관계없이 1이 되는가? (Yes□ No□)

6 [표 12-5]에서 CLR = 0일 때, 출력 Q는 입력 T에 관계없이 0이 되는가? (Yes□ No□)

12.3 PSpice 시뮬레이션

1 [표 12-6]과 같이 설정하여 [그림 12-7(a)]의 실험회로를 시뮬레이션하라.

[표 12-6] 시뮬레이션 설정

대상 회로			[그림 12-7(a)]				
시뮬레이션 설정	Analysis type		Time Domain (Transient)				
	Options		General Settings				
	Run to time		10[μs]				
	디지털 입력 (STIM1) 설정		COMMAND				
			1	2	3	4	5
	입력	T	0s 0	3μs 1	6μs 0	8μs 1	
		CK	'DigClock'으로 설정한다.(단, DigClock의 파라미터 값을 바꾸지 않고 그대로 사용한다.)				

2 디지털 입력 'STIM1'을 이용하여 입력 T를 설정하라. 설정에 필요한 'COMMAND' 입력 값은 [표 12-6]을 참고하라.

3 CK는 PSpice의 'DigClock'으로 설정하라[4].

4 'DigClock'의 설정 방법은 〈부록 B.1〉을 참조하라.

4 **참고** [그림 12-8]의 시뮬레이션 회로를 확인하라.

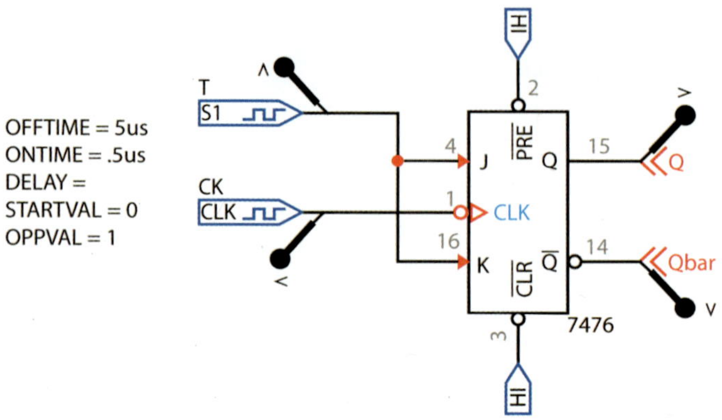

[그림 12-8] 시뮬레이션 회로

[표 12-6]에 주어진 조건에 따라 [그림 12-8]의 시뮬레이션 회로에서 'DigClock'의 파라미터 값을 변경하지 않았다. 그러면, $1\mu s$의 주기를 가진 클록 펄스가 만들어진다.

5 **참고** 다음과 같이 시뮬레이션을 위한 추가 옵션을 설정하라.

■ 'HI' 입력하기

시뮬레이션 회로([그림 12-8])의 2번(PRE)[5] 및 3번(CLR) 핀에는 PSpice의 'High' 신호용 도구인 'HI'를 연결하여 '1'로 설정한다. 'HI'는 [그림 12-9]와 같이 도구 모음의 'Place Power'를 이용하여 입력할 수 있다.

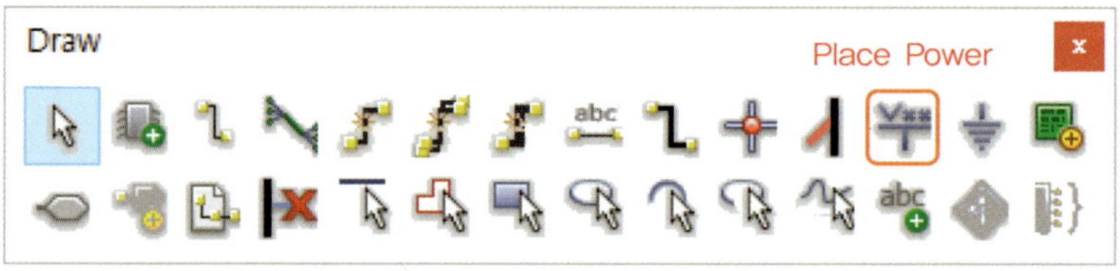

[그림 12-9] Place Power 선택

5 JK 플립플롭 IC 패키지 '7476'에서는 Preset 단자를 'PR'로 표시한다. 반면에 OrCAD 라이브러리는 Preset 단자를 'PRE'로 표시한다.

도구 모음에서 'Place Power'를 클릭하면, [그림 12-10]과 같은 〈Place Power〉 설정창이 나타난다. 여기에서 'HI/SOURCE'를 선택하여 'HI'를 입력한다[6].

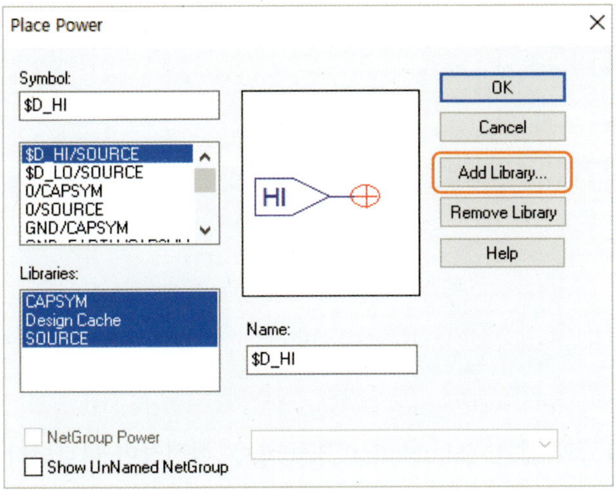

[그림 12-10] 〈Place Power〉 설정창

■ 플립플롭의 초깃값 설정하기

PSpice 시뮬레이션에 사용되는 플립플롭 부품은 Q와 $\overline{Q}$의 초깃값이 설정되어 있지 않다. 이 상태로 플립플롭을 시뮬레이션하면, [그림 12-11]과 같이 Q와 $\overline{Q}$가 0이나 1이 아닌 붉은 선으로 표시되는 불안정 상태(Unstable State)가 된다.

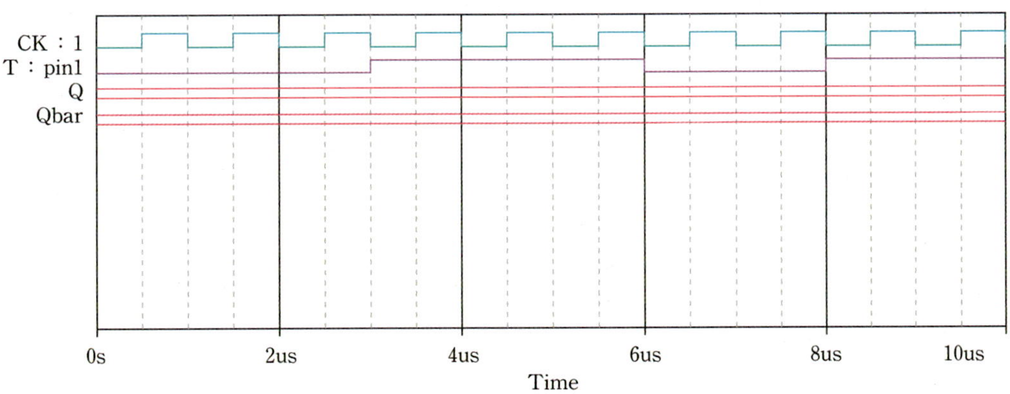

[그림 12-11] 플립플롭의 불안정 상태

6 'HI'는 라이브러리 'SOURCE'에 들어 있다. 〈Place Power〉 설정창에 'HI'가 없으면, [Add Library]를 눌러 'SOURCE'를 추가하라.

플립플롭의 초깃값은 [그림 12-12]와 같이 **PSpice → Edit Simulation Profile** 메뉴를 통해 설정할 수 있다.

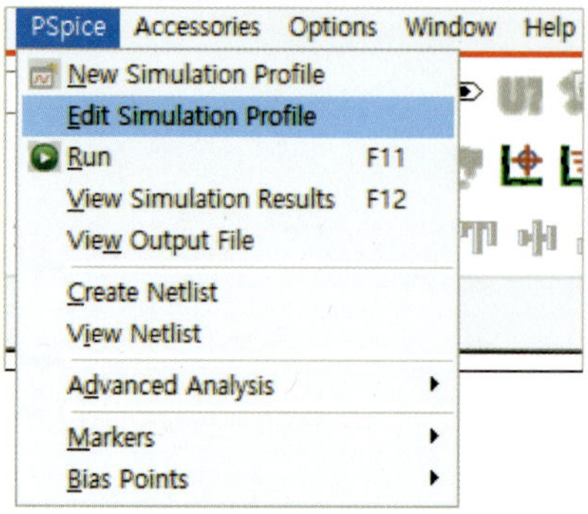

[그림 12-12] **플립플롭의 초깃값 설정**

해당 메뉴를 선택하면, [그림 12-13]과 같은 〈Simulation Settings〉 설정창이 나타난다. 설정창에서 ❶ Options → ❷ Gate Level Simulation → ❸ DIGINITSTATE(Initialize all flip-flops to) 순으로 선택한다. 그림과 같이 ❸에서 '0'을 선택하면 회로도에 포함된 모든 플립플롭의 출력 Q의 초깃값이 0으로 설정된다.

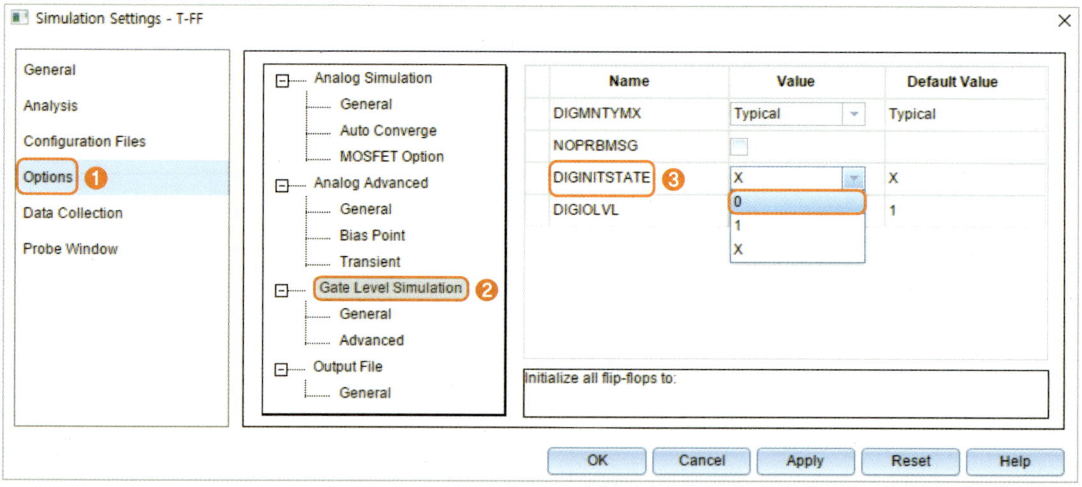

[그림 12-13] **〈Simulation Settings〉 설정창**

6 참고 [그림 12-14]의 시뮬레이션 결과를 확인하라.

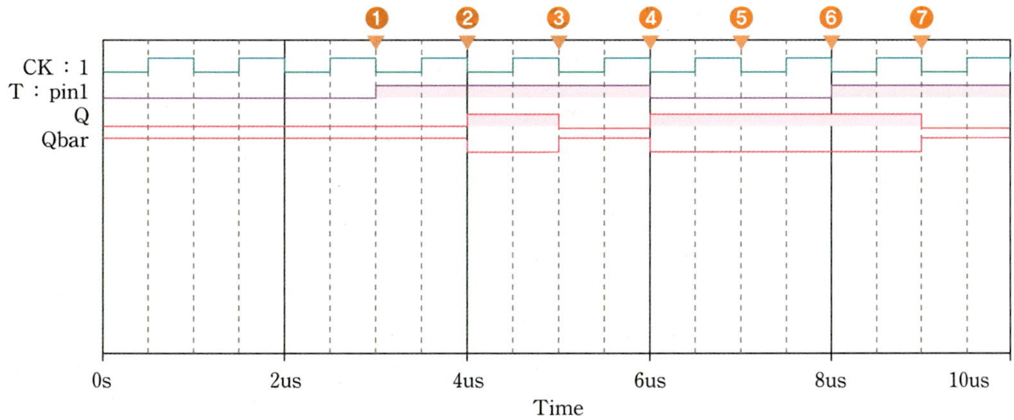

[그림 12-14] **시뮬레이션 결과**

그림에 표시한 ❶ ~ ❼은 CK가 1 → 0이 되는 'Active Low'의 트리거 포인트이다. ❶ ~ ❼의 번호를 따라 시뮬레이션 결과를 살펴보자.

❶ : 입력 T가 아직 0이므로, Q는 토글되지 않는다.
❷ : 입력 T가 1이므로, Q는 0 → 1로 토글된다.
❸ : 입력 T가 계속 1이므로, Q는 1 → 0으로 토글된다.
❹ : 입력 T가 계속 1이므로, Q는 0 → 1로 토글된다.
❺, ❻ : 입력 T가 0이므로, Q는 토글되지 않는다.
❼ : 입력 T가 1이므로, Q는 1 → 0으로 토글된다.

셀프 테스트

(1) JK 플립플롭은 논리 모순이 발생하지 않는다. (○, ×)

(2) JK 플립플롭의 입력 J와 K가 모두 1이면, 출력 Q는 (불변이다, 토글된다).

(3) JK 플립플롭에서 입력 J는 RS 플립플롭의 입력 (R, S)에 해당하고, 입력 K는 RS 플립플롭의 입력 (R, S)에 해당한다.

(4) T 플립플롭에서 T는 'Toggle'을 의미한다. (○, ×)

(5) T 플립플롭은 JK 플립플롭의 입력 J와 K를 NOT 게이트로 연결하여 구성한다. (○, ×)

(6) JK 플립플롭의 CLR 단자를 이용하여 출력 Q를 (0, 1)(으)로 설정할 수 있다.

(7) JK 플립플롭의 PR 단자를 이용하여 출력 Q를 (0, 1)(으)로 설정할 수 있다.

(8) T 플립플롭에서 입력 T가 0이면, 출력 Q는 (불변이다, 토글된다).

(9) PSpice 시뮬레이션할 때 플립플롭의 초깃값 설정과 관계가 <u>없는</u> 것은 무엇인가? (　　)

① Options　② Analysis　③ DIGINITSTATE　④ Gate Level Simulation

예비학습

(1) 컴퓨터에서 레지스터(Register)의 역할이 무엇인지 조사하라.

결과 보고서

실험 12 JK 및 T 플립플롭

- 학번 :
- 이름 :
- 실험일 :

실험 1 JK 플립플롭

[표 12-3] JK 플립플롭의 실험 결과

CK	J	K	Q
↓	0	0	
↓	0	1	
↓	1	0	
↓	1	1	토글(Yes□ No□)

(1) [표 12-3]의 실험 결과를 이용하여 JK 플립플롭의 동작을 설명하라.

실험 2 T 플립플롭

[표 12-4] T 플립플롭의 실험 결과 ①

CK	T	Q
↓	0	토글 (Yes□ No□)
↓	1	토글 (Yes□ No□)

[표 12-5] T 플립플롭의 실험 결과 ②

CK	T	PR	CLR	Q
↓	0	0	1	
↓	1	0	1	
↓	0	1	0	
↓	1	1	0	

(1) [표 12-5]에서 PR=0일 때, 출력 Q는 입력 T에 관계없이 1이 되는가? (Yes□ No□)

(2) [표 12-5]에서 CLR=0일 때, 출력 Q는 입력 T에 관계없이 0이 되는가? (Yes□ No□)

(3) [표 12-5]의 실험 결과를 이용하여 T 플립플롭의 PR 단자와 CLR 단자의 역할을 설명하라.

(4) [표 12-5]의 실험 결과를 이용하여 T 플립플롭의 동작을 설명하라.

PSpice 시뮬레이션 JK 플립플롭

(1) [그림 12-6]의 실험회로를 OrCAD Capture로 작성하라(화면 캡처). 실험회로의 CK 단자에 인가할 클록 펄스는 'DigClock'으로 설정하라. 또한 앞에서 설명한 전원 'HI'와 플립플롭의 초깃값도 설정하라.

(2) 시뮬레이션 결과 그래프를 보여라(화면 캡처).

(3) 시뮬레이션 결과를 참고하여 다음의 [표 12-7]을 완성하라.

[표 12-7] JK 플립플롭의 시뮬레이션 결과

CK	J	K	Q
↓	0	0	
↓	0	1	
↓	1	0	
↓	1	1	토글(Yes□ No□)

(4) [표 12-7]의 시뮬레이션 결과와 [표 12-3]이 서로 같은지 확인하라. (같음□ 다름□)

실험 13

시프트 레지스터

학습목표

- 시프트 레지스터의 회로 구성과 동작을 실험한다.
- 링 카운터의 회로 구성과 동작을 실험한다.

13.1 기초 이론

플립플롭은 1비트의 2진 데이터를 저장할 수 있고, 저장된 데이터는 전원이 공급되는 한 유지된다. 이처럼 플립플롭의 데이터 저장 기능을 이용하여 만든 작은 용량의 메모리를 레지스터(Register)라 한다. 레지스터는 컴퓨터에서 데이터를 임시로 저장해 연산 장치로 보내거나, 연산이 끝난 데이터를 임시로 저장할 때 사용된다. 또한 데이터를 직렬 또는 병렬로 변환할 때도 사용된다.

13.1.1 시프트 레지스터

데이터를 연산하거나 전송, 변환하려면 데이터의 각 비트를 오른쪽이나 왼쪽으로 이동(Shift)해야 한다. 이처럼 데이터를 이동할 수 있도록 레지스터를 이용하여 만든 디지털 회로를 시프트 레지스터라 한다.

시프트 레지스터는 데이터의 입력과 출력 방법에 따라 종류를 나누며, 그 종류에는 SISO(Serial In Serial Out), PISO(Parallel In Serial Out), SIPO(Serial In Parallel Out), PIPO(Parallel In Parallel Out)가 있다.

[그림 13-1]은 시프트 레지스터의 종류에 따른 데이터의 입출력 방법을 보여준다.

[그림 13-1(a)]는 SISO 시프트 레지스터로서 데이터가 직렬로 입력되어 직렬로 출력된다. [그림 13-1(b)]는 PISO 시프트 레지스터로서 데이터가 병렬로 입력되어 직렬로 출력된다. 병렬의 데이터를 입력받은 다음 직렬로 전환하여 1비트씩 출력하는 것이다. 따라서 PISO 시프트 레지스터를 이용하면 병렬 데이터를 직렬 데이터로 바꿀 수 있다.

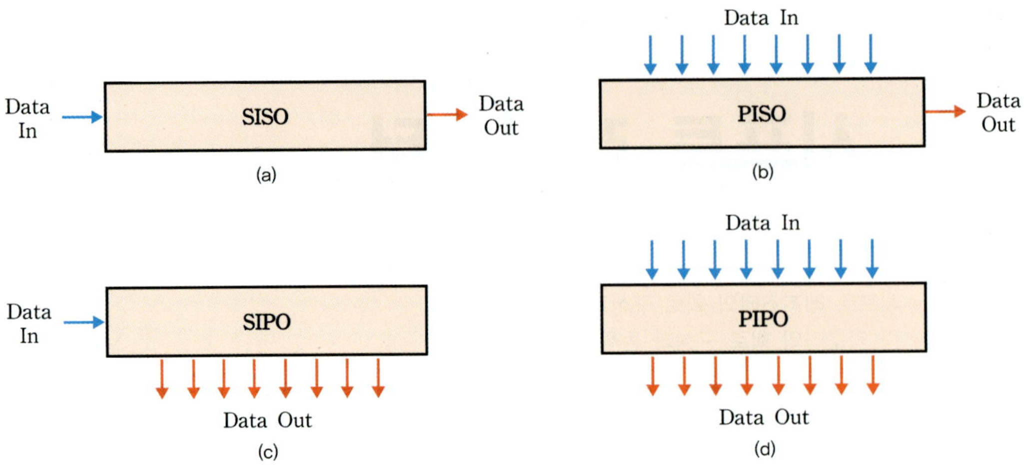

[그림 13-1] 시프트 레지스터의 종류

[그림 13-1(c)]는 SIPO 시프트 레지스터로서 직렬 데이터를 입력받은 다음 병렬로 전환하여 출력한다. 따라서 SIPO 시프트 레지스터를 이용하면 직렬 데이터를 병렬 데이터로 바꿀 수 있다. [그림 13-1(d)]는 PIPO 시프트 레지스터로서 병렬로 입력된 데이터를 임시로 저장하였다가 병렬 그대로 출력하는 레지스터이다. 이 레지스터는 컴퓨터를 프린터와 같은 외부장치와 연결하기 위한 인터페이스(Interface) 장치로 많이 사용된다.

시프트 레지스터는 한 플립플롭의 동작이 다른 플립플롭에 영향을 미치고, 이러한 변화가 연속적으로 일어나면서 동작한다. [그림 13-1]에 보인 시프트 레지스터 중에서 SISO 시프트 레지스터의 동작을 살펴보자.

SISO 시프트 레지스터

[그림 13-2]는 D 플립플롭으로 구성한 SISO 시프트 레지스터이다. CK는 모든 플립플롭에 연결되어 있으며, 이를 이용해 각 플립플롭의 동작을 동기화한다. 직렬 데이터는 '데이터' 단자로 입력되며, CK에 공급되는 클록 펄스가 상승할 때마다 오른쪽으로 시프트되어 출력 Q_D를 통해 출력된다.

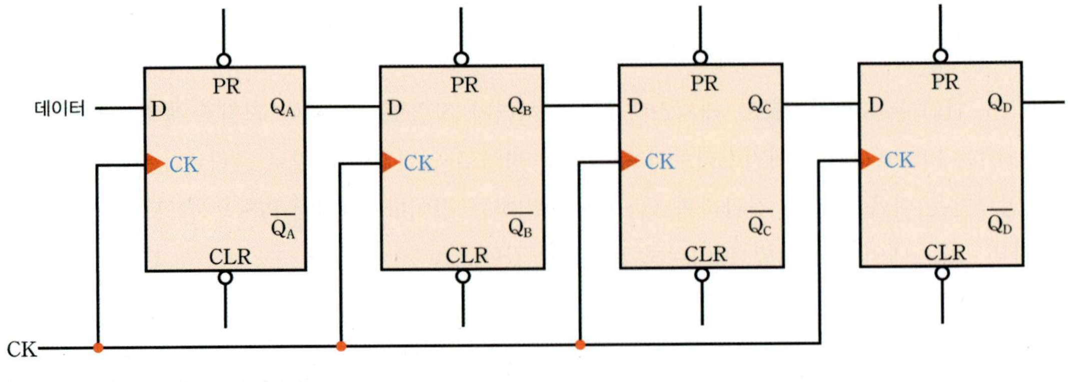

[그림 13-2] SISO 시프트 레지스터

여기서 첫 번째 플립플롭을 제외한 다른 플립플롭은 앞단의 출력이 자신의 입력이 되고, CK는 모든 플립플롭에 동시에 공급된다는 점에 유의하라.

SISO 시프트 레지스터의 동작

[표 13-1]은 CK에 공급되는 클록 펄스 및 데이터에 따른 SISO 시프트 레지스터의 동작이다[1]. 클록 펄스에는 순서에 따라 번호 ❶ ~ ❹를 붙였다. 데이터는 1 → 0 → 0 → 1의 순서로 입력되며, 입력된 데이터는 클록 펄스가 상승할 때마다 다음 단으로 이동한다.

[표 13-1] SISO 시프트 레지스터의 동작

클록 펄스	데이터	Q_A	Q_B	Q_C	Q_D
❶ 	1	1	0	0	0
❷ 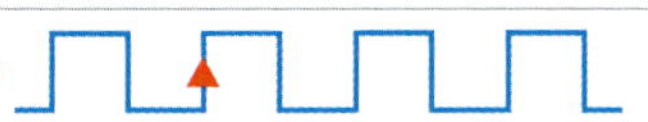	0	0	1	0	0
❸ 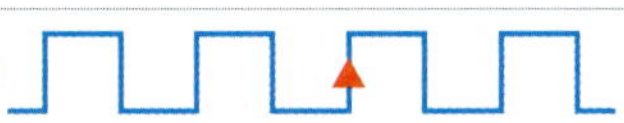	0	0	0	1	0
❹ 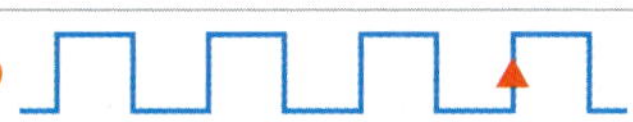	1	1	0	0	1

[표 13-1]에 보인 시프트 동작이 실제 어떻게 이루어지는지 클록 펄스 ❶ ~ ❹를 기준으로 각 플립플롭의 동작을 살펴보자.

▸ 클록 펄스 ❶ (데이터 = 1)

- Q_A는 0(초깃값)이므로 Q_B는 0을 유지한다[2]. 이후 데이터 1에 의해 Q_A는 1로 바뀐다.
- Q_B는 0이므로 Q_C는 0을 유지한다.
- Q_C는 0이므로 Q_D는 0을 유지한다.

▸ 클록 펄스 ❷ (데이터 = 0)

- Q_A는 1이므로 Q_B가 1로 바뀐다. 이후 데이터 0에 의해 Q_A는 0으로 바뀐다.
- Q_B는 0이므로 Q_C는 0을 유지한다.
- Q_C는 0이므로 Q_D는 0을 유지한다.

---

1 모든 플립플롭의 출력($Q_A \sim Q_D$)의 초깃값은 0으로 가정한다.

2 클록 펄스가 상승하기 시작할 때 Q_A는 0이므로 Q_B는 0을 유지한다. 이 동작 이후에 Q_A는 1로 바뀐다.

▸ 클록 펄스 ❸ (데이터 = 0)

- Q_A는 0이므로 Q_B는 0으로 바뀐다. 이때 데이터가 0이므로 Q_A는 0을 유지한다.
- Q_B는 1이므로 Q_C가 1로 바뀐다.
- Q_C는 0이므로 Q_D는 0을 유지한다.

▸ 클록 펄스 ❹ (데이터 = 1)

- Q_A는 0이므로 Q_B는 0을 유지한다. 이후 데이터 1에 의해 Q_A는 1로 바뀐다.
- Q_B는 0이므로 Q_C는 0으로 바뀐다.
- Q_C는 1이므로 Q_D가 1로 바뀐다.

[그림 13-3]은 SISO 시프트 레지스터의 타이밍도이다. 클록 펄스 ❶이 상승할 때 데이터가 1이므로 Q_A가 1이 된다. 클록 펄스 ❷가 상승할 때는 Q_A에 의해 Q_B가 1이 된다. 클록 펄스 ❸이 상승할 때는 Q_B에 의해 Q_C가 1이 된다. 끝으로 클록 펄스 ❹가 상승할 때는 Q_C에 의해 Q_D가 1이 된다. 이때 데이터가 다시 1이 되므로 Q_A도 다시 1이 된다.

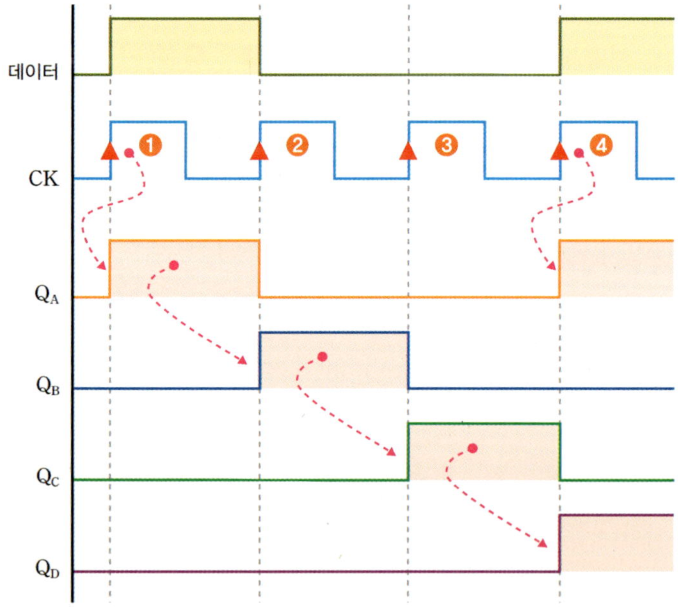

[그림 13-3] SISO 시프트 레지스터의 타이밍도

13.1.2 링 카운터

시프트 레지스터로 구성하는 대표적인 디지털 회로는 카운터(Counter)이다. 카운터에 대해서는 실험 14와 실험 15에서 다루며, 여기에서는 가장 간단한 카운터인 링 카운터(Ring Counter)에 대해서 살펴본다.

링 카운터는 마지막 플립플롭의 출력을 첫 번째 플립플롭으로 궤환(Feedback)한다. 이렇게 하면 데이터가 링을 돌듯이 회로를 계속 순환하게 된다. [그림 13-4]는 링 카운터의 디지털 회로로, 네 번째 플립플롭의 출력 Q_D가 첫 번째 플립플롭으로 궤환한다. 링 카운터의 동작은 기본적으로 시프트 레지스터와 같다.

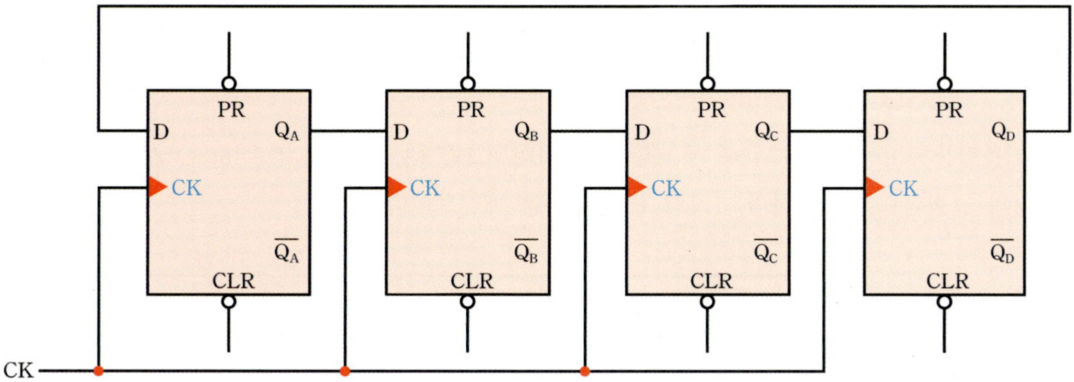

[그림 13-4] **링 카운터**

링 카운터는 첫 번째 플립플롭의 출력 Q_A를 1로 사전 설정(Preset)한다[3]. Q_A에 설정된 데이터 '1'은 CK에 공급되는 클록 펄스가 상승할 때마다 오른쪽으로 이동하며, 전원과 클록 펄스가 공급되는 한 계속 순환한다.

[표 13-2]는 클록 펄스에 따른 링 카운터의 동작이다. 먼저 Q_A를 1로 사전 설정한다. Q_A의 '1'은 클록 펄스가 상승할 때마다 다음 단으로 이동한다. 클록 펄스 ❹일 때 사전 설정된 '1'은 첫 번째 플립플롭으로 궤환하여 Q_A는 다시 1이 된다.

[표 13-2] **링 카운터의 동작**

클록 펄스	Q_A	Q_B	Q_C	Q_D
$Q_A = 1$로 사전 설정	1	0	0	0
❶	0	1	0	0
❷	0	0	1	0
❸	0	0	0	1
❹	1	0	0	0

3 첫 번째 플립플롭의 PR 단자를 0에 연결하여 Q_A를 1로 설정한다.

13.2 실험

【실험장비】

실험기기	디지털 실험장치	1대
회로부품	디지털 IC	7474(D 플립플롭 IC 패키지) 2개

13.2.1 SISO 시프트 레지스터

1 D 플립플롭 IC 패키지(7474) 두 개를 이용하여 [그림 13-5(a)]와 같은 SISO 시프트 레지스터의 실험회로를 구성하라. [그림 13-5(b)]는 배선도이다.

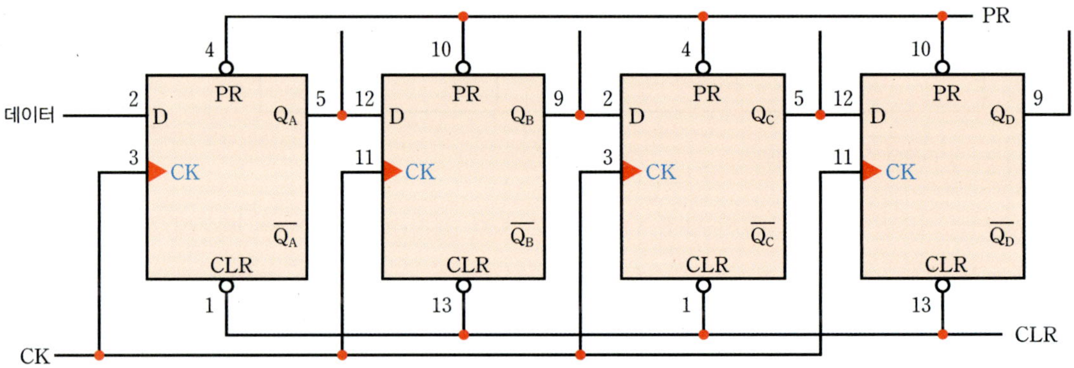

(a)

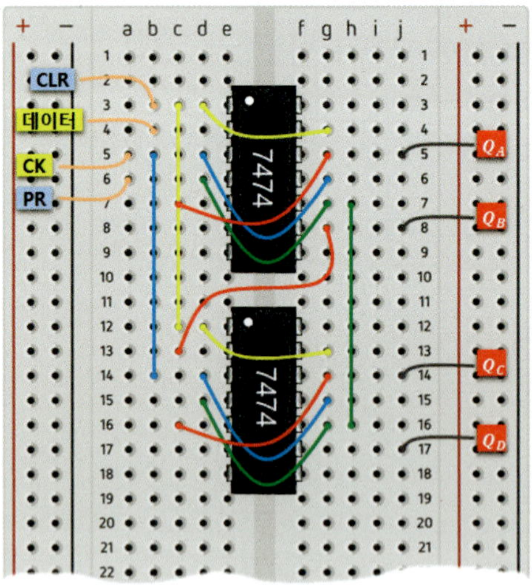

(b)

[그림 13-5] SISO 시프트 레지스터 실험회로

2 각 플립플롭의 출력(Q_A ~ Q_D)을 디지털 실험장치의 출력 표시부와 연결하라.

3 CK 단자를 디지털 실험장치의 입력 설정부와 연결하라.

4 PR 단자에 '1'을 인가하라.

5 CLR 단자에 잠깐 동안 '0'을 인가하여 모든 출력(Q_A ~ Q_D)을 0으로 만들라. 이어서 다시 '1'을 인가하라.

6 출력(Q_A ~ Q_D)이 모두 0인지 확인하라. (Yes□ No□)

7 [표 13-3]에 따라 데이터 단자에 '1'을 인가하라. 이어서 회로에 클록 펄스 ❶을 인가하고[4], 출력(Q_A ~ Q_D)을 측정하여 표에 기록하라.

[표 13-3] SISO 시프트 레지스터의 실험 결과

클록 펄스	데이터	Q_A	Q_B	Q_C	Q_D
❶ 	1				
❷ 	0				
❸ 	0				
❹ 	1				

8 [표 13-3]에 따라 데이터와 클록 펄스를 인가하면서 출력(Q_A ~ Q_D)을 측정하여 표에 기록하라.

9 데이터가 오른쪽으로 이동하는지 확인하라. (Yes□ No□)

13.2.2 링 카운터

1 D 플립플롭 IC 패키지(7474) 두 개를 이용하여 [그림 13-6(a)]와 같은 링 카운터의 실험회로를 구성하라. [그림 13-6(b)]는 배선도이다.

4 CK 단자와 연결된 디지털 실험장치의 토글스위치를 한번 온/오프하라.

2 각 플립플롭의 출력($Q_A \sim Q_D$)을 디지털 실험장치의 출력 표시부와 연결하라.

3 CK 단자를 디지털 실험장치의 입력 설정부와 연결하라.

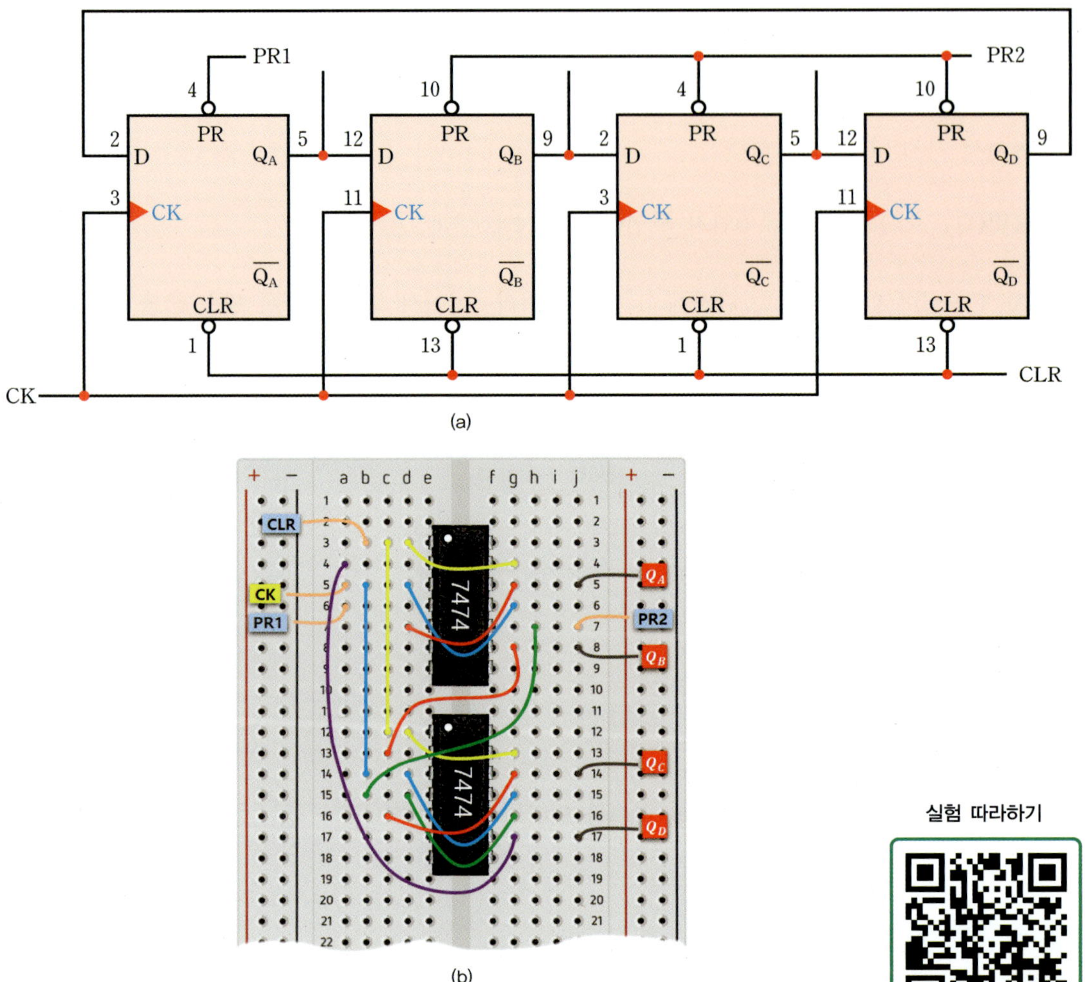

실험 따라하기

[그림 13-6] **링 카운터 실험회로**

4 PR1 및 PR2 단자에 '1'을 인가하라.

5 CLR 단자에 잠깐 동안 '0'을 인가하여 모든 출력($Q_A \sim Q_D$)을 0으로 만들라. 이어서 다시 '1'을 인가하라.

6 출력($Q_A \sim Q_D$)이 모두 0인지 확인하라. (Yes□ No□)

7 PR1 단자에 잠깐 동안 '0'을 인가하여 Q_A를 '1'로 만들라. 이어서 다시 '1'을 인가하라.

8 플립플롭의 출력(Q_A, Q_B, Q_C, Q_D)이 (1, 0, 0, 0)인지 확인하라. (Yes□ No□)

9 CK 단자와 연결된 디지털 실험장치의 토글스위치를 한번 온/오프하여 클록 펄스 ❶을 인가하라. 그때의 출력($Q_A \sim Q_D$)을 측정하여 [표 13-4]에 기록하라.

[표 13-4] 링 카운터의 실험 결과

클록 펄스	Q_A	Q_B	Q_C	Q_D
$Q_A = 1$로 사전 설정	1	0	0	0
❶ 				
❷ 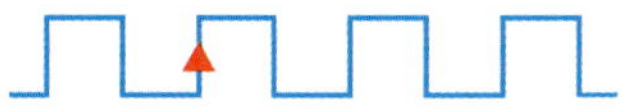				
❸ 				
❹ 				

10 클록 펄스 ❷ ~ ❹를 차례로 인가하면서 출력($Q_A \sim Q_D$)을 측정하여 [표 13-4]에 기록하라.

11 데이터가 오른쪽으로 이동하는지 확인하라. (Yes□ No□)

12 클록 펄스 ❹를 인가할 때, Q_A가 다시 1이 되는지 확인하라. (Yes□ No□)

13.3 PSpice 시뮬레이션

1 [표 13-5]와 같이 설정하여 [그림 13-6(a)]의 실험회로를 시뮬레이션하라.

[표 13-5] 시뮬레이션 설정

대상 회로			[그림 13-6(a)]				
시뮬레이션 설정	Analysis type		Time Domain (Transient)				
	Options		General Settings				
	Run to time		1[μs], 8[μs]				
	디지털 입력 (STIM1) 설정		COMMAND				
			1	2	3	4	5
	입력	CLR	0s 0	0.1μs 1			
		PR	0s 1	0.2μs 0	0.3μs 1		
		CK	'DigClock'을 사용하여 클록 펄스를 설정한다. (DigClock의 파라미터 값을 바꾸지 않고 그대로 사용한다.)				

2 모든 플립플롭의 출력을 0으로 만든 다음, Q_A가 1이 되도록 CLR 및 PR 단자를 디지털 입력 'STIM1'을 이용하여 설정하라. 설정에 필요한 'COMMAND' 입력 값은 [표 13-5]를 참고하라.

3 시뮬레이션 결과로서 각 플립플롭의 출력($Q_A \sim Q_D$) 파형을 보이고, 링 카운터로 동작하는지 확인하라.

4 CK 단자에 인가할 클록 펄스는 'DigClock'을 사용하여 설정하라.

5 참고 [그림 13-7]의 시뮬레이션 회로를 확인하라. 회로를 단순하게 보여주기 위해 부품 번호와 부품명은 표시하지 않았다.

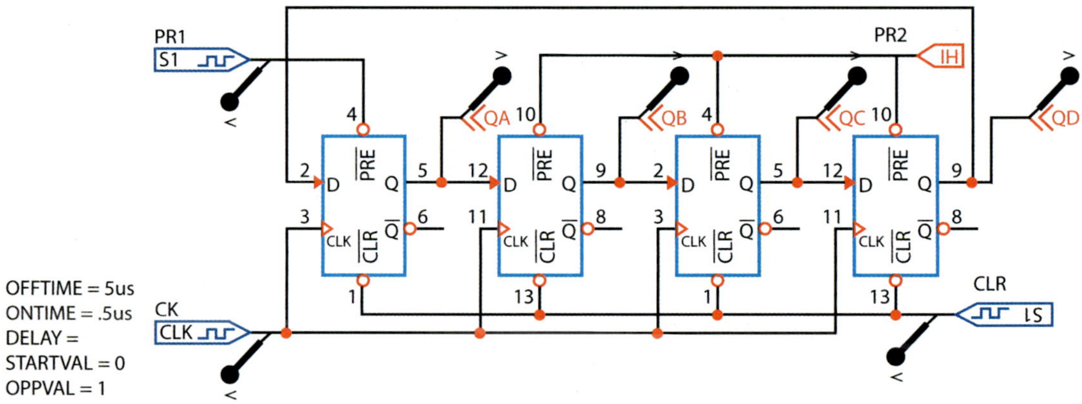

[그림 13-7] 시뮬레이션 회로

6 참고 [그림 13-8]의 시뮬레이션 결과를 확인하라.

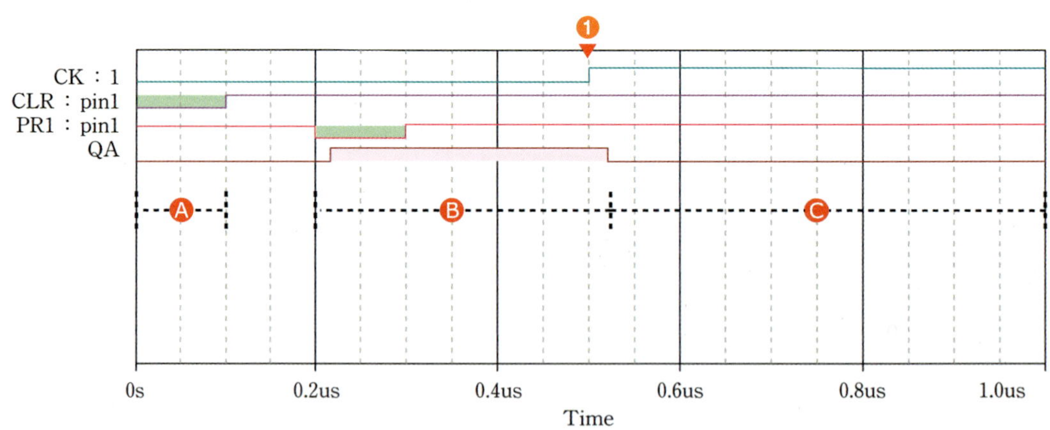

[그림 13-8] 시뮬레이션 결과(0 ~ 1[μs] 구간)

[그림 13-8]은 0 ~ 1[μs]의 시간에 대한 시뮬레이션 결과로[5], CLR 및 PR1 단자에 설정된 디지털 입력과 플립플롭의 출력(Q_A)이 표시되어 있다.

- 구간 Ⓐ : CLR = 0이므로 플립플롭의 출력(Q_A ~ Q_D)은 모두 0이 된다. 그림에는 Q_A만 표시하였다.
- 구간 Ⓑ : PR1 = 0이므로 Q_A가 1로 설정된다[6].
- 구간 Ⓒ : 클록 펄스가 상승(❶로 표시)할 때 Q_A의 1이 다음 단의 플리플롭으로 이동한다. 그에 따라 Q_A는 0이 된다.

7 **참고** [그림 13-9]의 시뮬레이션 결과를 확인하라.

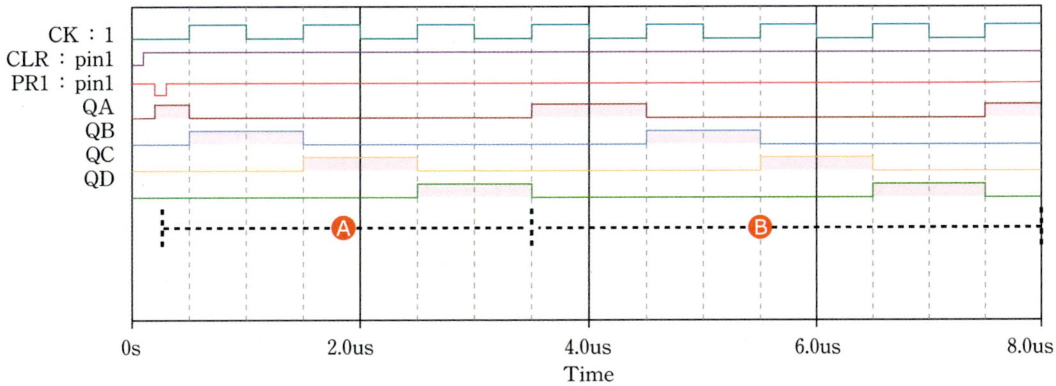

[그림 13-9] 시뮬레이션 결과(0 ~ 8[μs] 구간)

[그림 13-9]는 0 ~ 8[μs]의 시간에 대한 시뮬레이션 결과이다. 여기에는 CLR 및 PR1 단자에 설정된 디지털 입력과 더불어 모든 플립플롭의 출력(Q_A ~ Q_D)이 표시되어 있다.

- 구간 Ⓐ : Q_A의 데이터 1이 Q_B → Q_C → Q_D로 이동한다.
- 구간 Ⓑ : Q_D가 궤환함에 따라 Q_A가 다시 1이 된다. 이후 클록 펄스에 따라 Q_A의 1이 다시 오른쪽으로 이동한다.

5 시뮬레이션 설정에서 'Run to time'을 1[μs]로 설정하였다.
6 Q_A가 PR1보다 약간 지연(Delay)되어 보이는 이유는, 시간 구간이 [μs]로 매우 짧아 미세한 차이까지 표시되기 때문이다.

셀프 테스트

(1) 플립플롭으로 만든 작은 용량의 기억장치를 레지스터(Register)라 한다. (○, ×)

(2) 직렬 데이터를 저장하였다가 직렬로 출력하는 시프트 레지스터는 (SISO, PISO, SIPO, PIPO)이다.

(3) 병렬 데이터를 직렬 데이터로 바꿀 때 사용되는 시프트 레지스터는 (SISO, PISO, SIPO, PIPO)이다.

(4) 프린터에 사용되는 시프트 레지스터는 (SISO, PISO, SIPO, PIPO)이다.

(5) 직렬 데이터를 저장하였다가 병렬로 출력하는 시프트 레지스터는 (SISO, PISO, SIPO, PIPO)이다.

(6) 링 카운터는 마지막 플립플롭의 출력을 (첫 번째, 두 번째, 세 번째) 플립플롭으로 궤환하여 만든다.

(7) 다음 그림과 같은 SISO 시프트 레지스터에서 출력(Q_A, Q_B, Q_C, Q_D)은 (1, 0, 0, 1)이다. 이때 데이터로 '1'을 인가하고 클록 펄스를 상승시키면, 출력(Q_A, Q_B, Q_C, Q_D)은 [(1, 1, 0, 0), (0, 1, 0, 0), (1, 0, 1, 0)]이 된다.

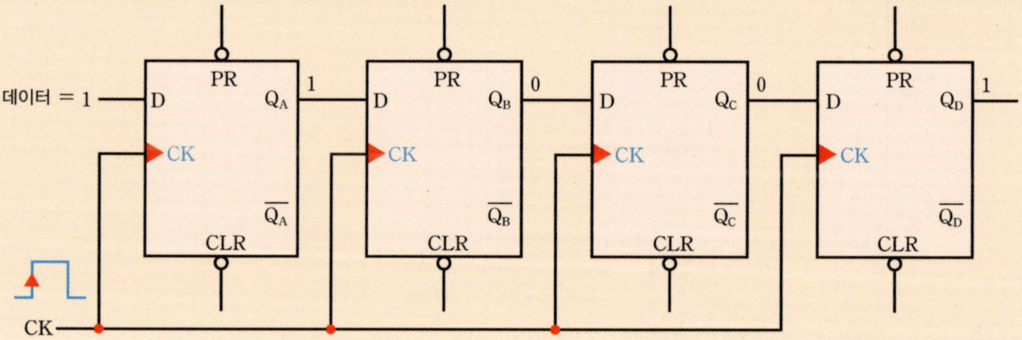

예비학습

(1) 비동기 카운터(Asynchronous Counter)와 동기 카운터(Synchronous Counter)의 차이점을 설명하라.

결과 보고서

실험 13

시프트 레지스터

- 학번 :
- 이름 :
- 실험일 :

실험 1 SISO 시프트 레지스터

[표 13-3] SISO 시프트 레지스터의 실험 결과

클록 펄스	데이터	Q_A	Q_B	Q_C	Q_D
❶ 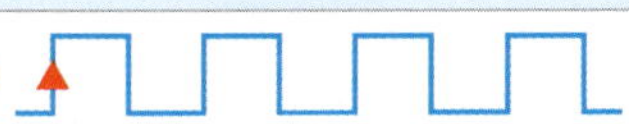	1				
❷ 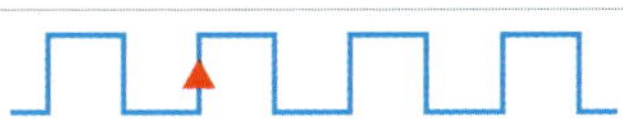	0				
❸ 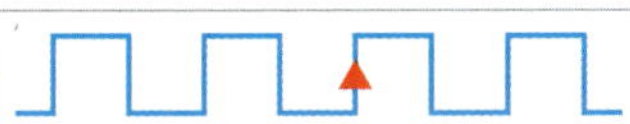	0				
❹ 	1				

(1) 데이터가 오른쪽으로 이동하는지 확인하라. (Yes□ No□)

(2) [표 13-3]의 실험 결과를 이용하여 SISO 시프트 레지스터의 동작을 설명하라.

실험 2 링 카운터

[표 13-4] 링 카운터의 실험 결과

클록 펄스	Q_A	Q_B	Q_C	Q_D
$Q_A = 1$로 사전 설정	1	0	0	0
❶ 				
❷ 				
❸ 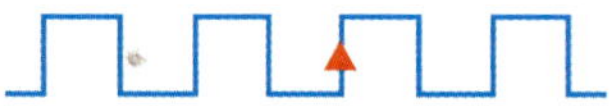				
❹ 				

(1) 데이터가 오른쪽으로 이동하는지 확인하라. (Yes□ No□)

(2) 클록 펄스 ❹를 인가할 때, Q_A가 다시 1이 되는지 확인하라. (Yes□ No□)

(3) [표 13-4]의 실험 결과를 이용하여 링 카운터의 동작을 설명하라.

PSpice 시뮬레이션 SISO 시프트 레지스터

(1) [그림 13-5(a)]의 실험회로를 OrCAD Capture로 작성하라(화면 캡처). 실험회로의 CK 단자에 인가할 클록 펄스는 'DigClock'으로 설정하라.

(2) 시뮬레이션 결과 그래프를 보여라(화면 캡처).

(3) 시뮬레이션 결과를 참고하여 [표 13-6]을 완성하라.

[표 13-6] SISO 시프트 레지스터의 시뮬레이션 결과

클록 펄스	데이터	Q_A	Q_B	Q_C	Q_D
❶ 	1				
❷ 	0				
❸ 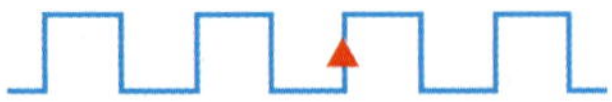	0				
❹ 	1				

(4) [표 13-6]의 시뮬레이션 결과와 [표 13-3]이 서로 같은지 확인하자. (같음□ 다름□)

실험 14

비동기 카운터

학습목표

- 4진 비동기 업 카운터의 회로 구성과 동작을 실험한다.
- 4진 비동기 다운 카운터의 회로 구성과 동작을 실험한다.
- 리셋형 10진 비동기 업 카운터의 회로 구성과 동작을 실험한다.

14.1 기초 이론

카운터(Counter)는 입력되는 클록 펄스를 계수하는 디지털 회로로, 계수기라고도 한다. 카운터는 플립플롭으로 구성하며, 디지털 계측기를 비롯한 여러 디지털 시스템에 사용된다. 카운터는 계수 방식에 따라 2^n진 카운터와 시프트 카운터[1]로 구분한다. 또한 계수가 증가하는 업(Up) 카운터와 감소하는 다운(Down) 카운터로 구분한다.

2^n진 카운터에서 n은 카운터를 구성하는 플립플롭의 개수를 나타낸다. 예를 들어 2개의 플립플롭은 $2^2 = 4$이므로 4진 카운터를 구성할 수 있다. 4진 카운터는 0 ~ 3(2진수 00, 01, 10, 11)을 계수하며, 4개의 출력 상태를 나타내므로 Modulus−4(MOD−4) 카운터라고도 한다. 2^n진 카운터의 출력을 궤환시키거나 리셋(Reset) 회로를 추가하면 5진, 6진, 10진 카운터 등을 구성할 수도 있다.

업 카운터는 계수가 증가하는 카운터이다. 예를 들어 4진 업 카운터의 초기 상태를 '00'으로 설정하면 클록 펄스가 주어질 때마다 '01 → 10 → 11'로 증가하고, 클록 펄스가 계속 주어지면 '00'으로 돌아가 계수 동작을 반복한다. 반대로 다운 카운터는 계수가 감소하는 카운터이다. 예를 들어 4진 다운 카운터의 초기 상태를 '11'로 설정하면 클록 펄스가 주어질 때마다 '10 → 01 → 00'으로 감소하고, 클록 펄스가 계속 주어지면 '11'로 돌아가 계수 동작을 반복한다.

카운터는 클록 펄스의 연결 방법에 따라 비동기 카운터(Asynchronous Counter)와 동기 카운터(Synchronous Counter)로 구분한다. 비동기 카운터는 클록 펄스를 첫 번째 플립플롭에만 연결한다. 나머지 플립플롭들은 앞단의 출력이 클록 펄스로 작용하며, 그에 따라 비동기 카운터의 플립플롭은 각각 다른 타이밍으로 동작한다. 비동기 카운터는 플립플롭의 동작 타이밍이 다르므로 동기 카운터보다 속도가 느리다. 반면에 회로가 단순하다는 장점이 있다.

1 실험 13에서 다룬 링 카운터는 시프트 카운터의 한 예이다.

14.1.1 4진 비동기 업 카운터

[그림 14-1]은 JK 플립플롭[2]으로 구성한 4진 비동기 업 카운터이다. CK 단자에는 클록 펄스가 인가된다. 또한 각 JK 플립플롭은 토글 동작을 하도록 입력(J, K)에 'HI'가 연결되어 있다. 제1단 플립플롭의 출력(Q_A)은 제2단 플립플롭의 클록 펄스로 작용한다.

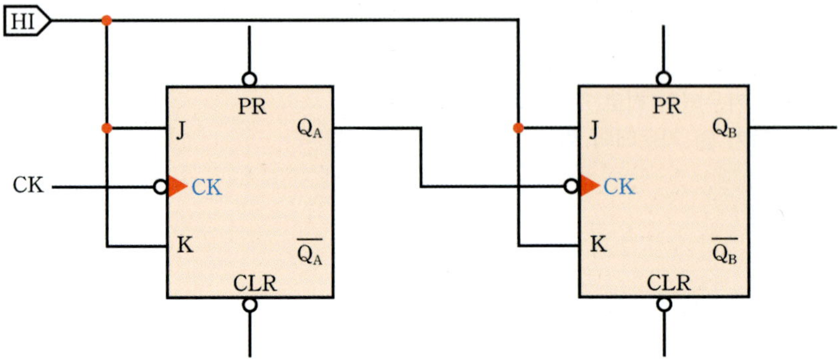

[그림 14-1] 4진 비동기 업 카운터

[표 14-1]은 클록 펄스에 따른 4진 비동기 업 카운터의 동작이다. 플립플롭의 출력(Q_A, Q_B)의 초기 상태는 0으로 가정한다. 클록 펄스의 순서에 따라 번호 ❶ ~ ❹를 붙였다. 이 카운터는 Q_A가 LSB(Least Significant Bit)이고, Q_B가 MSB(Most Significant Bit)이므로 Q_BQ_A로 2진수를 표시한다. Q_BQ_A는 '00'에서 '01 → 10 → 11'로 바뀐 다음, 다시 '00'이 된다.

[표 14-1] 4진 비동기 업 카운터의 동작

클록 펄스	Q_B	Q_A
초기 상태	0	0
❶ 	0	1
❷ 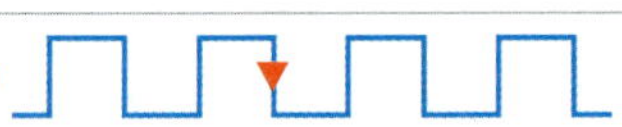	1	0
❸ 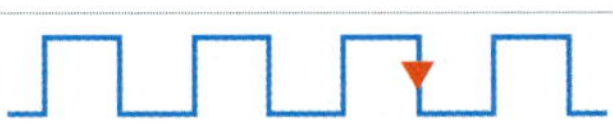	1	1
❹ 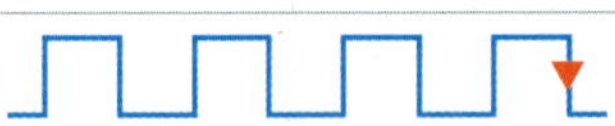	0	0

2 JK 플립플롭은 클록 펄스가 '0 → 1'로 변할 때 동작한다(하강 엣지 트리거).

[표 14-1]과 같은 4진 비동기 업 카운터의 동작이 실제 어떻게 이루어지는지 알아보자.

▸ 클록 펄스 ❶ : $Q_BQ_A = 01$

Q_A는 0→1로 토글된다. Q_A가 상승하므로 제2단 플립플롭은 트리거되지 않는다. 따라서 Q_B는 0을 유지한다.

▸ 클록 펄스 ❷ : $Q_BQ_A = 10$

Q_A는 1→0으로 토글된다. Q_A가 하강하므로 Q_B는 0 → 1로 토글된다.

▸ 클록 펄스 ❸ : $Q_BQ_A = 11$

Q_A는 0→1로 토글된다. Q_A가 상승하므로 제2단 플립플롭은 트리거되지 않는다. 따라서 Q_B는 1을 유지한다.

▸ 클록 펄스 ❹ : $Q_BQ_A = 00$

Q_A는 1→0으로 토글된다. Q_A가 하강하므로 Q_B는 1→0로 토글된다.

[그림 14-2]는 4진 비동기 업 카운터의 타이밍도이다. 제1단 플립플롭의 출력 Q_A는 클록 펄스가 하강할 때 토글되고, 제2단 플립플롭의 출력 Q_B는 Q_A가 하강할 때 토글된다. 그에 따라 Q_BQ_A는 초기 상태인 '00'에서 '01 → 10 → 11'로 바뀐 다음, 다시 '00'이 된다.

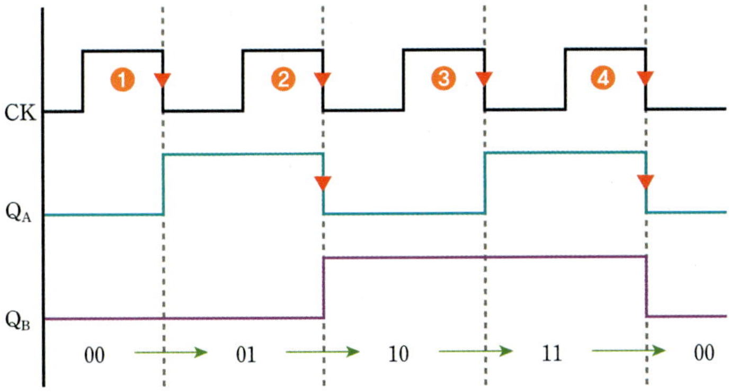

[그림 14-2] 4진 비동기 업 카운터의 타이밍도

14.1.2 4진 비동기 다운 카운터

[그림 14-3]은 JK 플립플롭으로 구성한 4진 비동기 다운 카운터이다. CK 단자에는 클록 펄스가 인가된다. 또한 JK 플립플롭의 입력(J, K)에는 토글 동작이 이루어지도록 'HI'가 연결되어 있다. 제1단 플립플롭의 반전 출력($\overline{Q_A}$)이 제2단 플립플롭의 CK와 연결되어 클록 펄스로 작용한다. 이 점이 4진 비동기 업 카운터와 다르다.

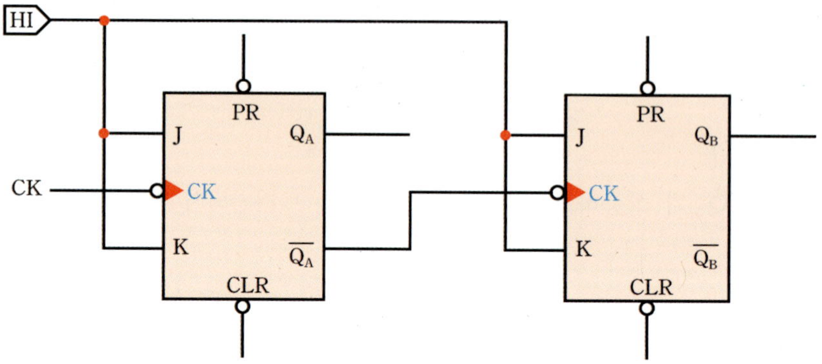

[그림 14-3] 4진 비동기 다운 카운터

[표 14-2]는 클록 펄스에 따른 4진 비동기 다운 카운터의 동작이다. 플립플롭의 출력(Q_A, Q_B)의 초기 상태는 1로 가정한다. 이 카운터도 Q_A가 LSB이고, Q_B가 MSB이므로 Q_BQ_A로 2진수를 표시한다. Q_BQ_A는 초기 상태인 '11'로부터 '10 → 01 → 00'으로 바뀐 다음, 다시 '11'이 된다.

[표 14-2] 4진 비동기 다운 카운터의 동작

클록 펄스	Q_B	Q_A
초기 상태	1	1
❶	1	0
❷	0	1
❸	0	0
❹	1	1

[표 14-2]와 같은 4진 비동기 다운 카운터의 동작이 실제 어떻게 이루어지는지 알아보자.

▸ **클록 펄스 ❶** : $Q_BQ_A = 10$

Q_A는 1 → 0로 토글된다. 이때 $\overline{Q_A}$는 0 → 1로 상승하므로 제2단 플립플롭은 트리거되지 않는다. 따라서 Q_B는 1을 유지한다.

▸ **클록 펄스 ❷** : $Q_BQ_A = 01$

Q_A는 0 → 1로 토글된다. 이때 $\overline{Q_A}$는 1 → 0으로 하강하므로 Q_B는 1 → 0으로 토글된다.

▸ **클록 펄스 ❸** : $Q_BQ_A = 00$

Q_A는 1 → 0으로 토글된다. 이때 $\overline{Q_A}$는 0 → 1로 상승하므로 제2단 플립플롭은 트리거되지 않는다. 따라서 Q_B는 0을 유지한다.

▸ **클록 펄스 ❹** : $Q_BQ_A = 11$

Q_A는 0 → 1로 토글된다. 이때 $\overline{Q_A}$는 1 → 0으로 하강하므로 Q_B는 0 → 1로 토글된다.

[그림 14-4]는 4진 비동기 다운 카운터의 타이밍도이다. 제1단 플립플롭의 출력 Q_A는 클록 펄스가 하강할 때 토글된다. 또한 제2단 플립플롭의 클록 펄스는 $\overline{Q_A}$이다[3]. 따라서 제2단 플립플롭의 출력 Q_B는 $\overline{Q_A}$가 하강할 때 토글된다. 그에 따라 Q_BQ_A는 초기 상태인 '11'에서 '10 → 01 → 00'으로 바뀐 다음, 다시 '11'이 된다.

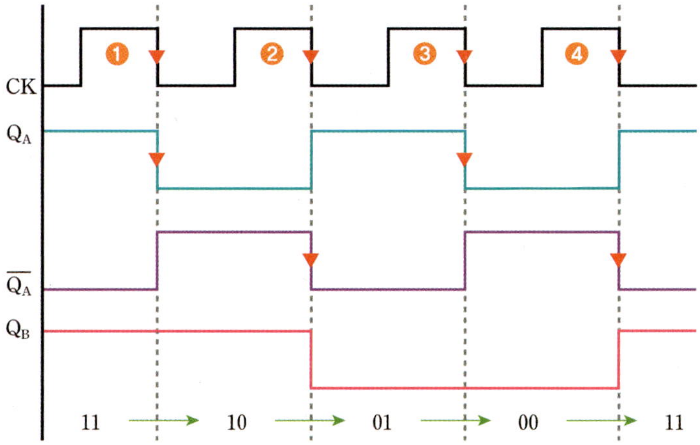

[그림 14-4] **4진 비동기 다운 카운터의 타이밍도**

---

3 타이밍도에 Q_A를 먼저 표시하고, Q_A와 논리 상태를 반대로 하여 $\overline{Q_A}$를 표시하였다.

14.1.3 리셋형 10진 비동기 업 카운터

[그림 14-5]는 JK 플립플롭으로 구성한 리셋형 10진 비동기 업 카운터이다. 이 카운터는 4개의 플립플롭으로 구성되었으므로 기본적으로 16진 비동기 업 카운터이다. 여기에 NAND 게이트를 추가하여 10(2진수 1010)이 될 때 리셋되도록 만들었다. 이 카운터는 제4단 플립플롭의 출력 Q_D가 MSB이고, 제1단 플립플롭의 출력 Q_A가 LSB이다.

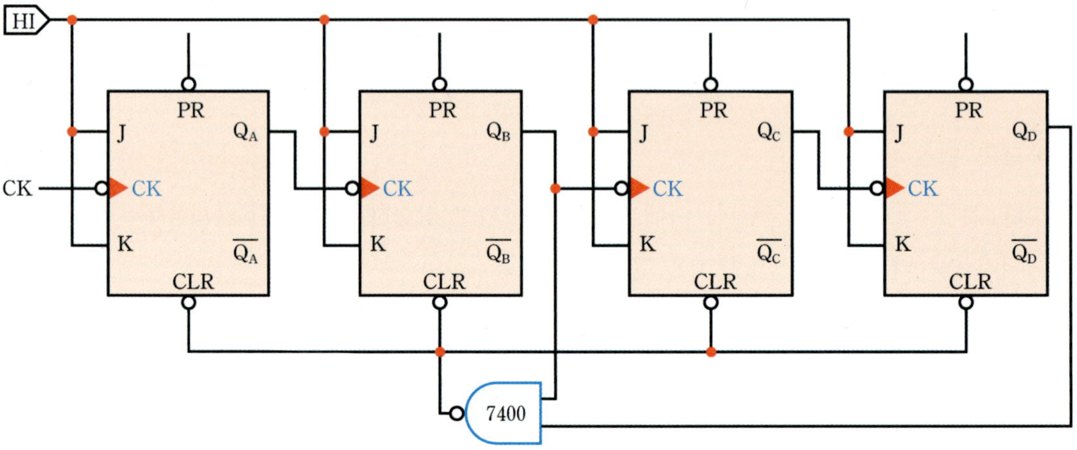

[그림 14-5] 리셋형 10진 비동기 업 카운터

제1단 플립플롭의 출력 Q_A는 클록 펄스가 하강할 때 토글된다. 제2단 플립플롭의 출력 Q_B는 Q_A가 하강할 때 토글된다. 마찬가지로 제3단 플립플롭의 출력 Q_C는 Q_B가 하강할 때 토글되고, 제4단 플립플롭의 출력 Q_D는 Q_C가 하강할 때 토글된다.

[그림 14-5]에서 NAND 게이트의 입력은 제2단 및 제4단 플립플롭의 출력(Q_B, Q_D)과 연결되어 있다. NAND 게이트의 출력은 모든 플립플롭의 CLR 단자와 연결되어 있다.

카운터가 '10'을 계수하는 순간, $Q_DQ_CQ_BQ_A$는 '1010'이 된다. 즉 $Q_D = Q_B = 1$이 되므로 NAND 게이트는 플립플롭의 CLR 단자로 '0'을 출력하게 되며, 그에 따라 출력 $Q_DQ_CQ_BQ_A$는 '0000'으로 리셋(클리어)된다[4].

[표 14-3]은 리셋형 10진 비동기 업 카운터의 동작을 보여준다. 표에는 클록 펄스에 따른 출력($Q_A \sim Q_D$)을 표시하였다. 카운터는 초기 상태인 '0000'부터 '1001'까지 계수하고 '1010'이 될 때 리셋된다.

---

4 리셋형 10진 비동기 업 카운터는 리셋되기 전에 일시적으로 출력($Q_DQ_CQ_BQ_A$)이 '1010'이 된다. 이는 '10'을 계수한 것으로, 0~9를 계수하는 10진 카운터로서는 오류이다. 이러한 일시적 오류를 글리치(Glitch)라 한다.

[표 14-3] 리셋형 10진 비동기 업 카운터의 동작

클록 펄스	Q_A	Q_B	Q_C	Q_D	$Q_DQ_CQ_BQ_A$	10진수
초기 상태	0	0	0	0	0000	0
❶	0 → 1	0	0	0	0001	1
❷	1 → 0	0 → 1	0	0	0010	2
❸	0 → 1	1	0	0	0011	3
❹	1 → 0	1 → 0	0 → 1	0	0100	4
❺	0 → 1	0	1	0	0101	5
❻	1 → 0	0 → 1	1	0	0110	6
❼	0 → 1	1	1	0	0111	7
❽	1 → 0	1 → 0	1 → 0	0 → 1	1000	8
❾	0 → 1	0	0	1	1001	9
❿	RESET				1010 → 0000	10 → 0
⓫	0 → 1	0	0	0	0001	1

14.2 실험

【실험장비】

실험기기	디지털 실험장치	1대
회로부품	디지털 IC	7400(NAND 게이트)
		7476(JK 플립플롭 IC 패키지) 2개

14.2.1 4진 비동기 업 카운터

1 JK 플립플롭 IC 패키지(7476)를 이용하여 [그림 14-6]과 같은 실험회로를 구성하라. 배선은 [실험 따라하기]를 참조한다.

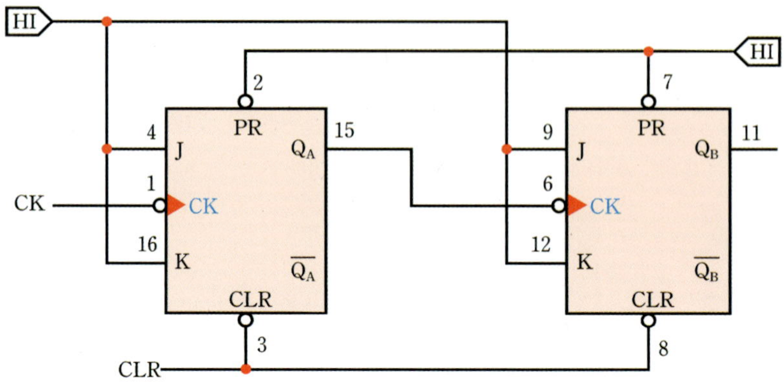

[그림 14-6] 4진 비동기 업 카운터의 실험회로

2 CK 단자를 디지털 실험장치의 입력 설정부와 연결하고, 플립플롭의 출력(Q_B, Q_A)은 디지털 실험장치의 출력 표시부와 연결하라.

3 CLR 단자에 잠깐 동안 '0'을 인가하여 출력(Q_B, Q_A)을 모두 0으로 만들라. 이어서 다시 '1'을 인가하라.

4 [표 14-4]와 같이 클록 펄스 ❶ ~ ❹를 인가하고[5], 출력(Q_B, Q_A)을 확인하여 표에 기록하라.

[표 14-4] 4진 비동기 업 카운터의 실험 결과

클록 펄스	Q_B	Q_A
초기 상태	0	0
❶ 		
❷ 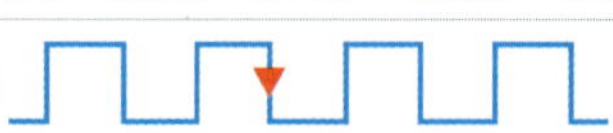		
❸ 		
❹ 		

5 클록 펄스 ❹를 인가할 때 초기 상태(Q_B, $Q_A = 0$, 0)로 돌아가는지 확인하라. (Yes□ No□)

5 CK 단자와 연결된 디지털 실험장치의 토글스위치를 온/오프하여 클록 펄스를 인가하라.

실험 따라하기 4진 비동기 업 카운터([그림 14-6])

1 실험회로([그림 14-6])에 사용된 JK 플립플롭 IC 패키지(7476) IC의 핀 다이어그램을 확인한다.

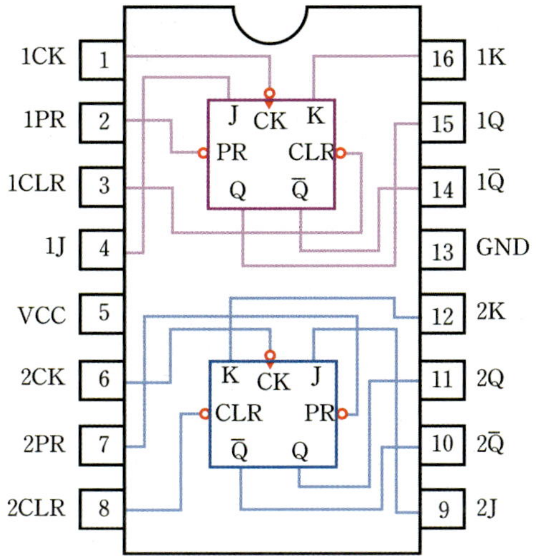

2 실험회로에 사용된 JK 플립플롭 IC 패키지(7476)의 핀 번호를 확인한다.

- 입력(J, K) : 제1단(4, 16번 핀), 제2단(9, 12번 핀)
- CK 단자 : 제1단(1번 핀), 제2단(6번 핀)
- 출력(Q) : 제1단(15번 핀), 제2단(11번 핀)
- PR 단자 : 제1단(2번 핀), 제2단(7번 핀)
- CLR 단자 : 제1단(3번 핀), 제2단(8번 핀)

3 그림과 같이 IC 패키지에 전원을 연결한다. 또한 각 플립플롭의 입력(J, K)을 서로 연결한 다음 디지털 실험장치의 입력 설정부(토글스위치)와도 연결한다. 실험할 때는 스위치를 온하여 JK 플립플롭이 토글 동작을 하도록 설정한다.

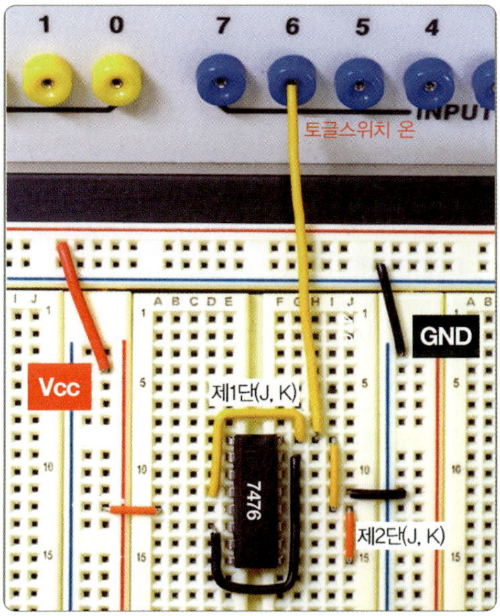

4 CK 단자를 디지털 실험장치의 입력 설정부(토글스위치)와 연결한다. 또한 PR 및 CLR 단자가 동작하지 않도록 V_{CC}와 연결하여 '1'을 인가한다. 출력(Q_B, Q_A)은 그림과 같이 출력 표시부와 연결한다.

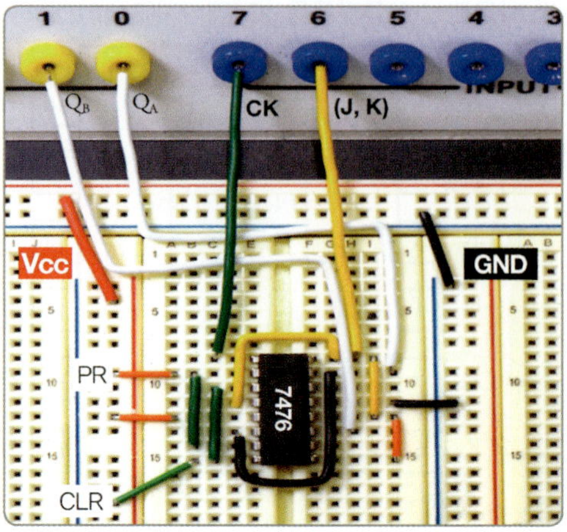

5 그림과 같이 CLR 단자를 잠깐 동안 'GND'와 연결하여 출력(Q_B, Q_A)을 0으로 만든다.

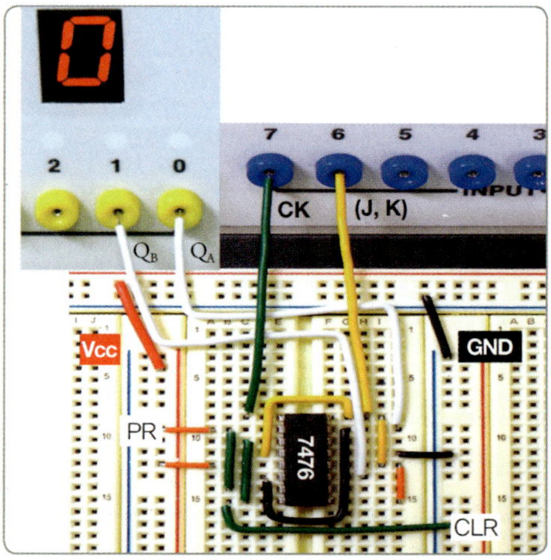

6 토글스위치를 온/오프하여 [표 14-4]의 클록 펄스 ❶ ~ ❹를 인가하고, 출력(Q_B, Q_A)을 확인하여 표에 기록한다.

7 틀록 펄스 ❶ ~ ❹를 인가함에 따라 출력(Q_B, Q_A)이 '00'으로부터 '01 → 10 → 11'로 바뀐다. 이때 디지털 실험장치의 7-세그먼트에는 10진수 0 ~ 3도 함께 표시된다.

참고 CK를 디지털 실험장치의 펄스 발생부와 연결하고, 1[Hz]의 클록 펄스를 공급하면, 연속적인 계수 동작을 관찰할 수 있다.

14.2.2 4진 비동기 다운 카운터

1 JK 플립플롭 IC 패키지(7476)를 이용하여 [그림 14-7]과 같은 실험회로를 구성하라[6].

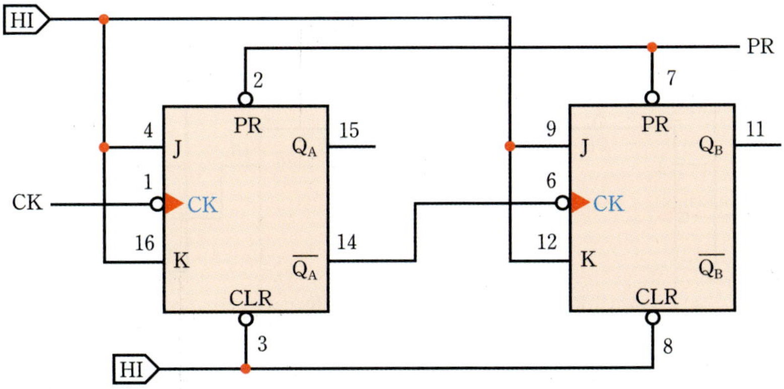

[그림 14-7] 4진 비동기 다운 카운터의 실험회로

2 CK 단자를 디지털 실험장치의 입력 설정부와 연결하고, 플립플롭의 출력(Q_B, Q_A)은 디지털 실험장치의 출력 표시부와 연결하라.

6 [그림 14-6]의 실험회로에서 제2단 플립플롭의 CK 단자의 연결만 바꾸면 된다.

3 PR 단자에 잠깐 동안 '0'을 인가하여 출력(Q_B, Q_A)을 모두 1로 만들라. 이어서 다시 '1'을 인가하라.

4 [표 14-5]와 같이 클록 펄스 ❶ ~ ❹를 인가하고, 출력(Q_B, Q_A)을 확인하여 표에 기록하라.

[표 14-5] 4진 비동기 다운 카운터의 실험 결과

클록 펄스	Q_B	Q_A
초기 상태	1	1
❶		
❷		
❸		
❹		

5 클록 펄스 ❹를 인가할 때 초기 상태(Q_B, Q_A = 1, 1)로 돌아가는지 확인하라. (Yes□ No□)

14.2.3 리셋형 10진 비동기 업 카운터

1 JK 플립플롭 IC 패키지(7476)를 이용하여 [그림 14-8(a)]와 같은 실험회로를 구성하라[7]. [그림 14-8(b)]는 배선도이다.

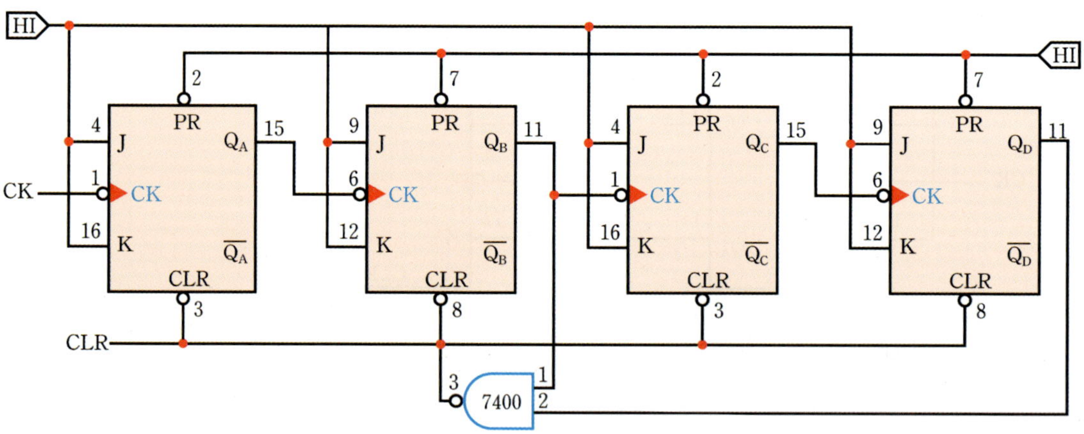

(a)

7 JK 플립플롭 IC 패키지(7476)에는 두 개의 JK 플립플롭이 들어 있다. 따라서 실험회로를 구성하려면 두 개의 7476 IC 패키지가 필요하다.

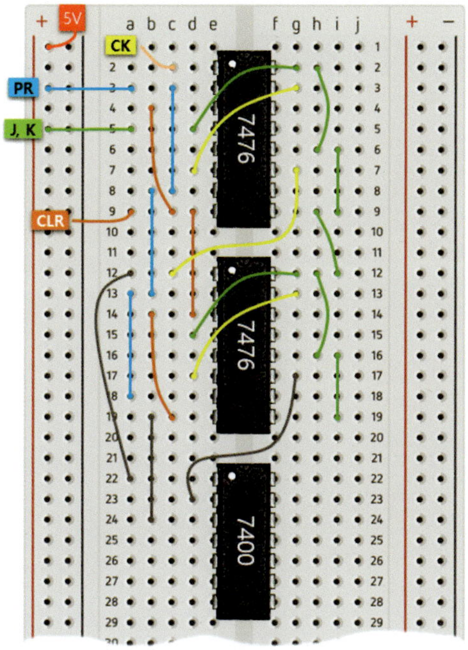

(b)

[그림 14-8] 리셋형 10진 비동기 업 카운터의 실험회로

2 CK 단자를 디지털 실험장치의 입력 설정부와 연결하고, 플립플롭의 출력(Q_D ~ Q_A)은 디지털 실험장치의 출력 표시부와 연결하라.

3 CLR 단자에 잠깐 동안 '0'을 인가하여 출력(Q_D ~ Q_A)을 0으로 만들라. 이어서 다시 '1'을 인가하라.

4 출력(Q_D ~ Q_A)이 모두 0인지 확인하라. (Yes□ No□)

5 [표 14-6]과 같이 클록 펄스 ❶ ~ ⓫을 인가하고, 출력(Q_D ~ Q_A)을 확인하여 표에 기록하라.

6 출력(Q_D ~ Q_A)을 10진수로 바꾸어 [표 14-6]에 기록하라.

[표 14-6] 리셋형 10진 비동기 업 카운터의 실험 결과

클록 펄스	Q_D	Q_C	Q_B	Q_A	10진수
초기 상태	0	0	0	0	0
❶					
❷					
❸					
❹					
❺					
❻					
❼					
❽					
❾					
❿					
⓫					

7 클록 펄스 ❿을 인가할 때 카운터가 리셋되어 출력($Q_D \sim Q_A$)이 '0000'이 되는지 확인하라. (Yes□ No□)

14.3 PSpice 시뮬레이션

1 [표 14-7]과 같이 설정하여 [그림 14-6]의 실험회로를 시뮬레이션하라.

[표 14-7] 시뮬레이션 설정

<table>
<tr><td colspan="3">대상 회로</td><td colspan="5">[그림 14-6]</td></tr>
<tr><td rowspan="7">시뮬레이션 설정</td><td colspan="2">Analysis type</td><td colspan="5">Time Domain (Transient)</td></tr>
<tr><td colspan="2">Options</td><td colspan="5">General Settings</td></tr>
<tr><td colspan="2">Run to time</td><td colspan="5">600[ms]</td></tr>
<tr><td colspan="2" rowspan="2">디지털 입력 (STIM1) 설정</td><td colspan="5">COMMAND</td></tr>
<tr><td>1</td><td>2</td><td>3</td><td>4</td><td>5</td></tr>
<tr><td rowspan="2">입력</td><td>CLR</td><td>0s 0</td><td>10ms 1</td><td></td><td></td><td></td></tr>
<tr><td>CK</td><td colspan="5">DigClock의 'OFFTIME'과 'ONTIME'을 각각 50[ms]로 설정하여 주기가 100[ms]인 클록 펄스를 만든다.</td></tr>
</table>

2 플립플롭이 초기화 되도록 CLR 단자를 입력 'STIM1'을 이용하여 설정하라. 설정에 필요한 'COMMAND' 입력 값은 [표 14-7]을 참고하라.

3 CK는 'DigClock'을 사용하여 10[Hz](주기 100[ms])로 설정하라.

4 시뮬레이션 결과로서 플립플롭의 출력(Q_B, Q_A)의 파형을 각각 보이고, 4진 비동기 업 카운터로 동작하는지 확인하라.

5 **참고** [그림 14-9]의 시뮬레이션 회로를 확인하라.

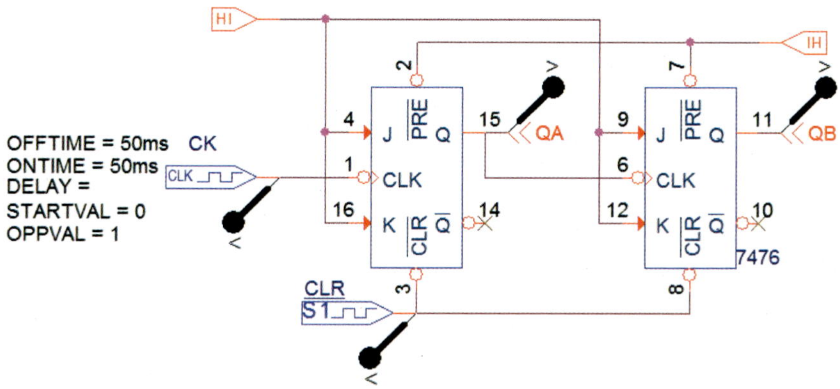

[그림 14-9] 시뮬레이션 회로

6 **참고** [그림 14-10]의 시뮬레이션 결과를 확인하라.

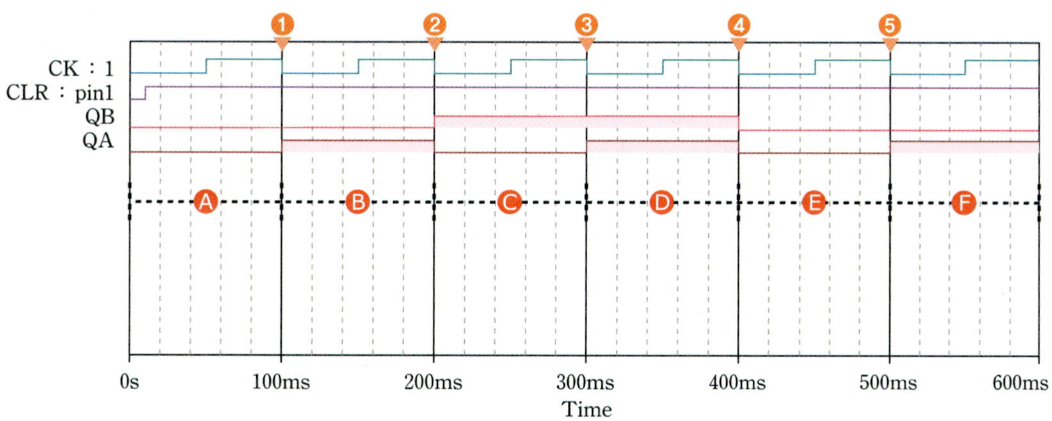

[그림 14-10] 시뮬레이션 결과

[그림 14-10]에는 CK 단자와 CLR 단자에 인가된 신호와 플립플롭의 출력(Q_B, Q_A)이 표시되어 있다. 여기서 Q_A는 CK가 하강할 때 토글되고, Q_B는 Q_A가 하강할 때 토글된다.

[그림 14-10]에 표시한 구간 (Ⓐ ~ Ⓕ)별로 카운터의 동작을 살펴보면 다음과 같다.

- 구간 Ⓐ : CLR이 10[ms] 동안 '0'이므로 모든 플립플롭 초기화 $Q_BQ_A = 00$
- 구간 Ⓑ : CK ❶ 하강, $Q_BQ_A = 01$
- 구간 Ⓒ : CK ❷ 하강, $Q_BQ_A = 10$
- 구간 Ⓓ : CK ❸ 하강, $Q_BQ_A = 11$
- 구간 Ⓔ : CK ❹ 하강, $Q_BQ_A = 00$(초기 상태로 복귀)
- 구간 Ⓕ : CK ❺ 하강, $Q_BQ_A = 01$(계수 계속)

셀프 테스트

(1) 3개의 플립플롭으로 카운터를 구성하면, 0부터 (6, 7, 8, 9, 10)까지 계수할 수 있다.
(2) 2^n진 카운터에서 n은 (플립플롭의 수, 계수가 가능한 수, 출력의 수)를 나타낸다.
(3) 비동기 카운터를 구성하는 플립플롭들은 (다른, 같은) 타이밍에 동작한다.
(4) 비동기 카운터는 동기 카운터에 비하여 회로 구성이 (복잡하다, 간단하다).
(5) 4진 비동기 업 카운터는 제1단 플립플롭의 출력 중에서 (Q, $\overline{Q}$)을(를) 제2단 플립플롭의 CK 단자에 연결한다.
(6) 4진 비동기 다운 카운터는 제1단 플립플롭의 출력 중에서 (Q, $\overline{Q}$)을(를) 제2단 플립플롭의 CK 단자에 연결한다.
(7) 리셋형 10진 비동기 업 카운터는 기본적으로 (10진, 12진, 14진, 16진) 카운터이다.
(8) 리셋형 10진 비동기 업 카운터는 십진수 (9, 10)을(를) 계수하는 순간 리셋된다.
(9) 리셋형 10진 비동기 업 카운터는 (AND, OR, NAND, NOR) 게이트를 이용하여 리셋 회로를 구성한다.

예비학습

(1) 동기 카운터(Synchronous Counter)의 특징을 조사하라.

결과 보고서

실험
14 비동기 카운터

- 학번 :
- 이름 :
- 실험일 :

실험 1 4진 비동기 업 카운터

[표 14-4] 4진 비동기 업 카운터의 실험 결과

클록 펄스	Q_B	Q_A
초기 상태	0	0
❶ 		
❷ 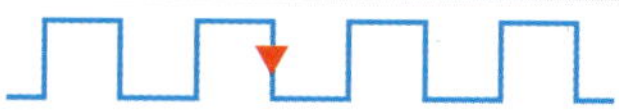		
❸ 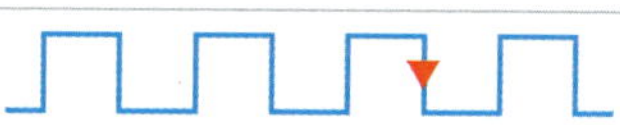		
❹ 		

(1) 클록 펄스 ❹를 인가할 때 초기 상태(Q_B, Q_A = 0, 0)로 돌아가는지 확인하라. (Yes□ No□)

(2) [표 14-4]의 실험 결과를 이용하여 4진 비동기 업 카운터의 동작을 설명하라.

실험 2 4진 비동기 다운 카운터

[표 14-5] 4진 비동기 다운 카운터의 실험 결과

클록 펄스	Q_B	Q_A
초기 상태	1	1
❶ 		
❷ 		
❸ 		
❹ 		

(1) 클록 펄스 ❹를 인가할 때 초기 상태(Q_B, Q_A = 1, 1)로 돌아가는지 확인하라. (Yes□ No□)

(2) [표 14-5]의 실험 결과를 이용하여 4진 비동기 다운 카운터의 동작을 설명하라.

실험 3 리셋형 10진 비동기 업 카운터

[표 14-6] 리셋형 10진 비동기 업 카운터의 실험 결과

클록 펄스	Q_D	Q_C	Q_B	Q_A	10진수
초기 상태	0	0	0	0	0
❶					
❷					
❸					
❹					
❺					
❻					
❼					
❽					
❾					
❿					
⓫					

(1) 클록 펄스 ❿을 인가할 때 카운터가 리셋되어 출력($Q_D \sim Q_A$)이 '0000'이 되는지 확인하라.
(Yes□ No□)

(2) [표 14-6]의 실험 결과를 이용하여 리셋형 10진 비동기 업 카운터의 동작을 설명하라.

(3) [그림 14-8(a)]와 [표 14-6]의 실험 결과를 이용하여 리셋형 10진 비동기 업 카운터가 리셋 되는 원리를 설명하라.

PSpice 시뮬레이션 리셋형 10진 비동기 업 카운터

(1) [그림 14-8(a)]의 실험회로를 OrCAD Capture로 작성하라(화면 캡처). 실험회로의 CK 단자에 인가할 클록 펄스는 'DigClock'으로 설정하라([표 14-7] 참조).

(2) 시뮬레이션 결과 그래프를 보여라(화면 캡처).

(3) 시뮬레이션 결과를 참고하여 [표 14-8]을 완성하라.

[표 14-8] 리셋형 10진 비동기 업 카운터의 시뮬레이션 결과

클록 펄스	Q_D	Q_C	Q_B	Q_A	10진수
초기 상태	0	0	0	0	0
❶					
❷					
❸					
❹					
❺					
❻					
❼					
❽					
❾					
❿					
⓫					

(4) [표 14-8]의 시뮬레이션 결과와 [표 14-6]의 실험 결과가 서로 같은지 확인하라.
(같음□ 다름□)

실험 15

동기 카운터

학습목표

- 4진 동기 업 카운터의 회로 구성과 동작을 실험한다.
- 6진 동기 업 카운터의 회로 구성과 동작을 실험한다.

15.1 기초 이론

동기 카운터는 회로의 모든 플립플롭에 클록 펄스를 동시에 인가한다. 따라서 각 플립플롭의 상태가 동시에 정해지며 동기화되어 동작하게 된다. 이러한 특징 때문에 동기 카운터는 비동기 카운터보다 동작 속도가 빠르다. 반면 회로가 복잡하다는 단점이 있으며, 단계적인 설계 과정이 필요하다.

동기 카운터는 JK 플립플롭, D 플립플롭, T 플립플롭 등으로 설계한다. [표 15-1]은 D 플립플롭 또는 T 플립플롭을 이용한 동기 카운터의 설계 과정이다[1]. 이 설계 과정에 따라 4진 동기 업 카운터와 6진 동기 업 카운터를 설계해 본다. 이해를 돕기 위해 4진 동기 업 카운터는 D 플립플롭으로, 6진 동기 업 카운터는 T 플립플롭으로 각각 설계하였다.

[표 15-1] 동기 카운터의 설계 과정

단계	과정	내용
❶	상태도 그리기	• 동기 카운터의 출력 상태 추출하기(00 → 01 → 10 → …) • 추출된 출력 상태가 순환되는 상태도(State Diagram) 그리기
❷	천이표 작성하기	• (설계에 사용할) 플립플롭의 출력을 다음 상태로 바꾸기 위한 입력값을 표시한 천이표(Transition Table) 작성하기
❸	상태표 작성하기	• 카운터의 현재 상태를 다음 상태로 바꾸는데 필요한 입력값을 플립플롭별로 표시한 상태표(State Table) 작성하기
❹	카르노 맵 작성하기	• 상태표의 플립플롭별 입력을 카르노 맵으로 작성하기
❺	논리식 구하기	• 플립플롭의 입력별 논리식 구하기(카르노 맵 간소화)
❻	디지털 회로 그리기	• 플립플롭별 논리식의 디지털 회로 그리기(동기 카운터 구현)

1 JK 플립플롭을 사용하는 경우보다 설계 과정이 간단하다.

15.1.1 4진 동기 업 카운터

[표 15-1]의 설계 과정에 따라 D 플립플롭으로 4진 동기 업 카운터를 설계해 보자. 4진 카운터는 두 개의 D 플립플롭이 필요하다.

❶ 상태도 그리기

4진 동기 업 카운터는 0 ~ 3을 계수하며 4개의 출력 상태(00, 01, 10, 11)를 나타낸다. 이를 상태도로 그리면 [그림 15-1]과 같다.

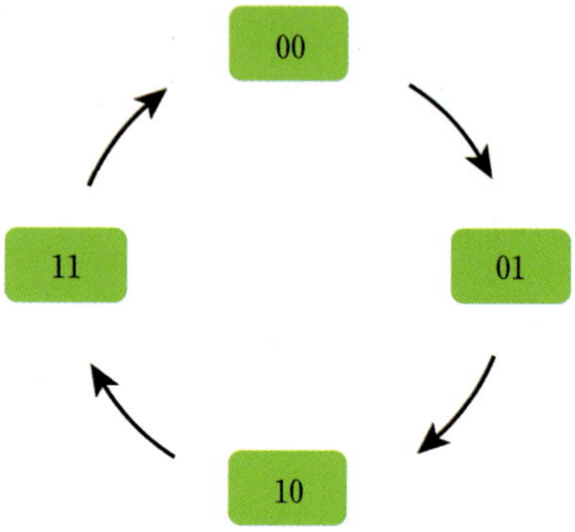

[그림 15-1] 4진 동기 업 카운터의 상태도

❷ 천이표 작성하기

[표 15-2]는 D 플립플롭의 천이표이다. 여기에는 플립플롭의 출력을 '다음 상태'로 바꾸는데 필요한 입력 값 D가 표시되어 있다.

[표 15-2] D 플립플롭의 천이표

현재 상태	다음 상태	D
0	0	0
0	1	1
1	0	0
1	1	1

다음 과정인 상태표를 작성하기 전에, 4진 동기 업 카운터의 기본 구성과 입출력을 살펴보자. [그림 15-2]는 4진 동기 업 카운터를 구성하는 두 개의 D 플립플롭으로, 각 플립플롭의 입력과 출력 및 클록 단자인 CK만 표시해 둔 상태이다.

제1단 플립플롭의 입력은 D_A이고, 출력은 Q_A이다. 제2단 플립플롭의 입력은 D_B이고, 출력은 Q_B이다. 출력 Q_B가 MSB이므로 카운터의 출력은 Q_BQ_A로 표시한다.

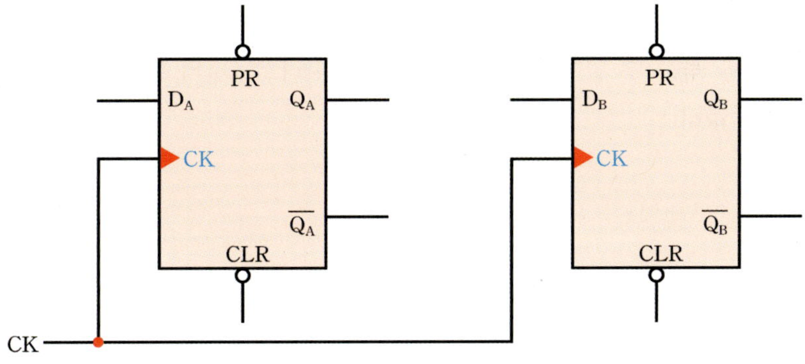

[그림 15-2] 입력과 출력, CK를 표시한 두 개의 D 플립플롭

❸ 상태표 작성하기

[표 15-3]은 4진 동기 업 카운터의 상태표이다. 여기에는 카운터 출력(Q_BQ_A)의 '현재 상태'를 '다음 상태'로 바꾸기 위한 각 플립플롭의 입력이 표시되어 있다.

[표 15-3] 4진 동기 업 카운터의 상태표

현재 상태	다음 상태	플립플롭의 입력	
Q_BQ_A	Q_BQ_A	D_B	D_A
00	01	0	1
01	10	1	0
10	11	1	1
11	00	0	0

플립플롭의 입력(D_B, D_A)은 플립플롭의 천이표([표 15-2])에 따라 정한다. 예를 들어 현재 상태가 '00'일 때 다음 상태는 '01'이므로 플립플롭의 입력 D_B는 '0'이 되고, D_A는 '1'이 된다.

❹ 카르노 맵 작성하기

[표 15-3]의 상태표에서 출력 Q_BQ_A의 현재 상태를 기준으로 플립플롭의 입력 D_B, D_A에 대한 카르노 맵을 작성한다. 작성된 카르노 맵은 [그림 15-3]과 같다.

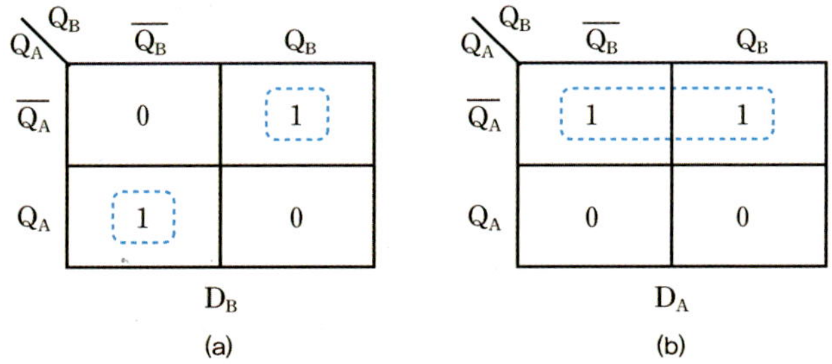

[그림 15-3] 플립플롭 입력 D_B 및 D_A의 카르노 맵

❺ 논리식 구하기

[그림 15-3(a)]의 카르노 맵은 1을 묶을 수 없어 간소화할 수 없다. 따라서 D_B의 논리식은 다음과 같으며, 이는 Q_B와 Q_A의 XOR이다.

$$D_B = Q_B\overline{Q_A} + \overline{Q_B}Q_A = Q_B \oplus Q_A$$

[그림 15-3(b)]의 카르노 맵은 그림과 같이 1을 묶으면 Q_B가 삭제되며, D_A의 논리식은 다음과 같다.

$$D_A = \overline{Q_A}$$

❻ 디지털 회로 그리기

입력 D_B 및 D_A의 논리식을 [그림 15-2]에 추가하여 디지털 회로로 그리면, [그림 15-4]와 같은 4진 동기 업 카운터가 구현된다.

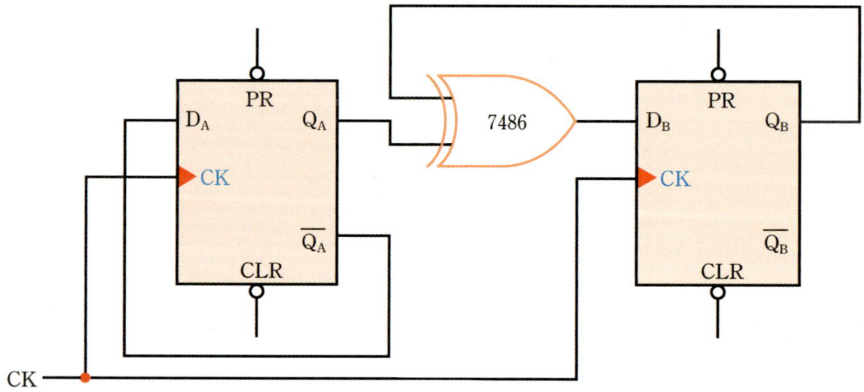

[그림 15-4] 4진 동기 업 카운터

15.1.2 6진 동기 업 카운터

[표 15-1]의 설계 과정에 따라 T 플립플롭으로 6진 동기 업 카운터를 설계해 보자. 6진 카운터는 세 개의 플립플롭이 필요하다.

❶ 상태도 그리기

6진 동기 업 카운터는 0 ~ 5를 계수하며 6개의 출력 상태(000, 001, 010, 011, 100, 101)를 나타낸다. 이를 상태도로 그리면 [그림 15-5]와 같다.

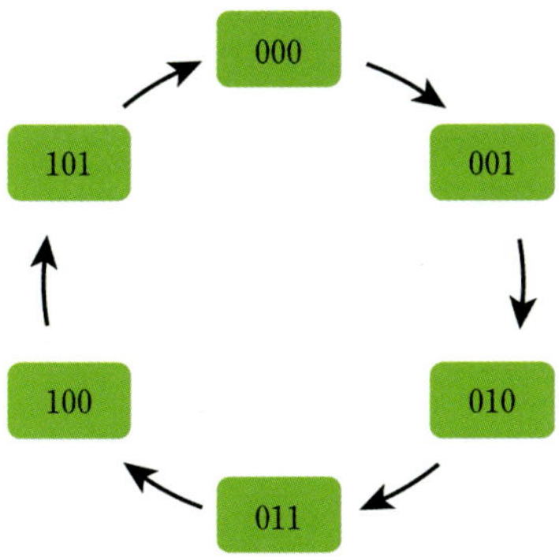

[그림 15-5] 6진 동기 업 카운터의 상태도

❷ 천이표 작성하기

[표 15-4]는 T 플립플롭의 천이표이다. 여기에는 플립플롭의 출력을 '다음 상태'로 바꾸는데 필요한 입력 값 T가 표시되어 있다.

[표 15-4] T 플립플롭의 천이표

현재 상태	다음 상태	T
0	0	0
0	1	1
1	0	1
1	1	0

❸ 상태표 작성하기

6진 동기 업 카운터는 세 개의 플립플롭으로 구성한다. 제1단 ~ 제3단 플립플롭의 입력은 각각 T_A, T_B, T_C이고, 출력은 각각 Q_A, Q_B, Q_C이다. 여기서 출력 Q_C가 MSB이므로 카운터의 출력은 $Q_CQ_BQ_A$로 표시한다.

[표 15-5]는 6진 동기 업 카운터의 상태표로, 카운터 출력($Q_CQ_BQ_A$)의 '현재 상태'를 '다음 상태'로 바꾸기 위한 각 플립플롭의 입력이 표시되어 있다.

[표 15-5] 6진 동기 업 카운터의 상태표

현재 상태	다음 상태	플립플롭의 입력		
$Q_CQ_BQ_A$	$Q_CQ_BQ_A$	T_C	T_B	T_A
000	001	0	0	1
001	010	0	1	1
010	011	0	0	1
011	100	1	1	1
100	101	0	0	1
101	000	1	0	1

플립플롭의 입력(T_A, T_B, T_C)은 T 플립플롭의 천이표([표 15-4])에 따라 정한다. 예를 들어 현재 상태가 '001'인 경우, 다음 상태는 '010'이므로 플립플롭의 입력 T_C는 '0'이 되고, T_B와 T_C는 각각 '1'이 된다.

❹ 카르노 맵 작성하기

[표 15-5]의 상태표에서 현재 상태를 기준으로 입력 T_C, T_B, T_A의 카르노 맵을 작성한다. 작성된 카르노 맵은 [그림 15-6]과 같다. 각 카르노 맵에서 'X'는 무관항(Don't Care Term)[2]이다.

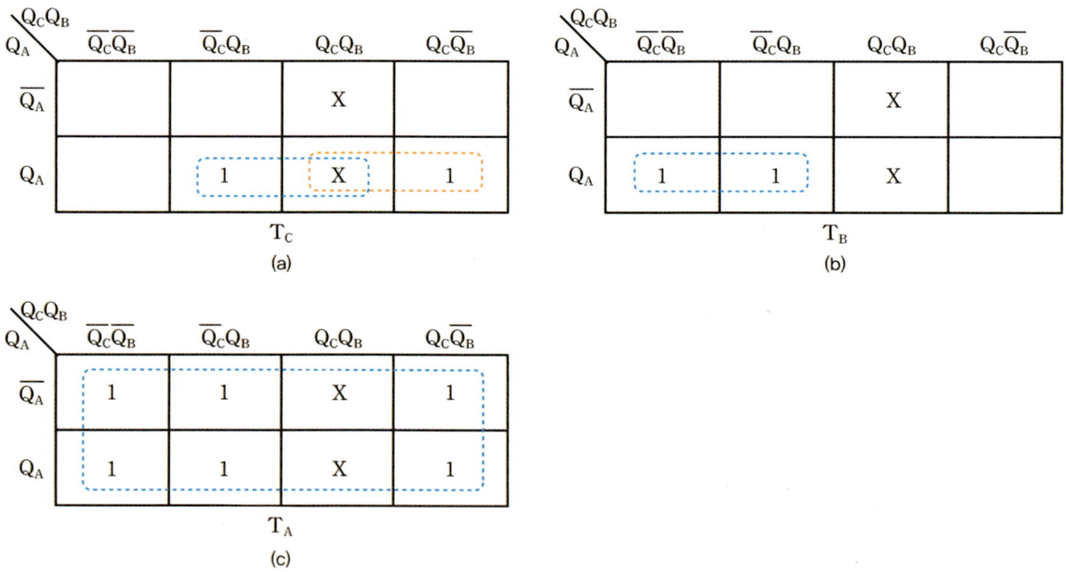

[그림 15-6] 플립플롭 입력 T_C, T_B, T_A의 카르노 맵

2 논리에 영향을 미치지 않거나 나올 수 없는 상태에 해당되는 카르노 맵의 항을 말한다. [그림 15-6]에서는 $Q_CQ_B\overline{Q_A}$ 및 $Q_CQ_BQ_A$의 항이 무관항이다. $Q_CQ_B\overline{Q_A}$는 '110'이고, $Q_CQ_BQ_A$는 '111'이다. 이는 10진수에서 6과 7에 해당되므로 6진 카운터에서는 나올 수 없다. 무관항은 카르노 맵을 묶을 때 포함시킬 수 있다.

❺ 논리식 구하기

[그림 15-6]의 카르노 맵에서 플립플롭의 입력 T_C, T_B, T_A 의 간소화한 논리식을 구하면 다음과 같다.

$$T_C = Q_B Q_A + Q_C Q_A = Q_A (Q_B + Q_C)$$
$$T_B = \overline{Q_C} Q_A$$
$$T_A = 1$$

❻ 디지털 회로 그리기

플립플롭의 입력 T_C, T_B, T_A 의 논리식을 디지털 회로로 그리면, [그림 15-7]과 같은 6진 동기 업 카운터가 구현된다. 세 개의 T 플립플롭[3]과 AND 게이트 및 OR 게이트가 사용되었다.

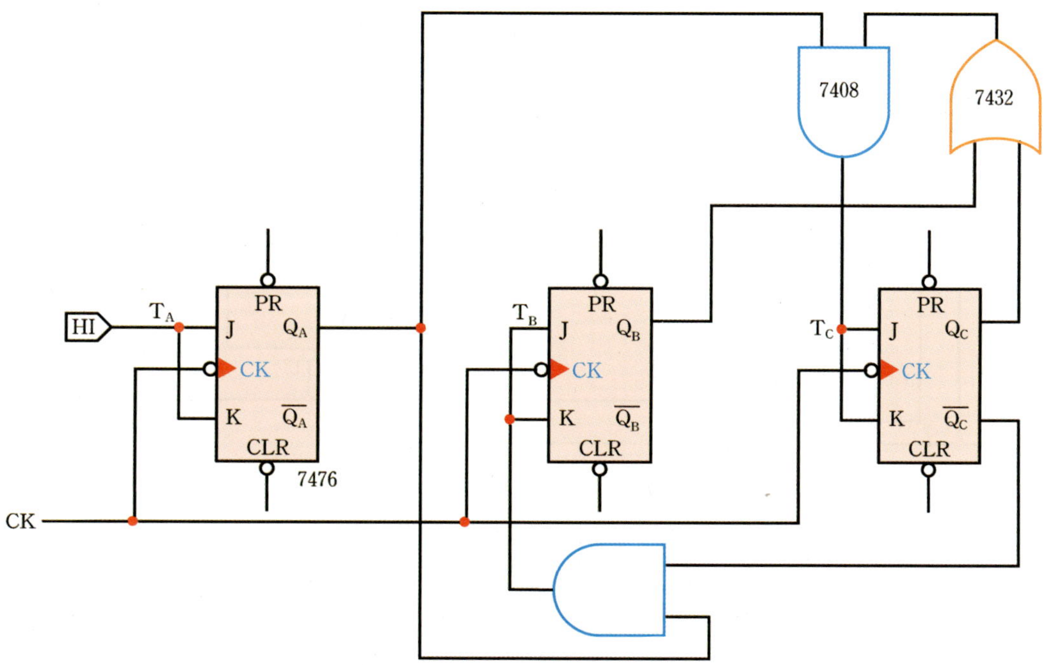

[그림 15-7] 6진 동기 업 카운터

3 JK 플립플롭의 입력을 서로 연결하여 T 플립플롭을 구성하였다.

15.2 실험

【실험장비】

실험기기	디지털 실험장치	1대
회로부품	디지털 IC	7408(AND 게이트)
		7432(OR 게이트)
		7474(D 플립플롭 IC 패키지)
		7476(JK 플립플롭 IC 패키지) 2개
		7486(XOR 게이트)

15.2.1 4진 동기 업 카운터

1 D 플립플롭 IC 패키지(7474)를 이용하여 [그림 15-8(a)]와 같은 실험회로를 구성하라. [그림 15-8(b)]는 배선도이다.

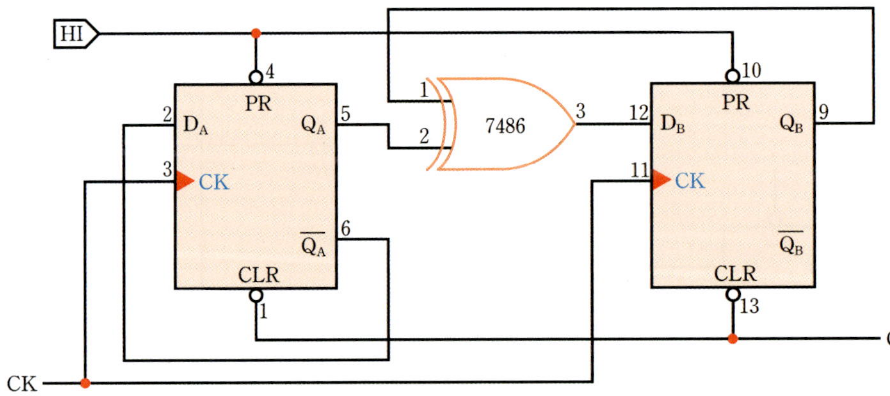

(a)

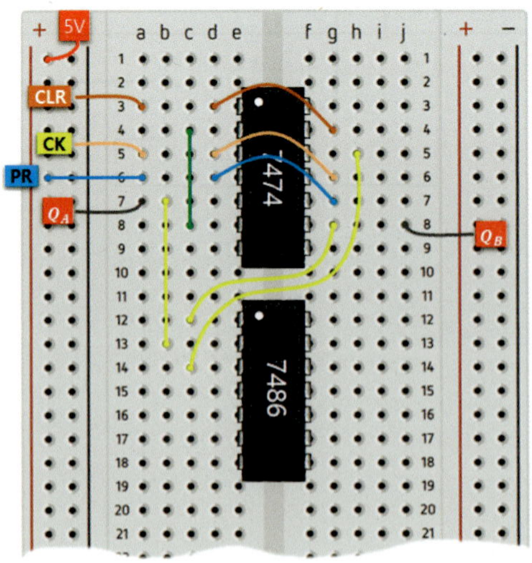

(b)

[그림 15-8] 4진 동기 업 카운터의 실험회로

2 CK 단자를 디지털 실험장치의 입력 설정부와 연결하고, 플립플롭의 출력(Q_B, Q_A)은 디지털 실험장치의 출력 표시부와 연결하라.

3 CLR 단자에 잠깐 '0'을 인가하여 출력(Q_B, Q_A)을 0으로 만들라. 이어서 다시 '1'을 인가하라.

4 [표 15-6]과 같이 클록 펄스 ❶ ~ ❹를 인가하고[4], 플립플롭의 출력(Q_B, Q_A)을 확인하여 표에 기록하라.

[표 15-6] **4진 동기 업 카운터의 실험 결과**

클록 펄스	Q_B	Q_A
초기 상태	0	0
❶ 		
❷ 		
❸ 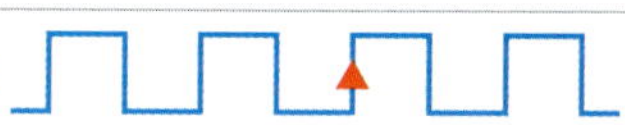		
❹ 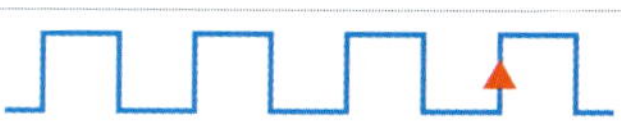		

5 클록 펄스 ❹를 인가할 때 카운터가 초기 상태(Q_B, Q_A = 0, 0)로 돌아가는지 확인하라.
(Yes□ No□)

15.2.3 6진 동기 업 카운터

1 JK 플립플롭 IC 패키지(7476)을 이용하여 [그림 15-9(a)]와 같은 실험회로를 구성하라[5]. [그림 15-9(b)]는 배선도이다.

4 CK 단자와 연결된 디지털 실험장치의 토글스위치를 온/오프하여 클록 펄스를 인가하라.
5 이 실험회로를 구성하려면, 두 개의 7476 IC 패키지가 필요하다. 각 IC 패키지의 전원과 배선 연결에 주의하라.

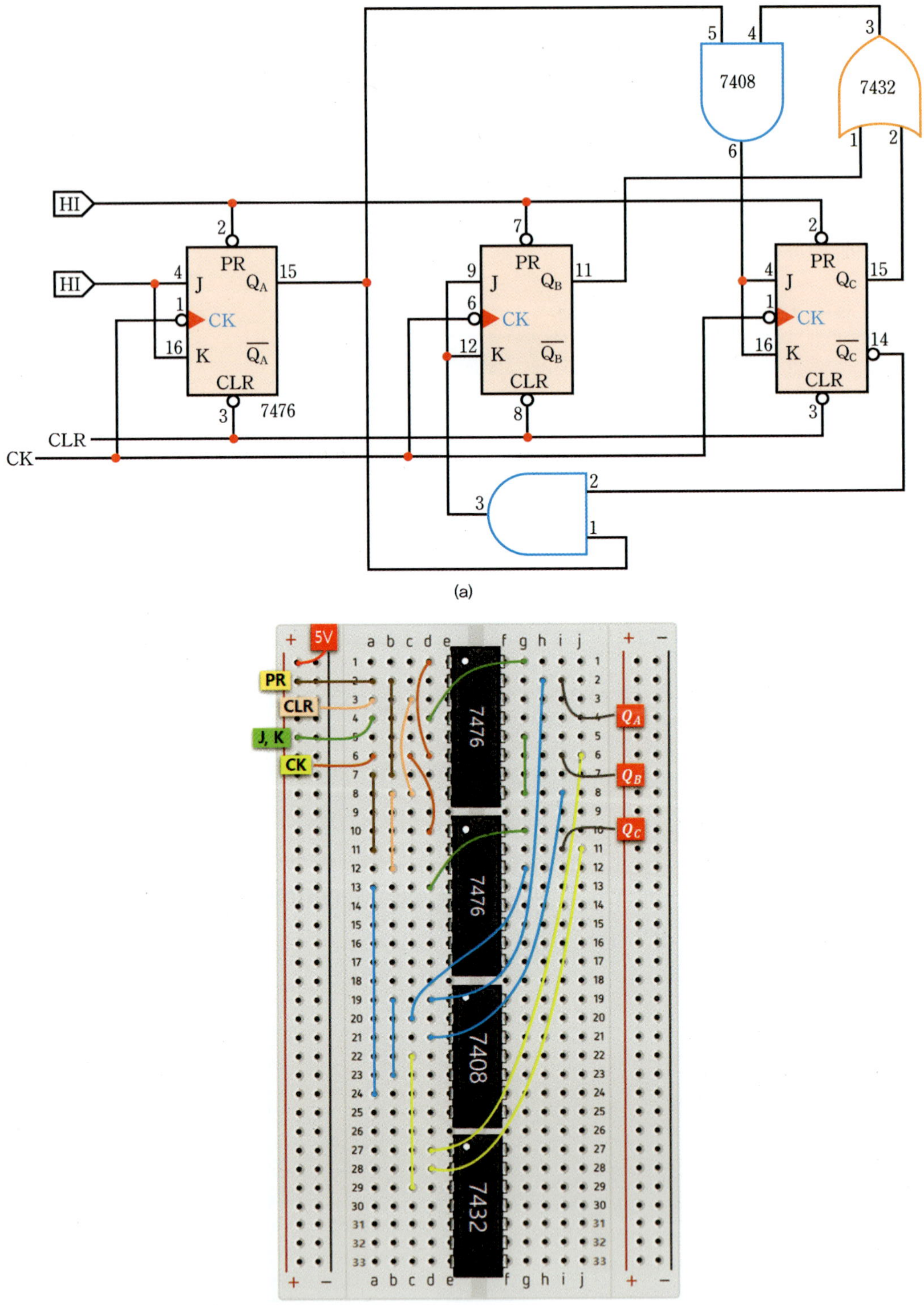

[그림 15-9] 6진 동기 업 카운터의 실험회로

2 CK 단자를 디지털 실험장치의 입력 설정부와 연결하고, 플립플롭의 출력(Q_C, Q_B, Q_A)을 각각 디지털 실험장치의 출력 표시부와 연결하라.

3 CLR 단자에 잠깐 '0'을 인가하여 출력(Q_C, Q_B, Q_A)을 모두 0으로 만든 다음 다시 '1'을 인가하라.

4 출력(Q_C, Q_B, Q_A)이 모두 0이 되는지 확인하라. (Yes□ No□)

5 [표 15-7]과 같이 클록 펄스 ❶ ~ ❼을 인가하고, 출력(Q_C, Q_B, Q_A)을 확인하여 표에 기록하라.

6 출력(Q_C, Q_B, Q_A)을 10진수로 바꾸어 표에 기록하라.

[표 15-7] **6진 동기 업 카운터의 실험 결과**

클록 펄스	Q_C	Q_B	Q_A	10진수
초기 상태	0	0	0	0
❶				
❷				
❸				
❹				
❺				
❻				

7 클록 펄스 ❻을 인가할 때 카운터가 초기 상태(Q_C, Q_B, Q_A = 0, 0, 0)로 돌아가는지 확인하라. (Yes□ No□)

15.3 PSpice 시뮬레이션

1 [표 15-8]과 같이 설정하여 [그림 15-9(a)]의 실험회로를 시뮬레이션하라.

[표 15-8] **시뮬레이션 설정**

대상 회로			[그림 15-9(a)]
시뮬레이션 설정	Analysis type		Time Domain (Transient)
	Options		General Settings
	Run to time		8[ms]
	플립플롭 설정		플립플롭의 초깃값을 '0'으로 설정하라([그림 12-13] 참조)
	입력	CLR	'HI'를 연결하라.
		CK	DigClock의 OFFTIME과 ONTIME을 각각 0.5[ms]로 설정하여 주기가 1[ms]인 클록 펄스를 만든다.

2 CK는 'DigClock'을 사용하여 1[KHz](주기 : 1[ms])로 설정하라.

3 시뮬레이션 결과로서 플립플롭의 출력(Q_C, Q_B, Q_A)의 파형을 각각 보이고, 6진 동기 업 카운터로 동작하는지 확인하라.

4 **참고** [그림 15-10]의 시뮬레이션 회로를 확인하라.

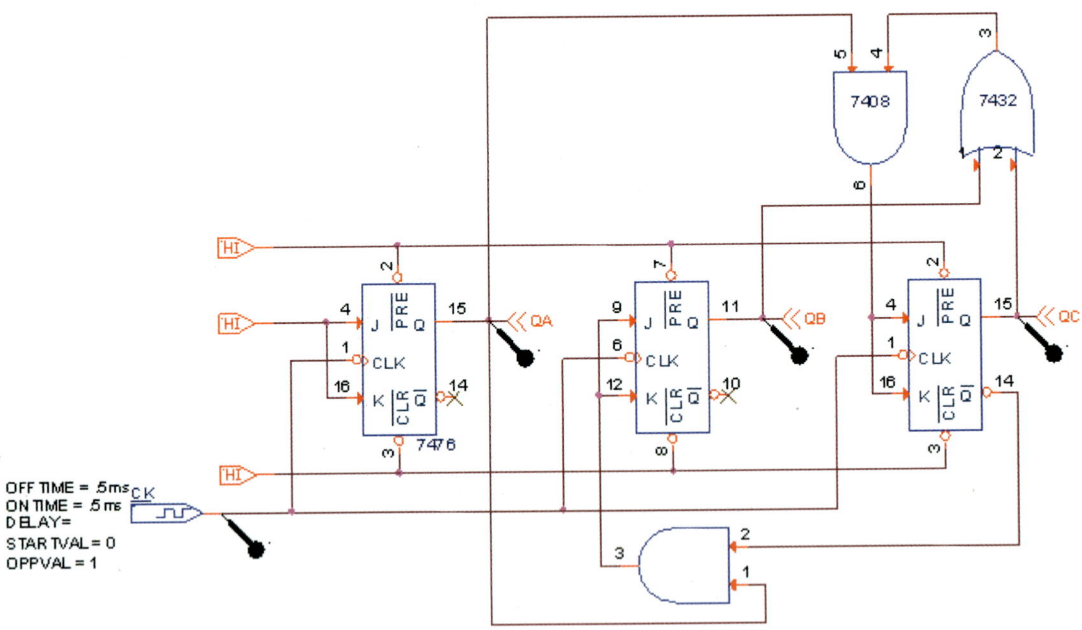

[그림 15-10] **시뮬레이션 회로**

5 **참고** [그림 15-11]의 시뮬레이션 결과를 확인하라.

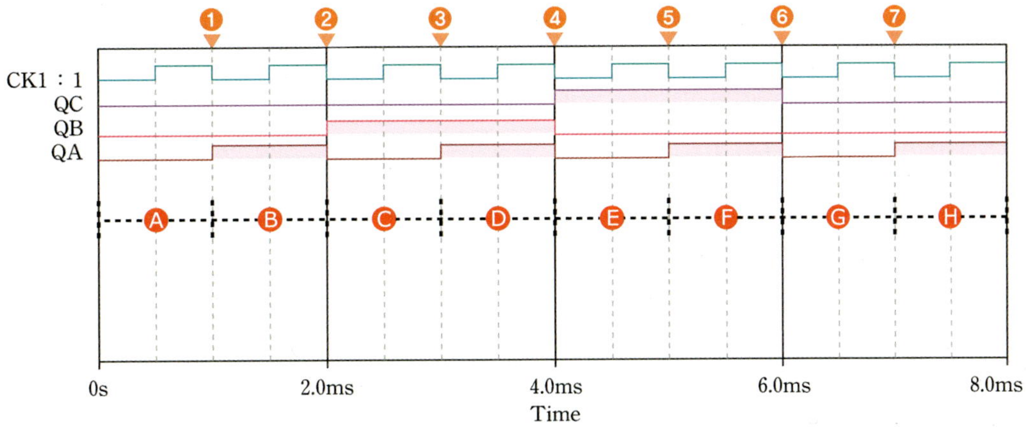

[그림 15-11] **시뮬레이션 결과**

[그림 15-11]에는 CK 단자와 플립플롭의 출력(Q_C, Q_B, Q_A)이 표시되어 있다. [그림 15-11]에 표시한 구간(Ⓐ ~ Ⓗ)별로 카운터의 동작을 살펴보면 다음과 같다.

- 구간 Ⓐ : 초기 상태, $Q_CQ_BQ_A = 000$
- 구간 Ⓑ : CK ❶ 하강, $Q_CQ_BQ_A = 001$
- 구간 Ⓒ : CK ❷ 하강, $Q_CQ_BQ_A = 010$
- 구간 Ⓓ : CK ❸ 하강, $Q_CQ_BQ_A = 011$
- 구간 Ⓔ : CK ❹ 하강, $Q_CQ_BQ_A = 100$
- 구간 Ⓕ : CK ❺ 하강, $Q_CQ_BQ_A = 101$
- 구간 Ⓖ : CK ❻ 하강, $Q_CQ_BQ_A = 000$(초기 상태로 복귀)
- 구간 Ⓗ : CK ❼ 하강, $Q_CQ_BQ_A = 001$(계수 계속)

셀프 테스트

(1) 동기 카운터를 구성하는 모든 플립플롭은 (다른, 같은) 타이밍에 동작한다.

(2) 동기 카운터는 비동기 카운터보다 동작 속도가 (빠르다, 느리다).

(3) 다음 표는 동기 카운터의 설계 과정이다. 글상자에서 각 설계 과정에 맞는 설명을 찾은 다음, 그 기호(㉮, ㉯, …, ㉴)를 표의 '내용' 칸에 써넣어라.

단계	과정	내용
❶	상태도 그리기	
❷	천이표 작성하기	
❸	상태표 작성하기	
❹	카르노 맵 작성하기	
❺	논리식 구하기	
❻	디지털 회로 그리기	

㉮ 플립플롭의 출력을 '다음 상태'로 바꾸는데 필요한 입력 값을 표시한다.
㉯ 카르노 맵을 이용하여 플립플롭의 입력별로 간소화한 논리식을 구한다.
㉰ 동기 카운터가 나타내는 출력 상태를 순환 도표로 그린다.
㉱ 플립플롭의 입력별 논리식을 디지털 회로로 그려 동기 카운터를 구현한다.
㉲ 카운터 출력의 현재 상태를 다음 상태로 바꾸는데 필요한 입력 값을 표시한다.
㉴ 플립플롭의 입력별로 카르노 맵을 작성한다.

(4) 동기 카운터는 JK 플립플롭과 D 플립플롭 및 T 플립플롭으로 설계할 수 있다. (○, ×)

(5) 동기 카운터를 설계할 때, 입력별 카르노 맵은 (현재 상태, 다음 상태)를 기준으로 작성한다.

예비학습

(1) LED(Light Emitting Diode)에 대하여 조사하라.

(2) CdS 광센서에 대하여 조사하라.

결과 보고서

실험 15

동기 카운터

- 학번 :
- 이름 :
- 실험일 :

실험 1 4진 동기 업 카운터

[표 15-6] 4진 동기 업 카운터의 실험 결과

클록 펄스	Q_B	Q_A
초기 상태	0	0
❶ 		
❷ 		
❸ 		
❹ 		

(1) 클록 펄스 ❹를 인가할 때 카운터가 초기 상태(Q_B, Q_A = 0, 0)로 돌아가는지 확인하라.
(Yes□ No□)

(2) [표 15-6]의 실험 결과를 이용하여 4진 동기 업 카운터의 동작을 설명하라.

실험 2 6진 동기 업 카운터

[표 15-7] 6진 동기 업 카운터의 실험 결과

클록 펄스	Q_C	Q_B	Q_A	10진수
초기 상태	0	0	0	0
❶				
❷				
❸				
❹				
❺				
❻				

(1) 클록 펄스 ❻을 인가할 때 카운터가 초기 상태(Q_C, Q_B, Q_A = 0, 0, 0)로 돌아가는지 확인하라. (Yes□ No□)

(2) [표 15-7]의 실험 결과를 이용하여 6진 동기 업 카운터의 동작을 설명하라.

(3) 동기 카운터의 설계 과정을 설명하라.

PSpice 시뮬레이션 4진 동기 업 카운터

(1) [그림 15-8(a)]의 실험회로를 OrCAD Capture로 작성하라(화면 캡처). 실험회로의 CK 단자에 인가할 클록 펄스는 'DigClock'을 이용하여 설정하라(OFFTIME과 ONTIME을 각각 0.5[μs]로 설정).

(2) 시뮬레이션 결과 그래프를 보여라(화면 캡처).

(3) 시뮬레이션 결과를 참고하여 다음의 [표 15-9]를 완성하라.

[표 15-9] 4진 동기 업 카운터의 시뮬레이션 결과

클록 펄스	Q_B	Q_A
초기 상태	0	0
❶ 		
❷ 		
❸ 		
❹ 		

(4) [표 15-9]의 시뮬레이션 결과와 [표 15-6]의 실험 결과가 서로 같은지 확인하라.
(같음□ 다름□)

동기 카운터 설계 (별지 사용)

(1) D 플립플롭으로 3진 동기 업 카운터를 설계하고, 설계 과정과 설계된 회로를 보여라.

(2) 위에서 설계한 3진 동기 업 카운터를 PSpice로 시뮬레이션하고, 결과 그래프를 보여라 (화면 캡처).

PART 04

LED와 응용회로

LED의 전기적인 특성과 발광 특성에 대하여 배우고, 막대 모양의 LED를 배열하여 만든 표시장치인 7-세그먼트, 전기 신호를 LED의 빛으로 바꾸어 전달하는 포토커플러, 타이머 IC를 이용한 멀티바이브레이터, LED 점멸기와 같은 응용회로를 실험한다. 또한 아날로그와 디지털 신호의 상호 변환에 사용되는 AD 변환기와 DA 변환기의 동작 원리를 실험한다.

실험 16

LED

학습목표

- LED의 전류 및 전압 특성을 실험한다.
- LED의 발광 특성을 실험한다.

16.1 기초 이론

LED(Light Emitting Diode)는 전기를 빛으로 바꾸는 반도체로, 일반적인 다이오드와 같은 PN 접합 구조를 가지고 있다. LED는 빛을 내는 다이오드이므로 '발광 다이오드'라고도 한다.

LED는 소비전력이 적고 수명이 길며, 크기가 작고 친환경적이라는 장점이 있다. 또한 오랫동안 전자기기의 온/오프, 숫자, 문자 등을 나타내는 간단한 표시소자로 사용되었다. 최근에는 고휘도(High Brightness) LED가 개발되면서 LCD(Liquid Crystal Display)의 백라이트(Back Light)[1], 조명, 교통 신호등, 자동차, 농수산업 등 다양한 분야에서 사용되고 있다.

이번 실험에서는 LED의 발광 원리와 구조 및 전기적인 특성과 LED의 전류 및 전압, 발광 특성을 살펴본다.

16.1.1 발광 원리와 구조

[그림 16-1]은 LED의 발광 원리이다. LED의 PN 접합에 순방향 전압[2]을 걸면, N형 층의 전자(Electron)가 P형 층으로 주입되면서 정공(Hole)과 재결합한다. 재결합 과정에서 전자는 자신이 가진 에너지를 빛으로 내놓는데[3], 이것이 LED가 내는 빛이다.

---

1 LCD는 '액정 표시장치'로도 불린다. 액정은 스스로 빛을 내지 못하므로 LED를 광원으로 사용하며, 액정의 뒤쪽에 LED가 놓이므로 '백라이트'라 한다. LED가 내는 빛을 액정으로 조절해서 영상을 표현한다.

2 P형 층에 (+) 전압, N형 층에 (−) 전압을 인가한다.

3 정공은 에너지가 낮은 가전자대(Valance Band)에, 전자는 에너지가 높은 전도대(Conduction Band)에 위치한다. 재결합은 전자가 가전자대로 천이(Transition)하면서 이루어지며, 이때 전자가 에너지를 빛으로 방출한다.

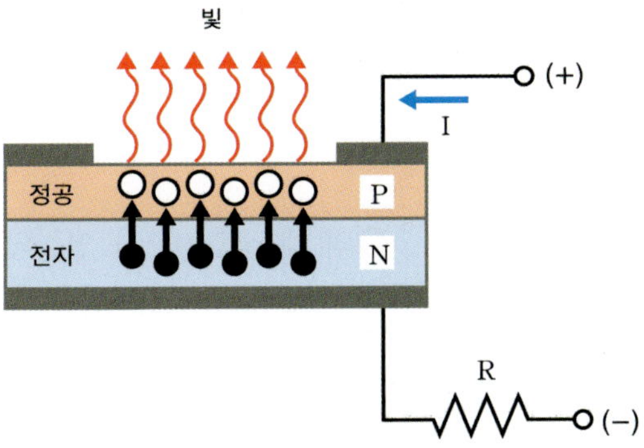

[그림 16-1] LED의 발광 원리

[그림 16-2(a)]는 LED의 기호로, 다이오드의 기호에 빛을 나타내는 화살표를 추가한 모습이다. 그림에서 'A'는 양극인 애노드(Anode)이고, 'K'는 음극인 캐소드(Cathode)이다. 실제 LED는 [그림 16-2(b)]와 같이 양극의 리드선을 음극보다 길게 만든다.

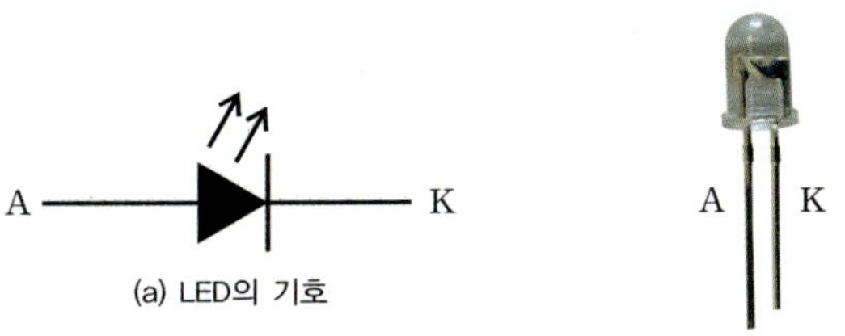

(b) 실제 LED

[그림 16-2] LED의 기호와 실제 LED

LED는 사파이어(Sapphire), SiC, GaN과 같은 기판 위에 화합물 반도체(Compound Semiconductor)[4]의 PN 접합을 형성하여 만든다. LED에 사용되는 화합물 반도체는 GaP, GaAs, GaAsP, GaAlAs, GaN 등이다. 화합물 반도체의 종류와 조성을 바꾸면 다양한 색의 빛을 내는 LED를 만들 수 있다[5]. 적색, 녹색, 청색, 백색의 가시광선 LED를 비롯하여 적외선 LED 등 다양한 제품이 개발되어 있다. [그림 16-3]은 가시광선 LED로, 다양한 색의 빛을 내고 있다.

[그림 16-3] 가시광선 LED

4 주기표율의 Ⅲ족과 Ⅴ족 또는 Ⅱ족과 Ⅵ족 원소 등 두 종류 이상의 원소로 구성된 반도체로, 전자의 에너지가 빛으로 방출되는 특성이 있다. Ⅲ족 원소는 붕소(B), 알루미늄(Al), 갈륨(Ga), 인듐(In) 등이고, Ⅴ족 원소는 질소(N), 인(P), 비소(As), 안티몬(Sb) 등이다.

5 전도대와 가전자대 간의 에너지 차를 밴드 갭(Band Gap)이라 한다. 밴드 갭은 화합물 반도체의 종류와 조성에 따라 다르며, 밴드 갭이 다르면 재결합할 때 전자가 방출하는 에너지가 달라진다. 에너지는 빛의 파장과 관계가 있으므로 밴드 갭에 따라 LED가 내는 빛의 컬러가 달라진다.

LED는 구조에 따라 램프(Lamp)형과 SMD형(Surface Mounting Device, 표면실장부품)으로 구분한다. [그림 16-4(a)]는 램프형 LED의 구조이고, [그림 16-4(b)]는 램프형 LED가 빛을 내는 모습이다.

그림에서 ❶은 LED 칩으로, ❷의 와이어를 통해 ❸의 캐소드 전극, ❹의 애노드 전극과 연결되어 있다. ❺는 보호용 플라스틱 케이스이고, ❻은 빛을 모아주는 돔 렌즈(Dome Lens)이다.

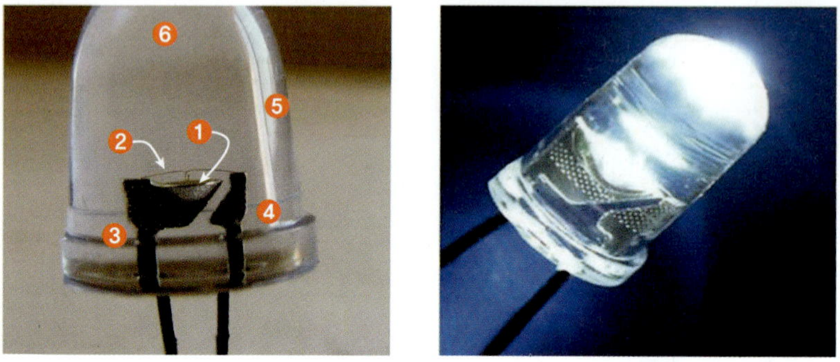

(a) (b)

[그림 16-4] 램프형 LED

[그림 16-5]는 SMD형 LED이다. 그림에서 ❶은 LED 칩이고, ❷와 ❸은 각각 캐소드 전극과 애노드 전극이다. ❹는 LED 칩과 애노드 전극을 연결하는 와이어이다. ❺는 플라스틱 케이스이고, ❻은 전극을 형성한 기판이다. SMD형 LED는 케이스 외부까지 연장된 전극(❷와 ❸)을 이용해 주 기판의 표면에 실장한다.

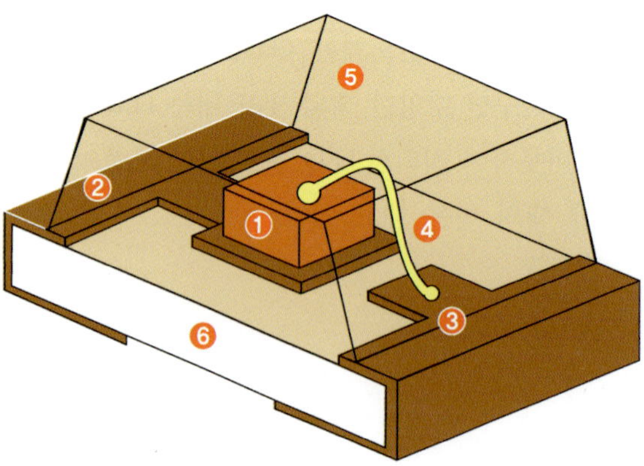

[그림 16-5] SMD형 LED

[그림 16-6]은 SMD형 LED의 실제 제품과 이를 이용하여 만든 LED 전구이다. LED 전구의 발광부에는 여러 개의 SMD형 LED가 실장되어 있다. LED 전구는 백열등이나 형광등에 비하여 소비전력이 훨씬 적고, 수명은 더 길다[6].

(a) SMD형 LED (b) LED 전구

[그림 16-6] SMD형 LED와 LED 전구

16.1.2 전기적인 특성

[그림 16-7]은 LED 구동 회로이다. LED는 전압 V_S에 의해 순방향 바이어스 되어 있으며, 순방향 전류(Forward Current) I_F가 흐른다[7]. [그림 16-7]에서 저항 R은 LED로 흐르는 전류를 제한하여 LED를 보호[8]하는 역할을 하며, V_{LED}는 LED에 걸린 전압이다.

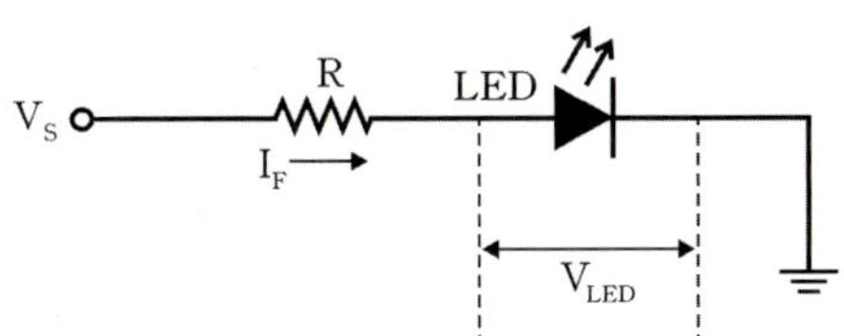

[그림 16-7] LED 구동 회로

[그림 16-7]에서 I_F는 다음 식으로 주어진다. 이 식을 이용하여 I_F의 값이 최대 정격 전류를 넘지 않도록 저항 R의 크기를 결정한다.

$$I_F = \frac{V_S - V_{LED}}{R}$$

6 LED 전구의 소비전력은 백열등의 1/8, 형광등의 1/2 정도이고, 수명은 2~5만 시간 정도이다.
7 LED는 일정 수준 이상의 전류가 흐를 때 빛을 낸다. 빛을 내기 시작하는 전류의 크기는 LED의 종류에 따라 다르다.
8 최대 정격 전류(Maximum Forward Current)를 넘지 않도록 전류를 제한한다.

[그림 16-8]은 고휘도 적색 LED[9]의 V_{LED}에 따른 I_F의 변화이다. V_{LED}가 1.7[V]를 넘을 때부터 I_F가 흐르기 시작하며, V_{LED}가 증가하면 I_F도 증가한다.

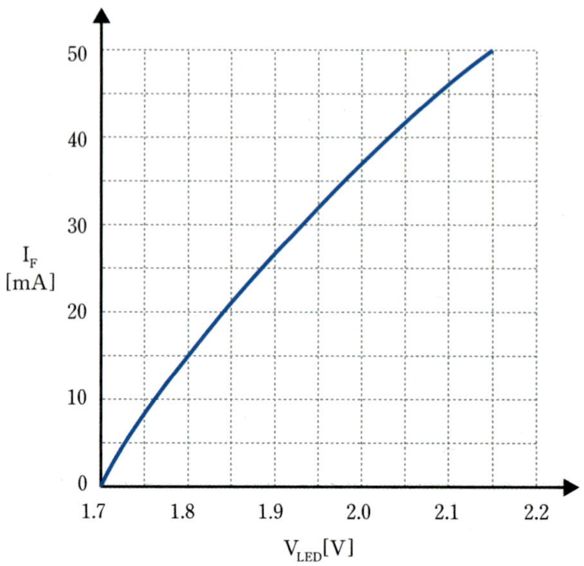

[그림 16-8] 고휘도 적색 LED의 V_{LED}에 따른 I_F의 변화

[그림 16-9]는 고휘도 적색 LED가 나타내는 I_F에 따른 상대 광도(Relative Luminous Intensity)[10]의 변화이다. 이 LED는 I_F가 2[mA]를 넘을 때 빛을 내기 시작하며, I_F에 비례하여 상대 광도가 증가한다.

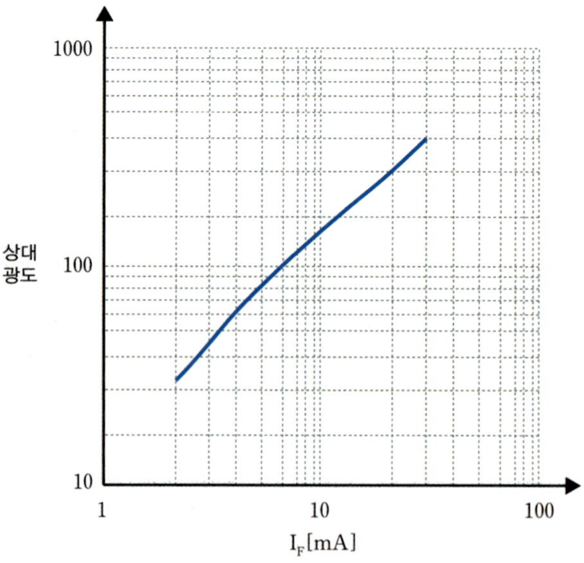

[그림 16-9] I_F에 따른 상대 광도의 변화

9 제품명이 'LUE50333'이고, 지름이 5[Φ](5[mm])인 LED이다. 최대 정격 전류는 50[mA]이다.

10 LED가 내는 빛의 강도를 말하며, 상대 광도가 높아질수록 LED는 더 밝은 빛을 낸다.

이번 실험에서는 몇 가지 LED에 대해서 V_{LED}에 따른 I_F의 변화를 살펴본다. 또한 I_F의 증가에 따른 LED의 밝기 변화를 실험한다. LED의 밝기는 광센서의 일종인 CdS로 측정한다. CdS에 대해서는 아래의 [여기서 잠깐]을 참조하라.

CdS

여기서 잠깐

CdS는 카드뮴(Cd)과 황(S)으로 이루어진 화합물 반도체로, 가시광선의 밝기(광도)에 따라 저항값이 변하는 특성이 있다. CdS는 빛이 밝을수록 낮은 저항값을 나타내며, 이러한 특성을 광센서로 활용한다.

[그림 16-10]은 CdS의 구조이다. 세라믹 기판에 주홍색의 CdS가 코팅되어 있으며, 그 위에 전극 A와 전극 B가 마주보는 빗(Comb) 모양으로 형성되어 있다. 각 전극에는 리드선이 연결되어 있으며, 이를 통해 CdS의 저항 변화를 측정할 수 있다.

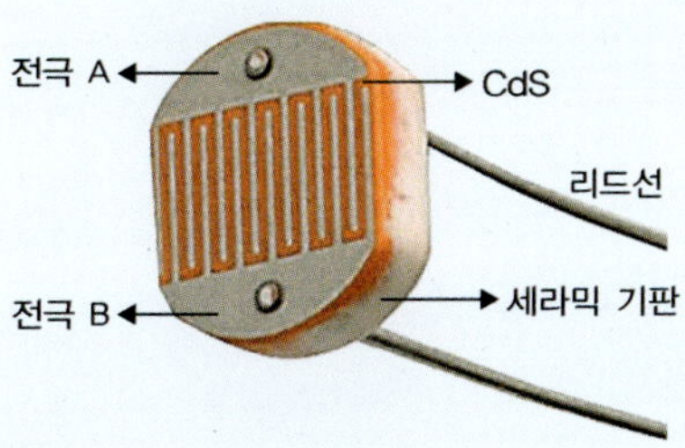

[그림 16-10] CdS의 구조

16.2 실험

【실험장비】

실험기기	직류전원 공급장치	1대
	디지털 멀티미터	1대
회로부품	고휘도 LED	(5Φ) 적색, 녹색, 백색, 청색 LED 각 1개씩
	저항	330[Ω]
	CdS	1개

16.2.1 LED의 전류 및 전압 특성

1 [그림 16-11(a)]와 같은 실험회로를 구성하라. [그림 16-11(b)]는 배선도이다. 회로에서 저항 R = 330Ω이다.

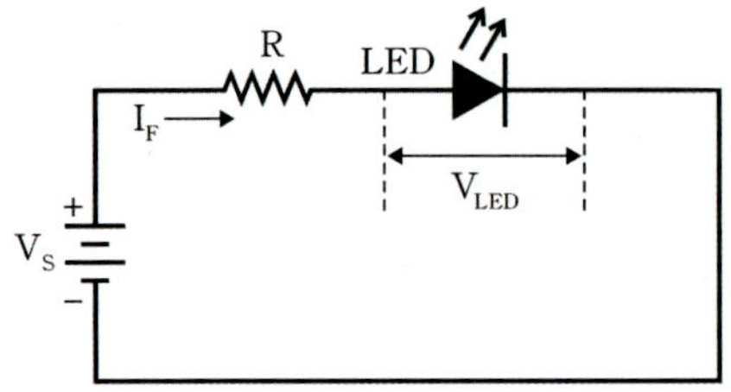

(a)

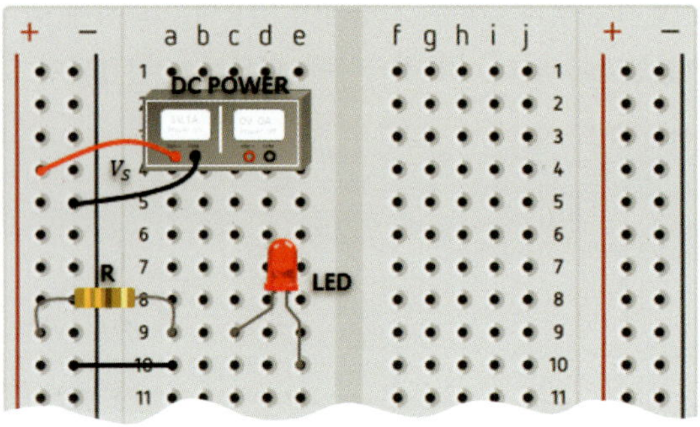

(b)

[그림 16-11] LED의 전류 및 전압 특성 실험회로

2 직류전원 공급장치를 이용하여 전원 V_S를 [표 16-1]과 같이 인가하라.

3 LED별로 V_S에 따른 V_{LED}[11]와 I_F의 변화를 측정하여 [표 16-1]에 기록하라.

[표 16-1] LED의 전류 및 전압 특성 실험 결과

LED	구분	V_S[V]									
		1	1.5	2	3	4	5	6	7	8	9
적색	V_{LED}										
	I_F										
녹색	V_{LED}										
	I_F										
백색	V_{LED}										
	I_F										
청색	V_{LED}										
	I_F										

11 V_{LED}는 LED 양단에 걸린 전압이며, 인가전압 V_S와는 다르다.

4 [표 16-1]의 실험 결과를 이용하여 V_S에 따른 V_{LED}의 변화를 [그림 16-12]에 각 LED별로 그려라.

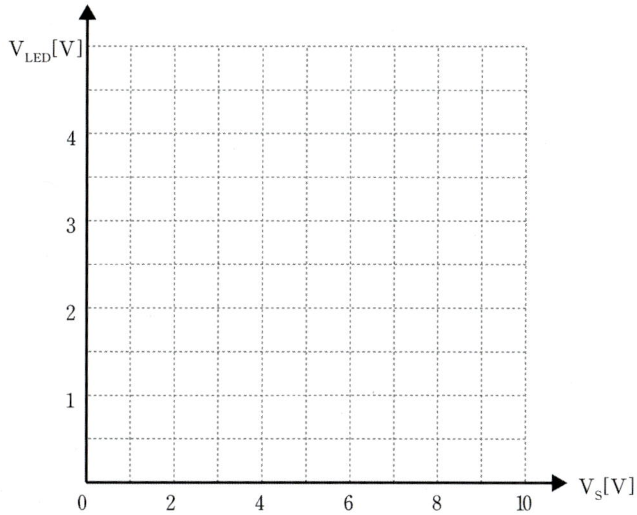

[그림 16-12] V_S에 따른 V_{LED}의 변화

5 V_S가 증가할 때 V_{LED}도 비례하여 증가하는지 확인하라. (Yes□ No□)

6 V_S에 따른 V_{LED}값의 변화는 LED에 따라 달라지는지 확인하라. (Yes□ No□)

7 [표 16-1]의 실험 결과를 이용하여 V_S에 따른 I_F의 변화를 [그림 16-13]에 LED별로 그려라.

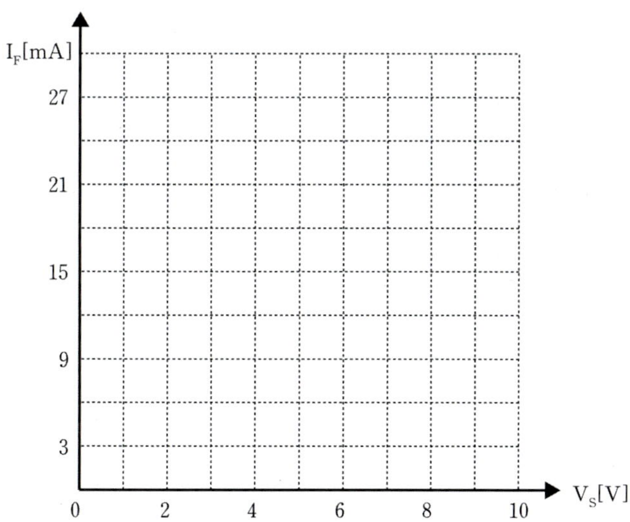

[그림 16-13] V_S에 따른 I_F의 변화

8 V_S가 증가할 때 I_F도 비례하여 증가하는지 확인하라. (Yes□ No□)

9 V_S에 따른 I_F값의 변화는 LED에 따라 달라지는지 확인하라. (Yes□ No□)

16.2.2 발광 특성

1 [그림 16-14]의 실험회로를 구성하라. 배선은 [그림 16-15]를 참조하라. 회로에서 저항 R = 330[Ω]이다.

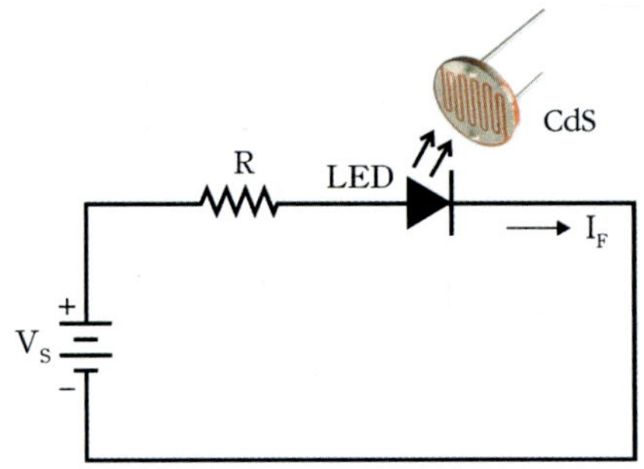

[그림 16-14] 발광 특성 실험회로

실험 따라하기

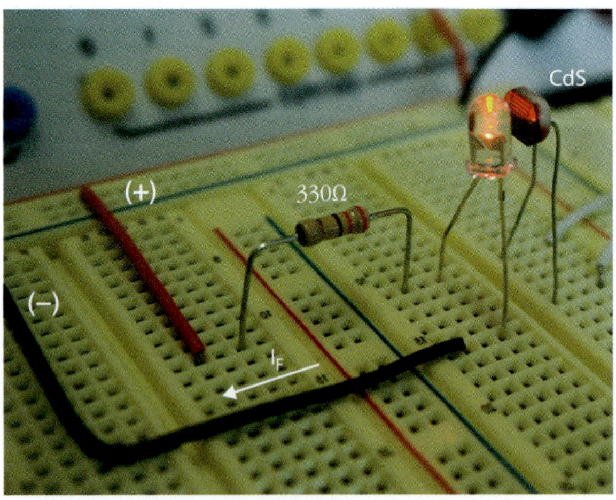

[그림 16-15] 실제로 구성한 실험회로

2 V_S를 조절하여 I_F를 [표 16-2]와 같이 각각 설정하고, CdS의 저항값을 LED별로 측정하여 표에 기록하라[12].

[표 16-2] 발광 특성의 실험 결과

LED	I_F [mA]								
	1	3	5	7	9	12	15	18	21
적색									
녹색									
백색									
청색									

3 [표 16-2]의 실험 결과를 이용하여 I_F에 따른 CdS의 저항값 변화를 [그림 16-16]에 LED별로 그려라.

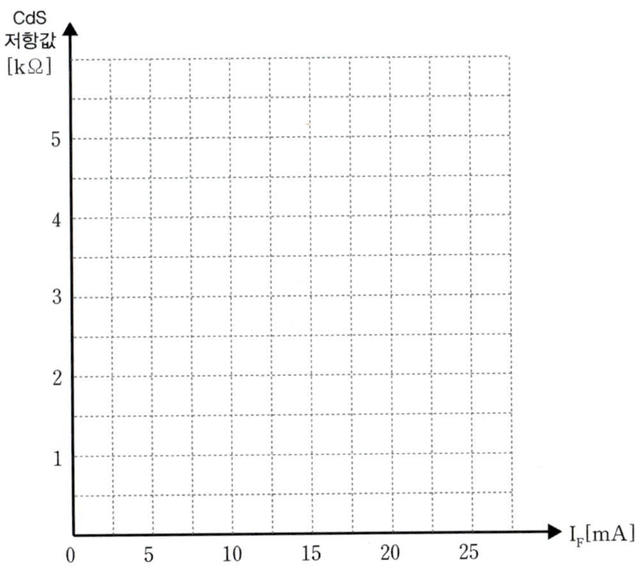

[그림 16-16] I_F에 따른 CdS의 저항값 변화

4 I_F가 증가할 때 CdS의 저항값은 어떻게 변화하는가? (증가□ 감소□)

5 I_F에 따른 CdS 저항값의 변화는 LED에 따라 달라지는가? (Yes□ No□)

12 CdS와 LED 간의 거리 및 위치에 따라 측정값이 다를 수 있다. LED와 CdS 간의 간격과 위치를 가능한 한 일정하게 유지하면서 실험하라.

셀프 테스트

(1) LED는 전기 에너지를 (빛, 열)(으)로 바꾸는 반도체이다.

(2) LED는 소비전력이 매우 (많고, 적고), 수명은 (길다, 짧다).

(3) 램프형 LED에서 리드선이 긴 쪽이 (애노드, 캐소드) 전극이다.

(4) LED는 (순방향, 역방향)으로 전압을 인가할 때 빛을 낸다.

(5) LED에서 전자는 (　　　　　)와(과) 재결합할 때 자신이 가진 에너지를 빛으로 내놓는다.

(6) 화합물 반도체의 종류와 조성에 따라 LED는 다른 빛을 낸다. (○, ×)

(7) 최대 정격 전류 이상의 전류가 흐르는 것을 막기 위해 LED와 저항을 (직렬, 병렬)로 연결한다.

(8) CdS의 저항값은 밝아지면 (증가, 감소)하고, 어두워지면 (증가, 감소)한다.

(9) LED의 순방향 전류 I_F가 증가하면, CdS의 저항값은 (증가, 감소)한다.

예비학습

(1) 7-세그먼트(7-Segment)에 대하여 조사하라.

(2) 7447 디코더의 동작을 조사하라.

결과 보고서

실험 16 LED

- 학번 :
- 이름 :
- 실험일 :

실험 1 LED의 전류 및 전압 특성

[표 16-1] LED의 전류 및 전압 특성 실험 결과

LED	구분	V_S[V]									
		1	1.5	2	3	4	5	6	7	8	9
적색	V_{LED}										
	I_F										
녹색	V_{LED}										
	I_F										
백색	V_{LED}										
	I_F										
청색	V_{LED}										
	I_F										

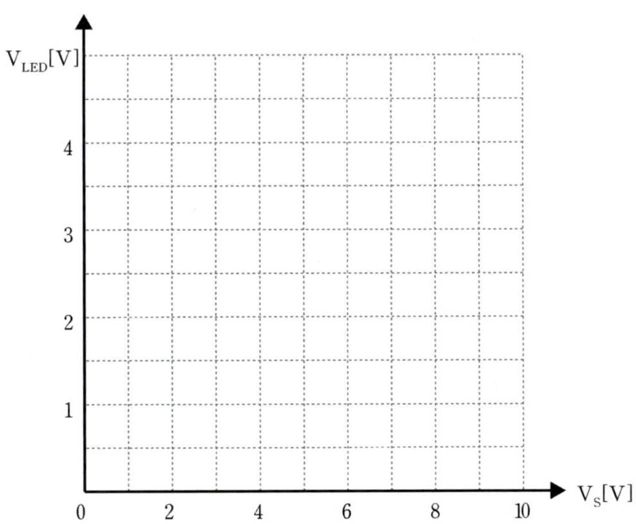

[그림 16-12] V_S에 따른 V_{LED}의 변화

(1) V_S가 증가할 때 V_{LED}도 비례하여 증가하는지 확인하라. (Yes□ No□)

(2) LED에 따라 V_S에 따른 V_{LED}값이 달라지는지 확인하라. (Yes□ No□)

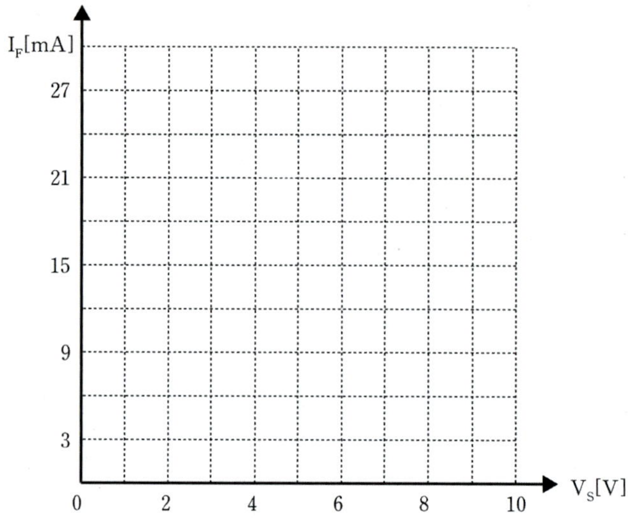

[그림 16-13] V_S에 따른 I_F의 변화

(3) V_S가 증가할 때 I_F도 비례하여 증가하는지 확인하라. (Yes□ No□)

(4) LED에 따라 V_S에 따른 I_F값이 달라지는지 확인하라. (Yes□ No□)

(5) LED의 종류에 따라 V_{LED} 및 I_F가 다르게 변하는 이유를 설명하라.

실험 2 발광 특성

[표 16-2] 발광 특성 실험 결과

LED	I_F [mA]								
	1	3	5	7	9	12	15	18	21
적색									
녹색									
백색									
청색									

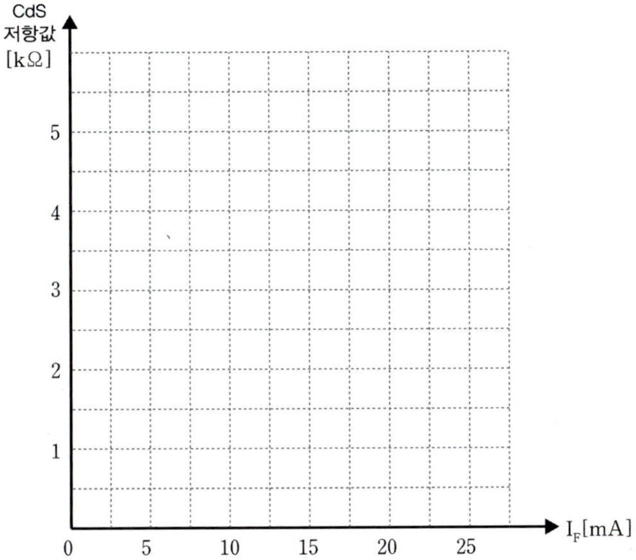

[그림 16-16] I_F에 따른 CdS의 저항값 변화

(1) I_F가 증가할 때 CdS의 저항값은 어떻게 변화하는가? (증가□ 감소□)

(2) I_F에 따른 CdS 저항값의 변화는 LED에 따라 달라지는가? (Yes□ No□)

(3) LED의 종류에 따라 CdS의 저항값이 다르게 변하는 이유를 설명하라.

m.e.m.o

실험 17 7-세그먼트와 7447 디코더

학습목표

- 7-세그먼트의 구조를 살펴보고, 동작을 실험한다.
- 7447 디코더의 동작을 살펴보고, 동작을 실험한다.
- 7-세그먼트와 7447 디코더로 구성한 10진수 표시 회로를 실험한다.

17.1 기초 이론

7-세그먼트는 7개의 마디(Segment)와 1개의 점(Dot)으로 이루어진 표시장치이다. 마디와 점은 모두 LED이며, 7개의 마디를 선택적으로 온/오프하여 숫자나 영문자를 표시하고, 점으로는 소수점을 표시한다. 이번 실험에서는 7-세그먼트의 구조를 살펴보고 동작을 실험한다. 또한 BCD 코드(Binary Coded Decimal Code)를 10진수로 변환하여 7-세그먼트에 표시해 주는 7447 디코더의 동작을 살펴본다.

BCD 코드

여기서 잠깐

BCD 코드는 10진법의 각 자리를 4비트의 2진수로 변환한 코드이다. [표 17-1]은 10진수와 그에 따른 BCD 코드를 나타낸 것이다. 자릿수가 하나인 10진수 '0~9'는 4비트의 2진수로 표시하고, '11'이나 '139'와 같이 10진수의 자릿수가 늘어나면 자릿수만큼의 4비트 2진수로 표시한다.

[표 17-1] 10진수와 BCD 코드

10진수	BCD 코드	10진수	BCD 코드
0	0000	6	0110
1	0001	7	0111
2	0010	8	1000
3	0011	9	1001
4	0100	11	0001 0001
5	0101	139	0001 0011 1001

17.1.1 7-세그먼트

[그림 17-1]은 7-세그먼트로, 7개의 마디와 1개의 점 및 10개의 핀을 가지고 있다.

[그림 17-1] 7-세그먼트의 구조

7-세그먼트는 애노드 공통형(Common Anode Type)과 캐소드 공통형(Common Cathode Type)이 있으며, 애노드 공통형이 주로 사용된다[1].

[그림 17-2]는 애노드 공통형 7-세그먼트의 마디와 점 사이의 연결이다. 모든 LED의 애노드가 공통으로 연결되어 있으며, 가운데 있는 두 개의 V_{CC} 단자도 이들과 연결되어 있다. 이때 V_{CC} 단자가 두개인 이유는 필요에 따라 선택적으로 사용하기 위함이다.

[그림 17-2]에 ❶로 표시한 LED와 같이 V_{CC} 단자에 전원을 인가하고 캐소드를 접지시키면 해당 LED가 온된다.

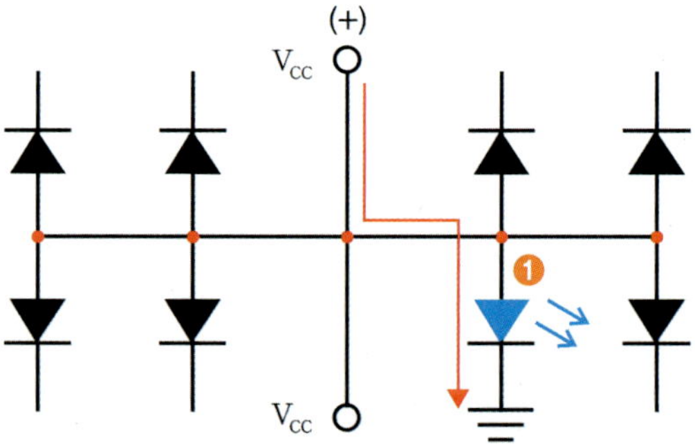

[그림 17-2] 애노드 공통형 7-세그먼트 내부에서의 LED 연결

[그림 17-3]은 7-세그먼트의 핀 배열로, 각 핀에는 해당 핀과 연결된 마디가 표시되어 있다. 예를 들어 3번이나 8번 핀에 전원을 인가하고, 4번과 6번 핀을 접지하면, 'b'와 'c'의 마디가 온되어 10진수 '1'이 표시된다.

---

1 [그림 17-1]은 애노드 공통형이다.

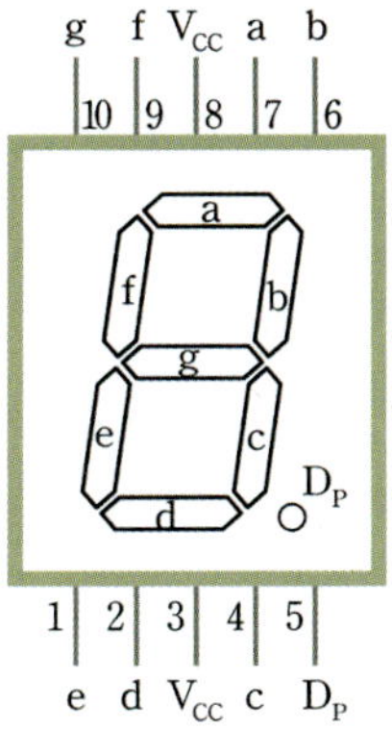

[그림 17-3] 7-세그먼트의 핀 배열

17.1.2 7447 디코더

7447 디코더[2]는 BCD 코드를 10진수로 바꾸어 7-세그먼트에 표시해 준다. [그림 17-4]는 7447 디코더의 핀 다이어그램으로, 1, 2, 6, 7번 핀은 BCD 코드 입력 단자[3]이고, 9 ~ 15번 핀은 출력 단자이다. 출력 단자는 7-세그먼트의 7개의 마디(a ~ g)와 연결한다. 7447 디코더는 출력 단자로 'Low'를 출력하여 7-세그먼트의 각 마디를 온/오프한다.

7447 디코더의 3 ~ 5번 핀은 제어 단자로, 7-세그먼트를 점검하거나 표시 상태를 제어할 때 사용한다. 제어 단자는 모두 'Active Low'이므로 사용하지 않을 때는 'High'를 연결해 둔다.

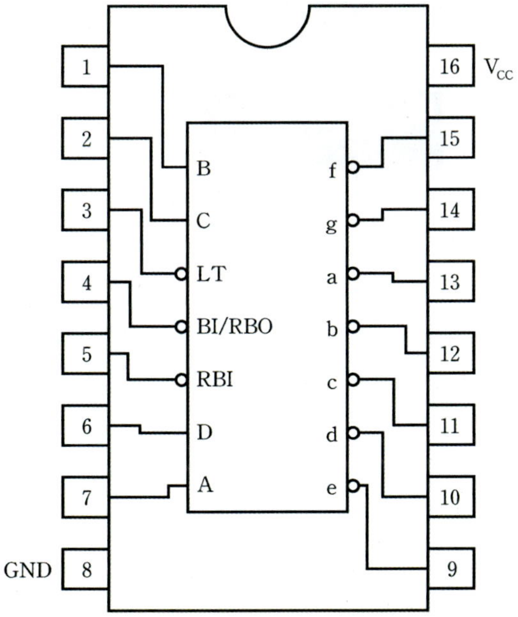

[그림 17-4] 7447 디코더의 핀 다이어그램

2 원래 이름은 'BCD to 7-Segment' 디코더이다

3 6번 핀(D)이 MSB이고, 7번 핀(A)이 LSB이다. BCD 코드는 'DCBA(6, 2, 1, 7)'의 순서로 입력한다.

7447 디코더의 제어 단자

여기서 잠깐

- LT(Lamp Test) : 모든 출력 단자로 Low를 출력하여 7-세그먼트의 모든 마디를 온시킨다(점검용).
- BI/RBO(Blanking Input/Ripple Blanking Output) : 이 제어 단자에 'Low'를 연결하면 BI로 동작하며, 'High' 또는 'Open' 상태에서는 RBO로 동작한다. BI 상태에서는 모든 출력 단자로 'High'를 출력하여 7-세그먼트를 오프시킨다(Blanking)[4]. RBO 상태에서는 RBI 제어 단자에 의해 7-세그먼트가 오프되는 경우에 'Low'를 출력한다.
- RBI(Ripple Blanking Input) : 데이터 0의 표시 여부를 제어할 때 사용한다. 이 단자에 'Low'를 연결하면, 표시할 데이터가 0인 경우 모든 출력 단자로 'High'를 출력하여 7-세그먼트 전체를 오프시킨다.

7447 디코더 제어 단자의 사용

여기서 잠깐

7447 디코더의 제어 단자가 실제로 어떻게 사용되는지 알아보자. [그림 17-5]는 7-세그먼트와 7447 디코더로 구성한 세 자리 10진수 표시 회로이다. F1 ~ F3은 7-세그먼트이고, D1 ~ D3은 7447 디코더이다.

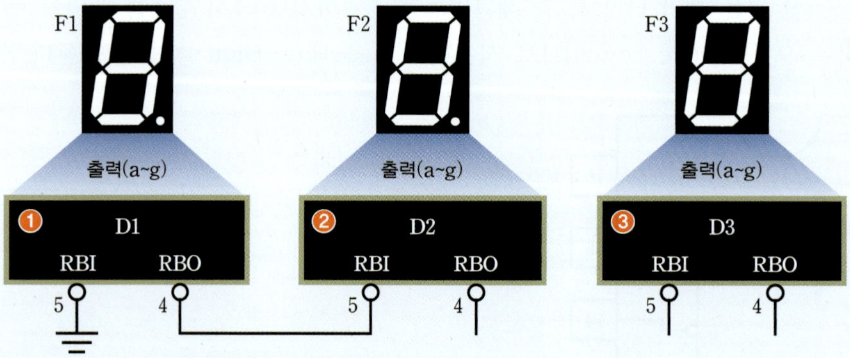

[그림 17-5] 세 자리 10진수 표시 회로(개략도)

예를 들어 '123'을 표시할 때, F1은 '1'을 표시하고, F2와 F3은 각각 '2'와 '3'을 표시한다. 다른 예로 두 자리 10진수를 표시하는 경우, 숫자의 앞쪽은 0을 표시하지 않으므로 F1은 오프되어야 하며, 이를 위해 D1의 'RBI' 단자에는 'Low'가 연결되어 있다.

더 나아가 한 자리 10진수를 표시하는 경우에는 F1과 F2가 모두 오프되어야 한다. 이를 위해 D1의 'RBO' 단자를 D2의 'RBI' 단자에 연결한다. 그러면 데이터가 '0'이므로 RBI 제어 단자에 의해 F1이 오프될 때 D1의 'RBO' 단자로 'Low'가 출력되어 F2도 오프된다. D3는 'RBI'가 'Open'되어 동작하지 않으므로 한 자리 10진수 '0'이 입력될 때 F3에는 '0'이 표시된다.

---

4 입력 데이터에 관계없이 무조건 7-세그먼트를 오프시킨다.

한편 '103'과 같이 두 번째 자리만 '0'인 10진수는 '0'을 표시해야 한다. 이 경우 [그림 17-5]의 F1에는 '1'이 표시되므로 D1의 'RBO' 제어 단자로 'High'가 출력된다. 그러면 D2의 'RBI' 단자에도 'High'가 입력되므로 F2는 데이터 '0'을 표시한다.

17.2 실험

【실험장비】

실험기기	디지털 실험장치	1대
회로부품	7-세그먼트	애노드 공통형
	저항	330[Ω]
	디지털 IC	7447 디코더(BCD to 7-세그먼트 디코더)
	LED	적색 1개

17.2.1 7-세그먼트

1 애노드 공통형 7-세그먼트를 이용하여 [그림 17-6(a)]와 같은 실험회로를 구성하라. [그림 17-6(b)]는 배선도이다. 그림에서 7-세그먼트에 표시된 10개의 노란 점은 1 ~ 10번 핀의 위치이다. 실험회로에서 저항 R = 330[Ω]이고, V_{CC} = 5[V]이다.

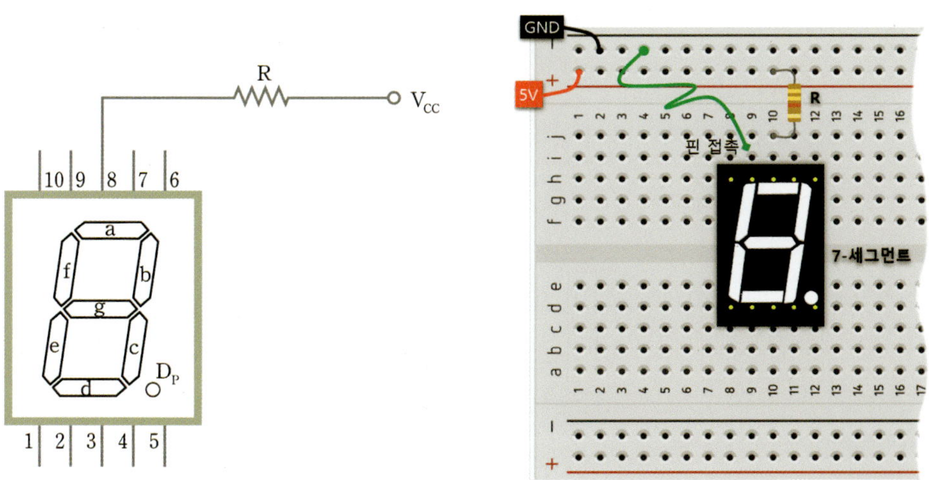

(a) (b)

[그림 17-6] 7-세그먼트 실험회로

2 [표 17-2]에 표시된 각 핀을 접지[5]하면서 7-세그먼트의 어떤 마디(또는 점)가 온되는지 확인하고 √로 표시하라[6].

[표 17-2] **7-세그먼트의 실험 결과**

핀 번호	7-세그먼트의 마디							
	a	b	c	d	e	f	g	점(Dot)
1								
2								
4								
5								
6								
7								
9								
10								

3 [표 17-2]에서 각 핀 번호에 대해 √를 표시한 '7-세그먼트 마디'가 [그림 17-3]의 핀 배열과 같은지 확인하라. (같음□ 다름□)

5 [그림 17-6(b)]와 같이 접지(GND)와 연결한 연결선을 핀에 접촉한다.

6 [그림 17-3]의 핀 배열을 참고하라.

17.2.2 7447 디코더

1 7447 디코더를 이용하여 [그림 17-7(a)]와 같은 실험회로를 구성하라. [그림 17-7(b)]는 배선도이다. 저항 R = 330[Ω]이고, V_{CC} = 5[V]이다.

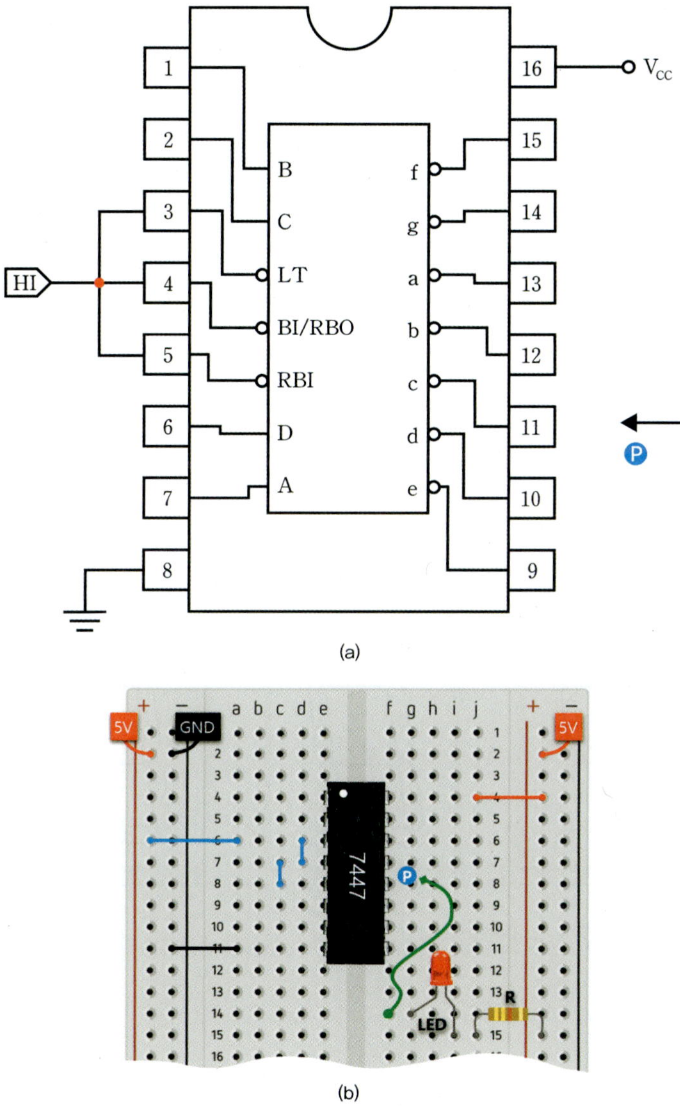

[그림 17-7] 7447 디코더의 실험회로

2 7447 디코더의 입력 단자(DCBA : 6, 2, 1, 7번 핀)를 디지털 실험장치의 입력 설정부와 연결하라[7].

3 입력 설정부의 토글스위치를 이용하여 [표 17-3]에 주어진 BCD 코드를 설정하라.

---

7 6번 핀(D)이 MSB이고, 7번 핀(A)이 LSB이므로 'DCBA(6, 2, 1, 7)의 순서로 연결한다.

4 BCD 코드를 설정한 다음, [그림 17-7]의 Ⓟ를 각 출력 단자(a~g)와 접촉시켜 보라. 이때 'LED'가 온되면, 해당 핀은 'Low'를 출력한 것이다.

5 BCD 코드별로 'Low'를 출력하는 핀을 확인해 [표 17-3]의 해당되는 마디에 √를 표시하라[8].

[표 17-3] 7447 디코더의 실험 결과

BCD 코드 (DCBA)	7447 디코더의 출력 단자(핀)						
	a (13번 핀)	b (12번 핀)	c (11번 핀)	d (10번 핀)	e (9번 핀)	f (15번 핀)	g (14번 핀)
0001							
0011							
0101							
1001							

6 [표 17-4]는 BCD 코드별 7-세그먼트이다. [표 17-3]에서 √가 표시된 부분을 찾아 [표 17-4]의 마디를 칠해 보라.

[표 17-4] 7447 디코더의 실험 결과 – 10진수 표시

BCD 코드			
0001	0011	0101	1001
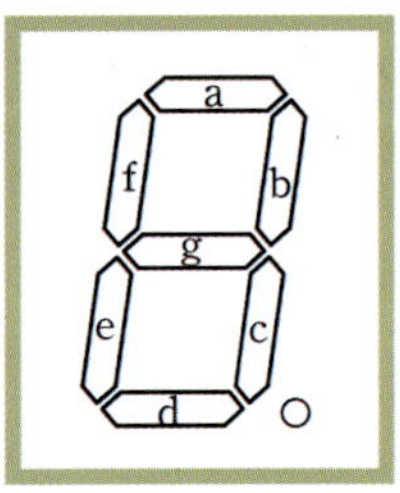	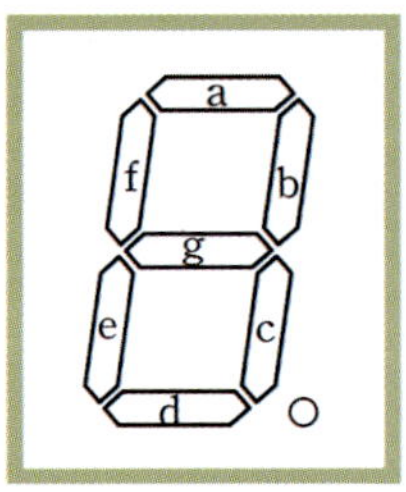	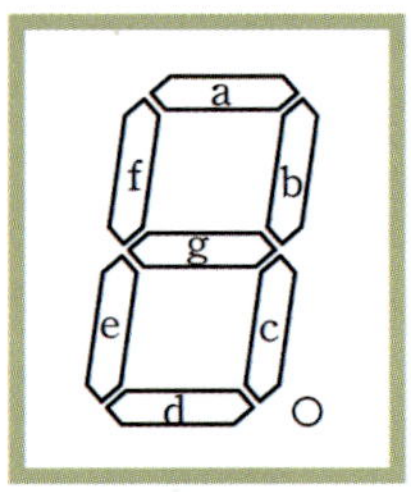	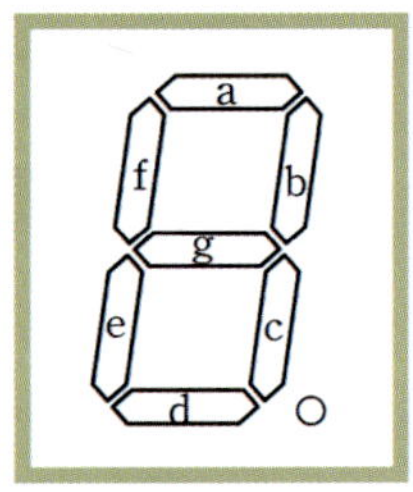

7 [표 17-4]에 표시된 10진수와 BCD 코드의 10진수 변환값이 서로 같은지 확인하라.
(같음□ 다름□)

17.2.3 10진수 표시 회로

1 7447 디코더와 7-세그먼트를 이용하여 [그림 17-8(a)]와 같은 실험회로를 구성하라. [그림 17-8(b)]는 배선도이다. 저항 $R = 330[\Omega]$이고, $V_{CC} = 5[V]$이다.

---

8 예를 들어 13번 핀이 'Low'를 출력하면, 이는 마디 'a'에 해당된다. 그러면 [표 17-3]의 'a' 칸에 √를 표시한다.

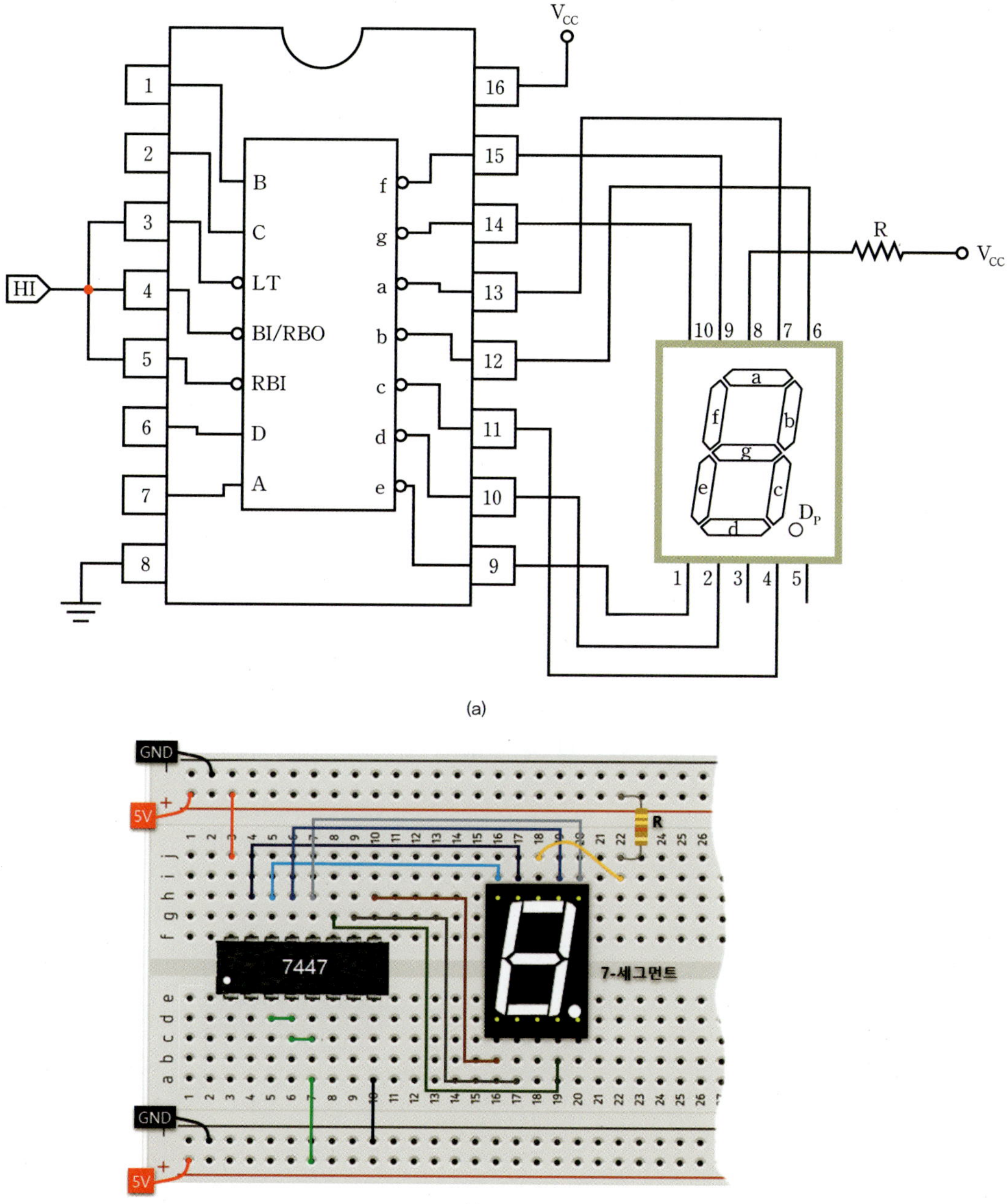

[그림 17-8] 10진수 표시 실험회로

2 7447 디코더의 입력 단자를 'DCBA'의 순서로 디지털 실험장치의 입력 설정부와 연결하라.

3 입력 설정부의 토글스위치를 이용하여 [표 17-5]에 주어진 BCD 코드를 각각 설정하면서 7-세그먼트에 표시되는 10진수를 [표 17-5]에 기록하라.

[표 17-5] 10진수 표시 회로의 실험 결과

BCD 코드(DCBA)									
0000	0001	0010	0011	0100	0101	0110	0111	1000	1001

4 [표 17-5]에서 BCD 코드의 10진수 변환값과 7-세그먼트에 표시된 10진수가 서로 같은지 확인하라. (Yes□ No□)

셀프 테스트

(1) 7-세그먼트에는 모두 (6, 7, 8, 9)개의 LED가 있다.

(2) 7-세그먼트와 (디코더, 인코더)를 이용하면 BCD 코드를 10진수로 표시할 수 있다.

(3) 7-세그먼트는 캐소드 공통형과 (   ) 공통형으로 나뉜다.

(4) 7-세그먼트에는 필요에 따라 사용할 수 있도록 (1개, 2개, 3개)의 V_{CC} 단자가 있다.

(5) 7447 디코더는 출력 단자 'a~g'로 (High, Low)를 출력하여 7-세그먼트를 온시킨다.

(6) 7447 디코더에서 데이터 0의 표시 여부를 결정할 때 사용되는 제어 단자는 (LT, BI, RBI, RBO)이다.

(7) 7447 디코더에서 7-세그먼트가 오프 될 때 'Low'를 출력하는 제어 단자는 (LT, BI, RBI, RBO)이다.

(8) 아래 그림에 보인 7-세그먼트에서 각 핀과 연결된 마디의 이름을 써 넣어라.

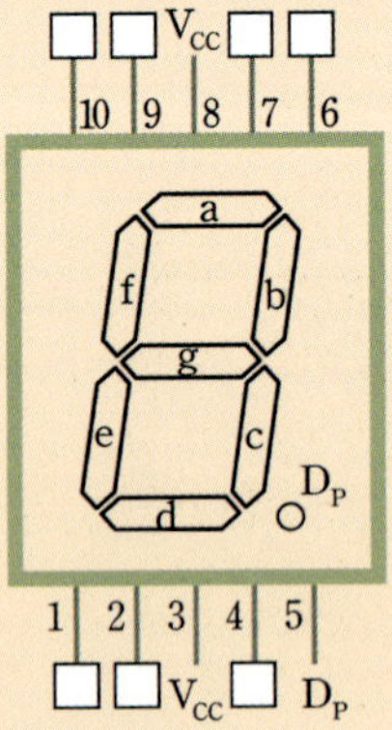

예비학습

(1) 포토커플러(Photo Coupler)에 대해서 조사하라.

(2) 포토커플러를 사용할 때의 이점을 설명하라.

결과 보고서

실험 17 7-세그먼트와 7447 디코더

- 학번 :
- 이름 :
- 실험일 :

실험 1 7-세그먼트

[표 17-2] 7-세그먼트의 실험 결과

핀 번호	7-세그먼트의 마디							
	a	b	c	d	e	f	g	점(Dot)
1								
2								
4								
5								
6								
7								
9								
10								

(1) [표 17-2]에서 각 핀 번호에 대해 √로 표시한 '7-세그먼트의 마디'가 [그림 17-3]의 핀 배열과 같은지 확인하라. (같음□ 다름□)

(2) [그림 17-6(a)]의 실험회로에서 각 핀을 접지할 때 7-세그먼트의 각 마디가 온되는 이유를 설명하라.

실험 2 7447 디코더

[표 17-3] 7447 디코더의 실험 결과

BCD 코드 (DCBA)	7447 디코더의 출력 단자(핀)						
	a (13번 핀)	b (12번 핀)	c (11번 핀)	d (10번 핀)	e (9번 핀)	f (15번 핀)	g (14번 핀)
0001							
0011							
0101							
1001							

[표 17-4] 7447 디코더의 실험 결과 – 10진수 표시

BCD 코드			
0001	0011	0101	1001
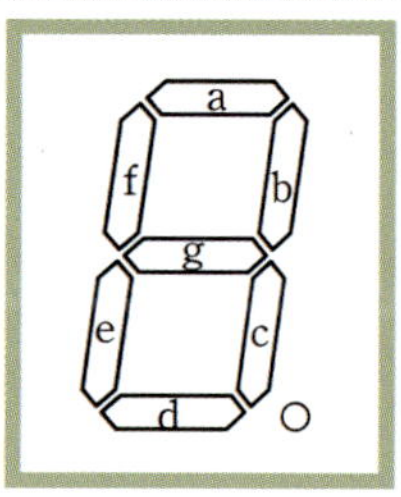	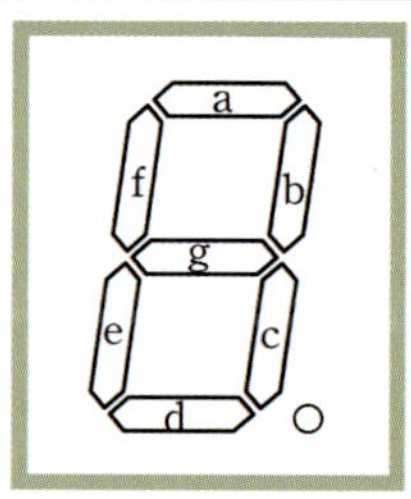	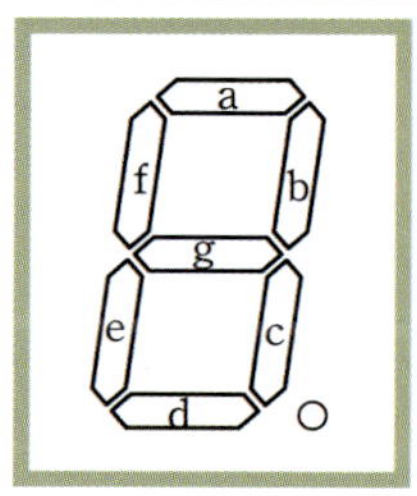	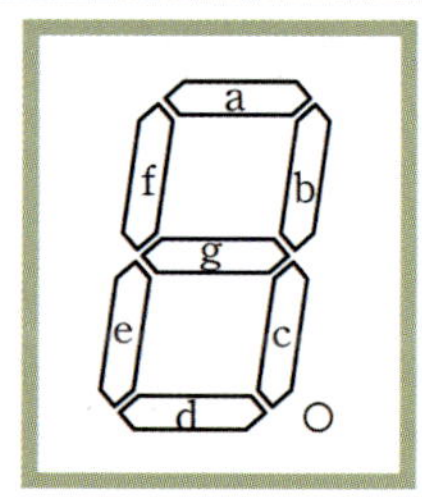

(1) [표 17-4]에 표시된 10진수와 BCD 코드의 10진수 변환값이 서로 같은지 확인하라.
(같음□ 다름□)

실험 3 10진수 표시회로

[표 17-5] 10진수 표시 회로의 실험 결과

BCD 코드(DCBA)									
0000	0001	0010	0011	0100	0101	0110	0111	1000	1001

(1) [표 17-5]에서 BCD 코드의 10진수 변환값과 7-세그먼트에 표시된 10진수가 서로 같은지 확인하라. (같음□ 다름□)

실험 18 포토커플러

학습목표

- 포토커플러의 신호전달 특성을 실험한다.
- 포토커플러의 입출력 전압 특성을 실험한다.

18.1 기초 이론

포토커플러(Photo Coupler)는 [그림 18-1]과 같이 발광 소자와 수광 소자를 조합한 전자부품이다. 포토커플러의 발광 소자는 전기신호를 빛으로 바꾸는 역할을 하고, 수광 소자는 발광 소자가 내는 빛을 다시 전기신호로 바꾸는 역할을 한다.

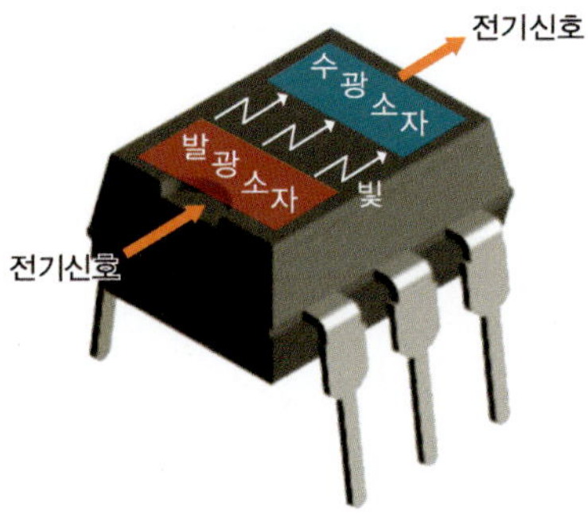

[그림 18-1] **포토커플러의 동작**

포토커플러의 발광 소자는 LED이며, 동작 전압은 1.5[V] 정도로 소비전력이 적은 적외선 LED가 주로 사용된다. 수광 소자는 포토트랜지스터(Photo Transistor)나 포토다이오드(Photo Diode)이며[1], 빛에 대한 감도(Sensitivity)가 높은 포토트랜지스터가 주로 사용된다.

포토커플러는 빛으로 신호를 전달하기 때문에 발광 소자와 수광 소자 사이가 전기적으로 분리(절연)된다는 점이 가장 큰 특징이다. 이 때문에 포토커플러는 서로 다른 전기장치를 연결하는 인터페이스(Interface) 회로에 많이 사용된다.

1 반도체에 빛을 쪼이면 전자가 여기하면서 전압이 발생하게 되는데, 이를 광기전력 효과(Photovoltaic Effect)라 한다. 포토다이오드와 포토트랜지스터는 광기전력 효과에 의해 빛을 전기로 바꾼다.

포토커플러는 디지털 회로에서 교류 전원과 디지털 회로를 전기적으로 분리하는 데 사용될 수 있다. 또한 디지털 신호와 아날로그 신호가 섞여 있는 회로에서는 이들을 전기적으로 분리하는 데 사용된다.

포토커플러를 사용하면, 전기 잡음이 다른 장치나 회로에 전달되는 것을 막을 수 있다. 또한 발광 소자로부터 수광 소자 방향으로만 신호가 전달되므로 회로의 출력이 입력에 영향을 미치지 못하게 막을 수 있다.

18.1.1 포토커플러의 구조

[그림 18-2]는 포토커플러의 구조이다. 아래쪽에는 LED, 위쪽에는 포토트랜지스터가 위치하고 있다[2]. LED와 포토트랜지스터는 와이어를 통해 외부와 연결되며, 케이스가 외부의 빛을 차단한다.

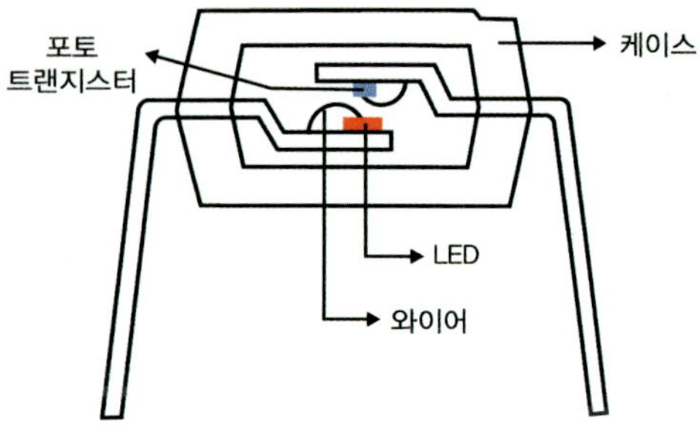

[그림 18-2] 포토커플러의 구조

[그림 18-3]은 가장 많이 사용되는 포토커플러의 하나인 '4N25'로, 발광 소자는 적외선 LED이고, 수광 소자는 포토트랜지스터이다.

[그림 18-3] 포토커플러(4N25)

2 발광 소자와 수광 소자가 마주 보는 구조도 있다.

[그림 18-4]는 4N25의 핀 다이어그램이다. 1번과 2번 핀은 LED의 애노드와 캐소드이고, 3번 핀은 연결되지 않은 핀(NC : No Connection)이다.

4, 5, 6번 핀은 각각 포토트랜지스터의 이미터(Emitter), 컬렉터(Collector), 베이스(Base)이다. 6번 핀인 베이스는 거의 사용되지 않는다.

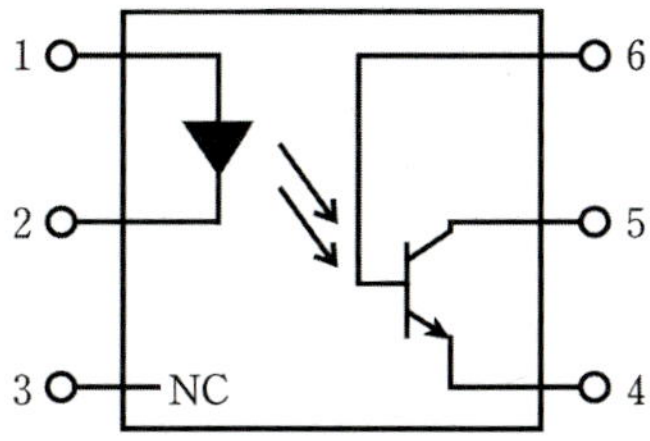

[그림 18-4] 4N25의 핀 다이어그램

18.1.2 포토커플러의 동작

[그림 18-5]는 4N25로 구성한 포토커플러의 기본 회로이다. 4N25의 LED(1, 2번 핀)에는 디지털 펄스 V_{in}이 인가되며, 그에 따라 LED가 온/오프된다. 그러면 LED의 빛에 의해 포토트랜지스터도 온/오프된다. 출력 V_{out}은 포토트랜지스터가 온되면 접지와 연결되고, 오프되면 V_{CC}와 연결되며, 그에 따른 디지털 펄스를 출력한다.

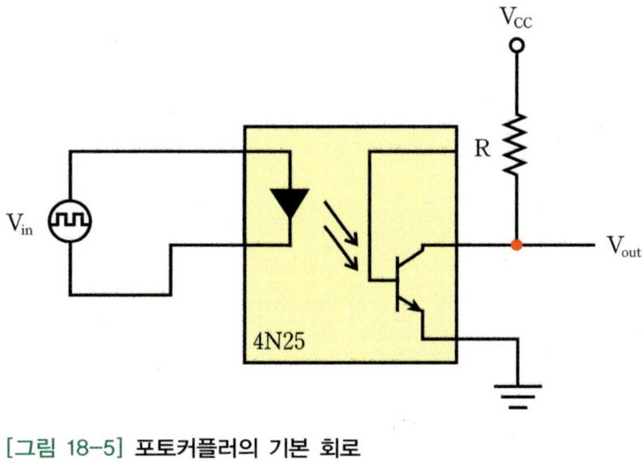

[그림 18-5] 포토커플러의 기본 회로

신호전달 특성

[그림 18-6]은 LED의 온/오프에 따른 V_{out}의 변화이다. 먼저 [그림 18-6(a)]는 LED가 온될 때[3]이다. LED가 온되면, 빛에 의해 포토트랜지스터가 온되며, 그림과 같이 V_{out}은 접지와 연결된다. [그림 18-6(b)]는 LED가 오프될 때[4]이다. LED가 오프되면, 빛이 없이 포토트랜지스터가 오프되며, V_{out}은 V_{CC}와 연결된다.

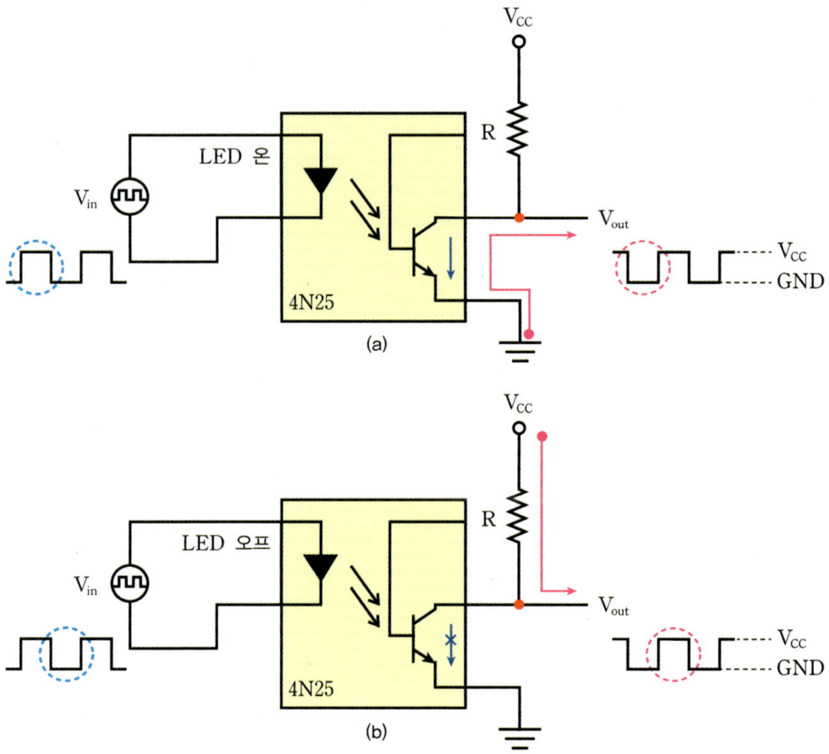

[그림 18-6] LED의 온/오프에 따른 V_{out}의 변화

[그림 18-7]은 [그림 18-5]에 보인 포토커플러 기본 회로의 V_{in}과 V_{out}의 파형으로, V_{in}과 V_{out}의 위상이 서로 반대임을 알 수 있다.

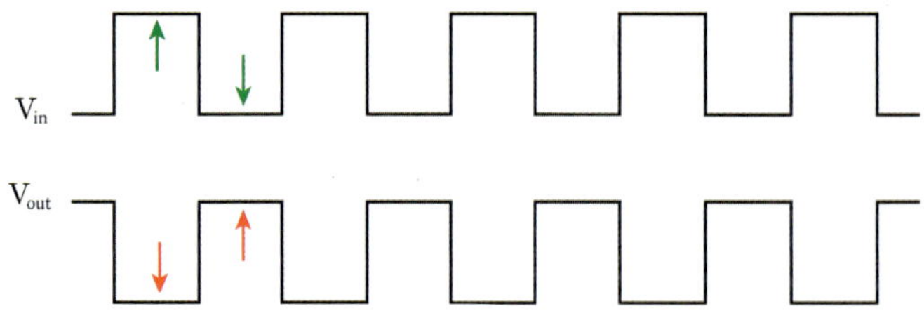

[그림 18-7] V_{in}과 V_{out} 파형

3 디지털 펄스 V_{in}이 High일 때이다.
4 디지털 펄스 V_{in}이 Low일 때이다.

입출력 전압 특성

[그림 18-5]의 회로에서 V_{in}은 LED를 온시키기에 충분한 크기여야 한다. V_{in}이 낮으면 LED가 빛을 내지 못하므로 포토트랜지스터가 동작하지 않는다. V_{in}을 낮은 전압부터 차츰 증가시키면, LED가 내는 빛이 증가하므로 V_{out}도 함께 증가한다.

V_{in}이 충분히 크면 V_{out}은 더 이상 V_{in}을 따라 증가하지 않으며, 포토트랜지스터의 컬렉터에 인가된 V_{CC}가 최댓값이 된다. 한편 LED의 온/오프에 따라 포토트랜지스터가 온/오프되므로 V_{in}과 V_{out}의 주파수는 같다.

18.2 실험

【실험장비】

실험기기	직류전원 공급장치	1대
	파형발생기	1대
	오실로스코프	1대
	브레드보드	1개
회로부품	포토커플러	4N25 또는 4N26
	저항	3[kΩ]

18.2.2 신호전달 특성

1 [그림 18-8(a)]의 실험회로를 구성하라[5]. [그림 18-8(b)]는 배선도이다.

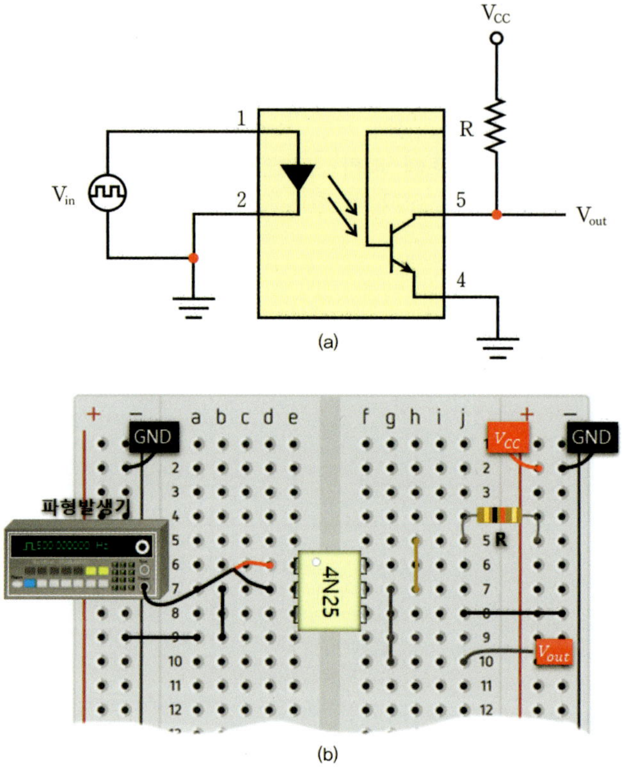

[그림 18-8] **포토커플러의 실험회로**

2 회로에서 저항 $R = 3[k\Omega]$이다. 직류전원 공급장치로 $V_{CC} = 8[V]$를 인가하라.

3 파형발생기를 이용하여 V_{in}으로 500[Hz], 10[V_{PP}]의 펄스(구형파)를 공급하라.

4 오실로스코프의 채널 1(CH1)로는 V_{in}을, 채널 2(CH2)로는 V_{out}을 각각 측정하라.

5 오실로스코프를 조절하여 V_{in}과 V_{out}을 동시에 표시하고, 파형을 촬영하라.

6 V_{in}과 V_{out}의 위상이 반대인지 확인하라. (Yes□ No□)

5 V_{in}과 V_{out}이 전기적으로 분리되어 있으므로 접지도 분리해야 한다.

18.2.3 입출력 전압 특성

1 [그림 18-8(a)]의 실험회로를 구성하라. 마찬가지로 저항 R = 3[kΩ], V_{CC} = 8[V]이다.

2 V_{in}으로 500[Hz], 3[V_{PP}]의 펄스(구형파)를 공급하라.

3 [표 18-1]과 같이 V_{in}을 변화시키면서 오실로스코프로 V_{out}을 측정하여 표에 기록하라. 이때 V_{CC}는 8[V]를 유지하라.

[표 18-1] V_{in}에 따른 입출력 전압 특성 실험 결과

V_{in}[V_{PP}]	3	4	5	6	7	8	9	10	13
V_{out}[V_{PP}]									

4 [표 18-1]에서 V_{in}에 따라 V_{out}이 계속 증가하는지 확인하라. (Yes□ No□)

5 [표 18-2]와 같이 V_{CC}를 변화시키면서 오실로스코프로 V_{out}을 측정하여 표에 기록하라. 이때 V_{in}은 10[V_{PP}]를 유지하라.

[표 18-2] V_{CC}에 따른 입출력 전압 특성 실험 결과

V_{CC}[V]	3	5	7	10	11	12
V_{out}[V_{PP}]						

6 V_{CC} = 8[V], V_{in} = 500[Hz], 10[V_{PP}]의 펄스(구형파)를 각각 공급하라.

7 V_{in}과 V_{out}의 전압과 주파수를 오실로스코프로 측정하여 [표 18-3]에 기록하라.

[표 18-3] V_{in}과 V_{out}의 전압과 주파수

	전압[V_{PP}]	주파수[Hz]
V_{in}		
V_{out}		

8 [표 18-3]에서 V_{in}과 V_{out}의 주파수가 같은지 확인하라. (Yes□ No□)

18.3 PSpice 시뮬레이션

1 [표 18-4]와 같이 설정하여 [그림 18-8(a)]의 실험회로를 시뮬레이션하라[6].

[표 18-4] **시뮬레이션 설정**

대상 회로		[그림 18-8(a)]
시뮬레이션 설정	Analysis type	Time Domain (Transient)
	Options	General Settings
	Run to time	10[ms]
	전원 및 저항의 설정	V_{in}은 'VPULSE'를 이용하여 500[Hz](주기 2[ms]), 12[V_{PP}]의 펄스를 설정하라[7].
		저항 $R = 3[k\Omega]$, $V_{CC} = 8[V]$를 설정하라.

2 시뮬레이션 결과를 이용해 V_{in}과 V_{out}의 위상이 서로 반대임을 보여라.

3 참고 [그림 18-9]의 시뮬레이션 회로를 확인하라[8].

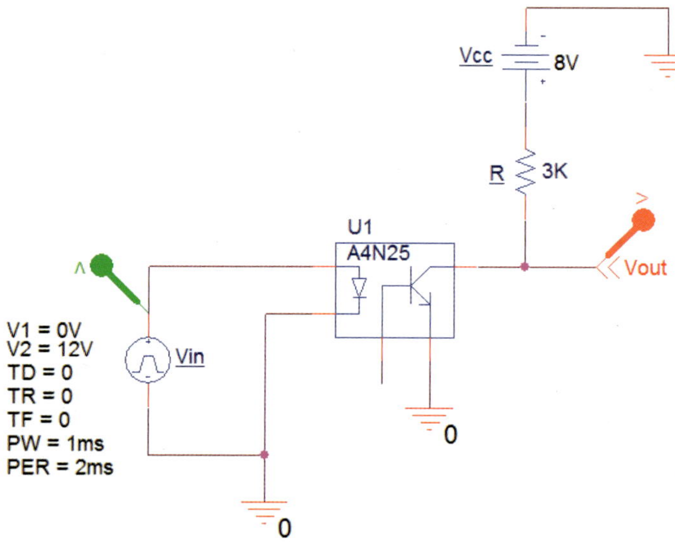

[그림 18-9] **시뮬레이션 회로**

6 PSpice에서 제공하는 포토커플러의 부품명은 'A4N25'이다.

7 VPULSE를 설정하는 방법은 〈부록 B〉를 참조하라.

8 사용하지 않는 6번 핀(포토트랜지스터의 베이스 단자)에 약간의 배선을 연결하였다. 이렇게 해야만 시뮬레이션 에러를 방지할 수 있다. 또한 시뮬레이션 회로의 V_{CC}는 PSpice에서 부품명 'VDC'를 찾아 사용하라.

4 **참고** [그림 18-10]의 시뮬레이션 결과를 확인하라[9].

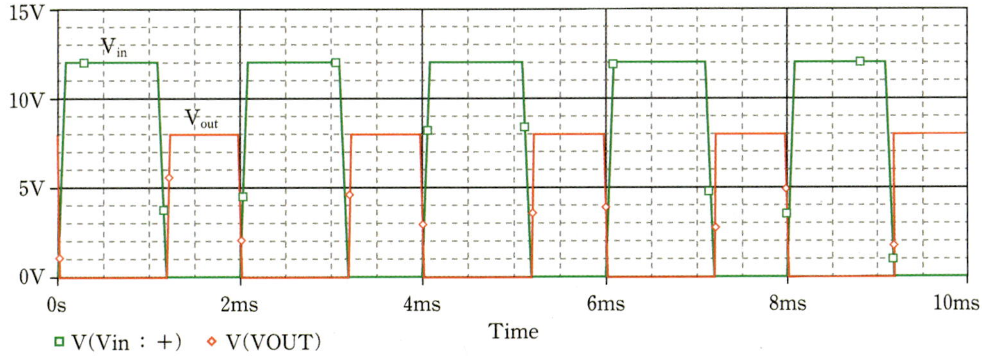

[그림 18-10] **시뮬레이션 결과**

[그림 18-11]은 V_{in}과 V_{out}을 각각 다른 영역에 표시한 시뮬레이션 결과[10]로, V_{in}과 V_{out}은 주파수(주기)는 같고, 위상은 반대임을 알 수 있다.

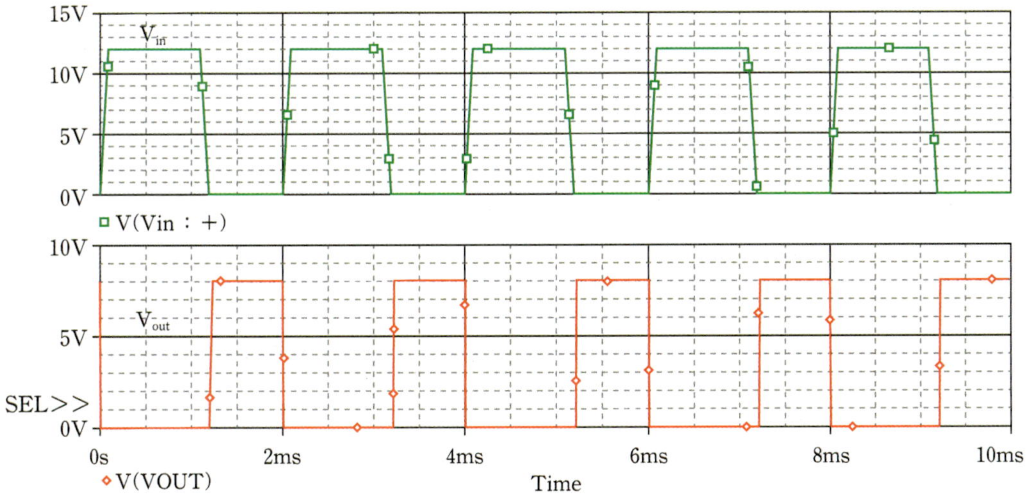

[그림 18-11] **V_{in}과 V_{out}을 다른 영역에 표시한 시뮬레이션 결과**

9 V_{in}과 V_{out}의 크기가 다르게 나타난 이유는 V_{in} = 12 [V_{PP}], V_{CC} = 8[V]로 설정하였기 때문이다.

10 시뮬레이션 결과를 각각 다른 영역에 표시하려면 PSpice의 'Add Plot to Window' 명령을 사용해야 한다. 이에 대해서는 <부록 B>를 참고하라.

셀프 테스트

(1) 포토커플러는 발광 소자와 (　　　　) 소자를 조합한 전자부품이다.

(2) 포토커플러의 발광 소자는 (LED, 포토트랜지스터)이다.

(3) 다음 설명 중에서 포토커플러의 특징이 아닌 것은 무엇인가? (　　)

① 포토커플러를 이용하면 회로를 전기적으로 분리(절연)할 수 있다.

② 서로 다른 전기장치를 연결하는 인터페이스(Interface) 회로에 많이 사용된다.

③ 전기적인 잡음이 다른 장치나 회로에 전달되는 것을 막을 수 있다.

④ 포토커플러는 발광 소자인 LED의 수명이 짧다는 것이 단점이다.

(4) 포토커플러에서 발광 소자인 LED가 온되면, 수광 소자인 포토트랜지스터는 (온, 오프)된다.

(5) 포토커플러에서 수광 소자인 포토트랜지스터가 온되면, V_{out}은 (High, Low)를 출력한다.

(6) 포토커플러의 V_{in}과 V_{out}은 위상이 서로 (같다, 반대이다).

(7) 포토커플러의 V_{in}과 V_{out}은 주파수가 서로 (같다, 다르다).

예비학습

(1) 타이머 IC에 대하여 조사하라.

(2) 타이머 IC의 단안정 모드와 비안정 모드에 대하여 조사하라.

결과 보고서

실험 18

포토커플러

- 학번 :
- 이름 :
- 실험일 :

실험 1 신호전달 특성

(1) 실험에서 촬영한 V_{in}과 V_{out}의 파형을 보여라.

(2) V_{in}과 V_{out}의 위상이 반대인지 확인하라. (Yes□ No□)

(3) V_{in}과 V_{out} 파형의 위상이 반대인 이유를 설명하라.

실험 2 입출력 전압 특성

[표 18-1] V_{in}에 따른 입출력 전압 특성 실험 결과

$V_{in}[V_{PP}]$	3	4	5	6	7	8	9	10	13
$V_{out}[V_{PP}]$									

(1) [표 18-1]에서 V_{in}에 따라 V_{out}이 계속 증가하는지 확인하라. (Yes□ No□)

(2) [표 18-1]에서 V_{out}이 계속 증가하지 않는 이유를 설명하라.

[표 18-2] V_{CC}에 따른 입출력 전압 특성 실험 결과

V_{CC}[V]	3	5	7	10	11	12
V_{out}[V_{PP}]						

(3) [표 18-2]의 실험 결과에서 V_{CC}에 따른 V_{out}의 변화를 설명하라.

[표 18-3] V_{in}과 V_{out}의 전압과 주파수

	전압[V_{PP}]	주파수[Hz]
V_{in}		
V_{out}		

(4) [표 18-3]에서 V_{in}과 V_{out}의 전압이 다른지 확인하고, 그 이유를 설명하라.

(5) [표 18-3]에서 V_{in}과 V_{out}의 주파수가 같은지 확인하라. (Yes□ No□)

(6) [표 18-3]에서 V_{in}과 V_{out}의 주파수가 같은 이유를 설명하라.

PSpice 시뮬레이션 포토커플러

(1) [그림 18-8(a)]의 실험회로를 OrCAD Capture로 작성하라(화면 캡처). 저항 R = 3[kΩ], V_{CC} = 8[V]로 설정하고, V_{in}은 'VPULSE'를 이용하여 500[Hz](주기 2[ms]), 12[V_{PP}]의 펄스를 설정하라.

(2) 시뮬레이션 결과 그래프를 보여라(화면 캡처).

(3) 시뮬레이션 결과 그래프를 참고하여 [표 18-5]를 완성하라.

[표 18-5] **포토커플러의 시뮬레이션 결과**

	전압[V_{PP}]	주파수[Hz]
V_{in}		
V_{out}		

(4) [표 18-5]와 [표 18-3]의 실험 결과가 같은지 확인하라. (같음□ 다름□)

실험 19

타이머 IC와 LED 점멸기

학습 목표

- 타이머 IC를 이용하여 비안정 멀티바이브레이터를 실험한다.
- 타이머 IC로 LED 점멸기를 구성하고, 그 동작을 실험한다.

19.1 기초 이론

타이머(Timer) IC는 1971년 미국 시그네틱스(Signetics)사에서 개발한 디지털 IC로, 연산 증폭기(Operational Amplifier)로 구성한 비교기[1]와 플립플롭의 조합으로 구성되어 있다. 타이머 IC를 이용하면, 다양한 주파수의 디지털 펄스와 삼각파를 만들 수 있다. 또한 타이머 IC를 다른 회로나 전기장치와 연결하여 원하는 타이밍에 동작시킬 수도 있다.

여러 반도체 회사에서 '555'란 이름으로 타이머 IC를 만들고 있으며, 대표적인 제품으로는 [그림 19-1]에 보인 'NE555'가 있다. 그림의 'NE555'는 시그네틱스사 제품으로, 8개의 핀을 가지고 있으며 DIP(Dual In-line Package)[2]로 만들어져 있다.

[그림 19-1] 타이머 IC(NE555)

1 비반전(+)과 반전(−)의 입력 단자를 가지고 있다. 두 단자에 인가된 전압을 비교해서 비반전(+) 단자의 전압이 높으면 'High'를, 반대의 경우에는 'Low'를 출력한다.

2 핀을 몸체의 양쪽에 일렬로 배치한 패키지 형태이다.

[그림 19-2]는 NE555의 핀 다이어그램으로, 각 핀의 기능은 다음과 같다.

- 1번 핀(GND), 8번 핀(V_{CC}) : 접지와 전원 전압이다.
- 2번 핀(Trigger) : V_{CC}의 1/3보다 작은 전압을 인가하면, 타이머가 트리거 되면서 동작을 개시한다(Active Low).
- 3번 핀(Output) : 디지털 펄스가 출력된다.
- 4번 핀(Reset) : 기본적으로 'High' 또는 오픈 상태로 설정하며, 접지시키면 출력이 'Low'로 리셋된다(Active Low).
- 5번 핀(Control) : 6번 핀의 동작 전압을 조절한다(거의 사용되지 않음).
- 6번 핀(Threshold) : 이 핀에 V_{CC}의 2/3를 넘는 전압을 인가하면, 타이머 출력이 'Low'가 된다(동작 중지). 이 기능을 이용해 펄스폭을 바꿀 수 있다. 동작 기준 전압인 V_{CC}의 2/3는 5번 핀(Control)에 인가하는 전압을 조절하여 바꿀 수 있다.
- 7번 핀(Discharge) : 타이머 외부에 연결된 커패시터를 방전시킬 때 사용한다.

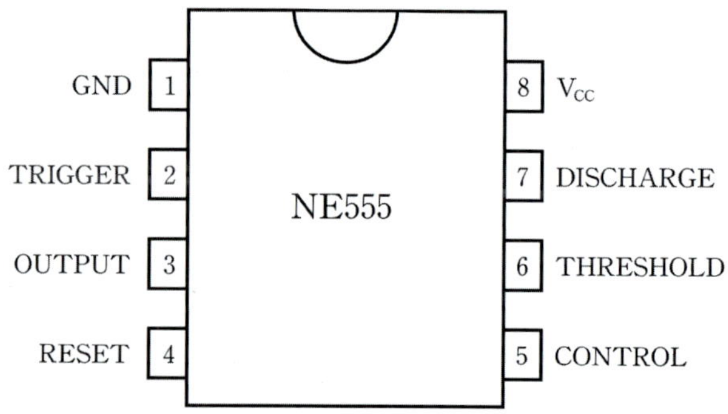

[그림 19-2] NE555의 핀 다이어그램

19.1.1 동작 모드

타이머 IC는 외부 회로의 연결 방법에 따라 3가지 모드(Mode)로 동작한다. 3가지 모드는 단안정 모드(Monostable Mode), 비안정 모드(Astable Mode), 쌍안정 모드(Bistable Mode)이다. 주로 단안정 모드와 비안정 모드가 사용된다.

단안정 모드

'Low'를 안정 상태로 가지는 동작 모드이다. 2번 핀(Trigger)에 트리거 신호가 주어지면, 일정 시간 동안 펄스를 출력하고 다시 'Low'로 돌아간다[3]. 이 모드로 설정한 타이머 IC를 단안정 멀티바이브레이터(Monostable Multivibrator)라 한다.

3 이를 'One-shot' 펄스라 한다.

비안정 모드

안정된 상태 없이 'High'와 'Low'를 반복하면서 펄스를 출력하는 동작 모드이다. 외부에 연결된 저항과 커패시터로 펄스폭과 주파수를 조절할 수 있다. 이 모드로 설정한 타이머 IC를 비안정 멀티바이브레이터(Astable Multivibrator)라 한다.

쌍안정 모드

'High'와 'Low'가 모두 안정 상태인 동작 모드로, 2번 핀(Trigger)과 4번 핀(Reset)으로 설정한다. 2번 핀에 신호($\frac{1}{3}$ V_{CC}보다 작은 전압)를 주면 출력은 'High'가 되고, 4번 핀에 신호(접지)를 주면 'Low'가 된다. 이 모드로 설정한 타이머 IC를 쌍안정 멀티바이브레이터(Bistable Multivibrator)라 한다.

19.1.2 비안정 멀티바이브레이터

[그림 19-3]은 NE555로 구성한 비안정 멀티바이브레이터이다. 비안정 멀티바이브레이터는 안정된 상태 없이 'High'와 'Low' 출력을 반복하며, 그에 따라 3번 핀(Output)으로 펄스가 출력된다.

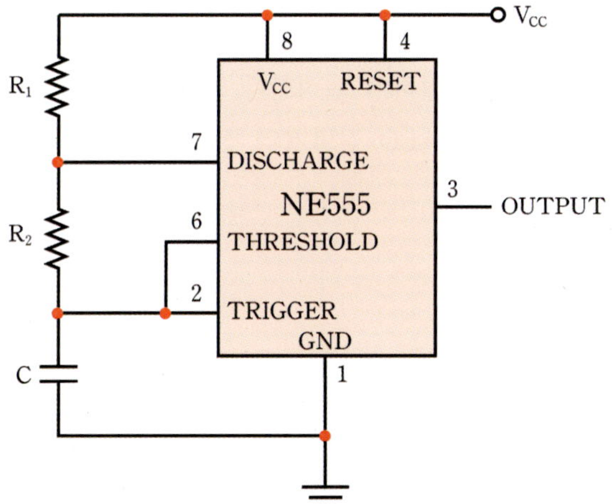

[그림 19-3] NE555로 구성한 비안정 멀티바이브레이터

비안정 멀티바이브레이터에 의해 생성되는 펄스의 주파수는 아래의 식 (19.1)과 같이 외부에 연결된 저항과 커패시터에 의해 결정된다.

$$f = \frac{1.44}{(R_1 + 2R_2)C} \tag{19.1}$$

[그림 19-4]는 펄스의 파형으로, T_H는 'High'일 때의 펄스폭이고, T_L은 'Low'일 때의 펄스폭이다. 비안정 멀티바이브레이터에 의해 생성되는 펄스의 T_H와 T_L은 식 (19.2)와 식 (19.3)으로

주어진다. 식 (19.4)는 펄스의 주기 T로, T_H와 T_L의 합이다.

$$T_H = 0.693(R_1 + R_2)C \tag{19.2}$$

$$T_L = 0.693 R_2 C \tag{19.3}$$

$$T = T_H + T_L = 0.693(R_1 + 2R_2)C \tag{19.4}$$

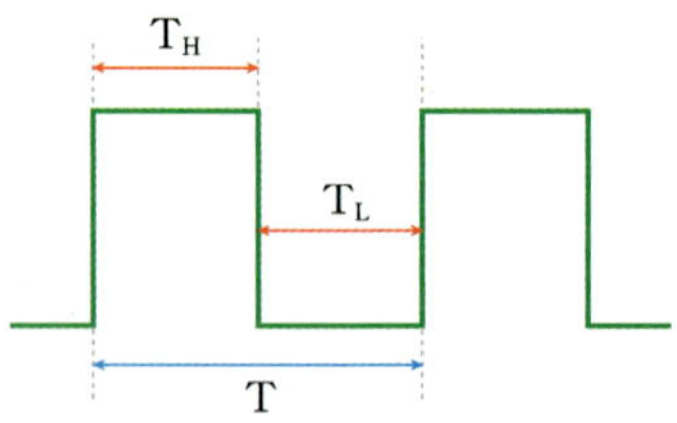

[그림 19-4] 펄스의 파형

19.1.3 LED 점멸기

NE555로 구성한 비안정 멀티바이브레이터의 출력에 LED를 연결하면, LED 점멸기를 만들 수 있다. 이때 LED의 점멸을 확인할 수 있도록 비안정 멀티바이브레이터에 의해 생성되는 펄스의 주파수를 수 ~ 수십[Hz] 정도로 설정한다. 비안정 멀티바이브레이터에 의해 생성되는 펄스의 주파수는 식 (19.1)을 바탕으로 저항 또는 커패시터의 용량을 조절하여 설정한다. 예를 들어 [그림 19-3]에서 저항 R_1을 가변 저항으로 바꾸면, 펄스의 주파수(LED 점멸기의 점멸 주기)를 쉽게 바꿀 수 있다.

19.2 실험

【실험장비】

실험기기	직류전원 공급장치	1대
	오실로스코프	1대
	브레드보드	1개
회로부품	타이머 IC	NE555
	저항	330[Ω], 1[kΩ], 3.3[kΩ], 15[kΩ], 47[kΩ], 100[kΩ] 각 1개씩
	커패시터	1[μF]
	LED	적색 LED

19.2.1 비안정 멀티바이브레이터

1 [그림 19-5(a)]와 같은 실험회로를 구성하라. [그림 19-5(b)]는 배선도이다.

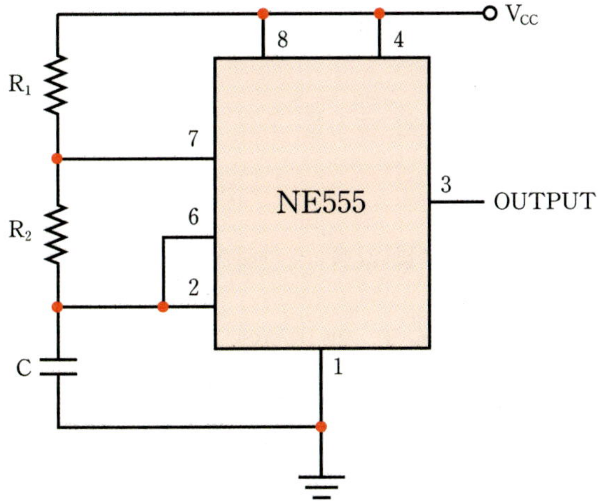

(a)

실험 따라하기

(b)

[그림 19-5] **비안정 멀티바이브레이터의 실험회로**

2 회로에서 저항 $R_1 = 3.3[k\Omega]$, $R_2 = 15[k\Omega]$이고, 커패시터 $C = 1[\mu F]$이다. V_{CC}로 5[V]를 인가하라.

3 3번 핀(Output)으로 출력되는 펄스의 주파수와 주기를 오실로스코프로 측정하여 [표 19-1]에 기록하라.

[표 19-1] **비안정 멀티바이브레이터의 실험 결과 ①**

저항	구분	주파수[Hz]	주기[ms]	파형
$R_1 = 3.3[k\Omega]$ $R_2 = 15[k\Omega]$	측정값			
	이론값			

4 식 (19.1)과 식 (19.4)로 펄스의 주파수 및 주기의 이론값을 계산하여 [표 19-1]에 기록하라.

5 펄스폭(T_H 와 T_L)에 유의하여 오실로스코프에 표시된 펄스의 파형을 [표 19-1]에 그려라.

6 실험회로의 저항을 $R_1 = 1[k\Omega]$, $R_2 = 330[\Omega]$으로 바꾸어라.

7 3번 핀(Output)으로 출력되는 펄스의 주파수와 주기를 오실로스코프로 측정하여 [표 19-2]에 기록하라.

8 앞과 마찬가지로 펄스의 주파수 및 주기의 이론값을 계산하여 [표 19-2]에 기록하라.

9 오실로스코프에 표시된 펄스의 파형을 펄스폭(T_H 와 T_L)에 유의하여 [표 19-2]에 그려라.

[표 19-2] 비안정 멀티바이브레이터의 실험 결과 ②

저항	구분	주파수[Hz]	주기[ms]	파형
$R_1 = 1[k\Omega]$ $R_2 = 330[\Omega]$	측정값			
	이론값			

10 저항을 바꾸었을 때 펄스의 주파수가 바뀌는지 확인하라. (Yes□ No□)

11 저항을 바꾸었을 때 펄스의 파형이 바뀌는지 확인하라. (Yes□ No□)

19.2.3 LED 점멸기

1 [그림 19-6]과 같은 실험회로를 구성하라. 배선은 [실험 따라하기]를 참조한다.

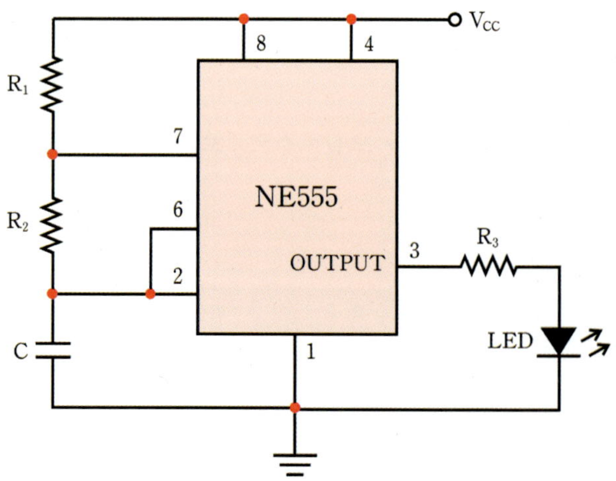

[그림 19-6] LED 점멸기의 실험회로

2 회로에서 저항 $R_1 = 47[k\Omega]$, $R_2 = 100[k\Omega]$, $R_3 = 330[\Omega]$이고, 커패시터 $C = 1[\mu F]$이다. V_{CC}로 5[V]를 인가하라.

3 3번 핀(Output)으로 출력되는 디지털 펄스의 주파수와 주기를 오실로스코프로 측정하여 [표 19-3]에 기록하라.

4 식 (19.1)과 식 (19.4)로 펄스의 주파수와 주기의 이론값을 계산하여 [표 19-3]에 기록하라.

[표 19-3] LED 점멸기의 실험 결과

저항	구분	주파수[Hz]	주기[ms]
$R_1 = 47[k\Omega]$ $R_2 = 100[k\Omega]$	측정값		
	이론값		

5 LED가 점멸하는 모습을 사진 및 동영상으로 촬영하라.

실험 따라하기 LED 점멸기(그림 19-6)

1 실험회로([그림 19-6])에 사용된 NE555 타이머 IC의 핀 다이어그램을 확인한다.

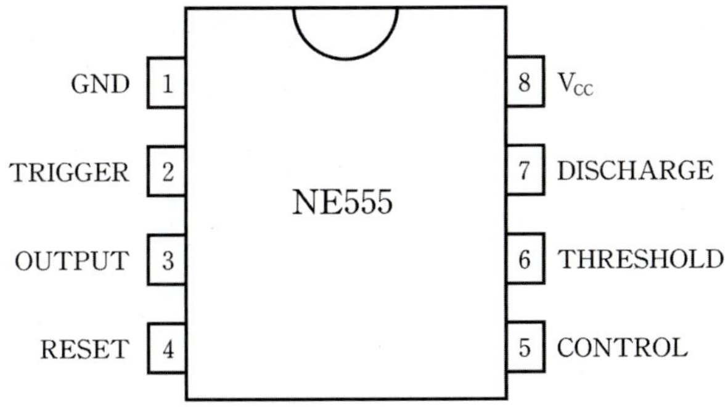

2 NE555 타이머 IC와 외부 연결을 확인한다.

- 전원 : 8번 핀(V_{CC}), 1번 핀(GND)
- 외부 저항과 연결 : 7번 핀, 2번 핀
- 외부 커패시터와 연결 : 1번 핀, 2번 핀
- 출력 및 LED 연결 : 3번 핀

3 그림과 같이 V_{CC}와 GND를 연결하고, 회로도에 맞추어 외부 저항(R_1 = 47[kΩ], R_2 = 100[kΩ]) 및 커패시터(C = 1[μF])를 연결한다.

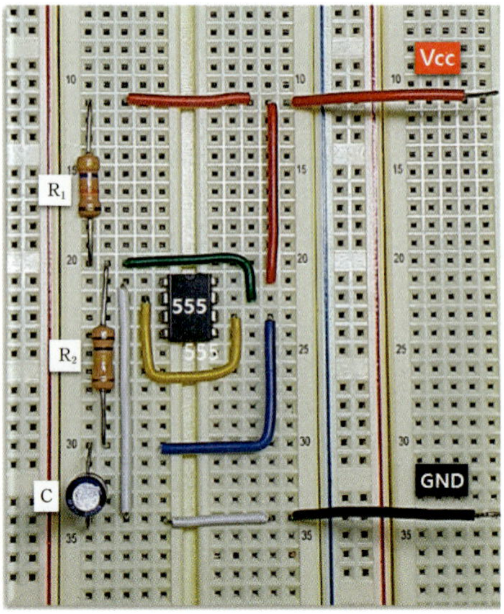

4 3번 핀(Output)과 GND 사이에 저항(R_3 = 330[Ω])과 적색 LED를 직렬로 연결하고, 직류전원 공급장치로 V_{CC} = 5[V]를 인가한다.

5 다음 그림은 LED가 점멸하는 모습이다. LED가 점멸하는 모습을 사진 및 동영상으로 촬영한다.

6 3번 핀(Output)으로 출력되는 펄스의 주파수와 주기를 오실로스코프로 측정하여 [표 19-3]에 기록한다.

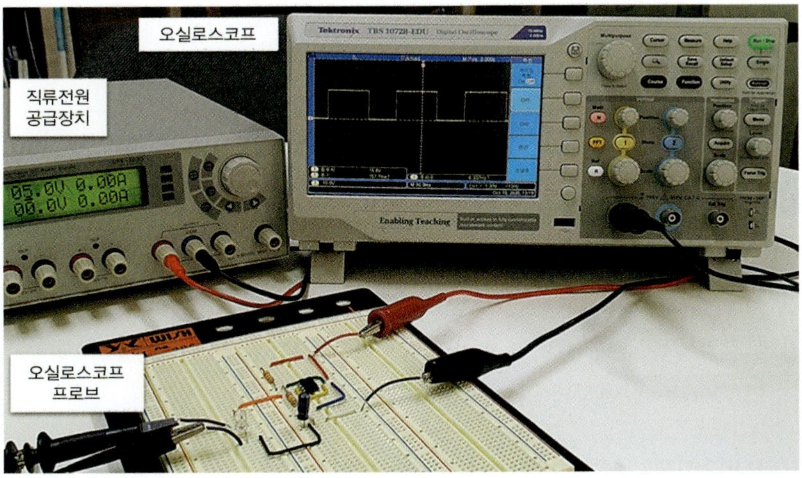

7 다음 그림은 오실로스코프의 화면이다. 3번 핀(Output)으로 출력되는 디지털 펄스의 주기는 157.7[ms], 주파수는 6.3[Hz]로 측정되었다. 실험 결과와 이론값을 비교하여 올바른 결과를 얻었는지 확인한다.

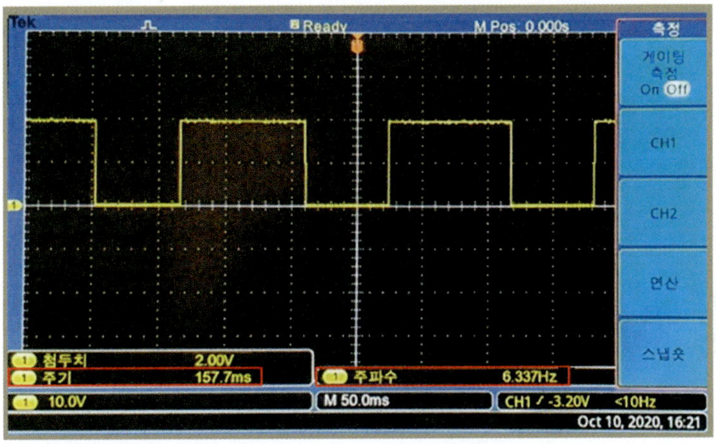

19.3 PSpice 시뮬레이션

1 [표 19-4]와 같이 설정하여 [표 19-5(a)]의 실험회로를 시뮬레이션하라[4].

[표 19-4] 시뮬레이션 설정

대상 회로		[그림 19-5(a)]
시뮬레이션 설정	Analysis type	Time Domain (Transient)
	Options	General Settings
	Run to time	100[ms]

2 시뮬레이션 결과를 이용하여 비안정 멀티바이브레이터의 출력 파형을 보이고, 출력되는 펄스의 주파수와 주기를 확인하라.

3 참고 [그림 19-7]의 시뮬레이션 회로를 확인하라[5].

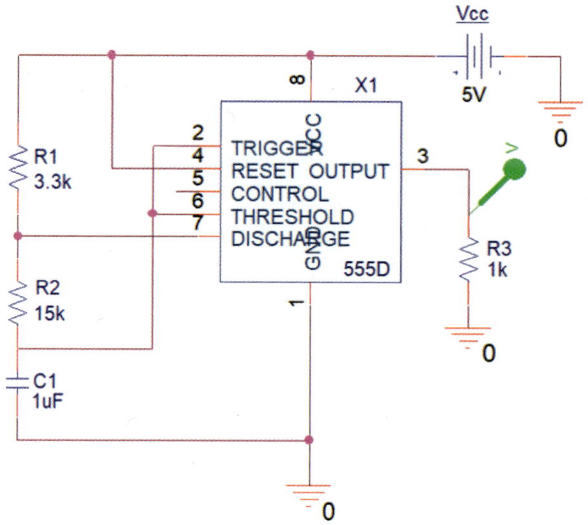

[그림 19-7] 시뮬레이션 회로

4 PSpice에서 제공하는 타이머 IC의 부품명은 '555D'이다.

5 출력 파형을 측정하기 위해 3번 핀의 출력 쪽에 저항 R_3(1[kΩ])을 추가하였다.

4 **참고** [그림 19-8]의 시뮬레이션 결과를 확인하라.

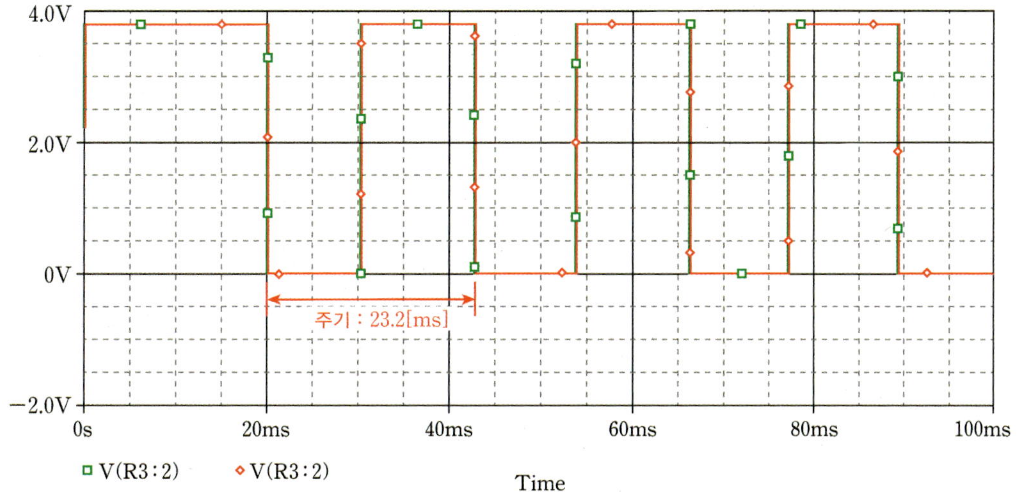

[그림 19-8] **시뮬레이션 결과**

[그림 19-8]은 시뮬레이션 결과로, 펄스의 주기 T는 23.2[ms]이다[6]. 주기의 역수가 주파수이므로 이 펄스의 주파수 f는 43.1[Hz]가 된다. 이 결과는 식 (19.1)과 식 (19.4)로부터 구한 이론값과 거의 같다.

- 식 (19.1)에서 $f=\dfrac{1.44}{(R_1+2R_2)C}=\dfrac{1.44}{(3.3[k\Omega]+2(15[k\Omega]))1[\mu F]}=43.2[Hz]$
- 식 (19.4)에서 $T=0.693(R_1+2R_2)C=0.693(3.3[k\Omega]+2(15[k\Omega]))1[\mu F]=23.1[ms]$

6 PSpice 파형의 주기를 확인하는 방법은 〈부록 B.4〉를 참조하라.

셀프 테스트

(1) 타이머 IC는 미국 시그네틱스사에서 개발하였다. (○, ×)

(2) 타이머 IC는 외부 회로의 연결 방법에 따라 (2가지, 3가지, 4가지) 모드로 동작한다.

(3) 타이머 IC에서 일정 시간 동안 온되는 'One-shot' 펄스를 생성할 때 사용되는 모드는 (단안정 모드, 비안정 모드, 쌍안정 모드)이다.

(4) 타이머 IC에서 안정된 상태 없이 'High'와 'Low' 출력을 반복하는 모드는 (단안정 모드, 비안정 모드, 쌍안정 모드)이다.

(5) 타이머 IC를 이용한 비안정 멀티바이브레이터는 펄스폭을 조절할 수 없다. (○, ×)

(6) 비안정 멀티바이브레이터가 생성하는 펄스의 주파수는 외부에 연결된 저항과 커패시터의 용량에 의해 결정된다. (○, ×)

(7) 비안정 멀티바이브레이터가 생성하는 펄스의 주파수는 외부에 연결된 저항값이 커지면 (증가, 감소)한다.

(8) 비안정 멀티바이브레이터가 생성하는 펄스의 주기는 외부에 연결된 커패시터의 용량이 커지면 (증가, 감소)한다.

예비학습

(1) AD 변환기(Analog to Digital Converter)에 대하여 조사하라.

(2) DA 변환기(Digital to Analog Converter)에 대하여 조사하라.

결과 보고서

실험 19

타이머 IC와 LED 점멸기

- 학번 :
- 이름 :
- 실험일 :

실험 1 비안정 멀티바이브레이터

[표 19-1] 비안정 멀티바이브레이터의 실험 결과 ①

저항	구분	주파수[Hz]	주기[ms]	파형
R_1 = 3.3[kΩ] R_2 = 15[kΩ]	측정값			
	이론값			

(1) [표 19-1]에서 주파수 및 주기의 측정값과 이론값이 같은지 확인하라. (Yes□ No□)

[표 19-2] 비안정 멀티바이브레이터의 실험 결과 ②

저항	구분	주파수[Hz]	주기[ms]	파형
R_1 = 1[kΩ] R_2 = 330[Ω]	측정값			
	이론값			

(2) [표 19-2]에서 주파수 및 주기의 측정값과 이론값이 같은지 확인하라. (Yes□ No□)

(3) [표 19-1] 및 [표 19-2]의 실험 결과에서,

- 저항을 바꿀 때 펄스의 주파수가 바뀌는지 확인하라. (Yes□ No□)
- 저항을 바꿀 때 펄스의 파형이 바뀌는지 확인하라. (Yes□ No□)

(4) [표 19-1]과 [표 19-2]의 실험 결과를 이용하여 저항에 따른 주파수 변화를 설명하라.

(5) [표 19−1]과 [표 19−2]의 실험 결과를 이용하여 저항에 따른 파형의 변화(T_H와 T_L 펄스폭의 변화)를 설명하라.

실험 2 LED 점멸기

[표 19−3] LED 점멸기의 실험 결과

저항	구분	주파수[Hz]	주기[ms]
R_1 = 47[kΩ] R_2 = 100[kΩ]	측정값		
	이론값		

(1) [표 19−3]에서 주파수 및 주기의 측정값과 이론값이 같은지 확인하라. (Yes□ No□)

(2) LED가 점멸하는 모습을 촬영한 사진을 보여라.

PSpice 시뮬레이션 LED 점멸기

(1) [그림 19-6]의 실험회로를 OrCAD Capture로 작성하라[7](화면 캡처).

(2) 시뮬레이션 결과 그래프를 보여라(화면 캡처).

7 PSpice에는 'LED' 부품이 없으므로 [그림 19-6]의 실험회로에서 3번 핀(Output)에 연결한 LED를 제거하고, 저항 R_3에서 출력을 측정하라.

(3) 시뮬레이션 결과와 [표 19-3]의 실험 결과(측정값)를 이용하여 [표 19-5]를 완성하라.

[표 19-5] LED 점멸기의 시뮬레이션 결과

구분	주파수[Hz]	주기[ms]
시뮬레이션 결과		
실험 결과(측정값)		

(4) [표 19-5]의 시뮬레이션 결과와 실험 결과가 같은지 확인하라. (같음□ 다름□)

실험 20

AD 변환기와 DA 변환기

학습목표

- AD 변환의 원리를 살펴보고, AD 변환기를 실험한다.
- DA 변환의 원리를 살펴보고, DA 변환기를 실험한다.

20.1 기초 이론

자연의 소리나 악기 소리, 온도 변화, 움직이는 물체의 속도 등은 대표적인 아날로그 신호이다. 아날로그 신호는 시간에 따라 연속적으로 변화하는 특징을 가지고 있다. 또한 신호의 종류에 따라 크기와 파형이 전혀 다르고 규칙성도 없다. [그림 20-1]은 여러 아날로그 신호의 파형을 나타낸 것이다.

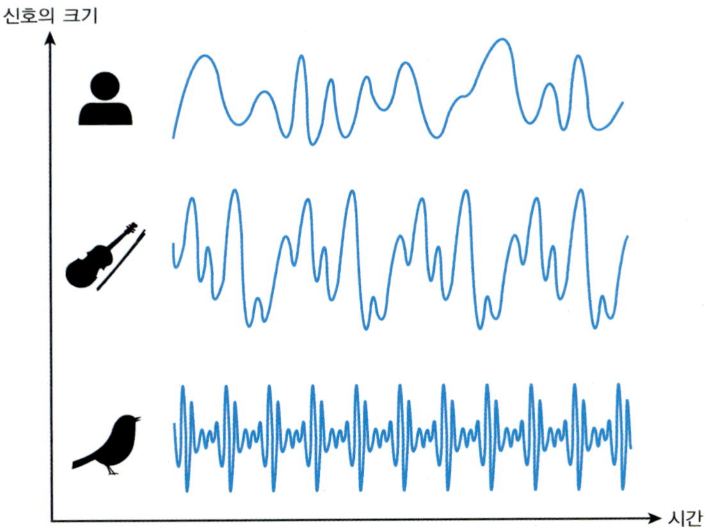

[그림 20-1] 여러 아날로그 신호의 파형

[그림 20-2]는 디지털 신호이다. 디지털 신호는 컴퓨터에서 사용하기 위해 인위적으로 만든 신호로, '1'과 '0'의 두 가지 상태를 가지고 있다. 따라서 디지털 신호는 파형이 단순하고 규칙적이다. 또한 '0'은 신호가 없는 상태이므로 디지털 신호는 시간에 대해 불연속적이다[1].

1 아날로그 신호와 디지털 신호에 대한 추가 정보는 이 책의 [예비지식]을 참조하라.

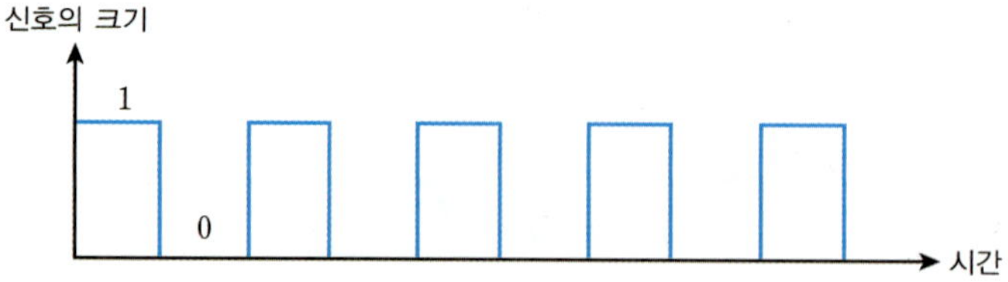

[그림 20-2] 디지털 신호

컴퓨터를 비롯한 전자기기에서 아날로그 신호를 다루려면 디지털 신호로 바꾸는 AD 변환(Analog to Digital Conversion) 작업이 필요하다. 반대로 사람은 디지털 신호를 인식할 수 없으므로 다시 아날로그 신호로 바꾸는 DA 변환(Digital to Analog Conversion) 작업이 필요하다.

20.1.1 AD 변환

AD 변환은 아날로그 신호의 크기에 비례하는 디지털 신호를 만드는 작업이다. 아날로그 신호는 연속적이므로 아날로그 신호 전체를 디지털 신호로 바꿀 수 없으며, 일정 시간마다 아날로그 신호의 크기를 읽어 디지털 신호로 바꾼다. 이 작업을 샘플링(Sampling)이라 한다. AD 변환은 다양한 방법으로 이루어진다. 여기에서는 대표적 변환기의 하나인 '연속근사 AD 변환기'를 살펴본다.

샘플링

여기서 잠깐

샘플링(Sampling)이란 [그림 20-3]과 같이 주기 T마다 아날로그 신호를 측정하여 저장하는 작업이다. 이 역할을 담당하는 것이 [그림 20-5]에 있는 샘플&홀드 회로이다.

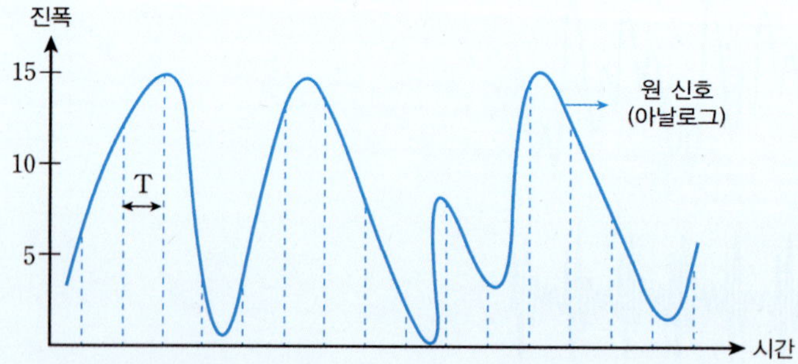

[그림 20-3] 샘플링

[그림 20-4]는 샘플링 결과이다. 연속적인 아날로그 신호로부터 불연속적인 신호가 추출되었으며, 각 샘플링 값을 연결하면 원 신호를 복원할 수 있다. 샘플링된 아날로그 신호를 디지털 코드로 바꾸는 작업이 바로 AD 변환이다.

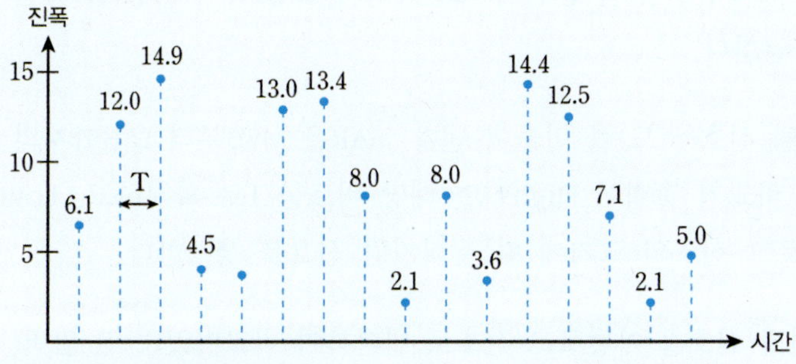

[그림 20-4] **샘플링 결과**

[그림 20-3]과 [그림 20-4]를 살펴보면, 샘플링 주기 T를 짧게 할수록 원래의 아날로그 신호를 더 정확히 복원할 수 있음을 알 수 있다. 다만 이 경우 처리해야 할 디지털 데이터가 많아진다.

아날로그 신호의 최대 주파수를 f_{max} 라 하면, f_{max} 의 2배 이상으로 샘플링 해야만 원래의 아날로그 신호를 복원할 수 있다[2]. 예를 들어 사람 목소리의 주파수는 500[Hz] ~ 2[KHz]이므로 4[kHz] 이상으로 샘플링해야 변환된 디지털 신호로부터 원래의 목소리를 복원할 수 있다[3]. 한편 주기 T = $1/f$이므로 샘플링 주파수가 4[kHz]이면, 샘플링 주기 T = 250[μs]가 된다.

연속근사 AD 변환기

[그림 20-5]는 연속근사 AD 변환기로, 샘플 & 홀드 회로(Sample & Hold Circuit), 연산 증폭기로 구성한 비교기(Comparator), SAR(Successive Approximation Register, 연속근사 레지스터), DA 변환기로 구성되어 있다.

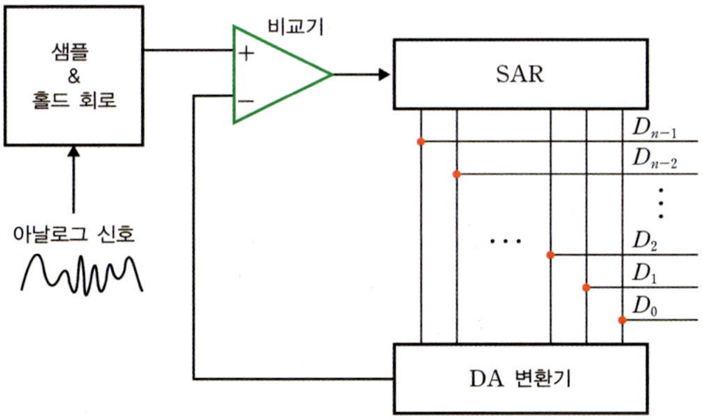

[그림 20-5] **연속근사 AD 변환기**

---

2 이를 나이퀴스트-섀넌의 샘플링 정리(Nyquist-Shannon Sampling Theorem)라 한다.

3 실제로는 4[kHz]보다 더 높은 주파수로 샘플링한다.

샘플 & 홀드 회로는 아날로그 신호의 크기(전압)를 순간적으로 측정(샘플링)하여 저장(홀드)한 다음, 비교기의 비반전 입력(+)에 공급한다.

SAR은 비교기의 출력에 따른 디지털 신호(코드)를 만들어 낸다. SAR은 MSB부터 LSB까지의 각 비트를 차례로 High로 설정하면서 비교기 출력이 High이면 해당 비트를 1로 확정하고, Low이면 0으로 확정하는 방식으로 아날로그 신호의 크기에 따른 디지털 신호를 생성한다.

DA 변환기는 SAR이 출력하는 디지털 신호를 아날로그 신호로 변환하여 비교기의 반전 입력(−)에 공급한다. 비교기는 아날로그 신호와 DA 변환기 출력을 비교하면서 아날로그 신호가 크면 'High'를 출력하고, DA 변환기의 출력이 크면 'Low'를 출력한다.

[표 20-1]은 [그림 20-5]의 연속근사 AD 변환기에서 '4.1[V]'의 아날로그 신호를 4비트의 디지털 신호($D_3 \sim D_0$)로 변환하는 과정의 예시이다.

[표 20-1] AD 변환 과정

과정		해당 비트	SAR 출력 ($D_3D_2D_1D_0$)	DA 변환기 출력	비교 결과	비교기 출력	SAR 설정
1	❶	D_3	1000	8[V]	4.1[V] 초과	Low	D_3(MSB) = 1 설정
	❷		0000	0[V]	−	High	D_3(MSB) = 0 확정
2	❶	D_2	0100	4[V]	4.1[V] 미달	High	D_2 = 1 설정
	❷		0100	4[V]	−	High	D_2 = 1 확정
3	❶	D_1	0110	6[V]	4.1[V] 초과	Low	D_1 = 1 설정
	❷		0100	4[V]	−	High	D_1 = 0 확정
4	❶	D_0	0101	5[V]	4.1[V] 초과	Low	D_0(LSB) = 1 설정
	❷		0100	4[V]	−	High	D_0(LSB) = 0 확정

- 과정 1-❶
  - SAR에서 D_3(MSB) = 1 설정, $D_3D_2D_1D_0$ = 1000
  - DA 변환기의 출력 = 8[V](1000을 아날로그 전압 신호로 변환), 비교기에서 4.1[V]와 8[V] 비교 → Low 출력
- 과정 1-❷ 비교기 출력이 'Low'이므로 D_3(MSB) = 0으로 바꾸어 확정
- 과정 2-❶
  - SAR에서 D_2 = 1 설정, $D_3D_2D_1D_0$ = 0100
  - DA 변환기 출력 = 4[V], 비교기에서 4.1[V]와 4[V] 비교 → High 출력
- 과정 2-❷ 비교기 출력이 High이므로 D_2 = 1 확정

- 과정 3-❶
  - SAR에서 $D_1 = 1$ 설정, $D_3D_2D_1D_0 = 0110$
  - DA 변환기 출력 = 6[V], 비교기에서 4.1[V]와 6[V] 비교 → Low 출력
- 과정 3-❷ 비교기 출력이 Low이므로 $D_1 = 0$으로 바꾸어 확정
- 과정 4-❶
  - SAR에서 D_0(LSB) = 1 설정, $D_3D_2D_1D_0 = 0101$
  - DA 변환기 출력 = 5[V], 비교기에서 4.1[V]와 5[V] 비교 → Low 출력
- 과정 4-❷ 비교기 출력이 Low이므로 D_0(LSB) = 0으로 바꾸어 확정

SAR은 LSB까지 변환이 끝나면 생성된 디지털 신호를 외부로 출력한다. 이 예시의 경우 '4.1[V]'의 아날로그 신호(전압)가 4비트의 디지털 신호 '0100'으로 변환되었다.

AD 변환기 IC 패키지(ADC0804)

ADC0804는 앞에서 설명한 연속근사 AD 변환 방식을 사용하는 8비트 AD 변환기이다. [그림 20-6]은 ADC0804의 핀 다이어그램으로, 6, 7번 핀의 $V_{IN(+)}$, $V_{IN(-)}$에 아날로그 신호를 입력하면, 11 ~ 18번 핀(DB_7 ~ DB_0)을 통해 8비트의 디지털 신호가 출력된다.

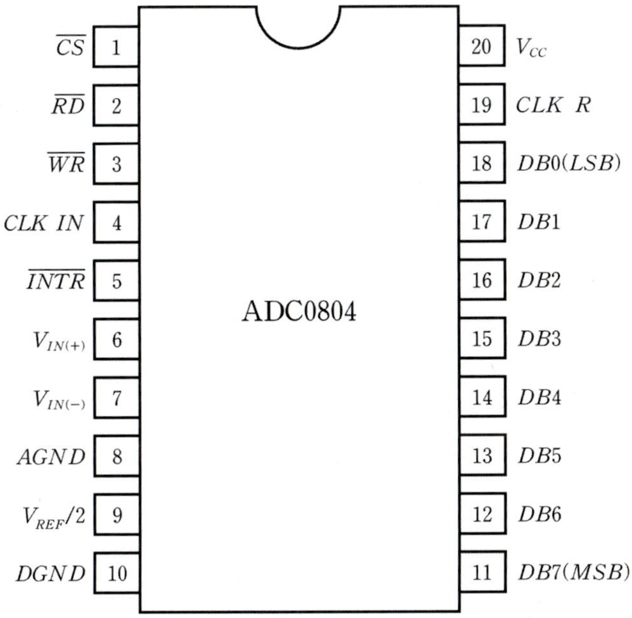

[그림 20-6] ADC0804의 핀 다이어그램

[표 20-2]는 ADC0804의 각 핀의 이름과 기능이다. ADC0804를 변환기로 사용하려면, 1, 2번 핀($\overline{CS}$, $\overline{RD}$)과 8, 10번 핀(AGND, DGND)을 모두 접지하여 인에이블(Enable) 상태를 만들어야 한다. 다음으로 6, 7번 핀의 $V_{IN(+)}$, $V_{IN(-)}$에 변환할 아날로그 신호를 입력하고, 3번 핀의 $\overline{WR}$을 일시적으로 접지하면, 11 ~ 18번 핀(DB_7 ~ DB_0)으로 디지털 신호가 출력된다[4].

[표 20-2] ADC0804의 핀 이름과 기능

번호	핀 이름	기능(사용 방법)
1	$\overline{CS}$: Chip Select	패키지(칩)의 사용 여부 결정(Enable)
2	$\overline{RD}$: Read	디지털 신호의 출력 여부 결정
3	$\overline{WR}$: Write	아날로그 신호의 입력 여부 결정(샘플링)
4	CLK IN : Clock In	외부 클록 입력 또는 19번 핀(CLK R)과의 사이에 RC 회로를 붙여 내부 클록 발생기 구성
5	$\overline{INTR}$: Interrupt Request	변환이 완료되면 Low를 출력
6	$V_{IN(+)}$: Differential Analog Input +	(+)/(−) 차동 아날로그 입력, 두 핀 간의 전압차가 디지털 신호로 변환됨
7	$V_{IN(-)}$: Differential Analog Input −	
8	AGND : Analog Ground	아날로그 신호용 접지
9	$V_{REF}/2$: Reference Voltage Input	기준 전압(Reference Voltage)에 따라 변환 가능한 아날로그 신호의 크기가 다름[5]
10	DGND : Digital Ground	디지털 신호용 접지
11 ~ 18	DB_7 ~ DB_0 : Data Bit 0 ~ 7	변환된 8비트 디지털 신호 출력
19	CLK R : RC Timing Resistor Input Pin	4번 핀(CLK IN)과의 사이에 RC 회로를 붙여 패키지 내부용 클록 발생기를 구성[6]
20	V_{CC} : +5[V] Supply Voltage	전원 전압

20.1.2 DA 변환

DA 변환은 디지털 신호를 원래의 아날로그 신호로 복원하는 과정이다. DA 변환에는 다양한 방법이 사용된다. 여기서는 대표적인 변환기의 하나인 R/2R 사다리형 DA 변환기를 살펴본다.

4 $\overline{WR}$은 아날로그 신호를 입력 받을지의 여부를 결정한다. 따라서 샘플링 주기에 맞추어 $\overline{WR} = 0$을 설정하면 그때의 아날로그 신호가 디지털 신호로 변환된다.

5 $V_{REF}/2$ 핀을 오픈하면, 0 ~ 5[V]의 아날로그 신호를 변환할 수 있다. 반면에 $V_{REF}/2$ = 2[V]를 공급하면, 변환 가능한 전압이 0 ~ 4[V]로 바뀐다. 이 경우 4[V]일 때 DB_7 ~ DB_0는 '11111111'로 최댓값이 된다.

6 클록 주파수 $f = \frac{1}{1.1RC}$ [Hz]로 주어진다.

R/2R 사다리형 DA 변환기

[그림 20-7]은 R/2R 사다리형 4비트 DA 변환기로 R과 2R의 두 종류 저항이 사다리 모양으로 연결되어 있다. $D_0 \sim D_3$은 아날로그 신호로 변환할 디지털 신호로, D_0이 LSB이고 D_3이 MSB이다.

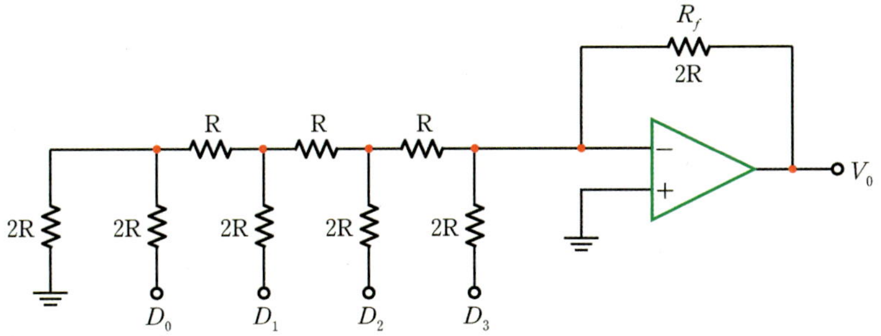

[그림 20-7] R/2R 사다리형 4비트 DA 변환기

R/2R 사다리형 4비트 DA 변환기의 동작을 이해하기 위해 먼저 [그림 20-8]에 보인 연산 증폭기로 구성한 반전 증폭기를 살펴보자.

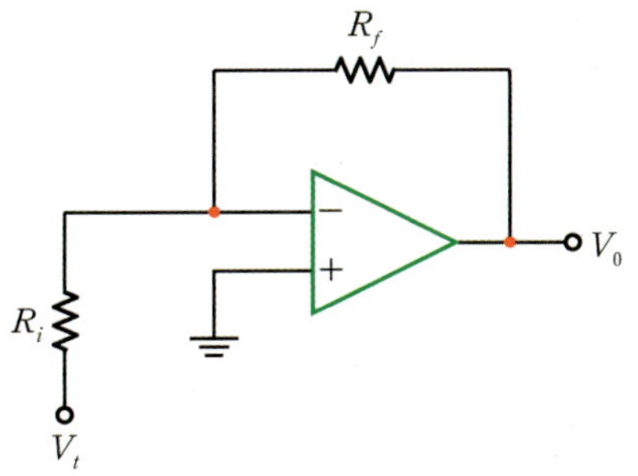

[그림 20-8] 반전 증폭기

반전 증폭기의 전압 이득 A_V는 아래의 식과 같이 저항 R_i와 R_f의 비율로 간단하게 결정된다. 이 경우 입력 전압 V_i가 반전 입력 (−)에 연결되므로 출력 전압 V_o는 입력 전압 V_i와 위상이 반대이다.

$$A_V = \frac{V_o}{V_i} = -\frac{R_f}{R_i}$$

R/2R 사다리형 회로의 동작을 살펴보자. $D_0 = 1$인 경우[7], R/2R 사다리형 4비트 DA 변화기의 테브난 등가 회로(Thevenin Equivalent Circuit)[8]를 그려보면 [그림 20-9]와 같다.

---

7 D_0 이외의 다른 디지털 비트 D_1, D_2, D_3는 0이다.
8 전원이 포함된 복잡한 회로를 하나의 전압 및 이것과 직렬로 연결된 저항으로 바꾼 것이다.

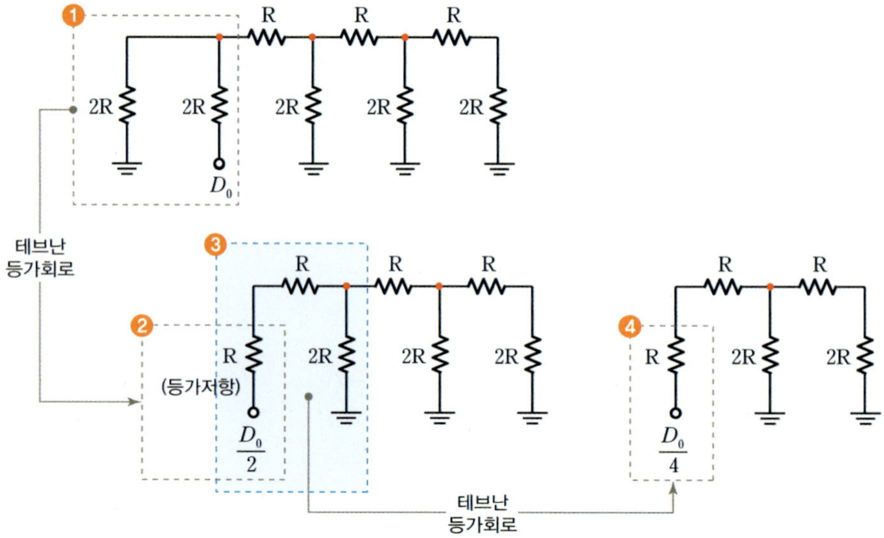

[그림 20-9] R/2R 사다리형 회로의 테브난 등가회로 그리기($D_0 = 1$)

먼저 ❶ 부분을 테브난 등가회로로 바꾸면, 2R의 저항이 병렬로 연결된 것이므로 테브난의 등가저항은 R이 되고[9], D_0는 $\frac{D_0}{2}$가 된다. 이렇게 바꾼 등가회로를 ❷로 표시하였다. 다음으로 등가저항 R을 포함한 ❸ 부분을 테브난 등가회로로 바꾸면, ❹와 같이 테브난 등가저항은 다시 R이 되고, D_0는 $\frac{D_0}{4}$가 된다. 이 과정을 반복하면 최종적으로 [그림 20-10]과 같은 $D_0 = 1$일 때의 사다리형 DA 변환기의 테브난 등가회로를 구할 수 있다.

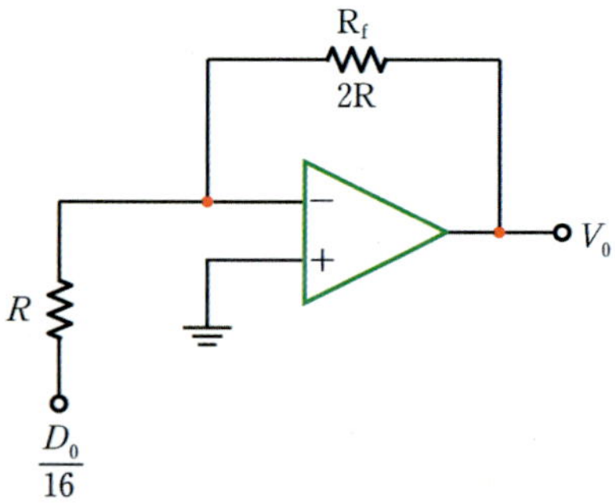

[그림 20-10] $D_0 = 1$일 때의 DA 변환기의 테브난 등가회로

반전 증폭기의 전압 이득 $A_V = \frac{V_o}{V_i} = -\frac{R_f}{R_i}$에서 $V_o = -V_i\frac{R_f}{R_i}$이다. 따라서 $D_0 = 1$에서 '1'을 5[V]로 바꾸면, $V_o = -\frac{D_0}{16}\frac{2R}{R} = -\frac{1}{8} \times 5[V]$가 된다.

---

9 $\frac{2R \times 2R}{2R + 2R} = R$

다음으로 D_1= 1인 경우[10]의 사다리형 DA 변환기 테브난 등가회로는 [그림 20-11]과 같다.

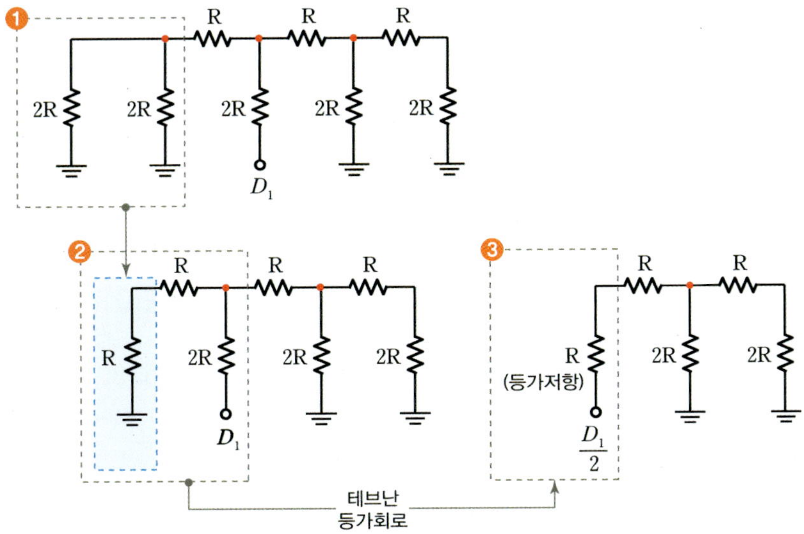

[그림 20-11] R/2R 사다리형 회로의 테브난 등가회로 그리기(D_1= 1)

[그림 20-11]에서 ❶ 부분은 2R의 저항이 병렬로 연결된 것이므로 합성저항은 R이 된다(아래쪽 파란색 점선 박스). 합성저항 R을 포함한 ❷ 부분의 테브난 등가회로를 구하면 ❸과 같이 등가저항은 R이 되고, D_1은 $\frac{D_1}{2}$이 된다. 이 과정을 반복하면 최종적으로 [그림 20-12]와 같은 D_1 = 1일 때의 사다리형 DA 변환기의 테브난 등가회로를 구할 수 있다.

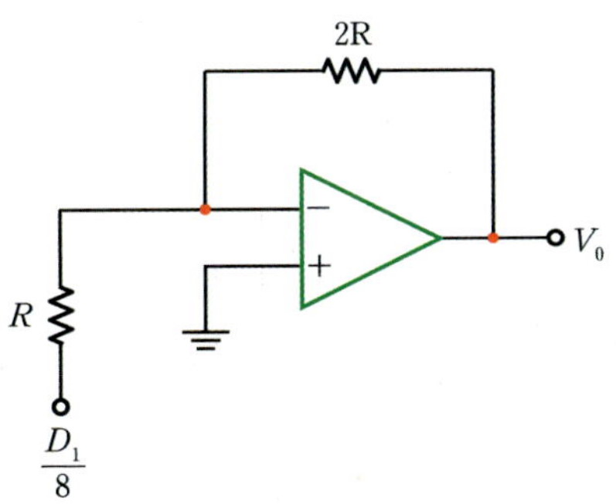

[그림 20-12] D_1 = 1일 때의 DA 변환기의 테브난 등가회로

[그림 20-12]에서 $D_1 = 1(5[V])$이므로 $V_o = -\frac{D_1}{8}\frac{2R}{R} = -\frac{1}{4} \times 5[V]$가 된다.

10 D_1 이외의 다른 디지털 비트 D_0, D_2, D_3는 0이다.

나머지 디지털 신호 D_2, D_3에 대해서도 같은 방법으로 테브난 등가회로를 구할 수 있다. 즉 $D_2 = 1$이면 $V_o = -\frac{D_2}{4}\frac{2R}{R} = -\frac{1}{2} \times 5[V]$, $D_3 = 1$이면 $V_o = -\frac{D_3}{2}\frac{2R}{R} = 1 \times 5[V]$가 된다. $D_0 \sim D_3$에 대한 테브난 등가회로를 정리하면, R/2R 사다리형 4비트 DA 변환기의 출력 전압 V_o는 다음 식으로 주어진다.

$$V_o = -\left[D_3 + \frac{D_2}{2} + \frac{D_1}{4} + \frac{D_0}{8}\right] \times 5[V]$$

예를 들어 $D_3D_2D_1D_0 = 0101$이면, $V_o = -\left[0 + \frac{1}{2} + \frac{0}{4} + \frac{1}{8}\right] \times 5[V] = -3.125[V]$가 된다.

[표 20-3]은 4비트 디지털 신호에 대한 R/2R 사다리형 4비트 DA 변환기의 변환값이다. 디지털 신호에 비례하는 아날로그 신호(V_o)가 출력됨을 알 수 있다.

[표 20-3] 4비트 디지털 신호에 대한 DA 변환값

디지털 신호				아날로그 신호
D_3	D_2	D_1	D_0	V_o[V]
0	0	0	0	0.000
0	0	0	1	−0.625
0	0	1	0	−1.250
0	0	1	1	−1.875
0	1	0	0	−2.500
0	1	0	1	−3.125
0	1	1	0	−3.750
0	1	1	1	−4.375
1	0	0	0	−5.000
1	0	0	1	−5.625
1	0	1	0	−6.250
1	0	1	1	−6.875
1	1	0	0	−7.500
1	1	0	1	−8.125
1	1	1	0	−8.750
1	1	1	1	−9.375

DA 변환기 IC 패키지(DAC0808)

DAC0808은 위에서 설명한 R/2R 사다리형 DA 변환기를 내장한 8비트 DA 변환기이다. [그림 20-13]은 DAC0808의 핀 다이어그램으로, 5 ~ 12번 핀에 8비트 디지털 신호($A_1 \sim A_8$)를 입력

하면 4번 핀으로 아날로그 신호(전류 I_o)가 출력된다. 변환된 아날로그 신호는 전류이므로 실제 회로에서는 4번 핀에 연산 증폭기를 연결하여 전압 신호로 바꾼다.

[표 20-4]에 각 핀의 이름과 기능을 정리하여 보였다. 3번, 13번 핀의 V_{EE}, V_{CC}는 전원으로, 각각 -15[V]와 15[V]의 직류 전압을 연결한다. 14번, 15번 핀의 $V_{REF(+)}$, $V_{REF(-)}$는 기준 전압(Reference Voltage)이다. $V_{REF(+)}$에는 (+) 전압을 공급하고, $V_{REF(-)}$는 접지한다. $V_{REF(+)}$에 공급되는 전압에 따라 변환되는 아날로그 신호의 전압 범위(Range)가 달라진다. 예를 들어 $V_{REF(+)}$에 공급되는 전압이 낮아지면 변환되는 아날로그 신호의 최댓값도 작아진다[11].

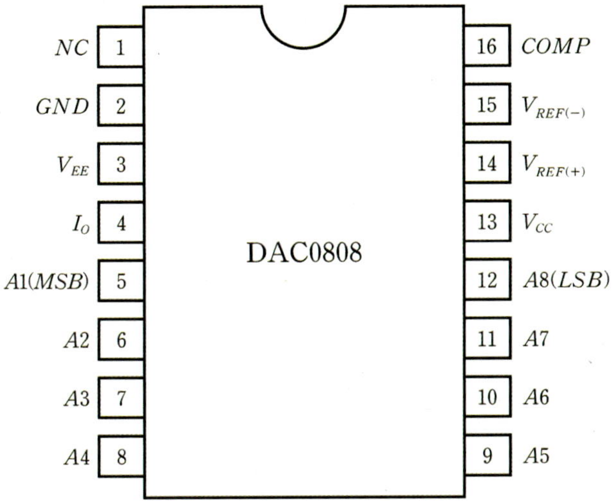

[그림 20-13] DAC0808의 핀 다이어그램

[표 20-4] DAC0808의 핀 이름과 기능

번호	핀 이름	기능(사용 방법)
1	NC : No Connection	사용하지 않음
2	GND : Ground	접지 전원
3	V_{EE} : Negative Power	(−) 전원 전압, −15[V] 연결
4	I_o : Output Signal	아날로그 전류 출력, 연산 증폭기를 연결하여 전압 신호로 변환
5～12	A_1 ～ A_8 : Digital Input Bit 1～8	변환할 디지털 신호 연결
13	V_{CC} : Positive Power	(+) 전원 전압, +15[V] 연결
14	$V_{REF(+)}$: Positive Reference Voltage	변환되는 아날로그 전압의 변환 범위(Range) 결정
15	$V_{REF(-)}$: Negative Reference Voltage	
16	COMP : Compensation	커패시터를 통해 3번 핀(V_{EE})과 연결

11 아날로그 신호의 최댓값만 작아질 뿐이며, 디지털 신호에 비례하는 아날로그 신호가 출력되는 것에는 변화가 없다.

20.2 실험

【실험장비】

실험기기	디지털 실험장치	1대
	직류전원 공급장치	2대
	디지털 멀티미터	1대
	브레드보드	1개
회로부품	AD 변환기	ADC0804
	DA 변환기	DAC0808
	연산 증폭기	LM741
	저항	5[kΩ] 3개, 10[kΩ] 6개
	커패시터	150[pF], 0.1[μF]

20.2.1 AD 변환기(ADC0804)

1 ADC0804를 이용하여 [그림 20-14(a)]와 같은 AD 변환기 실험회로를 구성하라[12]. [그림 20-14(b)]는 배선도이다. 실험회로에서 저항 R = 10[kΩ], 커패시터 C = 150[pF]이다.

2 11 ~ 18번 핀을 디지털 실험장치의 출력 표시부와 연결하라.

3 6번 핀에는 직류전원 공급장치의 (+) 단자, 7번 핀에는 COM 단자를 연결하라.

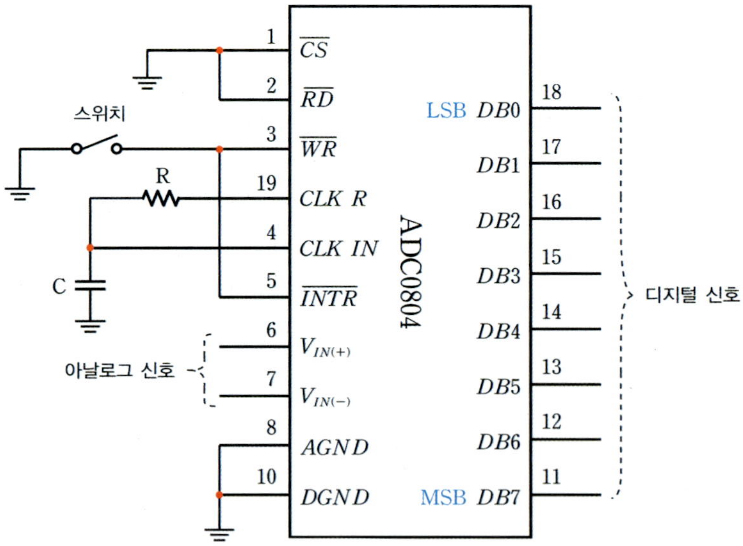

(a)

12 20번 핀에 V_{CC} 전원도 인가하라([그림 20-6] 참조).

(b)

[그림 20-14] ADC0804를 이용한 AD 변환기

4 직류전원 공급장치를 조절하여 [표 20-5]에 주어진 직류 전압(아날로그 신호)을 인가한 다음, 3번 핀($\overline{WR}$)을 잠깐 동안 접지하라.

5 11 ~ 18번 핀의 디지털 신호(DB_7 ~ DB_0)를 확인하여 [표 20-5]에 기록하라.

[표 20-5] AD 변환기의 실험 결과

아날로그 신호	디지털 신호							
직류 전압[V]	DB_7	DB_6	DB_5	DB_4	DB_3	DB_2	DB_1	DB_0
1.0								
1.5								
2.0								
2.5								
3.0								
3.5								
4.0								
4.5								
5.0								

6 직류 전압에 비례하는 디지털 신호가 출력되었는지 확인하라. (Yes□ No□)

20.2.2 R/2R 사다리형 DA 변환기

1 [그림 20-15]의 실험회로를 구성하라. 저항 $R_1 \sim R_3$는 5[kΩ], 저항 $R_4 \sim R_8$ 및 R_f는 10[kΩ]이다. 배선은 [실험 따라하기]를 참조한다.

2 연산 증폭기 741의 전원 전압 $+V = 15[V]$, $-V = -15[V]$를 공급하라.

3 디지털 신호($D_0 \sim D_3$)를 디지털 실험장치의 입력 설정부와 연결하라. 이때 D_0가 LSB이고 D_3가 MSB이다.

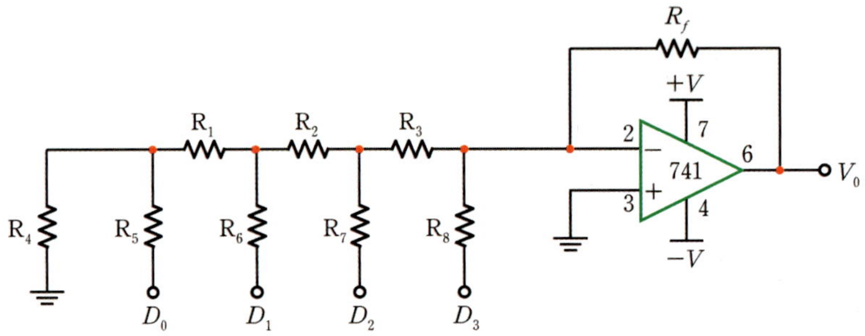

[그림 20-15] R/2R 사다리형 DA 변환기

4 [표 20-6]에 주어진 디지털 신호를 디지털 실험장치의 입력 설정부를 이용하여 설정하고, 디지털 멀티미터로 V_o를 측정하여 표에 기록하라.

[표 20-6] R/2R 사다리형 DA 변환기의 실험 결과

디지털 신호				아날로그 신호
D_3	D_2	D_1	D_0	V_o[V]
0	0	0	0	
0	0	0	1	
0	0	1	1	
0	1	0	1	
0	1	1	1	
1	0	0	1	
1	0	1	1	
1	1	0	1	
1	1	1	1	

5 디지털 신호에 비례하는 아날로그 전압(V_o)이 출력되는지 확인하라. (Yes□ No□)

실험 따라하기 R/2R 사다리형 DA 변환기([그림 20-15])

1 실험회로([그림 20-15])를 참고하여 10[kΩ]과 5[kΩ]의 저항으로 R/2R 사다리형 회로를 구성한다.

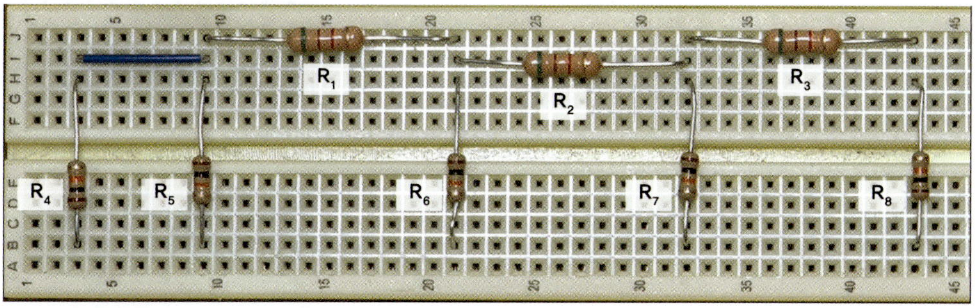

2 연산 증폭기 741의 핀 다이어그램과 패키지를 확인한다.

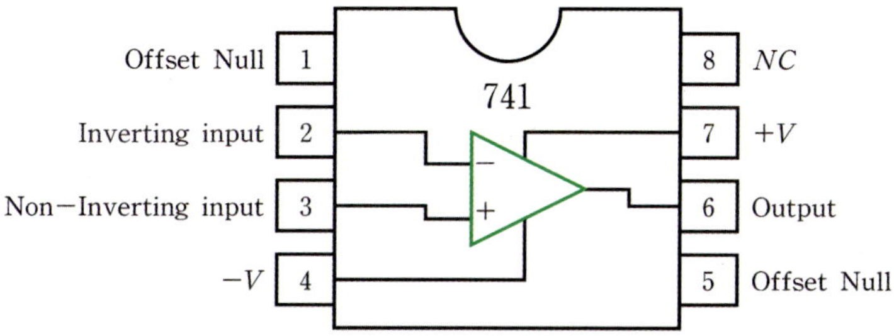

3 앞에서 구성한 R/2R 사다리형 회로와 연결하여 연산 증폭기 회로를 구성한다.

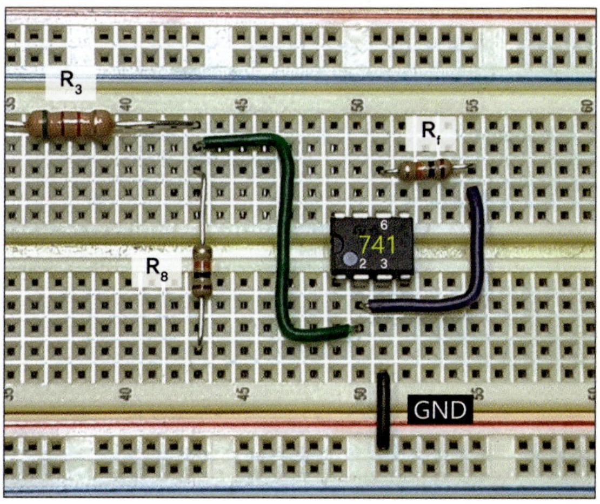

4 디지털 신호($D_0 \sim D_3$)을 설정할 스위치(S/W)를 각 디지털 신호의 비트마다 연결한다. 다음 그림은 D_0의 연결 모습이다. 스위치를 전환하여 연결된 저항에 5[V] 또는 GND를 연결할 수 있다.

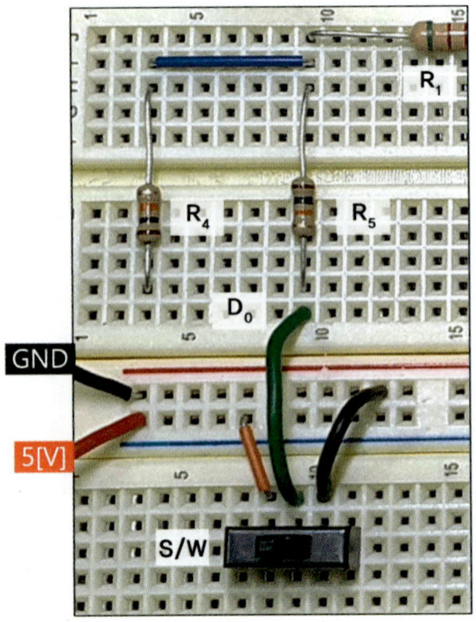

5 연산증폭기 741의 $+V$와 $-V$ 단자에 각각 15[V]와 -15[V]의 전원을 공급하라. 아래 그림은 구성이 완료된 실험회로이다.

6 [표 20-6]에 주어진 디지털 신호($D_0 \sim D_3$)를 스위치를 이용하여 설정하고, 연산 증폭기 741의 6번 핀으로 출력되는 아날로그 신호(V_o)를 디지털 멀티미터로 측정한다.

20.2.4 DA 변환기(DAC0808)

1 DAC0808을 이용하여 [그림 20-16(a)]와 같은 DA 변환기 실험회로를 구성하라. [그림 20-16(b)]는 배선도이다. 실험회로에서 저항 R_1과 R_2 및 R_f는 5[kΩ]이고, 커패시터 $C = 0.1[\mu F]$이다.

2 13번 핀 $V_{CC} = 15[V]$, 3번 핀 $V_{EE} = -15[V]$를 각각 공급하라.

3 14번 핀 $V_{REF(+)} = 15[V]$를 저항 R_1을 통해 공급하라.

4 연산 증폭기 741의 전원 전압 $+V = 15[V]$, $-V = -15[V]$를 각각 공급하라.

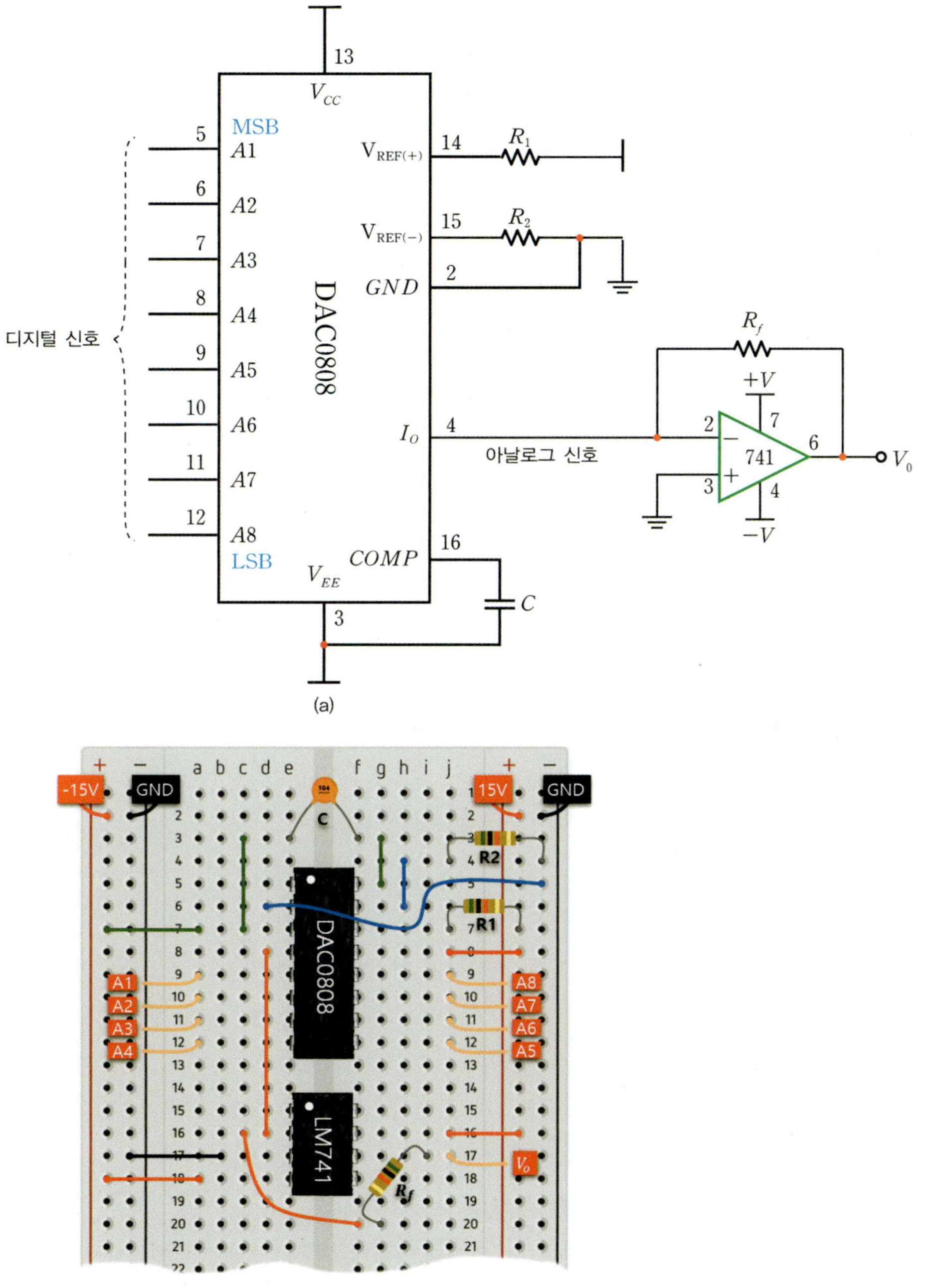

[그림 20-16] DAC0808을 이용한 DA 변환기

5 5 ~ 12번 핀을 디지털 실험장치의 입력 설정부와 각각 연결하라.

6 [표 20-7]에 주어진 디지털 신호를 디지털 실험장치의 입력 설정부를 이용해 설정하고, 디지털 멀티미터로 V_o를 측정하여 표에 기록하라.

[표 20-7] DA 변환기(DAC0808)의 실험 결과

디지털 신호								아날로그 신호
A_1	A_2	A_3	A_4	A_5	A_6	A_7	A_8	V_o[V]
0	0	0	0	0	0	1	1	
0	0	0	0	0	1	1	1	
0	0	0	0	1	1	0	0	
0	0	0	1	0	0	1	1	
0	0	1	1	0	1	1	1	
0	1	1	0	0	1	0	0	
1	0	0	0	0	1	0	1	
1	0	1	0	0	0	0	1	
1	1	0	0	1	0	1	0	
1	1	1	0	0	0	1	1	

7 디지털 신호에 비례하는 아날로그 신호(V_o)가 출력되는지 확인하라. (Yes□ No□)

셀프 테스트

(1) 아날로그 신호의 특징이 아닌 것은?
① 시간에 따라 연속적으로 변한다. ② 크기가 일정하다.
③ 종류에 따라 파형이 다르다. ④ 파형에 규칙성이 없다.

(2) 디지털 신호를 사람이 인식하려면 아날로그 신호로 바꾸어야 한다. (○, ×)

(3) 일정한 주기로 아날로그 신호를 읽어 들여 저장하는 작업을 무엇이라 하는가? ( )

(4) 아날로그 신호의 최대 주파수를 f_{max}라 하면, f_{max}의 (1배, 2배, 3배, 10배) 이상으로 샘플링해야 원래의 아날로그 신호를 복원할 수 있다.

(5) AD 변환기 IC 패키지(ADC0804)에서 샘플링과 관련이 있는 핀은 무엇인가?
① $\overline{CS}$ ② $\overline{RD}$ ③ $\overline{WR}$ ④ $\overline{INTR}$

(6) AD 변환기 IC 패키지(ADC0804)는 아날로그 신호를 (4비트, 8비트)의 디지털 신호로 변환한다.

(7) R/2R 사다리형 DA 변환기에서 저항 회로는 연산 증폭기의 (반전 입력, 비반전 입력) 단자와 연결된다.

(8) DA 변환기 IC 패키지(DAC0808)는 변환된 아날로그 신호가 (전류, 전압) 신호로 출력된다.

결과 보고서

실험 20

AD 변환기와 DA 변환기

- 학번 :
- 이름 :
- 실험일 :

실험 1 AD 변환기(ADC0804)

[표 20-5] AD 변환기의 실험 결과

아날로그 신호	디지털 신호							
직류 전압[V]	DB_7	DB_6	DB_5	DB_4	DB_3	DB_2	DB_1	DB_0
1.0								
1.5								
2.0								
2.5								
3.0								
3.5								
4.0								
4.5								
5.0								

(1) 직류 전압에 비례하는 디지털 신호가 출력되었는지 확인하라. (Yes□ No□)

실험 2 R/2R 사다리형 DA 변환기

[표 20-6] R/2R 사다리형 DA 변환기의 실험 결과

디지털 신호				아날로그 신호
D_3	D_2	D_1	D_0	V_o[V]
0	0	0	0	
0	0	0	1	
0	0	1	1	
0	1	0	1	
0	1	1	1	
1	0	0	1	
1	0	1	1	
1	1	0	1	
1	1	1	1	

(1) 디지털 신호에 비례하는 아날로그 전압(V_o)이 출력되는지 확인하라. (Yes□ No□)

(2) [그림 20-7]의 R/2R 사다리형 4비트 DA 변환기에서 $D_2=1$(D_0, D_1, D_3은 0)일 때의 테브난 등가회로를 그리고, V_o를 구하라.

실험 3 DA 변환기(DAC0808)

[표 20-7] DA 변환기(DAC0808)의 실험 결과

디지털 신호								아날로그 신호
A_1	A_2	A_3	A_4	A_5	A_6	A_7	A_8	V_o[V]
0	0	0	0	0	0	1	1	
0	0	0	0	0	1	1	1	
0	0	0	0	1	1	0	0	
0	0	0	1	0	0	1	1	
0	0	1	1	0	1	1	1	
0	1	1	0	0	1	0	0	
1	0	0	0	0	1	0	1	
1	0	1	0	0	0	0	1	
1	1	0	0	1	0	1	0	
1	1	1	0	0	0	1	1	

(1) 디지털 신호에 비례하는 아날로그 신호(V_o)가 출력되는지 확인하라. (Yes□ No□)

Appendix
부록

A 디지털 실험장치

B PSpice 사용법

C 논리 게이트의 핀 다이어그램

- 부록 A에서는 디지털 실험장치의 구성과 사용법을 소개한다. 디지털 실험장치는 브레드보드에 디지털 회로를 구성하여 전원을 공급할 수 있으며, 디지털 실험에 필요한 입력을 설정하여 출력을 손쉽게 확인할 수 있는 맞춤형 실험장치이다.
- 부록 B에서는 이 책의 본문에서 다루지 못한 PSpice의 몇 가지 사용법을 소개한다.
- 부록 C에서는 실험에 사용된 논리 게이트와 그밖에 중요한 논리 게이트의 핀 다이어그램을 소개한다. 추가 정보가 필요하면 아래의 웹사이트를 활용하라.

alldatasheet.com, datasheet4u.com, datasheetcatalog.com

부록 A

디지털 실험장치

A.1 구성

[그림 A-1]은 디지털 실험장치이다. 그림에서 ❶은 전원 스위치와 5[V] 출력 단자로 이루어진 전원부이고, ❷는 LED 및 7-세그먼트로 출력을 표시해 주는 출력 표시부이다. 또한 ❸은 토글스위치로 입력을 설정하는 입력 설정부이고, ❹는 펄스발생부, ❺는 브레드보드(Bread Board)이다.

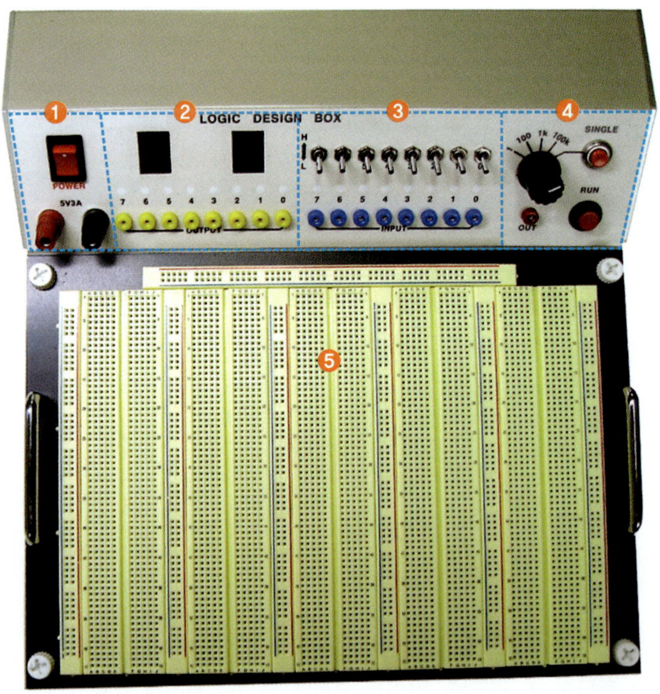

[그림 A-1] 디지털 실험장치

[그림 A-2]는 [그림 A-1]에서 ❹로 표시한 펄스발생부이다. [그림 A-2]에서 ❶은 주파수 선택기로 ❷의 SINGLE이 선택되어 있다. 이 경우에는 SINGLE 글자 아래의 스위치를 누를 때마다 한 개의 클록 펄스(Single Pulse)가 ❸의 OUT 핀으로 출력된다.

[그림 A-2]에서 ❶의 주파수 선택기를 돌려서 다른 위치를 선택하면, 해당 주파수의 클록 펄스가 만들어지며, 이때 ❹의 RUN 스위치를 누르면, ❸의 OUT 핀으로 출력된다.

[그림 A-2] **펄스발생부**

A.2 브레드보드 사용법

브레드보드는 납땜 없이 부품을 연결하여 디지털 회로를 비롯한 각종 회로를 구성하는 데 사용되는 기판이다. 브레드보드를 이용하면, 회로에 부품을 추가하거나 제거하고 배선을 바꾸는 작업을 더 쉽게 할 수 있다.

[그림 A-3]은 브레드보드의 모습으로, 수직과 수평 방향으로 배열된 작은 구멍에 부품의 리드선을 삽입하여 회로를 구성한다.

[그림 A-3]의 ❶에 화살표로 표시한 수직 방향의 구멍들은 모두 연결되어 있다[1]. 마찬가지로 ❷로 표시한 구멍들도 모두 연결되어 있다. 줄이 다른 ❶과 ❷의 구멍들은 연결되어 있지 않다.

또한 ❸에 화살표로 표시한 수평 방향의 구멍(5개)들은 이들끼리 연결되어 있다[2]. 마찬가지로 ❹로 표시한 구멍들도 모두 연결되어 있다. 줄이 다른 ❸과 ❹의 구멍들은 연결되어 있지 않다.

[그림 A-3]에 ❺로 나타낸 영역에 몇 개의 연결 선을 표시하였다. 같은 색을 가진 점프 선들은 브레드보드를 통해 서로 연결되어 있다. 앞에서 설명한 브레드보드의 수평 및 수직 방향 연결을 참고하여 각자 확인해 보기 바란다.

1 구멍 아래에 수직 방향으로 놓인 긴 도선에 의해 모든 구멍이 연결된다.
2 구멍 아래에 수평 방향으로 놓인 도선에 의해 5개의 구멍이 연결된다.

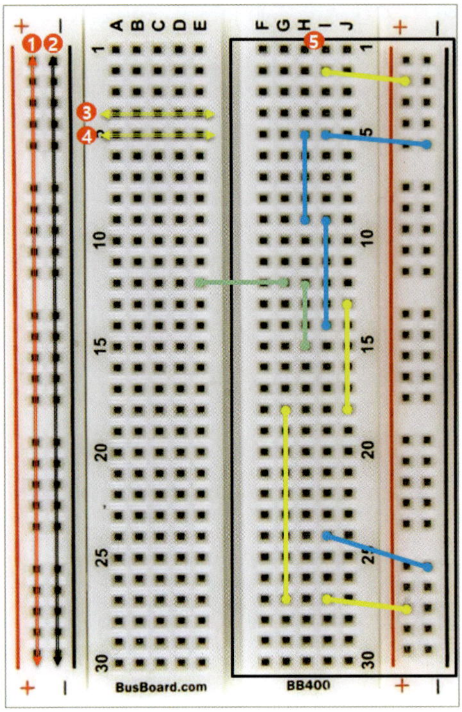

[그림 A-3] 브레드보드

A.3 사용법

[그림 A-4]는 디지털 실험장치를 이용하여 AND 게이트인 7408 IC를 실험하는 예이다. 7408 IC에는 4개의 AND 게이트가 들어 있으며[3], 그 중에서 첫 번째 AND 게이트(입력은 1번과 2번 핀, 출력은 3번 핀)를 실험해 본다.

먼저 그림과 같이 전원부 ❶의 출력(5[V] 및 GND)을 브레드보드에 연결하고[4], 이어서 7408 IC의 7번 핀에는 'GND'를, 14번 핀에는 5[V]를 연결한다.

---

3 〈부록 C〉에 보인 7408 IC의 핀 다이어그램을 참고하라.

4 전원부의 출력을 연결한 브레드보드 부분은 앞의 [그림 A-3]에 ❶과 ❷로 표시한 수직 방향 구멍에 해당된다. 다만 디지털 IC에 쉽게 전원을 연결할 수 있도록 방향을 바꾸어 수평으로 설치한 것이다.

다음으로 입력 설정부 ❸을 이용해 AND 게이트의 입력을 설정한다. 이를 위해 입력 연결핀 7번과 6번을 각각 7408 IC의 1, 2번 핀과 연결한다.

다음으로 입력 설정부 ❸에서 토글스위치 7번과 6번을 온 하여 7408 IC의 1, 2번 핀을 'High'로 설정한다. 그에 따라 7번과 6번의 표시용 LED가 온된다.

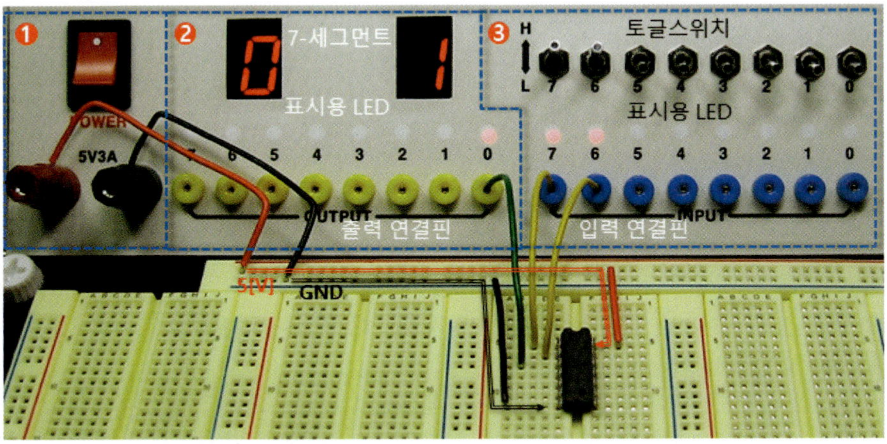

[그림 A-4] 디지털 실험장치 사용법

다음으로 출력 표시부 ❷를 이용해 AND 게이트의 출력을 확인한다. 이를 위해 7408 IC의 3번 핀을 출력 연결핀 '0번'과 연결한다. 그러면 [그림 A-4]와 같이 출력 표시부 ❷의 표시용 LED '0번'이 온되며, 이는 AND 게이트의 출력이 'High'임을 알려준다[5].

출력 표시부 ❷의 7-세그먼트는 디지털 IC의 출력을 10진수로 변환하여 표시한다. 출력 연결핀 0~3은 오른쪽, 4~7은 왼쪽의 7-세그먼트와 각각 연결되어 있다[6]. 즉 [그림 A-4]에서는 출력 연결핀 '0'에 'High'가 출력되었으므로 오른쪽 7-세그먼트에 '1'이 표시되었다.

---

5 AND 게이트의 두 입력을 'High'로 설정하였으므로 이는 AND 게이트가 바르게 동작함을 나타낸다.

6 출력 연결핀 0~3 중에서 '0'이 LSB이고, '3'이 MSB이다. 4~7 중에서는 '4'가 LSB이고, '7'이 MSB이다.

부록

B PSpice 사용법

B.1 DigClock 설정하기

DigClock은 'Digital Clock'을 의미하며, PSpice에서 클록 펄스를 만들 때 사용하는 부품이다. DigClock을 사용하려면, 먼저 PSpice의 라이브러리(Library) 경로를 'Cadence\SPB_17.2\tools\capture\library\pspice'로 설정해야 한다[7].

도구 모음에서 'Place Part'를 클릭하여 [그림 B-1]과 같은 부품 검색창이 표시되도록 한다[8]. 다음으로 [그림 B-1]의 ❶에 'DigClock'을 입력하고, [Enter]를 눌러 검색한다. 그러면 ❷의 'Libraries'에 결과가 표시되며, 그중에서 'source.olb' 라이브러리를 선택하면 ❸에 'DigClock'의 기호가 표시된다.

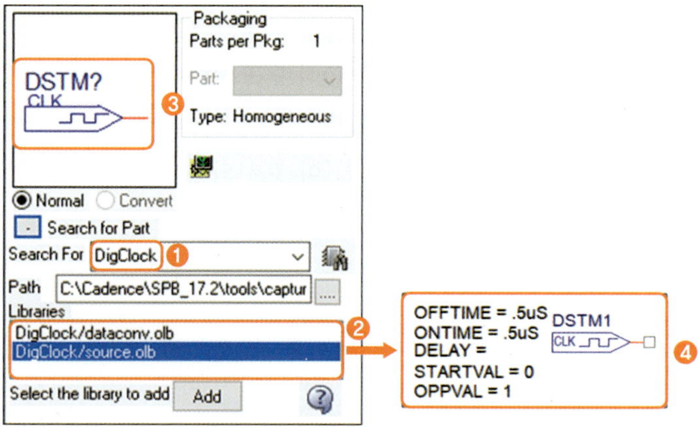

[그림 B-1] 'DigClock' 검색하기

7 라이브러리 경로를 설정하는 방법은 [그림 3-12]를 참조하라.
8 부품 검색창을 표시하는 방법은 [그림 3-11] ~ [그림 3-13]을 참조하라.

[그림 B-1]의 ❹는 'DigClock'을 회로도면에 입력할 때의 모습으로, 부품 기호와 설정 파라미터가 표시되어 있다. 각 파라미터를 더블클릭하면 값을 설정할 수 있으며, 설정 내용은 [표 B-1]과 같다.

[표 B-1] 'DigClock'의 파라미터

파라미터	설정 내용	기본값
OFFTIME	'Low'의 지속 시간 설정	0.5[μs]
ONTIME	'High'의 지속 시간 설정	0.5[μs]
DELAY	클록 펄스의 지연 시간(Delay Time) 설정	0
STARTVAL	Start Value로 클록 펄스의 시작 레벨 설정	0(Low)
OPPVAL	Opposite Value로 'STARTVAL'과 반대로 설정	1(High)

[그림 B-2]는 파라미터에 따른 클록 펄스이다. 먼저 ❶은 'DigClock' 파라미터의 기본값 그대로 생성한 클록 펄스로, 'High'와 'Low'의 지속 시간이 각각 0.5[μs]이고, 시작 레벨은 0이다[9].

❷는 ONTIME을 1[μs]로 변경한 경우로, High의 지속 시간이 1[μs]로 바뀌었다. ❸은 STARTVAL을 1, OPPVAL은 0으로 변경한 경우로, ❶과 위상이 반대인 클록 펄스가 생성되었다.

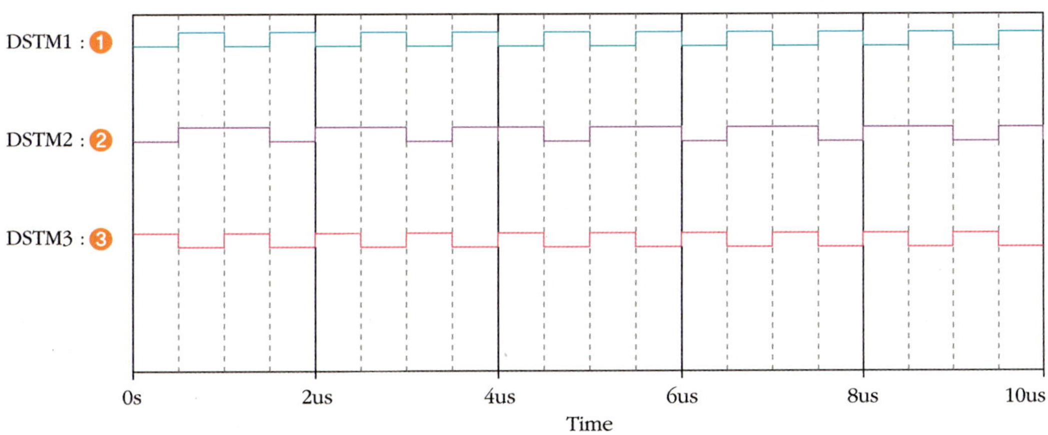

[그림 B-2] 'DigClock'의 파라미터에 따른 클록 펄스

9 클록 펄스 ❶의 주기는 1[μs]이다. 따라서 주파수는 $\frac{1}{1\mu s} = \frac{1}{10^{-6}}$ = 1[MHz]이다.

B.2 VPULSE 설정하기

'VPULSE'를 사용하면 진폭과 주기가 다양한 클록 펄스를 생성할 수 있다. 이를 위해 먼저 라이브러리 경로를 'Cadence\SPB_17.2\tools\capture\library\pspice'로 설정한다[10].

도구 모음에서 'Place Part'를 클릭하여 [그림 B-3]과 같은 부품 검색창이 표시되도록 한다[11]. 다음으로 [그림 B-3]의 ❶에 'VPULSE'를 입력하고, [Enter]를 눌러 검색한다. 그러면 ❷의 'Libraries'에 검색 결과가 표시되며, 부품을 선택하면 ❸에 'VPULSE'의 기호가 표시된다.

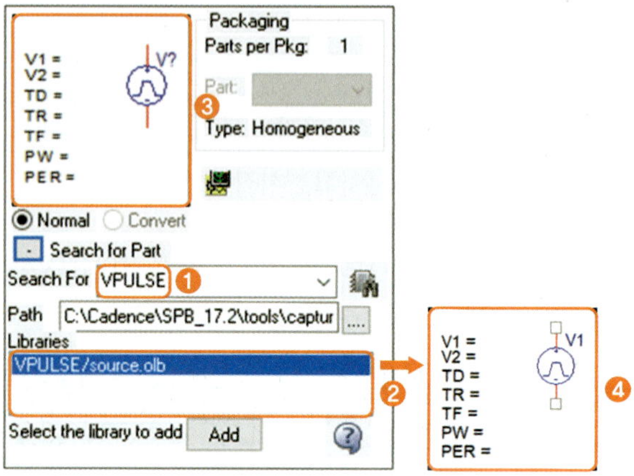

[그림 B-3] 'VPULSE' 검색하기

[그림 B-3]의 ❹는 'VPULSE'를 회로도면에 입력할 때의 모습으로, 부품 기호와 설정 파라미터가 표시되어 있다. 각 파라미터를 더블클릭하면 값을 설정할 수 있으며, 설정 내용은 [표 B-2]와 같다.

[표 B-2] 'VPULSE'의 파라미터

파라미터	설정 내용	기본값
V1	펄스의 첫 번째 전압값 설정	–
V2	펄스의 두 번째 전압값 설정	–
TD	펄스의 지연 시간(Delay Time) 설정	0
TR	펄스의 상승 시간(Rising Time) 설정	0
TF	펄스의 하강 시간(Falling Time) 설정	0
PW	펄스폭(Pulse Width) 설정	–
PER	펄스의 주기(Period) 설정	–

10 라이브러리 경로를 설정하는 방법은 [그림 3-12]를 참조하라.
11 부품 검색창을 표시하는 방법은 [그림 3-11] ~ [그림 3-13]을 참조하라.

VPULSE의 파라미터를 아래와 같이 설정하는 경우를 살펴보자.

$$V1 = 0[V],\ V2 = 12[V],\ TD = 0,\ TR = TF = 0,\ PW = 1[ms],\ PER = 2[ms]$$

설정된 파라미터에 따라 [그림 B-4]와 같이 진폭 12[V], 펄스폭 1[ms], 주기 2[ms]인 펄스가 생성된다. 위에서 펄스의 상승 시간 TR과 하강 시간 TF를 0으로 설정하였어도, 상승 및 하강 시 약간의 기울기를 나타낸다.

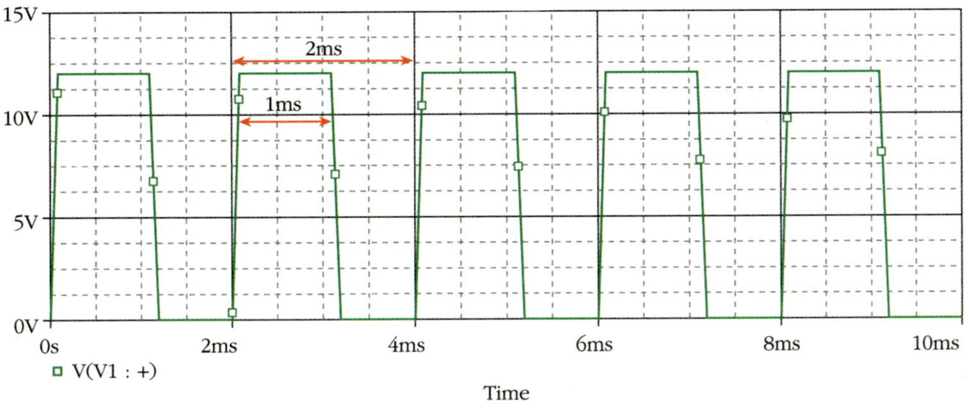

[그림 B-4] 'VPULSE'로 생성한 펄스 신호

B.3 시뮬레이션 결과 그래프의 분리

[그림 B-5]는 시뮬레이션 결과 그래프의 예로, 녹색의 'Vin'과 붉은색의 'Vout'이 겹쳐있어 입력과 출력을 비교하기 어렵다. 이러한 경우에는 'Vin'과 'Vout'을 별도 창으로 분리하여 표시하면 편리하다.

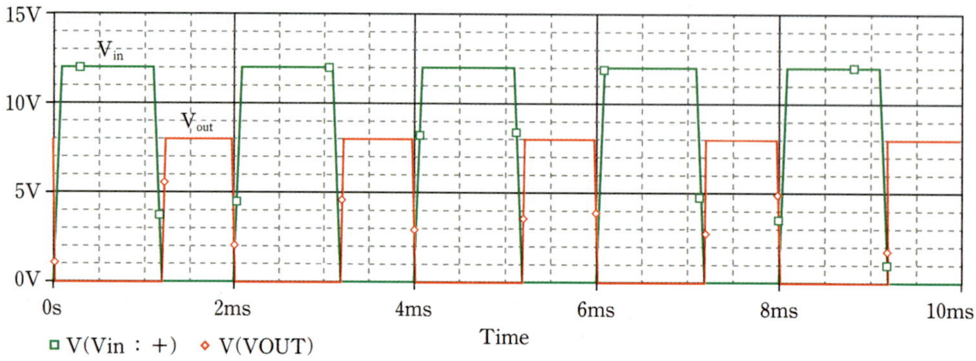

[그림 B-5] 시뮬레이션 결과 그래프의 예

시뮬레이션 결과 그래프를 분리하기 위해 'PSpice A/D' 프로그램에서 [그림 B-6]과 같이 Plot-Add Plot to Window 메뉴를 선택한다.

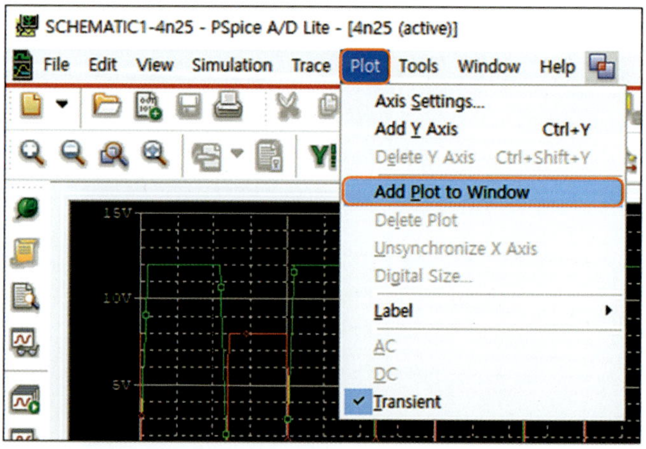

[그림 B-6] Add Plot to Window 메뉴

Add Plot to Window 메뉴를 클릭하면, [그림 B-7]과 같이 새로운 창이 만들어진다. 새로운 창에 Vin을 추가하고, 원래의 그래프에서 Vin을 제거하여 이들을 분리한다.

Vin을 추가하기 위해 먼저 새로운 창을 클릭하여 선택한다. 그러면 [그림 B-7]과 같이 새로운 창에 'SEL>>'이 표시된다.

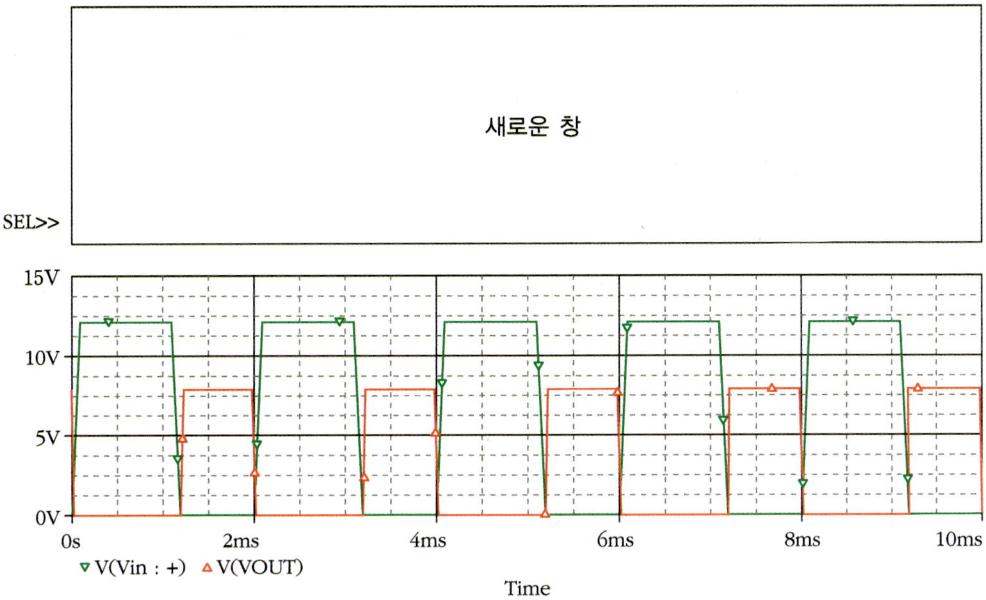

[그림 B-7] 새로운 창 추가

다음으로 'PSpice A/D' 프로그램에서 **Trace-Add Trace** 메뉴를 클릭하면, [그림 B-8]과 같은 〈Add Traces〉 창이 나타난다. 〈Add Traces〉 창에서 그림과 같이 'V(Vin:+)'를 찾아 선택한다.

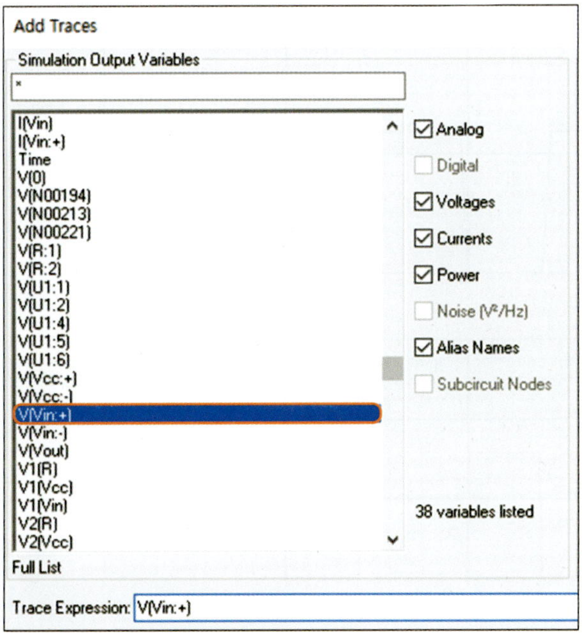

[그림 B-8] 'Vin' 선택하기

'Vin'을 선택하면, [그림 B-9]와 같이 새로운 창에 'Vin'이 추가된다. 다음으로 원래의 그래프에서 'Vin'을 클릭하여 선택한 다음, 키보드의 [Delete] 키를 눌러 제거한다. 'Vin'을 선택하면 [그림 B-9]와 같이 글자색이 붉게 바뀐다.

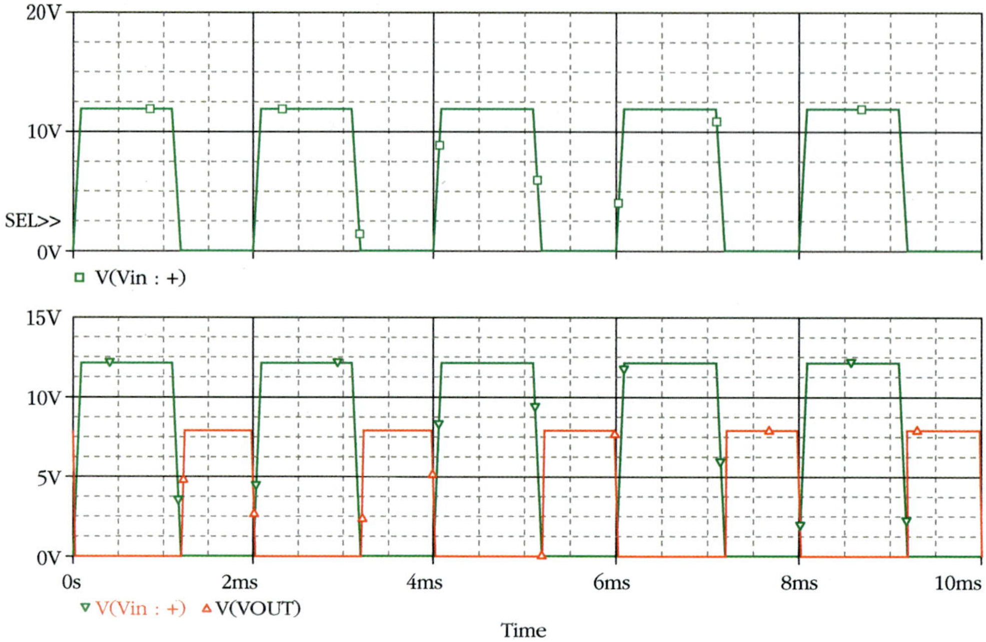

[그림 B-9] 새로운 창에 'Vin' 추가하기

원래의 그래프에서 'Vin'을 제거하면, [그림 B-10]과 같이 'Vin'과 'Vout'이 별도의 창에 표시된다.

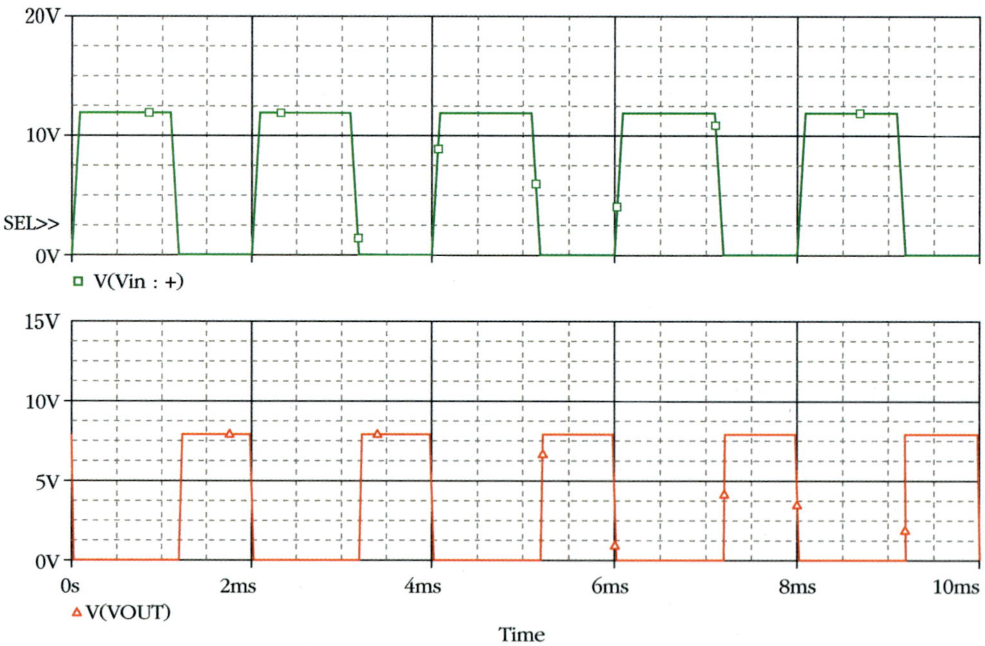

[그림 B-10] 'Vin'과 'Vout'이 분리된 시뮬레이션 결과 그래프

[그림 B-10]에서 'Vin'의 그래프는 Y축의 최댓값이 20[V]이고, 'Vout'의 그래프는 최댓값이 15[V]이다. 그래프의 최댓값은 PSpice 프로그램에서 자동 설정한 것으로, 최댓값이 너무 커 파형이 상대적으로 작게 표시되었다.

이와 같은 경우에는 Y축의 최댓값을 변경[12]하여 그래프를 크게 표시할 수 있다. 이를 위해 Y축 바깥쪽의 전압 표시값(5[V], 10[V] 등)이나 Y축 바깥쪽의 빈 공간을 클릭하면, [그림 B-11]과 같은 〈Axis Settings〉 설정창이 나타난다. 다음으로 설정창에서 'User Defined'를 선택하여 최댓값을 변경한다. 그림에서는 최댓값을 15[V]로 변경하였다.

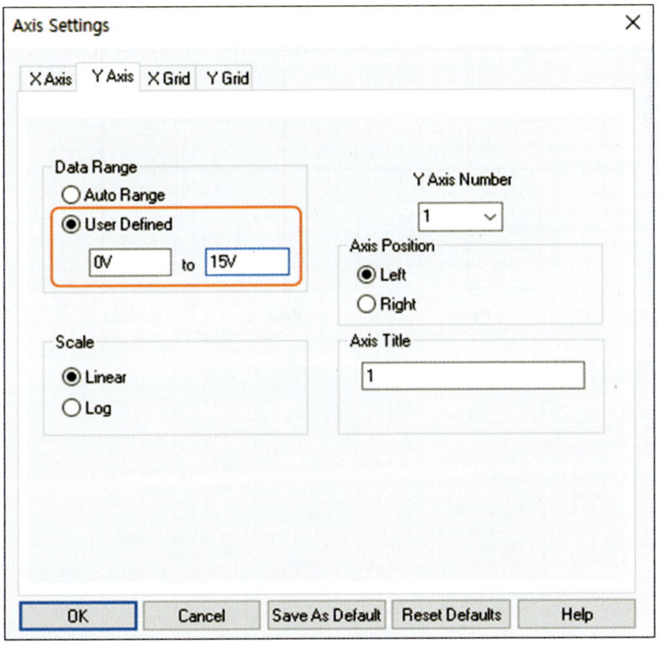

[그림 B-11] 〈Axis Settings〉 설정창

12 X축에 대해서도 마찬가지로 최댓값 등을 변경할 수 있다.

[그림 B-12]는 'Vin' 그래프의 Y축 최댓값을 15[V]로, 'Vout' 그래프의 최댓값을 10[V]로 변경한 그래프이다.

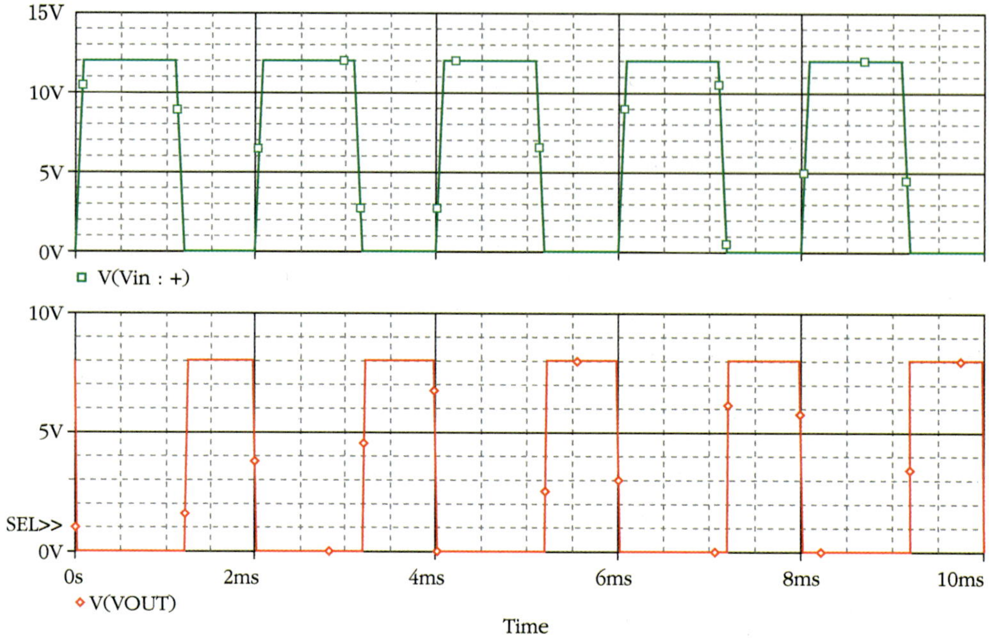

[그림 B-12] Y축 최댓값을 변경한 그래프

B.4 시뮬레이션 결과 그래프의 주기 확인하기

'PSpice A/D' 프로그램에서 [그림 B-13]과 같이 Trace-Evaluate Measurement 메뉴를 클릭한다.

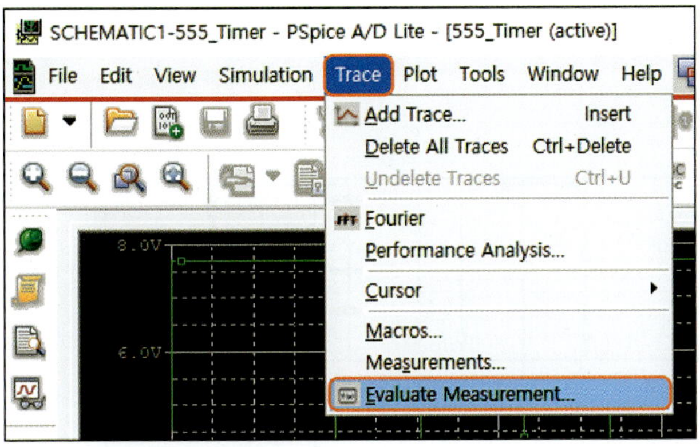

[그림 B-13] 시뮬레이션 결과 그래프의 주기 확인하기

Evaluate Measurement 메뉴를 클릭하면, [그림 B-14]와 같은 〈Evaluate Measurement〉 설정창이 나타난다. 이 설정창의 오른쪽에는 기능 함수(Functions or Macros)가 표시되어 있고, 설정창 왼쪽에는 시뮬레이션 출력 변수(Simulation Output Variables)가 표시되어 있다.

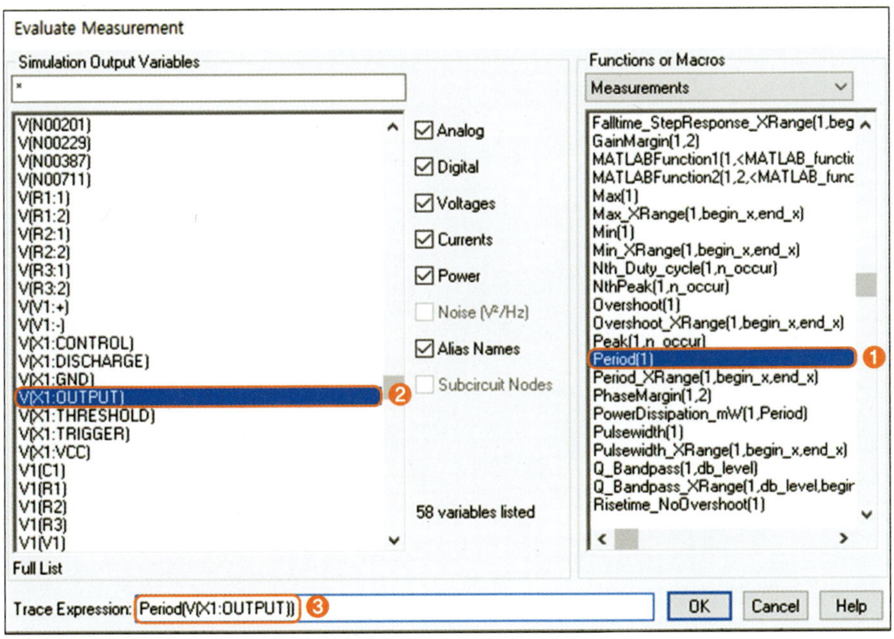

[그림 B-14] 기능 함수와 시뮬레이션 출력 변수 선택

시뮬레이션 결과 그래프에서 주기(Period)를 확인하기 위해, [그림 B-14]와 같이 기능 함수 중에서 ❶의 'Period[1]'을 선택하고, 시뮬레이션 출력 변수로 ❷의 'V[X1:OUTPUT][13]'을 선택한다. ❶과 ❷를 선택하면, ❸에 'Period[V[X1:OUTPUT]]'이 자동으로 표시된다. 끝으로 [OK] 버튼을 클릭하면, 시뮬레이션 결과 그래프 아래에 주기가 표시된다.

[그림 B-15]는 위 작업의 결과로, 시뮬레이션 결과 그래프와 더불어 'V[X1:OUTPUT]'의 주기가 'Value' 칸에 표시되었다.

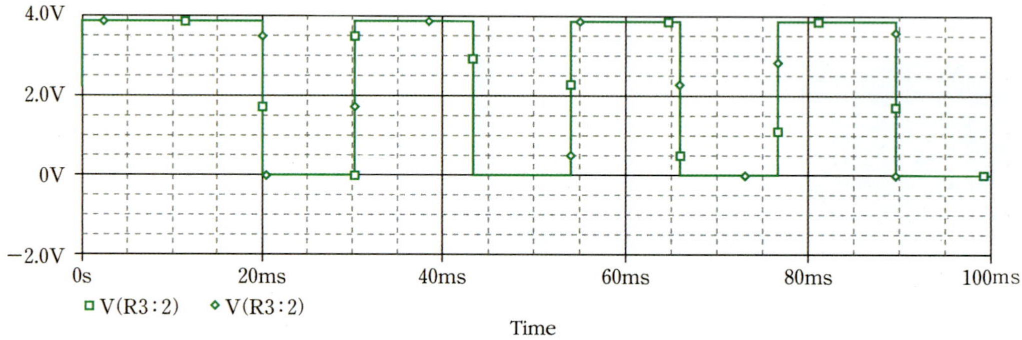

Measurement Results			
	Evaluate	Measurement	Value
▶	☑	Period(V(X1:OUTPUT))	23.21275m
	Click here to evaluate a new measurement...		

[그림 B-15] 주기가 표시된 시뮬레이션 결과 그래프

13 [그림 19-7]에 보인 비안정 멀티바이브레이터 시뮬레이션 회로의 출력(OUTPUT, 3번 핀)이다.

부록 C 논리 게이트의 핀 다이어그램

7400 Quad 2 Input NAND

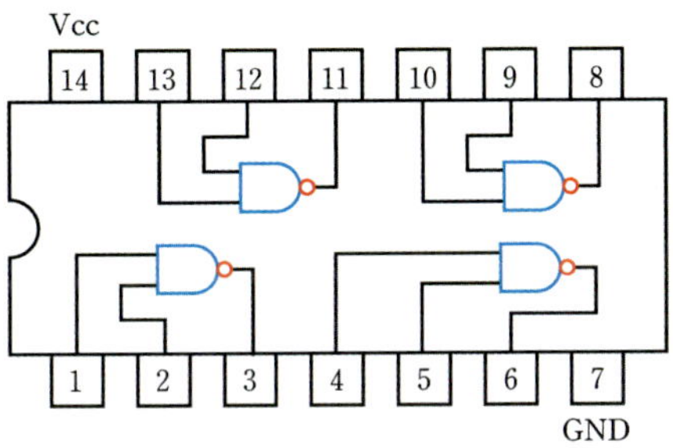

7402 Quad 2 Input NOR

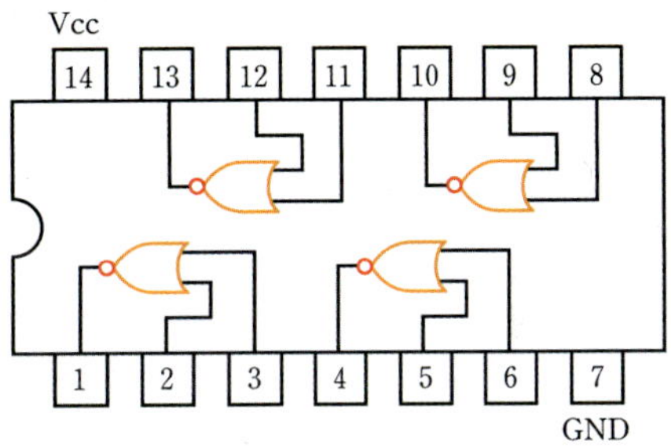

7404 Hex Inverter(NOT)

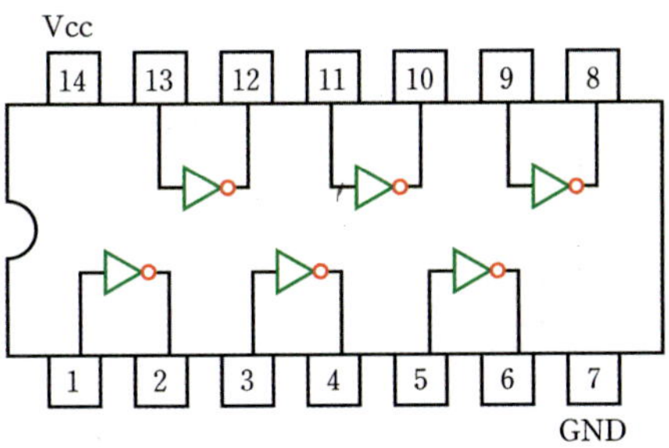

7408 Quad 2 Input AND

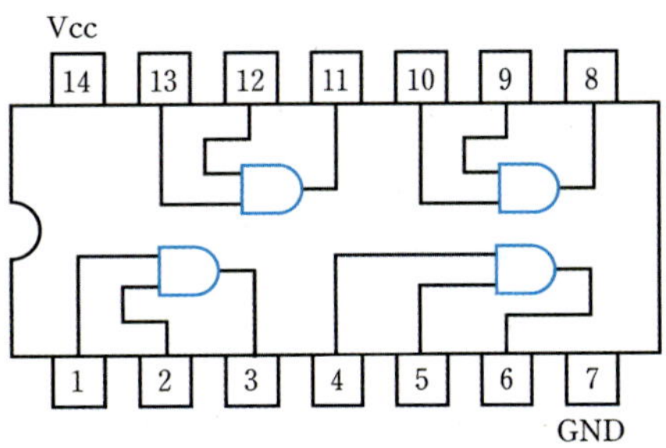

7410 Triple 3 Input NAND

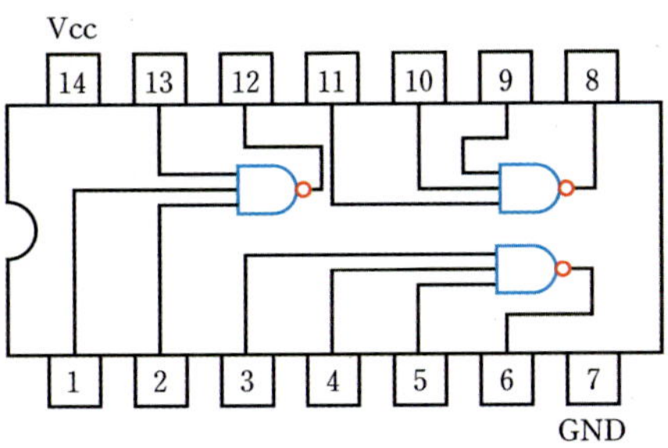

7411 Triple 3 Input AND

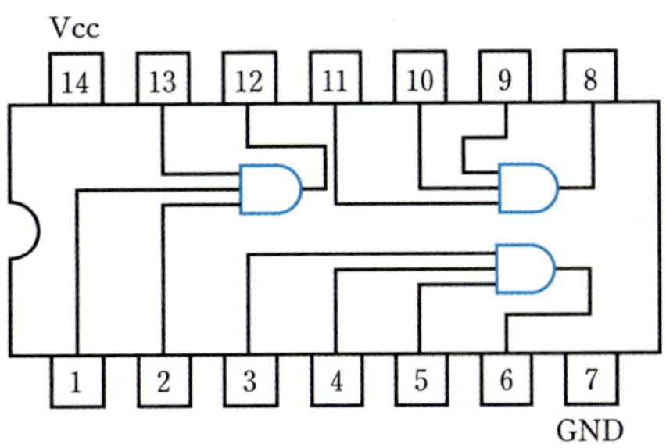

7420 Dual 4 Input NAND

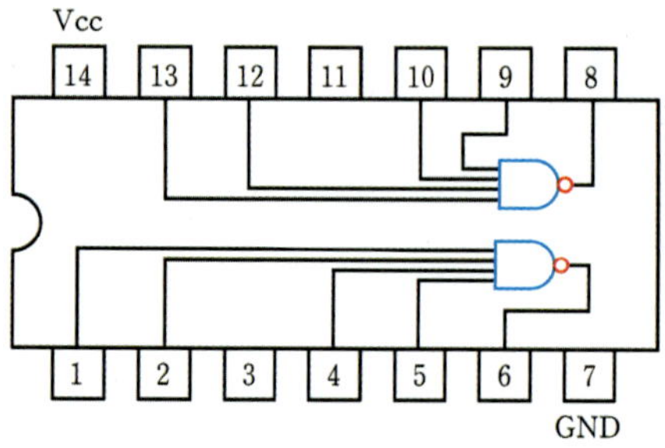

7427 Triple 3 Input NOR

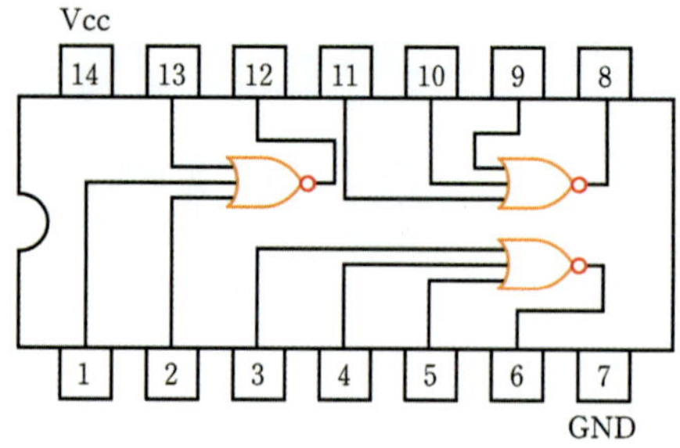

7432 Quad 2 Input OR

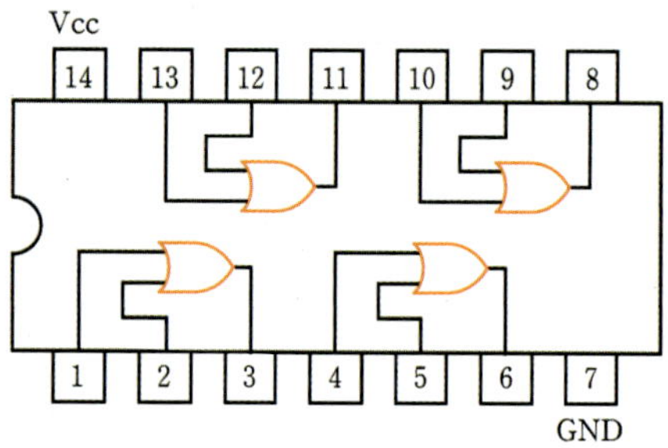

7440 Dual 4 Input NAND Buffer

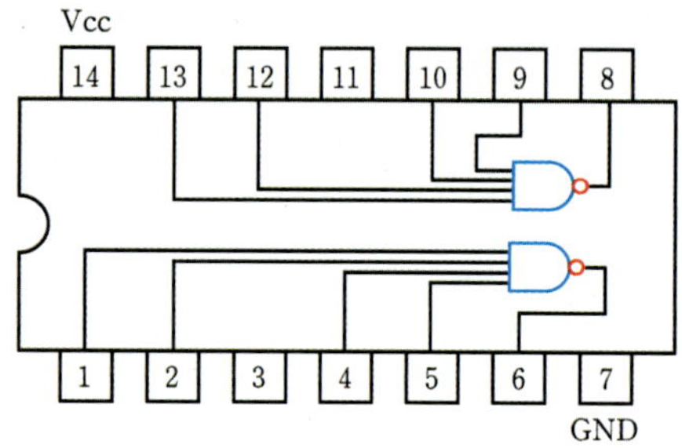

7442 BCD to Decimal Decoder

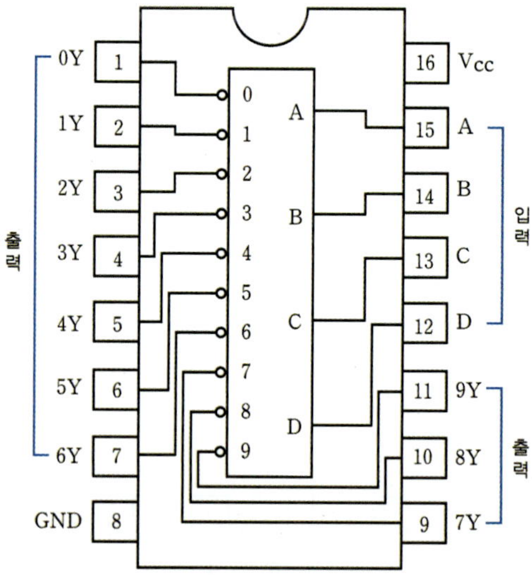

7447 BCD to Seven Segment Decoder

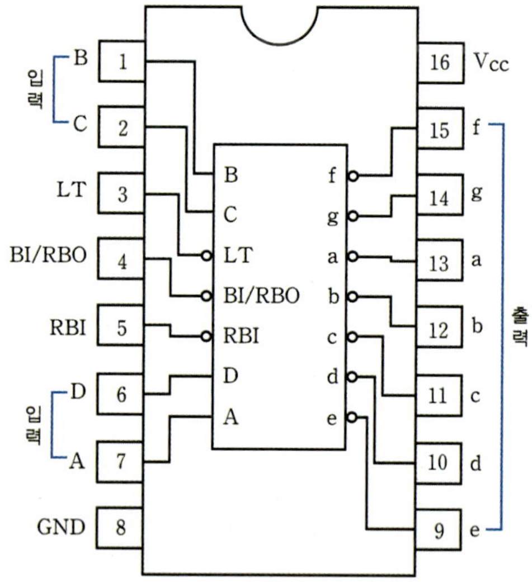

7474 Dual D Type Flip Flop

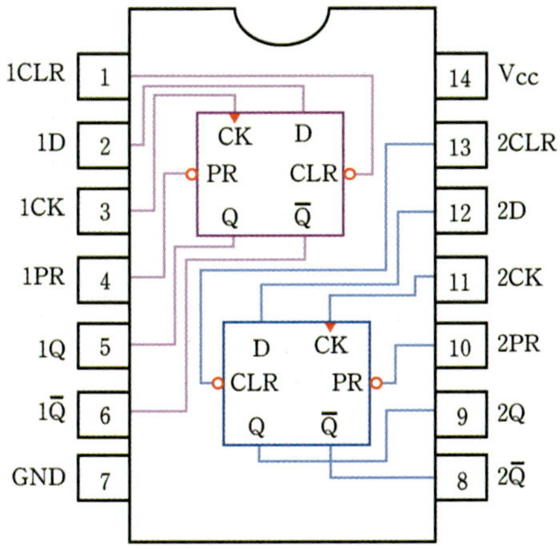

7476 Dual JK Flip Flop

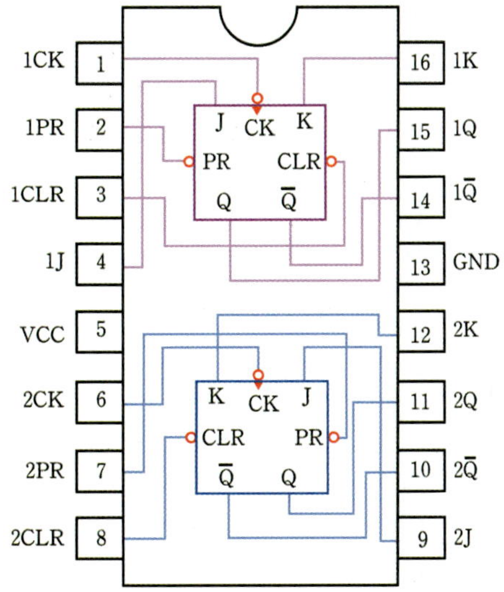

7483 4Bit Binary Full Adder

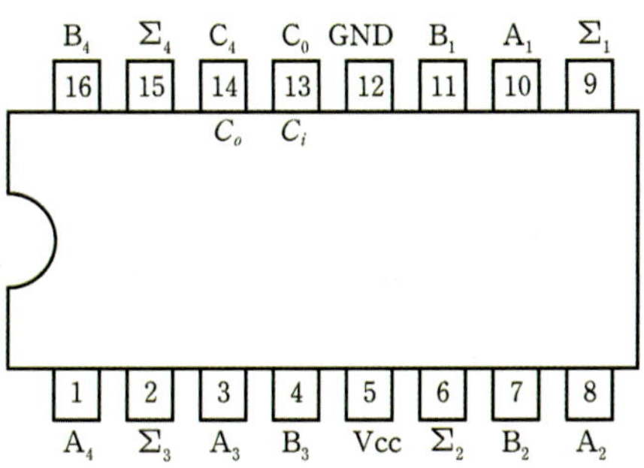

7485 4Bit Comparator

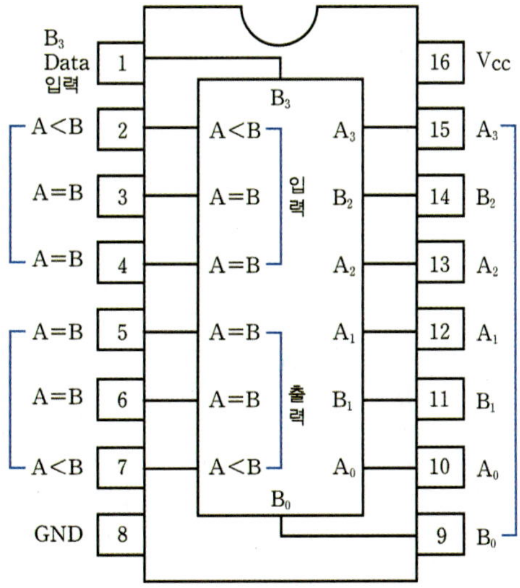

7486 Quad Exclusive OR

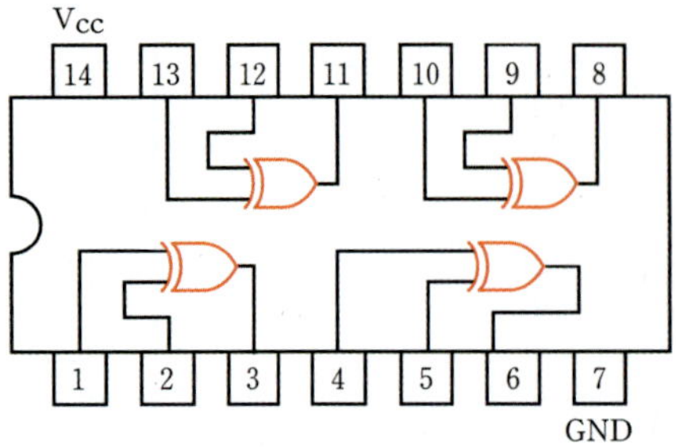

7490 Decade Counter

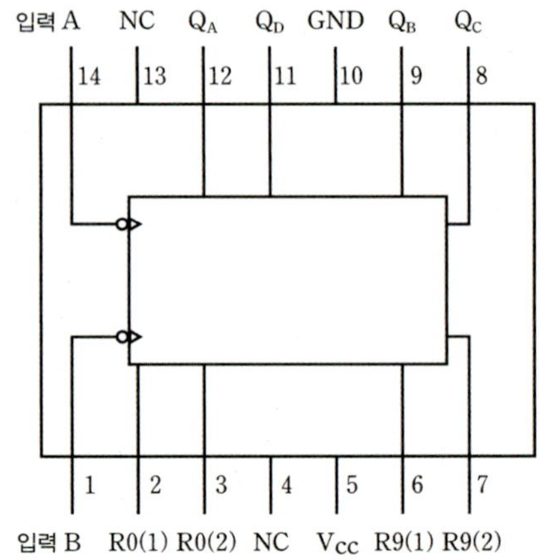

Reset Inputs				Output
R0(1)	R0(2)	R9(1)	R9(2)	Q_D Q_C Q_B Q_A
H	H	L	X	L L L L
H	H	X	L	L L L L
X	X	H	H	H L L H
X	L	X	L	COUNT
L	X	L	X	COUNT
L	X	X	L	COUNT
X	L	L	X	COUNT

7495 4 Bit Shift Register PIPO

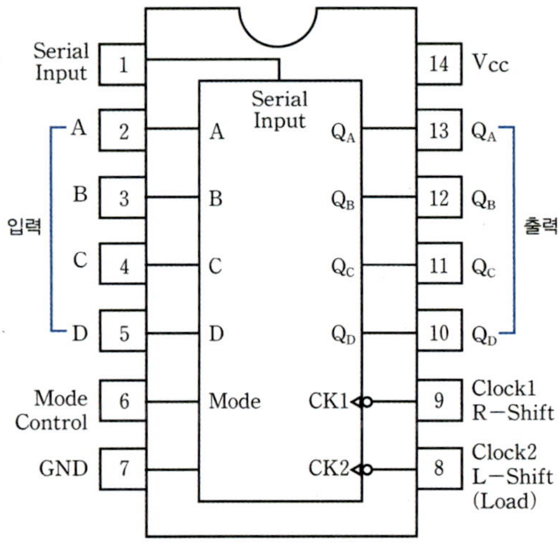

74138 3 to 8 Line Decoder

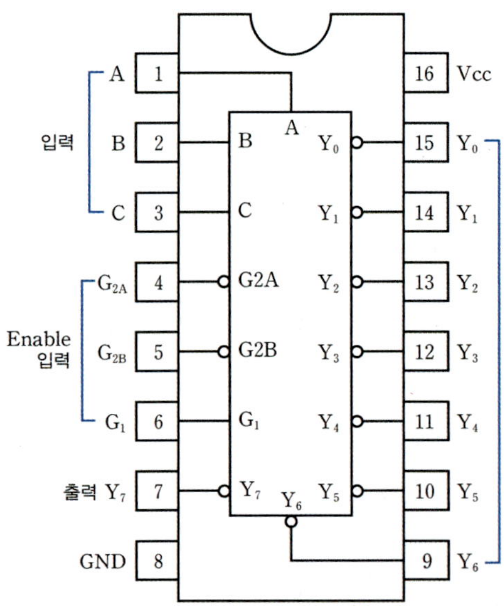

74148 8 to 3 Line Priority Encoder

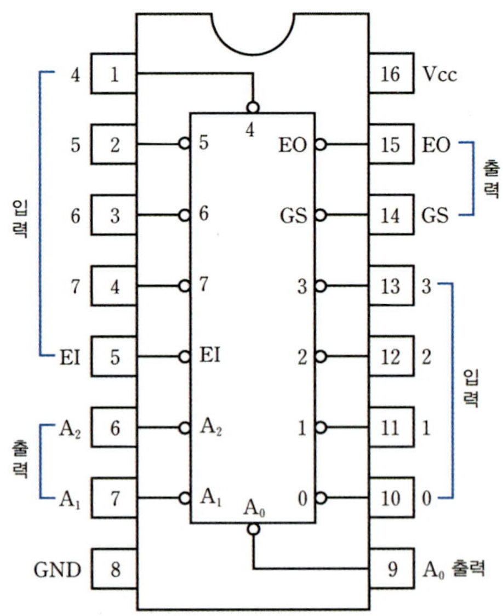

74164 8 Bit Shift Register

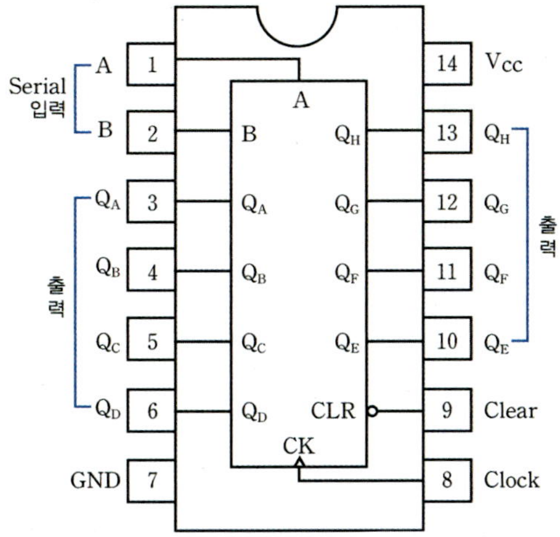

74HC4075 Triple 3 input OR(CMOS Logic)

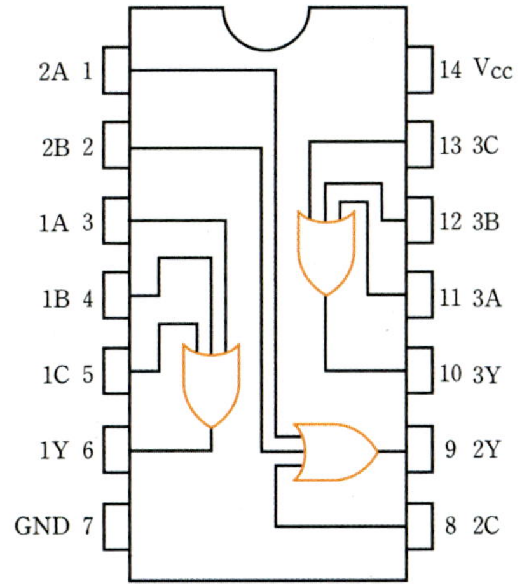

4N25 (4N26) Photo Coupler

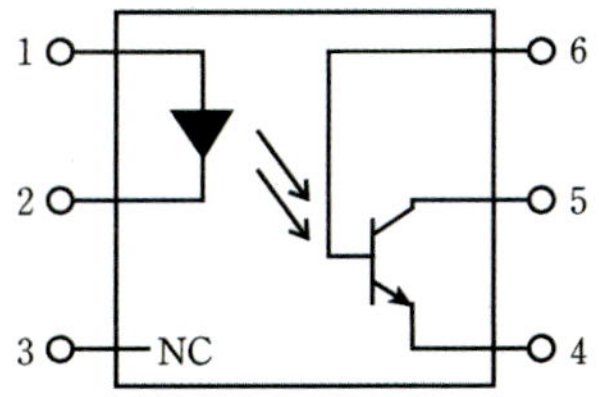

NE555 Timer

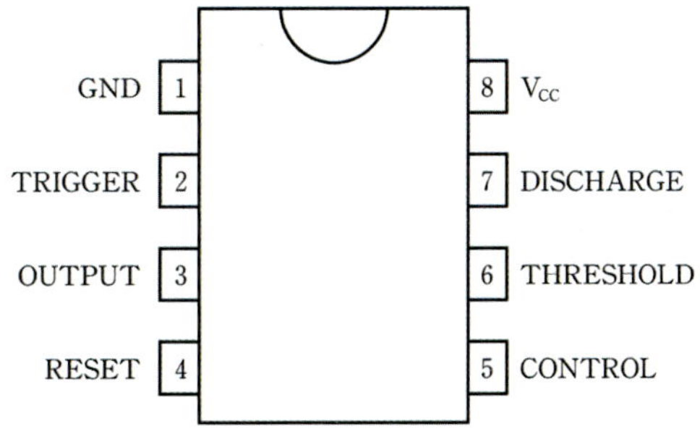

숫자

ㄱ ㄴ

ㄷ

ㄹ ㅁ ㅂ

ㅅ

ㅇ